数学名著译丛

数学的发现

——对解题的理解、研究和讲授

〔美〕乔治·波利亚 著

刘景麟 曹之江 邹清莲 译

科学出版社

北京

内 容 简 介

本书主要讲解思考方法，思维路线，小到眼前怎样解题，大到如何做学问，怎样发现创造数学里的新命题. 作者试图通过一些简单典型的例子，找到它们共同的特征，提炼出思考所遵循的路径，引导读者学习如何去思考问题，分析问题，同时也提供了相当丰富的习题让读者亲自实践.

本书适合大、中学校学生和数学教师，数学科学、思维科学研究人员阅读参考.

图字：01-2005-2027

图书在版编目(CIP)数据

数学的发现：对解题的理解、研究和讲授/(美)乔治·波利亚著；刘景麟，曹之江，邹清莲译. —北京：科学出版社，2006
(数学名著译丛)

ISBN 978-7-03-016880-1

Ⅰ. 数… Ⅱ. ①波…②刘…③曹…④邹… Ⅲ. 数学-普及读物 Ⅳ. O1-49

中国版本图书馆 CIP 数据核字(2006)第 009889 号

责任编辑：吕 虹 李静科 / 责任校对：张 琪
责任印制：赵 博 / 封面设计：王 浩

科 学 出 版 社 出版
北京东黄城根北街 16 号
邮政编码：100717
http://www.sciencep.com
北京富资园科技发展有限公司印刷
科学出版社发行 各地新华书店经销

*

2006 年 7 月第 一 版 开本：850×1168 1/32
2025 年 5 月第二十二次印刷 印张：15 3/4
字数：400 000

定价：68.00 元

(如有印装质量问题，我社负责调换)

译 者 的 话

乔治·波利亚(George Polya，1887—1985)是一位杰出的数学家，出生于匈牙利，青年时期于布达佩斯、维也纳、格廷根、巴黎等地攻读数学、物理、哲学，1912年于布达佩斯大学获哲学博士学位，1914年进入苏黎世著名的瑞士联邦理工学院任教. 1940年他移居美国，自1942年起一直为美国斯坦福大学教授.

波利亚在数学的广阔领域里有极为精深的研究，发表过200多篇研究论文和许多专著. 他不仅是一位数学家，而且也是一位优秀的教育家. 他热心教育，十分重视从小培养学生的解题能力. 在他的经历中，始终把高深的数学研究与数学的普及教育结合在一起，不倦地为改进数学教学而努力. 在这一方面，他写过的文章和著作也很多，其中最著名的是，《怎样解题》、《数学与合情推理》(Ⅰ、Ⅱ卷)、《数学的发现》(一、二卷). 上述著作出版后受到广泛的欢迎和推崇，在美国曾风靡一时，尔后又被翻译成世界上多种文字，被评价为二次大战后出现的经典性著作.

我们在这里向读者介绍的是《数学的发现》(一、二卷).

也许人们会想，这大概是一本介绍许多新奇而有趣的数学知识的书. 诚然，它包含有不少有趣的数学内容，但是，从整体来讲，正如本书副标题所示，它主要不是一本传授知识的书，而是一本讲解方法的书.

任何学问都包括知识的积累和能力的训练两个方面，按作者的看法，在数学上，能力的训练比起单纯的知识的堆积要重要得多. 传授现成的知识，也许要容易些，但是要在大量种类繁多的数学问题中，找出它们共同的特征，提炼出一种思考所遵循的途径和方法，则要艰巨得多. 本书的目的，就是试图教会读者如何去思考和剖析问题，激发起读者内在的能动性和创造精神，学会数学的思维方法，从根本上来提高你的数学素养.

作者把解题看作是人类的最富有特征性的活动. 而这种活动——如同游泳或弹钢琴,也是一种本领. 学习这种本领,同学习任何其他本领一样,其必由之路乃是模仿和实践. 学习,首先就是模仿,而模仿则必须要有榜样. 模仿是为了实践,而实践又必须具备机会. 本书的全部内容, 概括地说,就是为读者学习数学的方法提供模仿的榜样和实践的机会.

在本书的各章中,作者通过对各种类型生动而有趣的典型问题(有些是非数学的)进行细致剖析,提出它们的本质特征,从而总结出各种数学模型. 作者以平易浅显的语言,应用启发式的叙述方法,讲述了有高度数学概括性的原理,使得各种水平的读者,都获益匪浅. 这种以简驭繁,寓华于朴,平易而生动的讲授,充分反映了一位教育大师的风格特征.

本书各章末尾的习题与评注,是正文的延续,它们都是经过作者的精心选择安排,与正文紧密关联的不可分割的部分. 这些练习,为读者提供了一个进行创造性工作的极好机会,它将激起你的好胜心和主动精神,并使你品尝到数学工作的乐趣. 这种机会,对于一个立志要学好数学的读者,或者想切实提高自己数学教学水平的教师来讲,是十分可贵和难得的. 这部分习题和评注,不应看成是正文的附庸,相反地,从某种意义上讲,它也许是本书中更为重要的部分. 任何读者,只有实践了这一部分内容之后,才能真正领略到本书的价值.

对于浅尝辄止、不图深入的人来说,本书的有些部分也许会使他感到"容易",而有的题目,他又会认为太"艰深"了. 对于勤于思考的读者来讲,可能就不是这种看法. 这也许是一本易读的书,也许不是一本易读的书,这个问题让我们留给读者自己去品味吧.

波利亚的三本经典著作——《怎样解题》(1944)、《数学与合情推理》(1954)和《数学的发现》(1962,1965)已全部译成中文. 当年波利亚写这套书的一个直接动机就是想改善当时美国中学教师的培训,从而提高中学的数学教学水平. 半个世纪以来,美国数学会和很多大学合作一直在暑期以这套书为基本材料开办各种研讨班，培训社区大学和中学的数学教师，对有关人员的业务和教学、科研水平的提高起了很大作用．今天对我们来讲，波利亚当年面对的问题也同样存在，而且由于应试教育的顽固和大学教育迅猛发展师资准备不足，问题更显严重，唯愿这些书的出版，会有助于改善目前数学教学和学习的现状．

本书翻译于 1979 年，1980 年、1981 年曾由内蒙古人民出版社发行，已售罄多年．科学出版社决定将此书再版，我们遂根据原书最新版对旧译作做了修订．由于水平有限，错误与不妥之处一定不少，诚恳希望读者给予批评指正．

译者

2004 年 4 月

第一卷序言

一个解法称为是完善的，如果我们从一开头就能预见甚至证明，沿着这个方法做下去，就一定能达到我们的目的.

《莱布尼兹文集》，pp. 161

1. 解一个问题就是意味着从困难中去找出一条越过障碍的路，使我们能够达到一个不易即时达到的目标. 解题是智力的特殊成就，而智力乃是人类的天赋，因此解题可以认为是人的最富有特征性的活动. 本书的目的就是去了解这一活动，提供方法去讲述它，从而最终使得读者提高解题的能力.

2. 本书包括两个部分，让我简要地介绍一下这两部分的主题.

解题是一种本领，就像游泳、滑雪、弹钢琴一样，你只能够靠模仿和实践才能学到它. 本书不能给你提供一把可以打开一切门户、解决所有问题的魔钥匙，但是它却给你提出了许多可供模仿的例子和供你实际练习的机会. 如果你想学会游泳，你必须得跳进水里去. 同样的，如果你想成为一个善于解题的人，你就必须得去实地解题.

假如你想要从解题中得到最大的收获，你就应当在所做的题目中去找出它的特征，这些特征在你以后去求解其他的问题时，能起到指引的作用. 一种解题的方法，它若是经过你自己的努力得到的，或者是从别人那里学来或听来的，只要经过了你自己的体验，那么它对你来讲就可以成为一种楷模，当你在碰见别的类似的问题时，它就是可供你仿照的模型. 本书第一部分的目的，就是使你熟悉为数不多的几个有用的模型.

仿照某个问题的解法，去解一个十分类似的问题，当然是件容易的事. 但是假若问题并不十分类似,那么这个模仿就会变得很困难甚至于不可能了. 人们常常有一个根深蒂固的念头:希望能找到一种威力无边的方法,它能够去解出所有的问题. 这个念头在我们许多人的心目中,也许是不明确的,但是在一些神话故事或一些哲学家的著作里,它却是表露得十分明白的. 你也许还记得能打开一切门户的魔咒的故事吧,笛卡儿曾冥思苦想过一种解一切问题的万能方法,还有莱布尼兹,也曾明白地叙述过他的完善的方法的思想. 然而这个万能的完善的方法的探求,比起那个能点石成金的点金石的探求来,并没有取得更多一点的成绩. 伟大的梦毕竟还是梦. 但是从另一个方面来说,这些不能到达的理想仍然可以影响、指引着人们:没有人能到达北斗星,但是人们望着它却找到了正确的方向. 本书当然不可能向你提供(也永远不可能有什么书能向你提供)一个万能的完善的解题方法,但即使朝这个不可及理想迈上几小步也会让你心智大开,解题能力有所改进,第二部分便是概述这样的几步.

3. 我想把本书试图进行的研究(即解题的手段与方法的研究)说成是"启发式"的. 启发式一词,过去曾被术士们用过,现在一则是被遗忘了,一则也是名声不好. 但是我并不忌讳它.

在大多数的场合,本书实际上都是在进行通达的启发式的讲解:我总是用各种办法去启导读者做题并且让他思索出用来解题的手段和方法.

下面各章的大部分内容,将对为数不多的若干例题进行充分的示范讲解. 对于一个不惯说教的数学家来说,这样的写法也许是过于冗繁了. 然而实际上,我们所讲述的,不仅仅限于解法,而且还讲述了解法的"病历". 所谓"病历",就是这个解法所借以发现的一些实质性步骤,以及导致这些步骤的动机和想法的一种叙述. 对一个特例之所以要进行这样周密的描述,目的就是为了从中提出一般的方法或模型,这种模型,在以后类似的情况下,对于读者求解问题,可以起指引的作用. 这样一种从具体实例中抽出来的方法或模型的明确表述,我常常把它放在单独的一节里,虽然它的第一次猜测性的叙述也许在讲述"病历"的枝节片断中已经出现过了.

在每一章的后面都附有习题与评注. 读者在做这些习题的时候,就可以得到一个去应用、澄清并扩大本章课文中所讲述的内容的好机会. 评注分散在习题的中间,它常常给出模型的推广、某些技巧、某些细微之处,或一些枝节上的说明.

我不能肯定这样写会收到多大的效果,但我当尽力而为,以取得读者的合作. 我尝试着将我在课堂教学里行之有效的讲授风格移注到本书的扉页中去. 由于讲述了解法的"病历",我想读者可以借以熟悉一下研究的气氛. 通过习题的选择、叙述与安排(叙述和安排是更为重要的,它们花去了比我预先想像的要多得多的时间),我试图向读者提出挑战(你有没有勇气去解出它们),激起他们的好胜心和主动精神,并给他们提供充分的机会去面对多种多样的研究场合.

4. 本书大部分篇幅是处理纯数学问题,非数学的问题提得很少,它们常常出现在问题的背景里,实际上,我还是对它们进行了仔细的考虑,只要可能,我总是把数学问题讲到那种程度,使得读者在弄清楚数学问题的同时,也弄明白了非数学的问题.

本书大部分篇幅是讨论初等数学问题,高等数学问题虽然很少提到,但实际上它却是我去收集素材的指引. 本书的材料主要源自我自己的研究工作,我对许多初等数学问题的处理方法,反映了我在处理高等数学问题(它们不可能列入本书)时得到的经验.

5. 本书除了理论上的目的——启发式的研究之外,尚有一个具体的、紧迫的实际目的,即改进中学数学教师的培训.

由于最近几年我都在给中学数学教师们讲课,这就使得我有很好的机会去观察他们的培训工作,并形成了自己的看法. 我想我是一个比较客观的观察者,作为这样一个观察者,我只有一个意见：中学数学教师的培训情况是很不佳的. 而对这一点所有主管单位都不能推卸责任. 尤其是教育他们的学校和学院里的数学系,假若他们想改变现状的话,就应该认真地修改一下他们的教育内容.

学院应当给未来的中学教师提供些什么课程呢？我们无法恰当地来回答这个问题，除非我们先回答另一个与此相关的问题：中学应当给他们的学生教些什么？

但是这个问题是不会有什么结果的，因为对它的争议太大了，似乎不可能取得一致的回答. 这是不幸的. 但尽管如此，我想在问题的一个方面，专家们还是可以取得一致意见的.

任何学问都包括知识和能力这两个方面. 假如你真正具有数学工作(无论是初等或是高等水平的)的经验的话，那么你会毫不迟疑地说，在数学里，能力比起单单具有一些知识来，要重要得多. 因此在中学里，如同其他各级学校一样，我们应当在授予学生一定数量知识的同时，还应教会他们一定的解决问题的能力.

在数学里，能力指的是什么？就是解决问题的才智——我们这里所指的问题，不仅仅是常规的，还包括那些要求有某种程度的独立见解、判断力、能动性和创造精神的问题. 因此中学数学教学首要的任务就是加强解题的训练. 这是我的见解，当然你也许不全与我一致，但我想你至少会同意解题训练应当受到重视这一点——这也就行了.

教师应当了解他该拿什么去教学生，他应该教给学生如何去解题——但倘若他自己也并不了解，那么他如何去教他们呢？教师应当发扬学生的才智和推理的能力；他应当发觉并鼓励学生的创造性——但是现在问题就在于他自己所修的课程并没有充分考虑他能否熟练掌握所学的东西，更不用说去提高他的才智、他的推理能力、解题能力和创造精神了. 这一点，据我看来是当前数学教师培训中最大的缺陷.

为弥补这一缺陷，教师的课程里应当列入有适当水平的创造性工作. 我试图通过指导一个解题的研讨班来为这类工作提供机会，本书就包含有我为我的研讨班所收集的材料以及应用它的指南，见“给教师及教师的教师的提示”. 我希望这将有助于数学教师的培养，无论如何，这是本书的实际目的.

我相信对所提到的这两个目的——理论方面的和实际方面的——经常的关心将使我写好这本书. 我也相信在将要阅读本书的各种各样读者的各种不同的兴趣之间,不会存在冲突(有的对一般的解题,有的对提高自己的能力,还有的则对提高他们学生的能力感兴趣),某一类读者关心的东西,对另一类读者来讲可能也是很重要的.

6. 本书是早些时候我写过的另两本书的继续,即《怎样解题》和《数学与合情推理》,后者又分为两卷,各有单独的书名,第一卷是《数学中的归纳和类比》,第二卷是《合情推理模式》,这几本书的内容互相补充但没有实质性的重复. 在一本书里讨论过的题目,也许在另一本书里会重新出现,但用的是另外的例子,另一种叙述,并且从不同的角度去处理. 因此这几本书先读哪一本后读哪一本都可以.

为了方便读者,我们将把这三本书加以比较并把对应的章节列在本书第二卷末尾的索引里.

7. 在书的第二部分尚未完成的时候就将第一部分发表也许是冒风险的(有一句德国谚语:“不要把盖了一半的房子让傻子看见”),这个风险并不是不足道的,但是出于对本书前面提到的实际目的的考虑,我决定不再耽搁本卷的出版.

第一卷包括本书的第一部分(模型)和第二部分(通向一般方法)的第 5、6 章.

第一部分 4 章所收集的问题要比后面各章广泛得多. 实际上,第一部分在很多方面同作者与舍贵(G. Szegö)合作的《分析中的习题与定理》(见文献目录)是类似的. 但也有明显的差别:本卷提出的问题大多是比较初等的,并且对问题也不仅仅限于提示,而作了许多明确的陈述与讨论.

第二部分的第 6 章是受了哈尔特柯夫(W. Hartkopf)最近著作(见文献目录)的影响,我把他的最动人的一些部分加上适当的例子和附注在这里介绍,这部分内容十分符合我的启发式的想法.

8. 本书原稿的准备工作得到大学数学教学计划委员会福特

基金会基金资助，在此表示我的感谢，同时也感谢委员会对此工作道义上的支持. 感谢《温哥华与维多利亚教育学院教育杂志》主编允许本书使用其中一篇文章的部分，也感谢加利福尼亚州圣塔克拉拉 G. Alexanderson 教授和瑞士苏黎世 A. Aeppli 教授对书中证明的有效校正.

乔治·波利亚

瑞士苏黎世

1961 年 12 月

第二卷序言

现在这本第二卷试图按计划将第一卷序言中指出的那些目标付诸实现.

第二卷原稿的准备工作得到大学数学教学计划委员会以国家科学基金资助,在此表示我对委员会支持和鼓励的感谢,也感谢出版社殷切的帮助和细致的排印.

谨以此书最后一章献给 C. Loewner,在他 70 寿辰之际,我在此再次向他表示深深的敬意和友好的感情.

乔治·波利亚
瑞士苏黎世
1964 年 10 月

修订版序言

这是本书第一次印刷的重印,只有少数改动. 增加了一个附录,其中有附解答的 35 个习题,补充到本书两卷的各章,习题标号指明了它们该插进的地方.

乔治·波利亚

斯坦福大学

1967 年 6 月

合订版序言

我对 G. Alexanderson，P. Hilton，D. Logothetti 和 J. Pedersen的友善表示诚挚的谢意，为了本书以单卷的形式出版，他们付出了很多宝贵的时间.

乔治·波利亚

加利福尼亚，帕罗阿尔托

1980 年 11 月

寄言中学教师

我不打算把这本书写成一本教科书，一本可以像大多数通常那样用的、在初等的水平上按部就班循序讲授的书，而是写进了一系列有趣的、值得为之付出精力的问题，表述方式则追求重视话题的自然发展和启发学生们提出更多自己的问题.

我希望的是中学教师们能把本书当作一本参考书按以下步骤工作：

1. 在目录或索引里查询准备对学生讲授的话题.

2. 研究书里关于该话题的展开与问题.

3. 尽量参照书中第 14 章所讲的“教师十诫”设计一个适合学生的计划.

4. 实行这个计划.

5. 评价一下学生取得的进步，要把学生学习更多数学的热情也评价进来.

对读者的提示

第 2 章第 5 节在引述时简记为§2.5,第 2 章第 5 节第 3 小节则简写为§2.5(3),第 3 章的习题 61 简写为习题 3.61.

HSI 和 MPR 是作者写的两本书《How to Solve It》(怎样解题,中译本,科学出版社,1981)和《Mathematics and Plausible Reasoning》(数学与合情推理,中译本书名为《数学与猜想》,第一卷《数学中的归纳与类比》,第二卷《合情推理模式》,科学出版社,1984)的缩写,它们在本书中经常被引用.

*,符号*是一些习题、评注、节和更短的段落的前缀,在这些习题、评注、节和段里要求的知识超过了初等数学范围(见下段).然而对于非常短的这类段落就不用这个前缀.

本书的大部分内容仅要求初等数学知识,也就是说,像平常程度较好的中学里所教的几何、代数、坐标作图及(有时候)三角等内容.

本书中所列习题很少需要用到中学数学以外的知识,但是从难度上来讲,则往往略高于中学的水平. 对于一部分习题,解答是完全给出的(虽然叙述得很简要),对另外一些习题,则仅仅给出解答的几步,有时候只是一个结果.

对有些习题的提示(它可以使解法简化)用括弧列在习题的后面. 一个习题附近的题常常也可以作为它的提示. 在有的章里特别要注意写在习题(或一组习题)前面的几行引言.

读者若在解一个题时花了很多精力,那他肯定会从中得到不少收获,即使他并没有把题解出来. 当花了精力仍然没有解出题时,这时他可以看一下解答的一部分,从中找到有用的东西,然后把书放在一边,自己再去做出解答的其余部分.

当读者在已经解完了一个题,或者是看完它的解答,或者是读完解的"病历"的时候,能够去细细揣摩一下解的方法,那是最好不过的了．读者当他作完了题而记忆犹新的时候，若能够回过头去重温一下他所作的一切，便可以看到他刚才越过的困难的实质．他可以问自己许多有用的问题：“什么是决定性的一步？什么是主要困难？什么地方我还可以改进？我没有能看到这一点：那么需要哪一条知识和什么样的思路才能看得到呢？有什么招数值得学一学？有什么东西在以后的类似情况下仍能用到？”所有这些问题都是很好的，还可以有其他的问题，但是最好的还是从你自己脑子里发出来的问题．

目　　录

第一部分　模　　型

第二部分　通向一般方法

第一部分　模　　型

我所解决的每一个问题都将成为一个范例，以用于解其他问题.

《笛卡儿全集》，第六卷，pp. 20—21；方法论.

如果我在科学上发现了什么新的真理，我总可以说它们是建立在五六个已成功解决的问题上；它们也可以看成是五六次战役的结果，在每次战役中，命运之神总是跟我在一起.

同上，p. 67.

第 1 章　双轨迹的模型

§1.1　几 何 作 图

用直尺圆规作图是平面几何教学里的一项传统内容．其中一些最简单的作图法是制图员常用的，但除此而外，几何作图就没有更多的实用价值，它在理论上的重要性也不太大．然而，这种作图法在课程里还是应该有恰当的位置．因为它最适合于初学者去熟悉几何图形，它也特别适宜于使初学者摸到解题的思路．我们之所以要来讨论几何作图问题，正是基于这个原因．

像数学教学里很多其他的传统内容一样，几何作图也可远溯到欧几里得(Euclid)．在欧几里得的体系里，几何作图有着重要的地位．欧几里得“原本”的头一个问题(第一卷，命题 1)就是“用一条给定的有限长直线作一个等边三角形．”这里把作图局限于等边三角形，在欧几里得原本里有它自己的理由．可是实际上，若把问题提得更为一般：*给定三边求作一三角形*，其解法也是同样的容易．

让我们用一点时间来分析一下这个问题．

在任何问题里都必定有*未知量*．因为如果一切都已经知道了，那就没有什么需要找的，也就什么都不用作了．在我们这个问题里，未知量(希望获得的、或所要求的东西)是一个几何图形，即一个三角形．

同样地，在任何问题里也总有某些东西是*已知的*或*给定的*(我们称这些给定的东西为*已知量*或*数据*)，因为如果什么也没有给，我们就没有借以去认识那些所要的东西的依据，这时即便我们看见了它，也会辨认不出来．在我们现在这个问题里，已知量是三条“有限直线”，或线段．

最后，在任何问题里还必须有一些把未知量与已知量联系起来的条件．在我们现在这个问题里，条件就是：所求的三角形的边必须是所给的三条线段．

条件乃是问题的核心部分．我们不妨把现在的问题跟下面这个问题比较一下："给定三条高线求作一个三角形．"在这两个问题中，已知量是一样的（三个线段），未知量也是同一类型的几何图形（三角形），可是未知量和已知量之间的联系，即条件是不同的，因此问题就变得十分不同（我们的问题比较容易些）．

当然，读者必定是熟悉这个问题的解法的．令 a，b 和 c 是所给三条线段的长度，我们画上线段 a，它的端点是 B 和 C，再画两个圆，一个圆心在 C，半径为 b，另一个圆心在 B，半径为 c，设 A 是它们的两个交点中的一个，则 $\triangle ABC$ 就是所求的三角形．

§1.2　从例子到数学模型

让我们回过头来看看前面问题的解法，考虑能否从中发现一些我们所希望的，具有特征性的东西，以便在其他场合用于解类似的问题．

在画出线段 a 以后，我们就已经定下了所求三角形的两个顶点 B 和 C，剩下只需要再确定一个顶点就行了．实际上，在做出线段 a 以后，我们就把所提的问题转化成了另一个问题，它跟原问题不同，但却是等价的．在这个新问题里：未知量是一个点（即所求三角形的第三个顶点）．

已知量是两个点（B 与 C），与两个长度（b 与 c），条件是：所求的点到定点 C 的距离是 b，而到定点 B 的距离是 c．

这些条件包含着两个部分：一部分是关于 b 与 C 的，另一部分则是关于 c 与 B 的．我们若先只看条件的一部分，而把另一部分放在一边，那么，未知量在多大程度上决定了？它会怎么变呢？在平面上，到一个定点 C 的距离是定值 b 的点，既不能被完全确定也不是完全自由的，它必定限制在一个"轨迹"上，即必在以 C 为圆

心 b 为半径的圆周上. 因此,在本问题里,未知的点必须同时在两个这样的轨迹上,它当然就是它们的交点.

这样我们便发现了一个解题的模型——“双轨迹的模型”,仿照它,我们就可以在若干场合下成功地解决几何作图问题. 今将它叙述如下:

首先,把问题归结为要确定一个点.

然后,把条件分成两部分,使得对每一部分, 未知点都形成一个轨迹,而每一个轨迹必须是一条直线或是一个圆.

例子比起干巴巴的说教总要来得好些——光是讲讲模型也许不会给你带来多少好处. 每一个因应用了它而得到成功解决的例子,都将使这个模型生色,变得越来越有趣,越来越有价值.

§1.3 例　　子

在中学课程里传统的作图法几乎全部是双轨迹模型的直接应用.

(1) 作已知三角形的外接圆. 我们把这个问题归结为求圆心. 在这个问题里

未知量是一个点,记为 X, 已知量是三个点 A,B 和 C,

条件是三个距离相等:

$$XA=XB=XC.$$

我们把条件分成两部分:

第一部分　$XA=XB$

第二部分　$XA=XC$

每一部分条件都对应一条轨迹. 第一条轨迹是线段 AB 的垂直平分线,第二条轨迹是 AC 的垂直平分线. 所求的点 X 就是这两条直线的交点.

我们可以对条件采取另一种分法:第一部分,$XA=XB$,第二部分,$XB=XC$,这就产生了另一种作图法. 那么,结果会不一样吗? 为什么不能呢?

(2) *作已知三角形的内切圆.* 把问题归结为去求圆心. 在这个问题里

未知量是一个点,记为 X,已知量是三条直线 a,b 和 c,

条件是点 X 到三条给定直线的(垂直)距离相等.

我们把条件分成两部分:

第一部分,X 到 a 和 b 的距离相等.

第二部分,X 到 a 和 c 的距离相等.

满足第一部分条件的点的轨迹由两条互相垂直的直线组成:即 a 和 b 所夹的角的角平分线. 第二部分的轨迹与此类似. 这两条轨迹有四个交点:除了三角形内切圆的圆心外,我们还得到了三个旁切圆的圆心.

请注意,在这个应用里,要求对§1.2末尾模型的陈述作微小的修改. 应改动些什么呢?

(3) *给定两条平行线及其间一点,试作一圆与给定的两直线相切并通过已知点.* 把所求的图形在纸上画出来,就会发现我们可以很容易地先解决一部分问题:给定的两平行线间的距离显然就是所求圆的直径,而它的一半就是半径.

我们把问题归结为求未知圆的圆心 X.

知道了半径为 r,我们就可把条件分开如下:

第一部分,X 与给定点的距离是 r.

第二部分,X 到两给定直线的距离都是 r.

第一部分条件决定一个圆,第二部分条件决定一条位于两平行线的当中且平行于它们的直线.

如果不知道所求圆的半径,我们可以把条件这样去分:

第一部分,X 距给定点和给定的第一条直线距离相等.

第二部分,X 距给定点和给定的第二条直线距离相等.

把条件分为这样两部分,从逻辑上说是无可非议的,然而却毫无用处,因为这里得到的轨迹是抛物线;这是我们用直尺和圆规所作不出来的. 请注意,我们设计的解题方案基本要点就是:所得到的轨迹必须是圆弧或直线.

这个例子可以使我们更好地去理解双轨迹的模型. 这个模型在许多场合都是有用的,但正像有些例子所表明的那样,它也有局限性.

§1.4 设想问题已经解出来了

所谓打如意算盘*,就是去想像一些你现在还没有得到的好东西. 譬如一个饿汉,除了一小片干面包以外什么也没有,他在自言自语:"要是有点火腿就好了,如果还有几个鸡蛋,我就可以做火腿煎蛋了."

人们常常会告诉你,打如意算盘是不好的. 但是我劝你不要相信,因为这恰恰是一个错误的成见. 如意算盘是可以打得不好的. 比如在菜汤里放了过多的盐,是不好的,或者在巧克力布丁里那怕只放一点儿大蒜也是不好的. 我的意思是说,如意算盘打得太多了或是打错了地方,那会是很糟糕的. 但如意算盘本身却并不是坏的,在生活中,在解题时,打点如意算盘有时是会带来很大的帮助. 譬如那个可怜的饿汉,脑子里打着点火腿煎鸡蛋的如意算盘的话,那他吃起干面包来就觉得有味得多,也消化得好些. 现在我们来考虑下面这个问题(见图 1.1).

给定 A,B 和 C 三点,作一直线交 AC 于 X,交 BC 于 Y,使得

$$AX=XY=YB.$$

我们想像已经知道了两个点 X 和 Y 中某一个的位置(这是一个如意算盘). 那么我们就能很容易地找出另外那个点(通过作一条垂直平分线). 困难在于这两个点的位置我们都不知道,这个问题看来并不容易.

让我们把如意算盘打得大一点,设想问题已经解出来了. 也就是说,假定图 1.1 是按照我们问题所给的条件做出来的,那么,折线 $AXYB$ 中的三个线段就恰好相等. 这样做也就是我们想像

---

* 原文为 wishful thinking. 凡文中加星号的注释,均为译者注释.

一件还没有到手的好事情：我们想像所求直线 XY 的位置已经找到了，即想像已经找到了问题的解.

有张图 1.1 摆在面前总是好事. 那些我们应该考虑的几何元素——已经有的和要去找的，即已知量和未知量，它们被条件联系在一起——都在图上显示出来了. 利用面前这张图，我们可以思索哪些有用的元素可以由已知量做出来，哪些元素对于做出未知量是有用的. 我们可以从已知量出发朝前推，也可以从未知量出发倒推回去，那怕是走点弯路也是不无教益的.

你总能用七巧板* 拼几样图形吧？你能解出这个问题的某些部分吗？图 1.1 里有一个三角形，$\triangle XCY$，你能把它做出来吗？我们得有三个已知量才行，可惜，我们只有一个——角 C.

你只能利用你已有的东西，你不能用你还没有的东西. 那么，你能不能从已知的东西里导出某些有用的东西呢？当然啰，把定点 A 和 B 连起来是再容易不过了，而连线也许是有用的，让我们画上它（图 1.2）. 然而要想看出 AB 怎样才能用上可不那么容易，要不先把它搁在一边吧！

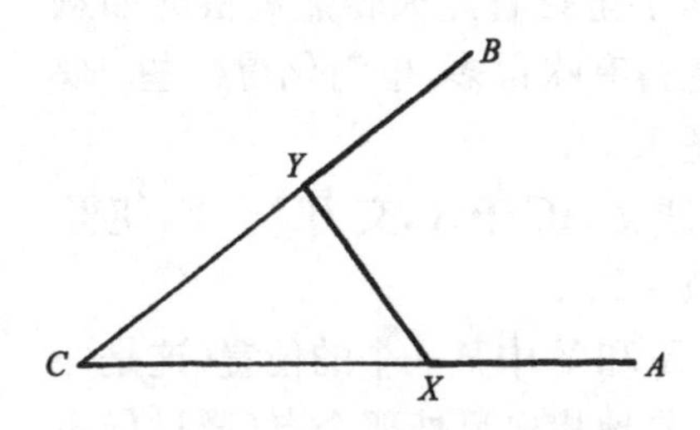

图 1.1 未知量，已知量，条件

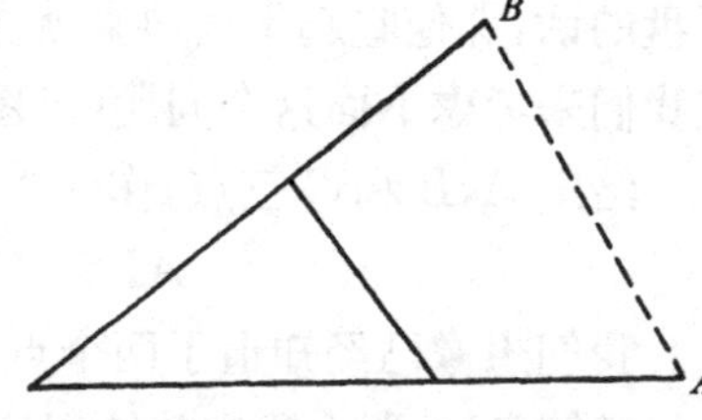

图 1.2 向前推（从已知量出发）

图 1.1 里看上去是那么空荡，这自然使我们发出疑问：是不是在作图时还需要些别的线，是些什么线呢？

线段 AX，XY 和 YB 是相等的（我们认为它们是相等的——

* 原文为 jigsaw puzzle.

如意算盘!). 相等的线段本来是可以用来构成很多美妙的图形的,然而它们现在却是处在这样别扭的相对位置上. 也许我们应该再加上一些相等的线段,先加上一条吧!

机运和灵感会提醒我们在图形里引进这样一条线:作 YZ 平行且等于 XA,见图 1.3(我们现在是从未知量——如意算盘出发,试图向着已知量倒推回去).

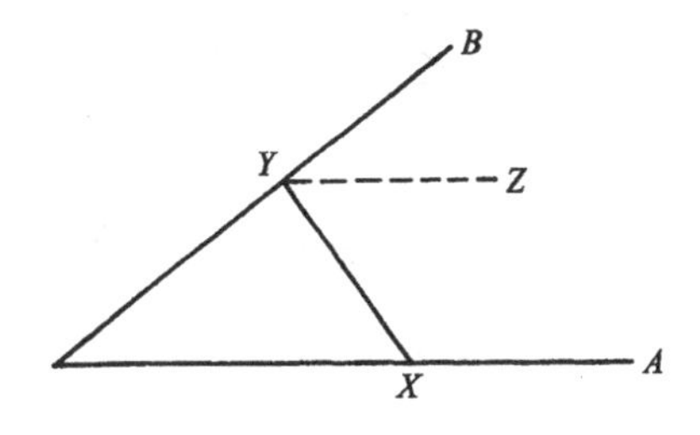

图 1.3　向后推(从未知量出发)

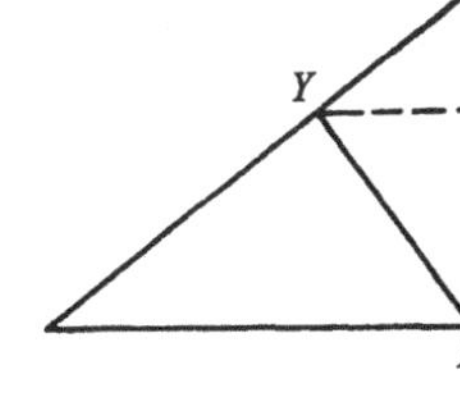

图 1.4　和以前的知识联系起来

引进线段 YZ 只是一个尝试,不过看来这条线不错,因为它带来了一些熟悉的图像. 连接 ZA 和 ZB(见图 1.4). 我们得到了菱形 $XAZY$ 和等腰三角形 BYZ. 你能解出问题的某些部分吗? 你能做出$\triangle BYZ$ 吗? 作等腰三角形得要两个已知量,但是不幸,我们只有一个已知量($\angle BYZ=\angle C$). 不过从这里我们还是可以得到点东西:即使我们不完全知道$\angle BYZ$,我们却知道它的形状,虽然我们不知道它的尺寸大小,我们却可以做出一个与它相似的三角形.

这一下我们到了离解答近一点的地方了,但我们还没有得到解答,我们还必须试着多做点事才行. 迟早我们会想起前面的尝试——图 1.2. 怎样把前后这两者联系起来呢? 把图 1.2 和 1.4 叠在一起我们便得到了图 1.5,这里面出现了一个新的三角形,$\triangle BZA$. 我们能做出它吗? 假如我们知道了$\triangle BYZ$,就可以做出它来,因为在这种幸运的情况下,我们能收集到三个已知量:两条边,ZB 和 $ZA=ZY$,和 B 点的角. 可是,我们并不能如愿,不管怎么说,我们不能完全知道$\triangle BZA$,我们只知道它的形状. 那么,下面我们怎么办呢?

我们作相似于四边形 $BYZA$(图 1.5)的四边形 $BY'Z'A'$(见图 1.6). 它在所求的图形里是一个紧要的部分,因为它可以当作为一块跳板*!

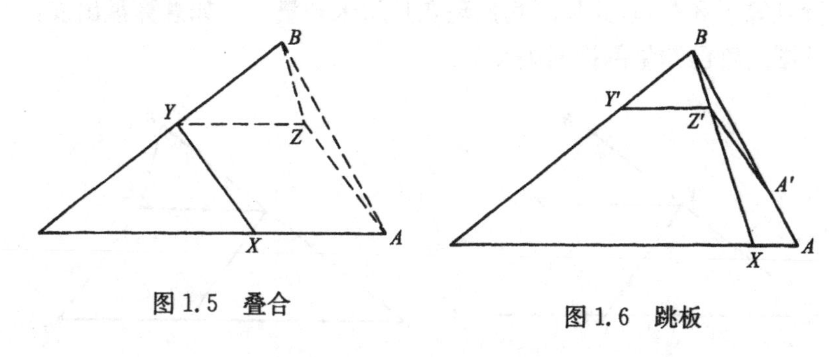

图 1.5 叠合

图 1.6 跳板

§1.5 相似图形的模型

我们现在按照图 1.1—1.6 的启示来作这个图形.

在给定的直线 BC 上(见图 1.6),任意选一点 Y' (但不要离 B 太远). 作直线 $Y'Z'$,平行于 CA,使得

$$Y'Z' = Y'B,$$

然后,在 AB 上取一个点 A',使得

$$A'Z' = Y'Z',$$

过 A 作平行于 $A'Z'$ 的直线,并找出它与 BZ' 的延长线的交点:这个交点就是所要求的点 Z. 剩下的部分就容易了.

四边形 $AZYB$ 和 $A'Z'Y'B$ 不仅仅是相似的,而且还是“同位相似” (homothetic)的,B 点是它们的相似中心. 这就是说,两个相似图形的对应点的任何连线必通过 B 点.

这里我们附带提一句:在两个相似图形中,首先引起我们注意

---

* 原文为 Stepping Stone. 按照前后文意,我们认为译作“跳板”更为切合原意.

的那一个，四边形 $AZYB$，实际上却是后做出来的[①]．从这里我们可以对于求解问题体会到一些东西．

上述例子给出了一个一般的模型：**如果你不能够做出要求的图形，就考虑做出与它相似的图形的可能性．**

本章末尾有些例子，如果你从头到尾把它们做出来，你就能够体会到“相似图形”模型的用处．

§1.6 例　　子

下面这些例子（从某些方面讲）是各不相同的，但它们的差异可以更清楚地揭示出我们希望剖析的那些共同特征．

（1）**作两圆的公共切线．** 设两圆的位置给定（画在纸上），我们希望作直线同时切于两圆．如果给定的两圆不重叠，那么它们有四条公切线，两条外公切线和两条内公切线．让我们限于考虑外公切线（见图 1.7），除非两圆中的一个完全包含在另一个的内部，外公切线总是存在的．

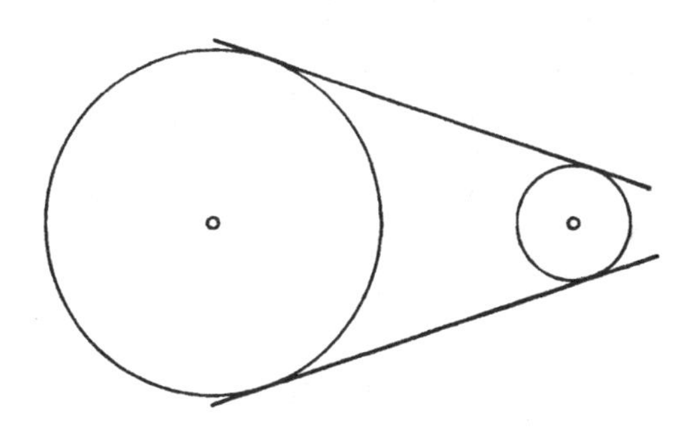

图 1.7　未知量，已知量，条件

① 在我们刚完成的这个“病历”中（从 §1.4 开始），最值得注意的一步就是“设想问题已经解出来了”．这方面进一步的说明参见 HSI，图 2，pp. 104—105，和 Pappus，pp. 141—148，特别是 pp. 146—147．

如果你不能解出所提的问题，那么就考虑一个适当的与之相关联的问题．一个显然与之关联的问题是(假定读者已经知道它的解法)，从圆外一点作已知圆的切线．这个问题实际上是所提问题的极端情形，即两个给定圆中的一个退化为一个点．通过变化已知量这种最自然的途径便可以达到这种极端情形，我们可以采用很多方式去变化已知量，例如缩小一个圆的半径而让另一个圆不变，或是缩小一个圆的半径而放大另一个圆的半径，或是同时缩小两个圆的半径．这时，我们突然闪出一个念头，如果让两个圆同时按同样的速度缩小，那么两个半径在相同的时刻里就减少了同一长度．画一画这个变化的图，我们就会看到，每一个公切线也在移动，但移动时保持着彼此平行，直到最后得到了图 1.8．这也就得出了解法：从较小的圆的圆心出发，作新圆的切线，这个新圆与较大的圆同心，它的半径是两定圆的半径之差．利用这样得到的图形作为一块跳板，由它出发，即可容易地得到所要求的外公切线(只需作两个矩形就行了)．

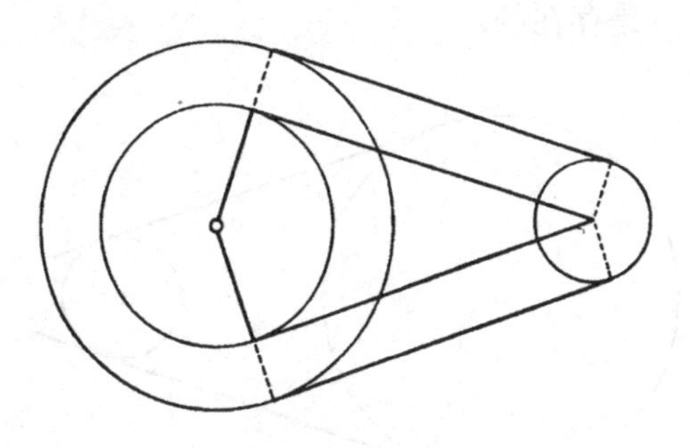

图 1.8　跳板

(2) 给定三条中线，求作三角形．我们“设想问题已经解决了”，也就是说画一个(所要求的)三角形，它的三条中线恰好就是给定的那三条(见图 1.9)，我们应当记得，三条中线交于一点(图 1.9 中的 M，亦即三角形的重心)，这个点把每条中线按比例分成 1∶2．把这些事实画在图上，记线段 AM 的中点为 D，则点 D 和点 M 就把中线 AE 分成相等的三部分(见图 1.10)．

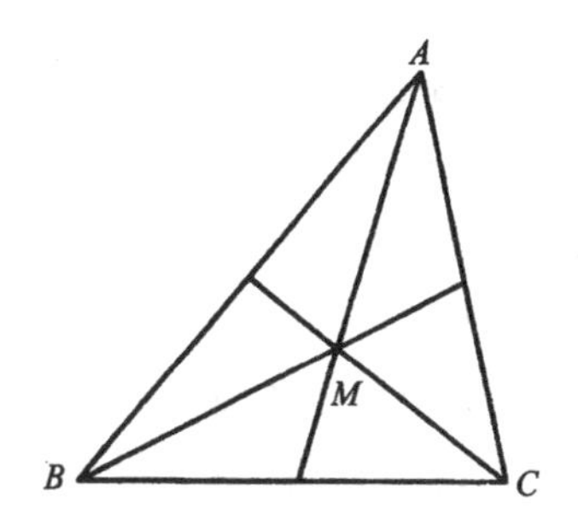

图 1.9　未知量,已知量,条件

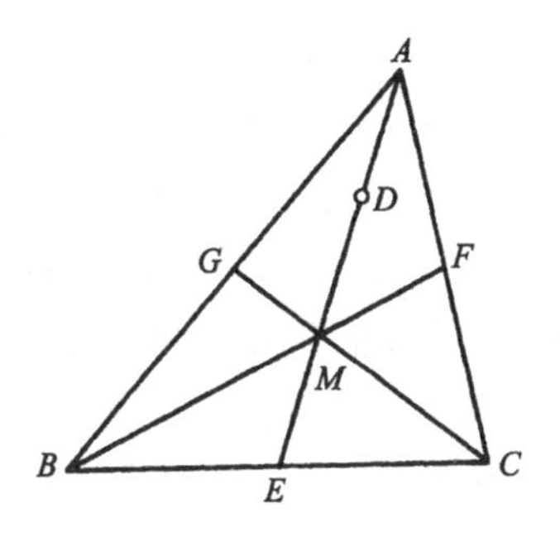

图 1.10　可望得出更多关系的一个点

所求三角形分成了六个小三角形. 你能解出问题的一部分吗? 为了做出一个小三角形,需要有三个已知量,可我们只知道两条边:一边是一条给定中线的三分之一,另一边是另一中线的三分之二;第三个已知量却看不到. 那么,你能找出另外一个具有三个已知量的三角形吗? 在图 1.10 中,看来点 D 可望得出更多的关系——如果我们把点 D 和相邻的点连接起来,我们就会发现 $\triangle MDG$ 的每一边都是一条中线的三分之一——于是由已知三边便可以做出此三角形——这就是一块跳板! 剩下的事就容易了.

(3) 对于每一个关于平面上三角形的问题,都有一个关于球面三角形*或三面角的问题跟它对应(所谓三面角就是含于三个平面之间的那个角,以这个角的顶点为球心做出来的球面交三面角于一个球面三角形). 因此立体几何的一些问题可以归结为平面几何的问题. 这种把空间图形问题归结为平面图形问题,实际上,乃是画法几何研究的对象,它是几何学的一个有趣的分支,是工程师、建筑师在制作机器. 船舰、建筑物等的精确图纸时所不可缺少的.

下述这个问题并不要求读者有任何画法几何的知识,只要有一点立体几何的知识和某些常识就行了. 问题是:给定三面角的

---

* 球面三角形就是球面上以大圆的弧为边的三角形.

面角，作它的二面角．

令 a、b 和 c 表示三面角的面角（即对应的那个球面三角形的三边），α 表示面 a 所对的二面角（α 是球面三角形的一个角），问题就是给定了 a、b、c，求作 α（用同样的方法，可以做出所有的三个二面角，因此我们只要做出其中一个——α 即可）．

将已知量先画出来．我们把三个角 b，a 和 c 并列画在一个平面上（见图 1.11）．而为了将未知量画出来，我们应看一下图形在空间里的形状（将图 1.11 复制在硬纸片上，沿着 a，b 间和 a，c 间的那两条线折叠起来，便做出了这个三面角）．在图 1.12 中，我们看到的是这个三面角的透视图，A 是在面 a 所对的棱上随便取的一点，从 A 点出发，引此棱的两条垂线，一条画在面 b 上，另一条画在面 c 上，这两条垂线的夹角就是我们所要求的那个二面角 α．

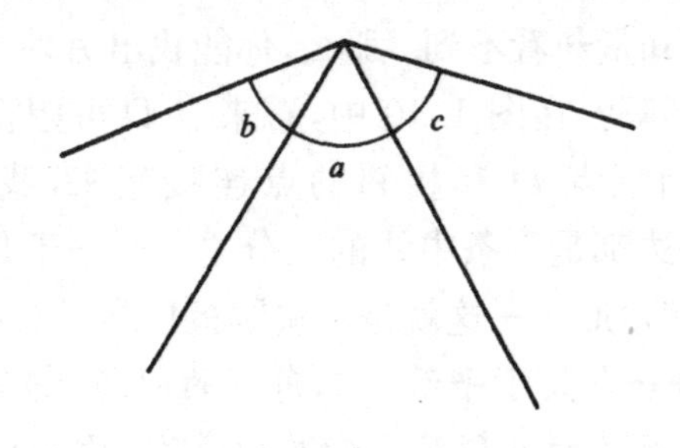

图 1.11　已知量

请注意我们的未知量！——它是一个角，即图 1.12 中的角 α．

你能用什么办法来得到这种类型的未知量呢？——通常的办法是通过一个三角形来确定一个角．

这个图里有一个三角形吗？没有，不过我们可以引进一个．

实际上，存在着一条明显的途径：将包含角 α 的平面去截三面角，便得出了一个三角形，见图 1.13．这个三角形是一个有希望的辅助图形，像是一块有希望的跳板．

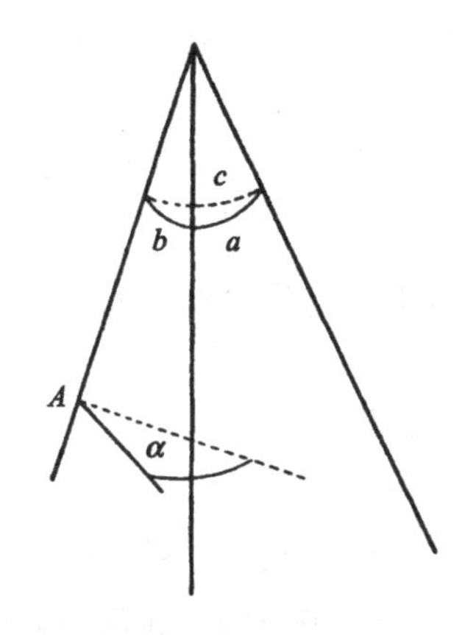

图 1.12　未知量

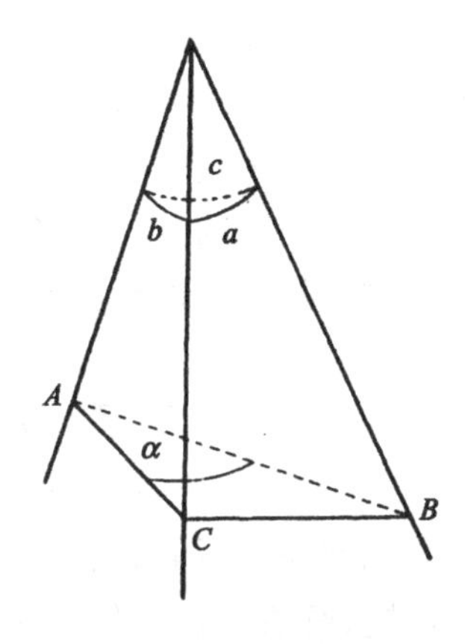

图 1.13　有希望的跳板

到这里，离问题的解决已经不远了. 我们回到平面图形——图 1.11. 在图中已知量即角 a,b,c 均按真值出现（展平那个把我们从图 1.11 带到图 1.12 的硬纸片模型），这时点 A 变成了两个点 A_1 和 A_2.（因为通过展平模型，我们把在空间中是毗连的两个面 b 和 c 拆开了）. 这两点 A_1 和 A_2 到顶点 V 有相等的距离. 通过点 A_1 垂直于 A_1V 的直线交角 b 的另一边于点 C，同样地可以得到点 B；见图 1.14. 现在，我们已经得到了图 1.13 中引进的那个辅助三角形的三条边，即 A_2B，BC 和 CA_1，因而很容易地就可

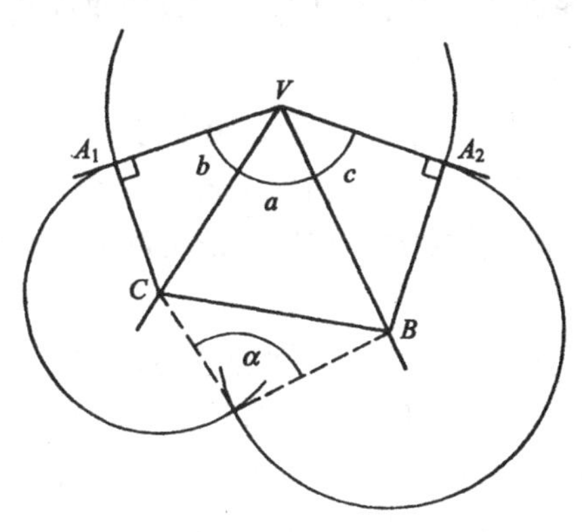

图 1.14　解法

以把它做出来(即图 1.14 用虚线画的那个三角形),它含有我们所要求的角 α.

这个问题跟我们在§1.1 里对通常三角形所讨论的那个最简单的问题是类似的,而且用的也是同一种作图法.

从这里我们可以看到某种合理性和如何使用类比的启示.

§1.7 辅助图形的模型

我们回顾一下前面§1.6 中所讨论的那些例子. 它们的类型十分不同,解法也是十分不同的. 但是在每个例子里,解题的关键都是一个辅助图形. 这种辅助图形在(1)是一个圆和从圆外一点所作的两条切线;在(2)是由所求三角形中划出来的一个小三角形;在(3)是另一个三角形. 在每一种情形,我们都容易地由已知量出发做出辅助图形,而一旦我们有了辅助图形,就能容易地借助它做出原来所要求的图形. 这样用两步便可达到我们的目的,其中辅助图形起着一种跳板的作用,它的发现是决定的一着,是我们作图中最关键之点. 下面把它总结成一个模型,即辅助图形的模型,叙述如下:

试着去发现图形的某些部分或者某些与图形密切关联的辅助图形,这些是你能做出来的,而且你还可以利用它们作为跳板去构造出原来所要求的图形.

这个模型是相当一般的. 实际上我们在§1.5 中给出的相似图形的模型,只不过是它的一个特例:在这个例子中,那个相似三角形就是以相似这一特殊方式与原图形关联的一个特别方便的辅助图形.

辅助图形模型的很大的一般性必然使得它不那么具体,不那么确切. 它并没有特别告诉我们究竟该去找些什么样的图形. 当然,经验会给我们指出某些方向(虽然并不存在什么硬性的、快捷的法则):我们应当去找这样的图形,它们是容易从所求图形里"划分"出来的,或者是些"简单的"图形(如三角形),或者是"极端情形”等等. 我们可以学到这样一些方法,比如已知量变形或利用类比等,在某些场合,它们是可以提示合适的辅助图形的.

至今我们已经分别给出了三种不同的用以处理几何作图问题的模型. 辅助图形模型有较大的选择余地,但它比起相似图形模型来,目标并不是那么明确. 双轨迹模型是最简单的——你可以首先用它去尝试一下,因为在大多数情况下,最好是先用最简单的模型去尝试. 不过不要因此就把自己束缚起来,思想还是要开阔一些:设想问题已经解出来了,画一张图,把已知量和未知量很好地联系起来,使每一个元素都恰好在它的位置上,所有的元素都被由条件所确定的关系联系着. 好好研究这张图,试着从里面看出某些熟悉的结构,试着回忆起那些你已掌握的有关知识(如相关的问题,可以用得着的定理等等),或是去找出一个缺口(譬如图形中比较容易入手的某一部分). 也许你走运,一个闪念会突然从图形里浮现在你面前,给你提供出一条合适的辅助线,一个恰当的模型,或是其他有用的步骤.

第 1 章的习题与评注

1.1 到定点的距离为定长的点的轨迹是什么?

1.2 与定直线等距的点的轨迹是什么?

1.3 到两定点的距离相等的点的轨迹是什么?

1.4 到两条给定的平行直线距离相等的点的轨迹是什么?

1.5 到两条给定的相交直线距离相等的点的轨迹是什么?

1.6 给定三角形两个顶点 A 和 B,以及 AB 的对角 γ,三角形并不确定,第三个顶点(即角 γ 的顶点)还可以变:问第三个顶点的轨迹是什么?

1.7 符号. 在处理三角形时,为便利起见,引进下列符号;

A,B,C	顶点
$a,\ b,\ c$	边
α,β,γ	角
h_a,h_b,h_c	高
m_a,m_b,m_c	中线
$d_\alpha,d_\beta,d_\gamma$	角平分线

R　　　　　　外接圆半径

r　　　　　　内切圆半径

约定角α所对的边是a，其顶点为A，即线段h_a、m_a和d_a的公共端点．按通常的用法，a既代表边(线段)，也代表边的长度，读者可以从上下文里看出它的确切意思．对于符号$b,c,h_a,\cdots,d_\gamma,R,r$也是如此．虽然存在含糊之处，不过我们还是这样去用．

请注意作图时如果数据(已知量)选取得不好，问题可能是不可解的(即满足所给条件的图形可以不存在)；例如，当$a>b+c$时，以a,b,c为边的三角形就不存在，所以应当首先检验一下所给的数据，以判断要作的图形能否存在．

1.8　给定a,b,m_a作三角形．

1.9　给定a,h_a,m_a作三角形．

1.10　给定a,h_a,α作三角形．

1.11　给定a,m_a,α作三角形．

1.12　给定三条(无限长)直线，求作一圆，使它与前两条直线相切，并且圆心在第三条直线上．

1.13　给定两条相交的无限长直线和长为r的线段，作一圆使得它与两条给定的直线相切，而半径为r．

1.14　求作一圆，使它通过已给点，与给定直线相切并以给定长度为半径．

1.15　海图上标有三座灯塔，某船可以同时看到这三座灯塔，如果已测得从它们发来的光线间的夹角，试确定船在海图上的位置．

1.16　在给定圆的内部求作三个等圆，使得这四个圆彼此相切．(这样的图案有时我们可在哥德式建筑的窗子上看到，至于含有四个或六个内圆的类似的图案则更为常见．)

1.17　在三角形内部找一点，使得从它看过去，三条边具有相同的视角．

1.18　三等分给定三角形的面积．即在给定的$\triangle ABC$内部求一点X，使得$\triangle XBC$，$\triangle XCA$和$\triangle XAB$的面积相等．

(保留部分条件，而扔掉其余的条件：如果只要求$\triangle XCA$与$\triangle XCB$的面积相等，X有怎样的轨迹？这个问题的答案可以提供你一个解原题的思路，当然也可以用别的方法去解它．)

1.19　给定a,α,r作三角形．

(保留部分条件，而扔掉其余的条件：不考虑r，只保留a和α，内切圆的中心有怎样的轨迹?)

1.20　给定 a,h_b,c 作三角形.

1.21　给定 a,h_b,d_γ 作三角形.

1.22　给定 a,h_b,h_c 作三角形.

1.23　给定 h_a,h_b,β 作三角形.

1.24　给定 h_a,β,γ 作三角形.

1.25　给定 h_a,d_α,α 作三角形.

1.26　给定一边和两条对角线,求作平行四边形.

1.27　给定四边 a,b,c 和 d,其中 a,c 平行,求作一梯形.

1.28　已知四边形的四条边 a,b,c,d 和两条对边 a 和 c 生成的夹角 ε,求作此四边形.

1.29　给定 $a,b+c$ 和 α,作三角形.

(不要忘记在图形里画上所有给定的数据. $b+c$ 应画在哪里?)

1.30　给定 $a,b+c$ 和 $\beta-\gamma$,求作三角形.

1.31　给定 $a+b+c,h_a,\alpha$,求作三角形.

[对称性:b 和 c(未给定)的地位是可以交换的.]

1.32　给定两个没有公共部分的圆,求作其内公切线,(这两个圆在它们外公切线所决定的同一个半平面内,而在它们内公切线所决定的不同的半平面内.).

1.33　给定三个等圆,求作一圆包含此三圆并与三圆相切.

1.34　给定 α,β,d_γ,求作三角形.

1.35　在给定的直角三角形内作一正方形,使得正方形的一角与三角形的直角重合,与此角相对的顶点在斜边上,而另外两个顶点分别在两条直角边上.

1.36　在给定的$\triangle ABC$ 内作一正方形,使得它的两个顶点在 AB 上,另两个顶点分别在 AC 和 BC 上.

1.37　在给定的圆的扇形内作一正方形,使得它的两个顶点在圆弧上,而另外两个顶点分别在扇形中心角的两条边上.

1.38　求作一圆过两已知点且与已知直线相切.

1.39　求作一圆过已知点并与给定的两条直线相切.

1.40　在圆外作一外切五边形,已知它的五个角 $\alpha,\beta,\gamma,\delta$ 和 ε(当然满足 $\alpha+\beta+\gamma+\delta+\varepsilon=540°$)以及周长 l.

1.41　给定 h_a,h_b,h_c,求作三角形.

1.42　**缺陷.** 可能会遇到一个几何作图问题是无解的情况，即不存在满足所给条件(附带给定的数据)的图形. 例如：若 $a>b+c$，则以 a,b,c 为边的三角形是不存在的. 一个完善的解法应是或者得出满足所给条件的图形，或者证明这种图形是不存在的.

也可能会出现这种情况：所提问题本身具有一个解，而辅助问题却没有解——即按照我们制定的作图方案，那个为做出所求图形而必需的辅助图形是不可能做出来的. 当然，这就反映了我们方案的缺陷.

你用以解习题 1.41 的方法是完善的吗？(以 65,156,169 为边长的三角形是直角三角形，因为这些边与 5,12,13 成比例——而高则为 156,65,60) 如果答案是否定的，能改进你的方法吗？

1.43　给定 a,α,R，求作三角形.

1.44　回过头来看看习题 1.43 的解，你可以追问若干有益的问题并提出一些相关的问题.

(a) 一个类似的问题？

(b) 一个更一般的问题？

(c) 给定 a,β,R 作三角形.

(d) 给定 a,r,R 作三角形.

1.45　**三个监听站.** 三个监听站 A、B 和 C 都记录了听到敌炮声音的时间，试根据这些数字，在地图上确定敌炮炮位 X.

这里声速是已知的. 试比较本题与题 1.15 三个灯塔问题之间的相似之处与不同之处.

1.46　**关于双轨迹的模型.** 对于习题 1.2,1.5 和 1.6 提到的轨迹，双轨迹模型适用吗？参阅 §1.2 最后关于双轨迹模型的一段文字.

1.47　**三轨迹的模型.** 平面几何的概念在立体几何里可以有各种类比. 例如，在 §1.6(3)中，我们把球面三角形或三面角类比于通常平面上的三角形，我们也可以把四面体类比于通常平面上的三角形，按照这种观点，下面的问题：**作给定四面体的外接球**就是 §1.3 中(1)的问题的类比.

让我们详细地谈一下这个类比. 我们把上述问题归结为求这个球的球心. 在这个问题里未知量是一个点 X；已知量是四个点(给定四面体的顶点) A,B,C 和 D；条件是四个距离相等

$$XA=XB=XC=XD.$$

我们可以把条件分成三部分：

ⅰ) $XA=XB$.

ⅱ）$XA=XC$.

ⅲ）$XA=XD$.

条件的每一部分都对应一个轨迹. 如果点 X 满足条件的第一部分，其轨迹为一平面（X 可以在它上面变），即线段 AB 的垂直平分面；对条件的其他部分也对应了相应的平面.

最后，球心乃是这三个平面的交点.

假定我们有仪器可以确定三个给定曲面的交点，这些曲面或者是平面或者是球面，（其实前面我们已经不明显地作了这个假定了. 直尺和圆规就是这样的仪器. 如果有足够的画法几何知识，我们就可以去求出那些交点.）我们就可以提出并解决空间的几何作图问题. 前面提到的问题是一个例子，而它的解则建立了一个借助于类比来给出一个空间作图问题模型（三个轨迹的模型）的榜样.

1.48　像§1.3中的例(1)一样，在上题里，我们可以用不同的方法去分解条件，从而得出另一种极其类似的作图法，其结果会不一样吗？为什么？

1.49　*关于几何作图.* 在许多几何作图问题中，虽然所要求的图形显然是"存在的"，但是却无法用直尺和圆规把它做出来（可以用其他的——同样理想化的——工具做出来）. 这类问题中著名的一个就是所谓的三等分角问题：即用直尺和圆规不能把任意角三等分.（见 Courant 和 Robbins，pp. 137—138.）

所谓一个完善的几何作图方法*或者*是应能引导我们用直尺和圆规做出所求的图形，*或者*应指出这种作图的不可能. 我们讲过的那些模型（双轨迹，相似图形，辅助图形）虽非虚妄之谈（我希望读者对这一点已经有体会了），但它们却并不是完善的. 因为它们常常只是提示某种作图的途径，而当它们提示不出什么东西的时候，我们就只好仍在黑暗中摸索，搞不清楚究竟是由于图形本身不可能做出来呢，还是由于我们的努力不够而没能做出来.

诚然，几何作图有一个熟知的比较完善的方法（即化为代数问题的方法），不过我们现在还不需要就去讨论它. 日后我们可能会面临一些另一类的问题，到那时也许也没有解决它的完善方法，要求我们继续去探索. 因此上面考虑过的种种模型，即便它本身是不完善的，也可以作为对解题者的一种教育内容.

1.50　*更多的问题.* 设计一些与本章所提的问题（特别是那些你能解的问题）类似但又与它们不同的问题.

1.51　*集合.* 我们不能用更基本的概念来叙述集合的定义，因为没有比它更基本的概念了. 而事实上,每个人都是熟悉这个概念的,即使他并没有用"集合"这个词."元素的集合"与"一类对象","一堆东西"或者"个体的综合"等语,意思基本上是相同的. 如"在这门课程里得优的学生的全体"就构成一个集合,即使你不全知道他们所有人的姓名."空间中到两个给定点距离相等的点的全体"构成一个非常明确的点的集合——这是一张平面."在给定平面上距给定点有定距离的直线的全体"构成一个有趣的集合,这个集合是由一个圆的所有切线组成的. 若 a,b 和 c 是任意三个不同的个体,只以这三个个体作为元素的集合,很清楚是完全确定的.

如果任一个元素属于两个集合中的任一个,也必同时属于另外一个,则称这两个集合是相等的. 如果属于集合 A 的任一元素也属于集合 B,就说 A 包含在 B 中,也可以换成别的说法,如:B 包含 A 或 A 是 B 的子集合等等.

引进空集合的概念往往是很方便的. 所谓空集合指的是不包含任何元素的集合. 例如,"这门课程里得优的学生的集合",当所有学生在这门课程上的成绩都不高于良好,或是这门课程没有进行最后考试就中断了时,上面所谈的集合就是一个空集合,正像 0 是一个有用的数一样,空集合也是一个有用的集合. 0 小于任何正数,空集合则是任何集合的子集合.

若干个集合的最大公共子集称为是它们的交集. 也就是说,集合 $A,B,C,\cdots,L$ 的交集是由同时属于集合 $A,B,C,\cdots,L$ 的那些(而且仅仅是那些)元素组成的.

例如:设 A,B 是两个平面,把它们考虑成点的集合. 如果它们既不相同又不平行,它们的交是一条直线,如果它们虽然不同但却是平行的,它们的交是一个空集,如果它们是重合的,那么它们的"交"就是它们本身. 如果 A,B 和 C 是三个平面,并且没有一条直线与它们都平行,那么它们的交就只有一个点.

"轨迹"一词的意思基本上跟"集合"的意思是一样的,例如平面上到固定点距离都等于定长的点的集合(或轨迹)是一个圆. 在这个例子里,我们是通过叙述这些元素(或点)必须满足的一个条件或这些元素(或点)必须具有的一个性质去界定这个集合(或轨迹)的.

"条件"和"性质"的概念是跟集合的概念不可分地联结在一起的. 在很多数学例子里,我们都能简单明了地把刻划集合元素的条件或性质陈述出来. 当我们不能概括地表述出这些条件或性质时,我们就笼统说,集合 S 的元素具有属于 S 的性质,或是满足属于 S 的条件.

三轨迹模型的讨论(在双轨迹模型之后,见习题 1.47)已经给了我们一个把模型推广的启示，关于集合及交集合概念的引进就更加强了这种推广的可能性，但这里我们暂且先把这一想法留给读者自己去思索，到了后面第6章我们再返回来考虑它.

[若干个给定集合的最小扩充集合(每一个给定集合都是它的子集合)称为是这些集合的并集. 这就是说，集合 $A,B,\cdots,L$ 的并集含有 A 的一切元素，B 的一切元素，…和 L 的一切元素，而且并集里的任何元素必须至少属于集合 $A,B,\cdots,L$ 中的一个(也可以属于它们中的若干个).

集合的交集与并集是密切相关的两个概念(我们在这里必须指出，它们在某种意义下是"互补的"概念). 如果不提其中的一个，我们就不能够很好地讲清楚另一个. 当然，我们这里接触集合的交集的机会比之集合的并集来说是要多一些. 读者应当从某些其他书里熟悉集合论的这些基本概念，它们在不远的将来可能便会引入中学的课程中去.]

第 2 章　笛卡儿(Descartes)模型

§2.1　笛卡儿和他的万能方法

R. 笛卡儿(1596—1650)是一位伟大的学者，他被公认为是近代哲学的奠基人. 他的工作改变了数学的面貌，他在物理学史上也有一定的地位. 我们在这里主要是想谈谈他的一个著作：《思维的法则》(参看习题 2.72).

笛卡儿在他的“法则”里，设计了一种能解各种问题的万能方法，下面就是他希望能用来解各种类型问题的这种万能方法的一个大概模式：

第一，把任何问题化为数学问题.

第二，把任何数学问题化为一个代数问题.

第三，把任何代数问题归结到去解一个方程式.

当你懂得的越多，你就越能看出这个设计的漏洞. 笛卡儿本人后来想必也注意到了他的模式在某些情况下是不适用的，不管怎么说吧，他没有完成他的“法则”，在他后来的(为大家所熟知的)著作《*方法论*》里，也只谈了这一设计的若干片断.

看来笛卡儿模式里的想法有着某些深刻的道理，然而要把它们付诸实施就存在不少困难，真要实现起来会碰到很多障碍和错综复杂的问题，并不像笛卡儿在开始时热心想像的那样容易. 笛卡儿的设想虽然最后并未成功，但它仍不失为一个伟大的设想，即使它失败了，它对于科学发展的影响比起千万个碰巧成功的小设想来，仍然要大得多.

虽然笛卡儿的模式不能应用于所有的情况，但是仍能适用于非常多的情况，其中包括一些十分重要的情况. 当一个中学生用“列方程”的方法去解文字题时，他正是按照笛卡儿的模式应用他的基本思想去做的.

因而,下面我们考虑一些中学教材中的问题是不无裨益的.

§2.2 一个小问题

下面这道智力测验题,也许曾在好几个世纪里引起过人们的兴趣,今天它还会引起一些聪明小朋友的兴趣.

一个农夫有若干鸡和兔子,它们共有 50 个头和 140 只脚,问鸡和兔子各有多少?

我们来考虑几种解它的办法.

(1) 试探的方法. 一共有 50 只动物. 它们不可能全是鸡,因为 50 只鸡只有 100 只脚. 也不可能全是兔子,因为那就应该有 200 只脚,然而现在只有 140 只脚. 如果恰好有一半是鸡,另一半是兔子,那么就有……让我们把所有这些情况列成表吧:

鸡	兔	脚
50	0	100
0	50	200
25	25	150

如果鸡的数目少一些,则兔子的数目就要多一些,这样得到的脚的数目也就多一些. 反过来,如果鸡的数目多一些呢? ……,对了,鸡一定多于 25 只,假定是 30 只吧,那么就有:

鸡	兔	脚
30	20	140

得出来了! 这就是答案!

是啊,解是得出来了,但这要归功于这里给出的数字 50 和 140,相对地讲比较小而且比较简单. 如果同样的问题,给的数字比较大或比较复杂,再要用这种办法去解,就得费劲地一次又一次地去试算,还得靠点运气,才能好不容易把解碰出来.

(2) *一个巧妙的想法*. 当然,我们这个小问题也可以少靠“经验”而多靠“演绎”来求解,这意思就是说,少试探,少猜测,多推理. 下面是另一种解法.

农民惊异地看着鸡兔们非凡的表演:每只鸡都用一只脚站着,而每只兔子都用后腿站起来. 在这种惊人的情况下,总脚数只出现了一半,即 70 只脚. 在 70 这个数里,鸡的头数只数了一次,而兔子的头数却数了两次,从 70 里减去总的头数 50,剩下来的就是兔子的头数

$$70 - 50 = 20$$

20 只兔子! 当然鸡就是 30 只.

当这个小问题里的数字 (50 和 140) 给得不那么简单的时候,同样可以这样求解. 这个解法(可以叙述得不那么特别)是很巧妙的,它需要对情况有清晰的直观的理解和一点小聪明,我祝贺那个 14 岁的小朋友,这是他自己想出来的. 当然捷思巧想是不很多见的,这要有相当的造化才行呀!

(3) *代数方法*. 如果我们懂一点代数知识的话,我们可以不凭偶然的试算,不凭运气,而用方程组去解决这个小问题.

代数是一种语言,它不是由字而是由符号组成的. 如果我们熟悉它,我们就可以把日常生活语言里相当的句子翻译成代数语言. 好,现在我们来试一试把这个小问题翻译一下吧. 我们现在正是按照笛卡儿"把任何问题归结为代数问题"一步步地做. 这个问题翻译起来很容易.

问题的陈述

生活的语言	代数的语言
农民有若干只鸡	x
和若干只兔子	y
他们有 50 个头	$x+y=50$
和 140 只脚	$2x+4y=140$

于是我们把问题归结成为一个二元一次方程组,要解这个方程组只需要很少一点代数知识就行了:我们把它重写成下面的形式

$$x+2y=70$$
$$x+y=50$$

第一个方程减去第二个方程，便得

$$y=20$$

再把它代入第二个方程，得出

$$x=30$$

这种解法不管问题里的数字是大还是小，还是别的一些问题，都同样适用. 它并不需要什么捷思巧想，而只要会用一点代数语言就行了.

(4) 推广. 我们已经一再考虑过用别的数字，特别是较大的数字，去替换问题里的数字，这种考虑是有益的. 如果进一步用文字去替换数字，那好处就更多了.

在上题里，以 h 替代 50，以 f 替代 140，即用 h 表示头数，f 表示脚数，这样代换以后，我们的问题就变了模样. 我们还是把它翻译成代数语言.

农民有若干只鸡	x
和若干只兔子	y
它们共有 h 个头	$x+y=h$
和 f 只脚	$2x+4y=f$

这样得到的方程组可以改写成

$$x+2y=\frac{f}{2}$$

$$x+y=h$$

两式相减，可得

$$y=\frac{f}{2}-h$$

我们把这个式子重新翻译成通常的语言，即兔子的数目等于脚数的一半减去头数，正好就是在(2)里所想像的解法.

可是在这里我们并没有靠任何意外的侥幸或是什么特别的想像，我们只是做了简单的一步——把数字换成文字，然后就直接照常规过程进行，便得到了结果. 这第一步确实是简单的，但却是推广的重要的一步①.

(5) 比较. 把同一问题的不同解法加以比较是有益的. 回过头来再看看上面提到的那四种解法,我们可以看出其中每一个,即使是第一个,都有某些优点,都有它有意思的地方.

第一个方法,其特点为"摸"与"碰",就是通常称之为*试算与改进误差的方法*. 这一方法包含着一连串的试验,而后一个试验总是企图校正前一个试验所产生的误差,因此整个说来,在我们朝前走时,误差便会越来越小,从而试验结果也将越来越接近我们最后期望达到的目标. 考虑到它的逐步改进这一特点,我们希望能找到一个比"试算与改进误差"更能表现它的特征的词,我们可以说"连续试验"或"逐步校正"或"逐次逼近". 从各方面看,最后这个词是最为合适的. *逐次逼近法*这一词能自然地用于各种水平的大量的各式各样的问题中. 譬如当你查字典时,用的就是逐次逼近法. 按你所翻到的字在你要查的这个字的后或前,再进一步朝前翻书页或是朝后翻书页. 数学家可以把逐次逼近法应用于一个高深的论证,去处理某些无法用别的方法处理的具有重大实践意义的复杂问题. 这一词甚至可以应用于整个科学领域,各种科学理论一个接一个出现,后者对现象的解释总比前者显得更好,这就是对真理的逐次逼近.

因此,教师不要因为学生使用了"试算与改进误差"这个方法而去责备他,相反的,倒是应当表扬他运用了逐次逼近法这种基本的方法. 当然,他也应当指出对于鸡兔同笼这类简单的问题或很多其他的(比较重要的)问题,直接用代数方法要比逐次逼近法有效得多.

§2.3 列 方 程

在前一节的(3)里,我们把一个用普通语言叙述的问题翻译成

---

① 参见 HSI,推广 3,pp. 109—110;问题的变形 4,pp. 210—211;你能验证结果吗? 2,p. 60.

由符号表示的代数语言．当然在那个例子里，翻译是较容易的，但是在有些情况下，为了把问题翻译成代数方程组，则需要更多的经验和技巧，要花更多的力气②．

这个工作的特征是什么呢？笛卡儿本想在他的"法则"的第二部分里回答这个问题，但是他没能完成它．我想抽出他的书里与我们现阶段学习密切相关的若干部分用当代的语言表述出来．这里我将要把笛卡儿曾经讲述的很多东西撇在一边，而要把少量他讲得含糊的东西明确起来，但我想我并不会歪曲他的原意．

我希望按笛卡儿的方式来陈述：即开始是一段简洁的"告白"（实际上，类似于一个摘要），然后加上一些注解去解释它．

(1) *首先，要在很好地理解了问题的基础上，把问题归结为去确定若干个未知的量*（法则ⅩⅢ—ⅩⅥ）．

在还没有吃透问题前就把时间花上去，那是不聪明的．所以首要的和最明显要做的事就是要先理解问题，弄清它的意义和它的意图．了解了问题的全貌之后，我们便可把注意力转向它的主要部分．我们必须十分清楚地弄明白：

哪些东西是我们应当去求的（**即未知量**）

哪些是给定的或已知的（**即已知的数据**）

未知量和已知量彼此是以怎样的关系互相联系着的（**即条件**）．

[在§2.2(4)里未知量是 x 和 y，已知量是鸡和兔子的头数 h 和脚数 f．条件则先是用话叙述，然后再用方程表示出来的．]

遵照笛卡儿，我们现在只限于考虑那些未知量是数量的问题（即未知量是一些数，不一定是整数）．其他类似的问题，如几何和物理问题，有时也可以归结为这种纯数量型的问题，关于这一点，我们将在下面用例子来说明（参看§2.5和§2.6）．

(2) *用最自然的方式通盘考虑一下问题，设想它已经解出来了，把已知量和未知量之间根据条件所必须成立的一切关系式都*

---

② 参见 HSI，列方程，pp. 174—177.

列出来(法则 XⅧ).

我们想像那些未知量已经取到了使问题的条件都满足的值，也就是说:"设想问题已经解出来了"，参看§1.4. 因此，我们可以把未知量和已知量同等看待，并把它们按条件要求必须满足的那些关系都列出来. 我们要通盘考虑和研究这些关系，正如在§1.7的末尾，我们为了作图而通盘考虑和研究几何图形一样. 其目的就是为下一步该怎么做寻求某些启示.

(3) 析出一部分条件，使得你能用两种不同的方式去表示同一个量，这样可以得出一个联系未知量的方程式. 这样做下去，最后就把条件分成了若干部分，从而得出方程式与未知量个数相等的一个方程组(法则XIX).

上面叙述的只是笛卡儿法则XIX的意译. 在讲完这些话之后，笛卡儿的手稿上出现一大段空白，缺掉了法则陈述后应当有的一段解释(或许他根本就没有写). 所以，这里我们只能讲点自己的看法.

法则的目的讲得很清楚，就是应当得到一个有 n 个未知量和 n 个方程的方程组. 解出这些未知量，也就解决了所提的问题. 因此，方程组就必须等价于所给的条件. 如果整个方程组就体现了全部条件，那么，每一个单个方程就应当表示一部分条件. 于是，为了列出 n 个方程，我们应该把条件分成 n 个部分. 但是怎样去做呢?

前面(1)和(2)的讨论(它们大体上给出了笛卡儿法则 XⅢ—XⅥ的要点)给出了某些启示，但并没有明确的做法，当然，我们应当把问题领会透彻，我们必须非常、非常清楚地弄明白未知量、已知量和条件. 我们也可以在通盘考虑各部分条件和具体列出未知量和已知量之间的关系中有所获益. 所有这些，将使我们有机会得出那个方程组，当然也不完全有把握.

在上面提到的"告白"(法则XIX的意译)里，还强调了另一种想法:即为了得到一个方程，我们必须用两种不同的方法去表示同一个量. (§2.2的例(3)里，有一个方程就是用不同的方法表示了脚的数目.)真正弄懂这句话,常常有助于我们列出未知量满足的方程,在方程列出以后,我们也经常借助它去解释方程.

简言之,这里只是提出了一些好的建议,并没有什么列方程的简单诀窍. 然而,当没有现成的规则可循时,我们也就只好求助于实践了.

(4) 将方程组化成一个方程(法则ⅩⅪ).

这里意译的这条笛卡儿法则ⅩⅪ,后面是没有任何解释的(实际上,它在笛卡儿的手稿里是最后一句话). 我们在这里不想去追究在什么条件下才能把代数方程组简化成一个单个的方程,也不考虑怎样去实现这个步骤,因为这些是属于纯数学理论的问题,它们比起那几句引起我们猜测的笛卡儿的简短告白来,当然要复杂得多. 实际上这方面的数学理论现在已经相当发展了,不过这一点和我们没有什么关系. 因为在我们需要的那些简单情况里,少许代数知识就足够去进行简化了.

还有一些我们应该关心的问题没有去探究. 不过我们先考虑一些例子,然后再去研究它们会更好些.

§2.4 课堂举例

对于数学家说来,中学里的"文字题"虽是件平常的事情,但对于中学生和中学教师来说,却并不那么简单,我认为,一个教师如果认真地把上面讲的那些笛卡儿的告白带到课堂教学里去并付诸实践,那就一定能避免很多现在中学里常见的弊病和困难.

首先,学生在没有理解题目之前不应该动手做题,我们可以在一定程度上检查出学生是否真正了解了问题,那就是看他是否能够把题目复述出来,能否指出已知量和未知量,并用自己的语言把条件解释出来. 如果他相当好的做到这些,他就可以着手做题了.

一个方程表示了一部分条件. 学生应该能够说出他所列出的方程表示了哪一部分条件,而哪一部分还没有表示出来.

一个方程就是用两种不同的方法去表示同一个量. 学生应该

能够讲出哪一个量是这样表示的.

当然,学生必须具有相关的知识,没有这些知识他是不可能理解题目的. 中学通常碰到的许多问题是“速率问题”(见下面的三个例). 在给他们做这类题前,学生应当对“速率”这一概念的某些形式——比例、均匀改变有一定了解.

(1) 灌满一个水槽,第一个水管要用 15 分钟,第二个水管要 20 分钟,第三个水管要 30 分钟,如果三个水管同时打开,灌满一个空水槽要多少时间?

设水槽能盛 g 加仑* 水,那么第一个水管的流速是每分钟 $g/15$加仑,由于

$$流量=流速\times时间$$

t 分钟内流过第一个水管的流量是

$$\frac{g}{15}\cdot t,$$

如果同时开三个水管 t 分钟就可灌满水槽,那么水槽中的水就可以用两种方法表示:

$$\frac{g}{15}t+\frac{g}{20}t+\frac{g}{30}t=g,$$

方程左端的每一项表示单独一个水管的流量,右端是三个流量的总和.

两端除以 g,便得到时间 t 满足的方程:

$$\frac{t}{15}+\frac{t}{20}+\frac{t}{30}=1.$$

当然,可以用不同的方法去导出方程,题目本身也可用各种不同的方式推广和变形.

(2) 汤姆做完一件工作需要 3 个小时,狄克要 4 小时,亨利则要 6 小时. 如果他们同时去做这件工作(而且彼此不影响),多少时间可以做完?

汤姆每小时做这件工作的 1/3,我们也可以说汤姆以每小时

---

* 1加仑=4.54609升.

做它的 1/3 的速度进行工作；因此 t 小时里汤姆做了工作的 $t/3$. 如果这三个男孩同时做，并在 t 小时内做完(假定他们彼此不影响——这是一个非常难确定的条件)，那么整个工作就可以用两种方法去表示它：

$$\frac{t}{3}+\frac{t}{4}+\frac{t}{6}=1,$$

这里等式右端的 1 是表示“整个工作”.

这个问题和(1)几乎是相同的，连所取的数都是成比例的：

$$15:20:30=3:4:6.$$

用字母给出这两个问题的一般模式是有益的. 比较它们的解法，权衡一下在(1)的解法中引进 g 的利弊也是很有好处的.

(3) 一架巡逻机在无风的天气里时速 200 英里*. 它载有安全飞行 4 小时的燃料. 如果它顶着时速 20 英里的风飞行，若要想安全返回，最多能飞多远?

在这里，我们应当假定风速在整个过程中是不变的，飞机的飞行路线是直线，而且飞机在最远处改变方向所需的时间是可以忽略不计的等等. 所有的文字题都含有一些没有叙述出来的使问题简化的假定，需要由解题者自己从问题里去判断和提取出来. 这是文字题的一个基本特点，不要总以为这是微不足道的，应当把它说明白.

如果我们把问题里的数字

$$220 \qquad 20 \qquad 4$$

换成一般的量

$$v \qquad w \qquad T$$

则问题会变得更有教益. 这里 v 表示飞机在无风时的速度，w 表示风速，T 表示整个飞行时间，这三个量是已知数据. 假设 x 是飞机离机场(在一个方向) 的最远距离，t_1 是出航的时间，t_2 是返航的时间，这三个是未知量. 我们把它们用简洁的表列出来，

---

* 1 英里=1.609344 公里.

	去程	返程
距离	x	x
时间	t_1	t_2
速度	$v-w$	$v+w$

(写出最后一行,实际上需要运动学里一些“朴素的”知识.)我们知道

$$\text{距离}=\text{速度}\times\text{时间},$$

我们把这三个量中每一个量都用两种方法表示出来:

$$x=(v-w)t_1,$$
$$x=(v+w)t_2,$$
$$t_1+t_2=T,$$

于是就得出一个三元一次方程组,未知量是 x,t_1 和 t_2. 实际上,只有 x 是问题所要求的,t_1 和 t_2 是*辅助未知量*. 是我们为了使整个条件能更简洁地表示出来而引进的. 消去 t_1 和 t_2,就有

$$\frac{x}{v-w}+\frac{x}{v+w}=T,$$

因此

$$x=\frac{(v^2-w^2)T}{2v}.$$

剩下来用具体数字去替换 v,w 和 T 就没有什么困难了. 考察所得的结果,并*改变原始数据*去验算它是很有意思的.

若 $w=0$,则 $2x=vT$. 这显然是对的,因为整个飞行过程都没有风.

若 $w=v$,则 $x=0$. 这也是显然的,因为面对速度为 v 的顶头风,飞机根本开动不了.

若 w 由 $w=0$ 增加到 $w=v$,则距离 x 按上述公式逐步减少. 公式所得到的结果与我们不用任何代数单凭常识就推测到的结果是完全一致的.

如果只用具体数字数据而不用文字数据去解这个题,我们就不会有上述那些有益的公式讨论和数值验算了. 当然啰,我们还

可以有一些别的有趣的验算.

(4) 一个商人有两种核桃,一种 90 美分一磅*,另一种 60 美分一磅. 他想把它们混在一起卖 72 美分一磅,为了得到 50 磅这种核桃,需要原来的两种核桃各多少磅?

这是一个典型的比较简单的"混合问题". 假设商人用了 x 磅第一种核桃,y 磅第二种核桃;x 和 y 都是未知量. 写出下列未知量和已知量的一览表:

	第一种	第二种
每磅的价钱	90	60
重　量	x	y

把混合物的总重量用两种方式表示出来:

$$x+y=50,$$

然后把混合物的总价也用两种方式表示出来:

$$90x+60y=72\times 50,$$

于是得出一个二元一次方程组,未知量是 x 和 y. 读者自己可以毫无困难地解出

$$x=20, y=30.$$

把"数字"换成"文字",读者会得到一个问题,以后将会明白,它还有别的(更有趣的)解释.

§2.5 几何中的例子

我们只讨论两个例子.

(1) 一个几何作图题. 任何几何作图题都可以化为一个代数问题. 在这里我们不讨论这个"化"的问题的一般理论[③],只举一个例子.

---

* 1 磅=0.4536 公斤.

③ 见 Courant-Robbins: What is Mathematics(中译本书名为《近代数学概观》) pp. 117—140.

三角区域由直线 AB 和两个圆弧 $\overset{\frown}{AC}$，$\overset{\frown}{BC}$ 围成. 其中一个圆的圆心是 A，另一个的圆心是 B，而且两圆彼此通过对方的圆心. 作此三角区域的内切圆.

这种图形(图 2.1)有时在哥德式建筑的窗户上可以见到.

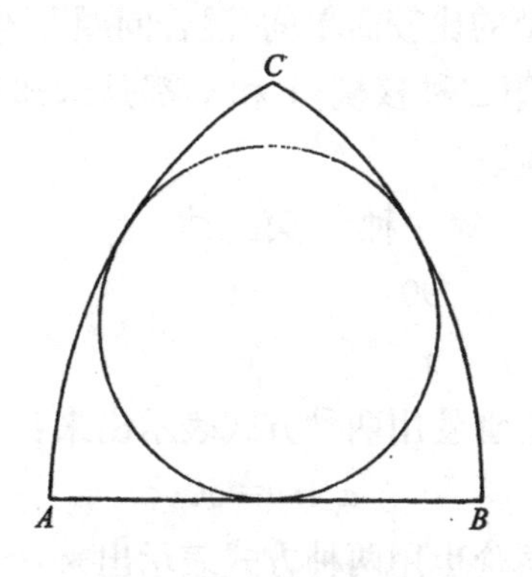

图 2.1　哥德式窗户

显然，我们可以把问题归结为求一个点，即所求圆的圆心. 这个点满足的一条轨迹是显然的，它就是线段 AB 的垂直平分线——给定三角区域的对称轴，剩下来还要找它满足的另一条轨迹.

保留一部分条件，扔掉其余的条件. 我们考虑一个(变)圆. 它不与三条边界线都相切，而只与两条边界线——直线 AB 和圆弧 $\overset{\frown}{BC}$ 相切(图 2.2). 我们用解析几何来找变圆圆心的轨迹. 设直角坐标系的原点在 A 点，x 轴通过 B 点(图 2.2). 设 x，y 是变圆圆心的坐标，把圆心与两个切点(一个是与直线 AB 的切点，另一个是与圆弧 $\overset{\frown}{BC}$ 的切点)连接起来(图 2.2). 这两个半径的长度应该相等，于是得到用两种不同方式表达的半径：

$$y=a-\sqrt{x^2+y^2}$$

(其中 $AB=a$)，将方程有理化，即可化为 $x^2=a^2-2ay$

因此，变圆圆心的轨迹乃是一条抛物线——它在几何作图里不能直接运用.

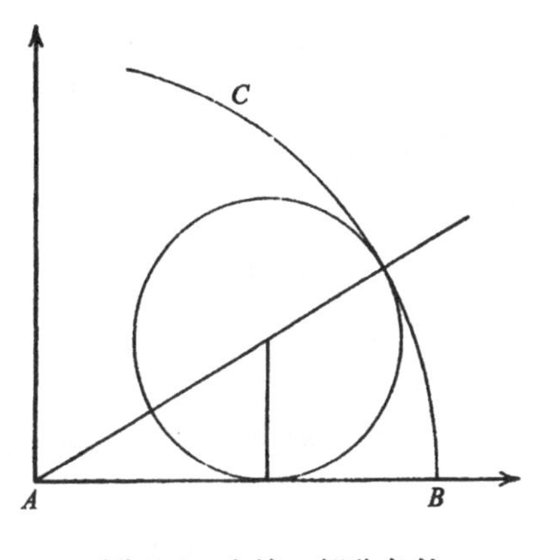

图 2.2　去掉一部分条件

可是,前面提到的那条明显的轨迹——AB 的垂直平分线——方程是

$$x=\frac{a}{2},$$

把它与抛物线的方程联立起来,便得出所求圆心的纵坐标

$$y=\frac{3}{8}a,$$

根据给定长度 $a=AB$ 不难做出 y 来.

(2) 毕达哥拉斯(Pythagoras)定理在立体几何中的类比. 所谓类比,其含义并不是确切的,立体几何里有很多事实都可以看成是毕达哥拉斯定理的类比. 我们在这里考虑的是下列情形,即把立方体视为是正方形的类比,而把一个四面角(用一个斜的平面从立方体上切下来的一角)视为是一个直角三角形(用一条斜的直线从正方形上切下来的一角)的类比. 我们把与直角三角形的直角顶点对应的四面体的顶点称为三直角顶点. 实际上,从它出发的四面体的三条棱是互相垂直的,因而形成了三个直角.

毕达哥拉斯定理解决了下列问题:直角三角形中, O 是直角顶点,给定交于 O 的两条边(直角边)的长度分别是 a 和 b,求与 O 相对的边(斜边)的长度 c.

我们下边提出类似的问题：四面体中，O是三直角顶点，给出交于O的三个面的面积A，B和C，求与O相对的面的面积D.

我们要求的是把D用A，B和C表示出来. 自然，我们希望得到一个与平面几何中的毕达哥拉斯定理

$$c^2=a^2+b^2,$$

相类比的公式. 有一个中学生猜它是

$$D^3=A^3+B^3+C^3,$$

这是一个聪明的猜测，这里指数由2变到3纯粹是因为维数从2变到3.

(3) 未知量是什么？——三角形的面积D.

你怎样才能求出这样一个未知量呢？怎样才能得到三角形的面积？如果已知三角形的三边，由海伦(Heron)公式可求出它的面积. 我们这个三角形的面积是D，设a，b和c是它的边长，令$S=(a+b+c)/2$，则由海伦公式

$$D^2=s(s-a)(s-b)(s-c),$$

我们在图上标出D的三条边(图2.3).

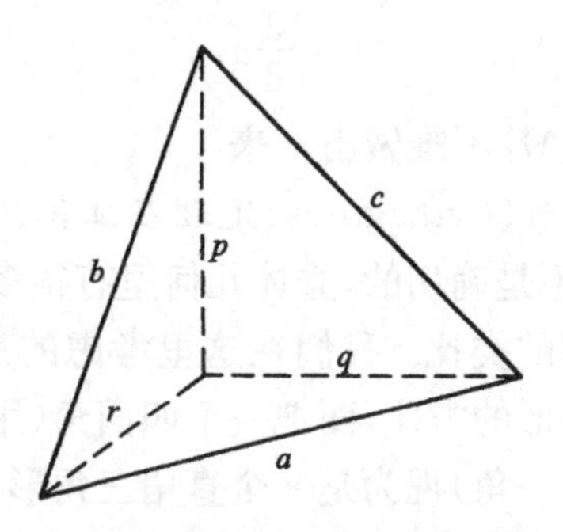

图 2.3 空间的毕达哥拉斯定理

好了！但是a，b和c知道吗？不知道，可是它们都在直角三角形中，如果已知这些直角三角形的直角边(图2.3中记为p，q，r)，则有

$$a^2=q^2+r^2,\ b^2=r^2+p^2,\ c^2=p^2+q^2.$$

很好，但是 p,q,r 知道吗？不知道，可是它们与已知数据——面积 A，B 和 C 有关：

$$\frac{1}{2}qr=A,\ \frac{1}{2}rp=B,\ \frac{1}{2}pq=C,$$

这很好，你是不是已得到什么有用的东西了？我想是的，现在我有 7 个未知量，

$$D$$

$$a,b,c$$

$$p,q,r$$

同时又有 7 个方程去确定它们.

(4) 上面(3)的推理是无可非议的. 我们按照笛卡儿的法则[见§2.3(3)]达到了目的——得出了一个未知量和方程个数相等的方程组. 只不过 7 这个数字太大了；解 7 个未知量的方程组困难一定很多. 这里海伦公式并不那么招人喜欢.

感觉到了这一点，我们干脆从头再来.

未知量是什么？——三角形的面积 D.

*你怎样才能求出这样一个未知量呢？怎样才能得到三角形的面积？*计算三角形的面积最熟悉的方法是

$$D=\frac{ah}{2},$$

其中 a 是三角形的底边，h 是高. 我们在图上面画出 h(图 2.4).

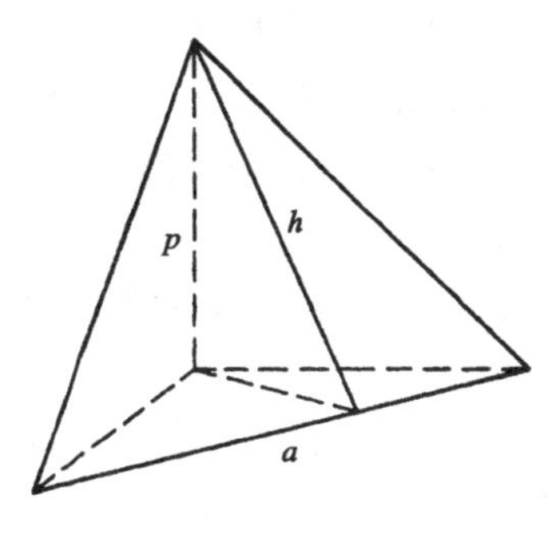

图 2.4　新的出发点

是的，a 前面已经有了，但 h 怎么办呢？我希望找出一个合适的三角形去计算高 h. 实际上，我们通过三直角顶点和 h 所决定的那个平面去截四面体，则所得的截痕是一个直角三角形，其斜边为 h，一条直角边就是 p（这在前面已见过），另一条直角边设为 k，它是面积为 A 的那个三角形的底边 a 上的高. 于是

$$h^2=k^2+p^2$$

很好！但 k 是什么呢？我们可以有办法得到它. 把上面我们所提到过的那个以 k 为高的三角形的面积用两种不同的方式表示，可得

$$\frac{1}{2}ak=A,$$

现在你已经有了与未知量个数相同的方程式了吗？我们得到了前面那些方程，我不想再去数它们了. 我想我已经知道该怎么做了. 让我把摆在面前的这几个方程联系起来：

$$\begin{aligned}4D^2&=a^2h^2\\&=a^2(k^2+p^2)\\&=4A^2+a^2p^2\\&=4A^2+(r^2+q^2)p^2\\&=4A^2+(rp)^2+(pq)^2\\&=4A^2+4B^2+4C^2\end{aligned}$$

将等式始末两端相连，约去 4，即得

$$D^2=A^2+B^2+C^2,$$

这个结果跟毕达哥拉斯定理太相像了！那个带指数 3 的猜测是聪明的，虽然猜错了，但这没有什么可奇怪的. 令人惊讶的倒是这个猜测离真正的结论是这么近！

比较一下同一个问题的上面这两种解法（它们在很多方面不同）也许是很有好处的.

你能想出毕达哥拉斯定理的一个别的不同的类比吗？

§2.6 一个物理中的例子

我们从下面这个问题开始.

铁球浮在水银里,在水银上倒上水,直到把球整个淹没,问球是下沉了,还是升高了,还是保持原来的深度不变?

我们来比较这两种情形. 铁球的下部在两种情况下都浸在水银里(即低于水银面). 在第一种情况下球的上部是在空气(或真空)中,而在第二种情况下则是在水中. 究竟在哪种情况下球在水银面上的那部分更大些?

这纯粹是一个定性问题,不过我们可以把它表达得更精确些,使它变成一个如下叙述的定量的问题(这样将更接近我们要用的代数):计算一下在两种情况下铁球浮在水银面上部分体积的比例.

(1) 用纯粹直观的推理,也可以对这个问题给出一个合乎情理的定性的解答. 我们想像从一个情况连续过渡到另一个情况. 也就是说,想像倒在水银上面把铁球上部淹没起来的那种液体连续地改变它的密度. 刚开始时,这个想像的液体的密度是0(这恰好意味着真空),然后密度逐渐增加,很快就达到空气的密度,过了一会儿,又变成水的密度,如果我们还没有看到这种密度改变对浮着的铁球有什么影响,那么就让密度继续增加下去. 当想像的液体的密度达到了铁的密度时,铁球必然会从水银里明显地浮出. 事实上,如果密度再增加哪怕一点点,铁球就会忽然蹦起,从那个想像的液体中探出来.

很自然的,我们可以假定,在想像的液体密度增加时,浮球的位置的改变总是在同一个方向进行. 由此,我们便能得到结论:当周围的空气变成水时,铁球将升起来.

(2) 为了定量地回答问题,我们需要知道这三种物质的比重:

水	水银	铁
1.00	13.60	7.84

不过，如果用字母替换这些数字，讨论起来会更好些．设

$$a \qquad b \qquad c$$

分别表示

上部液体　下部液体　浮体

的比重．设 v 是(给定的)浮体的体积，x 是 v 在液体分界面上的部分，y 是分界面下的部分(图 2.5)．这里，已知数据是 a,b,c 和 v，而未知量是 x 和 y．当然，假定

$$a<c<b,$$

浮体的体积可以用两种方式表示出来：

$$x+y=v,$$

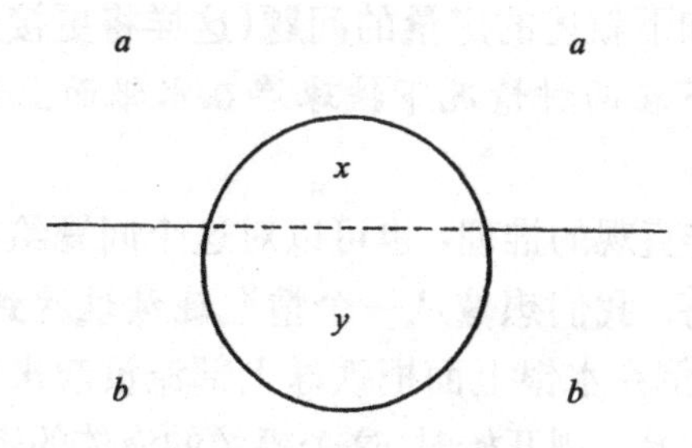

图 2.5　浮在两种液体中

现在，我们的讨论要进一步进行下去，就需要知道有关的物理知识．这里需要的有关知识是阿基米德 (Archimedes)定律，通常可以表达成：物体受到的浮力等于物体排开的液体的重量．我们考虑球在两层液体中都排出了一部分液体．所排出的液体重量在上部液体和下部液体中，分别是

$$ax \text{ 和 } by,$$

浮球的重量一定与这两个向上的浮力平衡．因此我们就能用两种不同的方式表示它：

$$ax+by=cv,$$

现在，我们得到一个二元一次方程组，未知量是 x 和 y．解这个方程组，得到

$$x=\frac{b-c}{b-a}v,\ y=\frac{c-a}{b-a}v,$$

(3) 让我们回到原题. 第一种情形,如果水银上面是真空

$$a=0,\quad b=13.60,\quad c=7.84,$$

则铁球在水银面上的部分是

$$x=0.423v,$$

在第二种情况,当水银上面是水时

$$a=1.00,\quad b=13.60,\quad c=7.81,$$

得

$$x=0.457v,$$

后面这个数大些,与我们直观推理得到的结论一致.

上面所得到的一般文字公式比起由它导出的任何数字结果要有趣得多. 特别是因为它充分证明了我们的直观推理. 事实上,保持 b,c 和 v 不变,而让 a(上层液体的密度)从 $a=o$ 增加到 $a=c$,则 x 的分母 $b-a$ 逐渐下降,于是 x(v 在水银面上的部分)就逐渐从

$$x=\frac{b-c}{b}v \text{ 增加到 } x=v.$$

§2.7 一个益智游戏

怎样把五个正方形作成两个正方形? 图 2.6 是一个十字形的纸片;它由五个相等的正方形组成. 把这一纸片沿一条直线裁成两半,然后再把其中的一片沿着另一条直线裁成两半,所得到的三部分适当地拼起来,就构成两个并列的正方形.

图 2.6 里的十字形是高度对称的(它有一个对称中心,四个对称轴),所求两个并列的正方形组成一个矩形,其长为宽的二倍. 根据问题的要求,由十字形分成的三部分应该互不重叠地拼满这个矩形.

你能解决问题的一部分吗? 显然所求矩形的面积应等于十

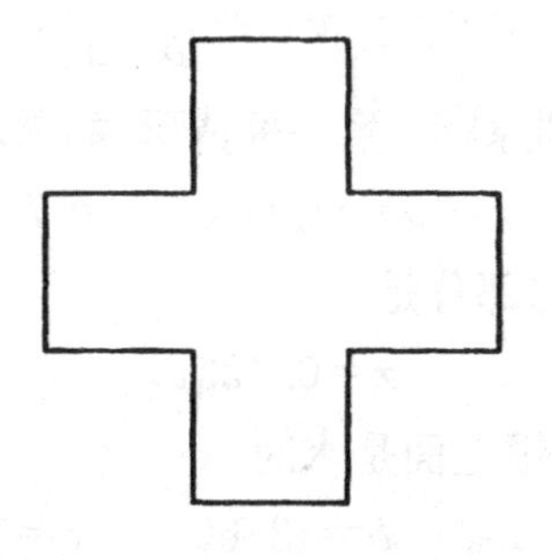

图 2.6　从 5 个做出 2 个？

字形的面积. 设 a 是十字形中的小正方形的边长，则矩形面积等于 $5a^2$. 有了面积，就能求出矩形的边. 设 x 是矩形的长，则宽为 $x/2$. 两种不同的方式表示矩形的面积，得

$$x \cdot \frac{x}{2} = 5a^2$$

或

$$x^2 = 10a^2,$$

由此可解得矩形的两边. 我们已经知道了矩形的形状和大小，但是所提的这个益智难题还没有解决；我们还不知道怎样在十字形上裁那两刀. 上面所得 x 的表达式可以给我们一点启发，我们把它写成下列形式；

$$x^2 = 9a^2 + a^2,$$

用这个提示，读者试自己把它解出来.

从上面这个问题的讨论里，我们可以得到一些有用的启示.

首先，它说明了代数，即使当它不能完全解决问题的时候，也是可以用得上的：它可能解决一部分问题，而这部分解可以使剩下的工作变得容易些.

其次，在上面所作的步骤里，它所特有的逐步扩张的模式给我们留下较深的印象. 开头，我们只得到一小部分的解：所求矩形的面积. 然后，我们用这一小部分又得到了较大的一部分：矩形的边，于是便得出了整个矩形. 现在我们又试图用这个较大的部分去得出更大的部分．我们希望，对这更大的部分再继续这样做下去，最终将得到整个的解．

§2.8 两个迷惑人的例子

迄今为止，我们在本章所考虑过的问题都是“合理的”．这里所谓合理，我们指的是这样的问题，即它的解是唯一确定的．在我们认真研究一个问题时，我们当然希望尽早地弄清楚（或猜出）它是否是合理的．因此，从解题一开始，我们就应该对自己提出这样的问题：*条件可能满足吗？决定未知量的条件充分吗？还是不充分呢？条件是不是有多余的？有没有互相矛盾的？*

这些问题是重要的[④]．我们放在后面去一般地讨论它们在解问题中的地位，这里先考虑两个例子．

（1）*某人步行 5 小时，先沿着平路走，以后上了山，然后又沿着原来的路线走回原地．假定他在平路上每小时走 4 英里，上山时每小时走 3 英里，下山每小时走 6 英里．求走过的总距离．*[⑤*]

这个问题合理吗？已知数据*足以确定未知数吗？还是不足以确定？有没有多余的？*

看来数据并不充分，还缺少某些关于山路长度的数据．如果知道他上山或下山用了多少时间的话，也就没有困难了．而少了这部分数据，问题看来就不确定了．

不过我们还是试试吧．设 x 为走过的全部距离，y 为上山走的路，行程可分成 4 段：

平路　上山　下山　平路

现在我们不难把步行所用的全部时间用两种不同的方式表示出

---

④ 见 HSI，p. 122：它能满足条件吗？

⑤* 见 L. Carroll，《错综复杂的故事》（难题 1）．Carroll 是英国数学家 C. Dodgson 的笔名，他由于写了《阿丽思漫游奇境记》而闻名世界，本书是他写的一本关于各种益智游戏，数学难题的书．

来：

$$\frac{\frac{x}{2}-y}{4}+\frac{y}{3}+\frac{y}{6}+\frac{\frac{x}{2}-y}{4}=5,$$

两个未知量，只有一个方程——这是不充分的. 不过，当我们合并同类项以后，y 的系数就变成 0 了，剩下

$$\frac{x}{4}=5,$$

$$x=20.$$

于是已知数据充分确定了所要求的唯一未知量 x. 因此，问题并不是不确定的，我们想错了！

(2) 我们想错了，这是不可否认的，不过我们怀疑题目作者在数字 3,6 和 4 的选择上要了一些花招来迷惑我们.

为了彻底弄清他的花招，我们把数字

3　　　6　　　4

换成文字

u　　　v　　　w

它们分别表示

上山速度　　下山速度　　平地速度

我们把换成文字的题目重读一遍，然后用文字把行程所用的全部时间用两种方式表示出来：

$$\frac{\frac{x}{2}-y}{w}+\frac{y}{u}+\frac{y}{v}+\frac{\frac{x}{2}-y}{w}=5$$

或

$$\frac{x}{w}+\left(\frac{1}{u}+\frac{1}{v}-\frac{2}{w}\right)y=5,$$

这时，若 y 的系数不为 0，就无法确定 x. 于是，除非有

$$\frac{1}{w}=\frac{1}{2}\left(\frac{1}{u}+\frac{1}{v}\right),$$

否则，问题就是不确定的. 由于这三个速度的选择是任意的，当它们不满足这个关系式时，问题就是不确定的. 原来是这么一个花

招，竟使我们在前面堕入了五里重雾！

（我们可以把关系式表示成

$$w=\frac{2uv}{u+v}.$$

这就是说：平地上的速度是上山速度和下山速度的调和中项*.）

(3) 两个较小的互相外切的圆都在第三个更大的圆的内部．三圆中任一个都与另两个相切，且圆心在同一直线上．已知大圆的半径为 r，过两个小圆的公共的切点的切线在大圆内的长度为 t．求大圆内小圆外的部分的面积．(图 2.7)

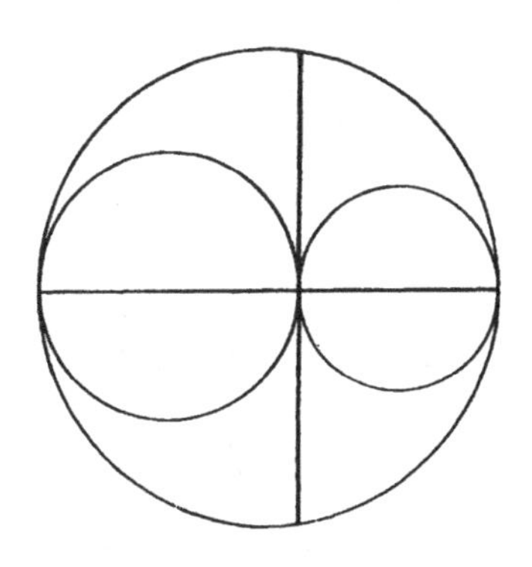

图 2.7　两个已知数据

这个问题合理吗？已知数据足以确定未知量吗？还是不足以确定？有没有多余的？

问题看上去完全是合理的．因为为了确定三圆构成的图形，充分必要条件是知道两个小圆的半径，而这只要有任何两个独立的已知数据就行了．现在给定的 r 和 t 显然是独立的：我们可以改变其中一个而不影响另一个（当然必须满足 $t\leqslant 2r$）．所以知道了数据 r 和 t，条件似乎刚好就够了，既不多也不少．

---

* x 称为正数 a 与 b 的调和中项，如果其倒数为 a,b 倒数的算术中项，即

$$\frac{1}{x}=\frac{1}{2}\left(\frac{1}{a}+\frac{1}{b}\right)\text{或}\frac{2ab}{a+b}.$$

那么,我们就开始做吧. 令 A 表示所求的面积,x 和 y 分别是两个小圆的半径. 显然

$$A=\pi r^2-\pi x^2-\pi y^2,$$

$$2r=2x+2y,$$

三个未知量是 A,x 和 y,已有了两个方程. 为了找第三个方程,考虑内接于大圆的一个直角三角形,它的底通过三圆的圆心,底所对的顶点是线段 t 的一个端点,三角形的高为 $t/2$,它是一个比例中项(见欧几里得《原本》第四卷命题 13):

$$\left(\frac{t}{2}\right)^2=2x\cdot 2y,$$

这就得到了第三个方程. 把后两式写成

$$(x+y)^2=r^2,$$

$$2xy=\frac{t^2}{8},$$

两式相减得 x^2+y^2,代入第一个方程,便得

$$A=\frac{\pi t^2}{8},$$

数据变得有多余的了:两个数据 t 和 r,只有第一个是真正有用的,第二个没用上,我们又错了!

隐藏在这个例子里的那个古怪的关系* 乃是阿基米得发现的. 见 T. L. Heath 编《阿基米得论文集》pp. 304—305.

第 2 章的习题与评注

第一部分

2.1 鲍伯有 3 块半美元** 全是 5 美分和 10 美分的硬币. 如果共有 50 枚硬币,那么鲍伯有 10 美分和 5 美分的硬币各多少?(你见过这个问题的别的形式吗?)

---

* 即大圆和小圆的半径可以随便变,只要小圆的切线段 t 不变,夹在它们间的面积就是一定的.

** 1 美元=100 美分.

2.2　将“数字”换成“字母”，推广 § 2.4 例(1)中的问题，并考虑有若干条注入和流出的管子的情形.

2.3　试做出 § 2.4 例(2)中所列方程的其他解释.

2.4　找出 § 2.4 例(3)飞行问题中的解的其他验证法.

2.5　在 § 2.4 例(4)的混合问题里，以字母

$$a \qquad b \qquad c \qquad v$$

代换数据

$$90 \qquad 60 \qquad 72 \qquad 50$$

列出方程来，你认识它们吗?

2.6　图 2.8(它与图 2.1 有关但不同)是常见的哥德式窗饰的另一形状.

求与四条圆弧(它们组成“曲边四边形”)相切的圆的圆心.

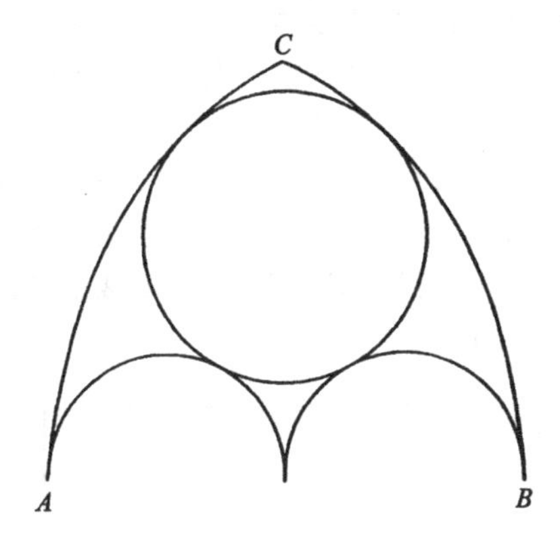

图 2.8　一个歌德式的窗子

其中两个圆弧的半径为 AB，一个圆心在 A，另一个圆心在 B. 两个半圆的半径为$\frac{AB}{4}$，圆心都在 AB 上，一个是从 A 出发，另一个是从 B 出发，都终止于 AB 的中点，并且在该点相切.

2.7　将 § 2.5(3)提出的方案算到底，这就使你用另一方法得出了在 § 2.5(4)中已得到的同一个简单的表达式(即将 D^2 用 A，B 和 C 表示).

2.8　比较 § 2.5(3)与 § 2.5(4)的解法.（着重于一般观点.）

2.9　给定四面体，它有一个三直角顶点为 O，过 O 的三个面的面积分别为 A，B 和 C，求它的体积 V.

2.10　**海伦定理的一个类比.** 一个四面体具有一个三直角顶点. 如果它的三直角顶点相对的面的三条边的长度是 a,b 和 c,求它的体积 V.

(若在 V 的表达式中,以适当对称的形式引入量

$$S^2=\frac{a^2+b^2+c^2}{2},$$

则所得结果就具有类似海伦公式的形式)

2.11　**毕达哥拉斯定理的另一类比.** 给定长方体的长、宽和高分别为 p、q 和 r. 求对角线长度 d.

2.12　**毕达哥拉斯定理的又一类比.** 给定长方体在某一顶点的三个交汇面的对角线长度 a,b 和 c,求它的对角线长度 d.

2.13　**海伦定理的又一类比.** 设 V 是四面体的体积,以 a,b 和 c 表示它的某一面的三条边的长度,假定它的每一条棱都和与它相对的棱相等,求 V.

2.14　试用 $V=0$ 的退化的情形,检验习题 2.10 和 2.13 的结果.

2.15　解 §2.7 所提的益智游戏题(x 与 $x/2$ 是十字形图形被剪裁后得到的矩形的两个边,怎样才能在十字形里找到一条长为 x 的线段呢?).

2.16　图 2.9 表示一个特殊形状的纸片——中间挖掉了一个矩形孔的矩形. 设大矩形的边长为 9 和 12,小矩形孔的边长为 1 和 8,它们有公共的中心,并且对应的边是互相平行的. 试沿两条线把它裁成两部分,再合在一起,使之能拼成一个完整的正方形.

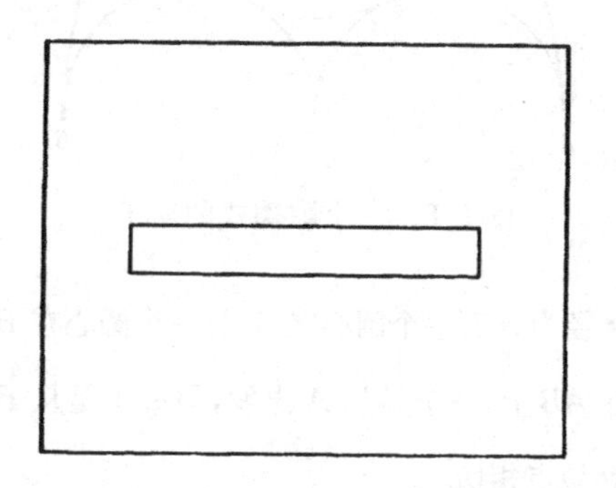

图 2.9　两刀剪出一个正方形

(a) **你能解决问题的一部分吗?** 所求正方形的边长是多少?

(b) **设想问题已经解决了.** 想像纸片已经裁成两部分——左部和右部. 保持左部的位置,移动右部使之能与左部拼成一个正方形. 假定知道了(a)

的结果，你想用什么样的移动去实现呢？

(c) *对解法的部分猜测*. 所给纸片关于它的中心以及互相垂直的两个轴是对称的，当你沿着所要求的两条线把纸片剪开时，你料想它能够把什么样的对称性保持下来呢？

第二部分

我们把下面的某些题，按照它的内容，分成若干组，在每一组的第一个例子前面，给出内容的标题(如*杂题*，*平面几何*，*立体几何*等等)，某些习题在后面的括号里注上牛顿(Newton)或欧拉(Euler)的名字，它们选自下列原著：

《泛算术》(Universal Arithmetick)或《算术及解法》(Treatise of Arithmetical Composition and Resolution). 原著是艾萨克·牛顿爵士用拉丁文写的，后来由拉尔菲逊(Ralphson)译成英文，1769年出版.（习题后面若注有“引自牛顿”字样，指的是出自此书，不过在陈述上或数据上稍有改变.）

《代数学原理》(Elements of Algebra)原著是伦纳德·欧拉用德文写的，英文本1797年译自法文本.

艾萨克·牛顿(1643—1727)是公认的科学巨人，他的工作涉及力学原理，万有引力理论，微积分学，理论和实验光学以及其他一些较为次要的方面，它在上述任何领域里的工作都足以确立他在科学史上的地位. 伦纳德·欧拉(1707—1783)也是一个非常伟大的学者，他几乎在数学的每个分支和若干物理学的分支里都留下了足迹，对于牛顿、莱布尼兹所发现的微积分的发展，欧拉的贡献比任何别的数学家都要大. 我们这里想指出的是，像牛顿和欧拉这样伟大的学者，并没有认为详细地讲解用方程式去解“文字题”会降低他们的身份.

2.17 *杂题*. 骡子和驴子驮了几百斤重物，驴子抱怨自己驮得太重了，它对骡子说:“只要把你身上的拿过来100斤，我驮的就是你的两倍啦. ”骡子回答说，“是啊！可是如果把你的给我100斤的话，我驮的就要变成你的三倍啦. ”

那么，它们各驮了多少斤？(欧拉)

2.18 史密斯先生和他的太太坐飞机旅行，两人行李重量共为94磅. 因为行李超重，史密斯先生付了1.5美元，史密斯太太付了2美元. 如果史密斯先生一个人带着全部行李旅行的话，则需付出13.5美元. 问每位旅客可免费携带多少行李？

2.19　父亲死后留下 1600 克朗* 给三个儿子，遗嘱上说，老大应比老二多分 200 克朗，老二应比老三多分 100 克朗，问他们各分了多少？(欧拉)

2.20　父亲死后，四个儿子按下述方式分了他的财产：

老大拿了财产的一半少 3000 英镑.

老二拿了财产的 1/3 少 1000 英镑.

老三拿了恰好是财产的 1/4.

老四拿了财产的 1/5 加上 600 英镑.

问整个财产有多少？每个儿子分了多少？(欧拉)

2.21　父亲给孩子们留下了遗产，他们按下列方式分配财产：

第一个孩子分得 100 克朗和剩下的 1/10.

第二个分得 200 克朗和剩下的 1/10.

第三个分得 300 克朗和剩下的 1/10.

第四个分得 400 克朗和剩下的 1/10，如此下去.

最后发现所有的孩子分得的遗产相等. 问财产总数、孩子数和每个孩子得到的遗产数各是多少？(欧拉)

2.22　三人赌博. 在第一轮里，第一人输给其他两人任一个的钱跟那两人原有的钱相等. 在第二轮里，第二人输给第一人、第三人的钱等于他们已有的钱. 最后，在第三轮里，第一人第二人从第三人那里赢得的钱与他们手中已有的钱一样多. 于是他们停了下来，发现他们大家的钱都是 24 个路易**. 问他们开始赌时各有多少钱？(欧拉)

2.23　三个工人做一件工作，A 一人需要 3 星期做完，三个 B 需要 8 星期做完，五个 C 需要 12 星期做完. 问他们一道去干，多少时间可以完成？(牛顿)

2.24　已知某些人中每一人的能力（即需要多少时间去干完一件工作），求他们一道干这件工作所需要的时间.（牛顿）

2.25　某人买了 40 蒲式耳*** 小麦，24 蒲式耳大麦，20 蒲式耳燕麦，共用 15 镑 12 先令. 第二次又用 16 镑买了 26 蒲式耳小麦，30 蒲式耳大麦和 50 蒲式耳燕麦. 第三次用 34 镑买了 24 蒲式耳小麦，120 蒲式耳大麦和 100 蒲式耳燕麦. 问各种谷物每蒲式耳的价钱.（牛顿）

---

* 克朗是英国银币，合旧制 2 先令 6 便士.

** 法国古代的金币.

*** 1 蒲式耳＝8 加仑 36.3688 升.

2.26 (续)推广之.

2.27 12条牛4星期内吃光了$3\frac{1}{3}$英亩*牧地,而21条牛9星期内吃光了10英亩牧地,问多少条牛在18星期内可吃光24英亩牧地?(牛顿)

2.28 *古埃及问题.* 我们的问题取自莱因德纸草书**,那是我们关于古埃及数学知识的主要来源. 原文谈到的这个问题是关于5个人分100个面包的问题,但是大部分条件没有表达出来(或是没有清楚地表达出来). 解法是采取"碰",即先作一猜测,然后再去校正它⑥.

下面是用现代术语和抽象的形式表达的这个古埃及问题,读者可以进一步把它化为方程组问题:一个等差数列具有5项,它们的和等于100,三项大数的和等于两项小数的和的7倍,求等差数列.

2.29 等比数列有三项,它们的和等于19,它们平方的和等于133,求此等比数列.(引自牛顿)

2.30 等比数列有四项,两头两项的和为13,中间两项的和为4,求此等比数列.(引自牛顿)

2.31 若干商人共有股票8240克朗. 每人再40次追加股份,每次加进的克朗数等于人数,他们每人获得的利润是总股份的1/100. 在分利润时,他们发现,如果每人分十次,每次分得的克朗数都等于人数,则还余下224克朗,求商人数.(欧拉)

2.32 *平面几何.* 在边长为a的正方形内有五个互不重叠的半径为r的圆. 一圆的圆心与正方形的中心重合,其余四圆与它相切,其中任一个还与正方形的两边相切(挤在一个角里). 试以a表示r.

2.33 *牛顿谈几何问题如何列方程.* 假若问题涉及一个圆的内接等腰三角形,要将它的腰和底与圆的直径作比较. 这个问题或者可以提为给定三角形的腰与底求直径,或者是给定腰与直径求底,或者最后,给定底和直径求腰. 但不管问题怎样提法,它们都可以用同样的分析法,归结到一个方程式.(牛顿)

设d、s和b分别表示直径、腰和底的长度.(于是三角形的三边长为s,s

---

* 1英亩≈4000平方米.

** 苏格兰人A. H. 莱因德(Rhind)于1858年发现的古埃及写于纪元前1650年的数学著作,写在草纸卷上,故称莱因德纸草书.

⑥ 参看J. R. 纽曼(Newman)《数学世界》(The World of Mathematics),第1卷,pp. 173—174.

和b.）求联系d,s和b的一个方程，使它能同时解下述三个问题：

已知s和b，求d；

已知s和d，求b；

已知b和d，求s.

2.34 （续）研究习题2.33所得到的方程.

(a) 三个问题的难易程度相同吗？

(b) 所得到的方程对三种情形只是在某些条件下才有正的解（分别对应于d,b和s），这些条件是否都准确地与几何的状态相对应？

2.35 点G,H,V和U依次是四边形的四个顶点，测量员想知道UV的长度x，他知道$GH=1$，并测得四个角为

$$\angle GUH=\alpha,\angle HUV=\beta,\angle UVG=\gamma,\angle GVH=\delta.$$

试以α,β,γ,δ和1表示x.

（回忆问题2.33并按照牛顿讲的去做——"选择那样的已知量和未知量，使得列方程最为方便."）

2.36 给定直角三角形的面积和周长，求它的斜边.（牛顿）

2.37 给定三角形的底和底上的高及三边之和，求三角形.（牛顿）

2.38 给定任意平行四边形的边及一个对角线，求另一对角线.（牛顿）

2.39 等腰三角形的腰为a，底为b. 由此三角形中切去两个对称于底b上的高的三角形，使剩下的对称的五边形等边. 试以a和b表示五边形的边长x.

[比萨的莱昂纳多(Leonardo of Pisa)* 又叫斐波那契(Fibonacci)讨论过$a=10$,$b=12$时的情形.]

2.40 等边六边形的边长为a，它有三个直角内角，且与另三个钝角内角交叉（设六边形为$ABCDEF$，令$\angle A$, $\angle C$和$\angle E$是直角，$\angle B$,$\angle D$和$\angle F$是钝角）. 求此六边形的面积.

2.41 一等边三角形内接于另一等边三角形，两三角形的对应边也互相垂直，于是大三角形被分成四块，每一块的面积是整个面积的几分之几？

2.42 用三条截线把已知三角形分成七块，四块是三角形（剩下的三块是五边形），其中一个三角形是由三条截线组成，另外三个均由给定三角形的某一边与两条截线组成. 适当选择三条截线，使四块三角形全同. 在这种剖分中，小三角形的面积是已知三角形面积的几分之几？

---

* 比萨的莱昂纳多，又叫斐波那契（1170—1250），意大利数学家.

(先考虑一种特殊形状的已知三角形,对它来讲,解法特别简单.)

2.43 在矩形内选一点 P,使得 P 到矩形的一个顶点的距离是 5 码*,到对面顶点的距离是 14 码,到第三个顶点的距离是 10 码. 求 P 到第四个顶点的距离.

2.44 已知正方形内一点到三顶点的距离是 a,b 和 c;其中 a 和 c 是到相对两顶点的距离.

(Ⅰ)求正方形的边长 s.

(Ⅱ)对下列四种特殊情形验证你的结果:

(1) $a=b=c$,

(2) $b^2=2a^2=2c^2$,

(3) $a=0$,

(4) $b=0$.

2.45 网球(相等的圆)在一张特别大的桌子(无限平面)上规则地排列起来,我们考虑下列两种排法.

第一种情形,每个网球都与其余的四个相切,而相切球的球心的连线把平面剖分成相等的正方形.

第二种情形,每个网球都与六个其余的球相切,而相切球的球心的连线把平面剖分成相等的等边三角形.

求平面被网球(圆)覆盖的面积在每一种情形下的百分比.

(第一种情形见图 3.9,第二种情形见图 3.8.)

2.46 立体几何. 在边长为 a 的立方体(一个正方盒子)内有 9 个互不重叠具相同半径 r 的球(盒子里装了 9 个球),其中一个球与立方体共心,而与其余 8 个球相切(球是紧紧挨在一起的),这 8 个球中的任一个都与立方体的三个面相切(挤在立方体的一角),试用 a 去表示 r.

(或用 r 去表示 a;即当你有了球以后,再去做一个盒子. 这个问题跟习题 2.32 里那个平面几何问题类似,你能用那里的结果和方法吗?)

2.47 试造一个类比于习题 2.43 的立体几何问题.

2.48 一个棱锥,如果它的底面是正多边形,并且顶点到底面的垂线通过底面正多边形的中心,就叫做一个正棱锥.

设正四棱锥的五个面的面积都相等,已知棱锥的高 h,求它的表面积.

2.49 (续)正棱锥和等腰三角形之间有些类似之处;总之,如果给定了

---

* 1 码=0.9144 米.

棱锥的侧面数，则无论立体的或平面的图形都只需两个数据就可决定了.

试造一些关于正棱锥的问题.

2.50 试造一个类似于习题 2.38 的立体几何命题.（习题 2.12 可以作为这个推广的一个跳板.）

2.51 求习题 2.13 里的四面体的表面积，假定 a，b 和 c 都已给定.（它跟什么类似?）

2.52 12 个全同的等边三角形中，8 个是正八面体的面，4 个是正四面体的面，求八面体与四面体体积的比.

2.53 三角形先绕边 a 旋转，再绕边 b 旋转，最后绕边 c 旋转，得到三个旋转体. 求这三个立体的体积比和表面积比.

2.54 一个不等式. 矩形与等腰梯形的位置如图 2.10 所示，它们有公共的(垂直的)对称轴，高相等，且面积一样. 如果 $2a$ 和 $2b$ 分别是梯形的上底和下底，那么矩形的底便等于 $a+b$，绕它们公共的对称轴旋转，矩形便画出一个圆柱，而梯形则画出一个圆台. 它们当中哪一个的体积更大?（你可以借助几何得到答案，但必须用代数证明之.）

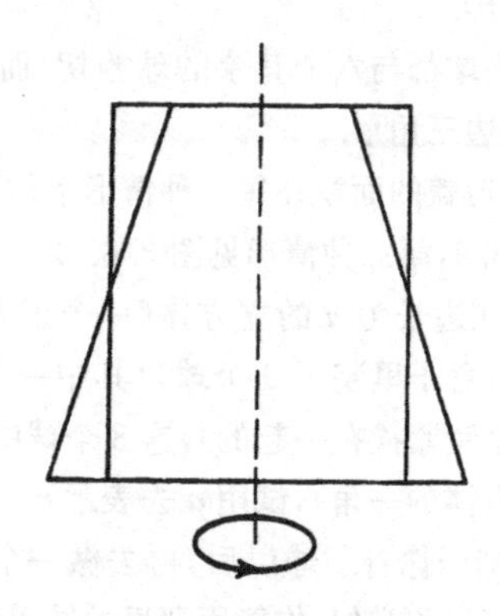

图 2.10 旋转它!

2.55 测球仪. 球面上有 4 个点 A，B，C 和 D，其中 A，B 和 C 组成一个边长为 a 的等边三角形，点 D 到$\triangle ABC$ 决定的平面的垂直距离为 h，垂足为$\triangle ABC$ 的中心，给定 a 和 h，计算球半径 R.

（上述几何问题乃是测球仪构造的理论依据. 测球仪是一个测量透镜曲率的仪器. 在测球仪上，A，B 和 C 是三个固定的平行“腿”的端点，而第四个活动“腿”的端点用螺丝钉拧在位置 D 上，距离 h 可以用螺丝钉的旋转度数去测量.）

2.56　**图示时刻表.** 在考虑若干质点沿同一路径运动时,常引进一直角坐标系,横坐标表示时间 t,纵坐标表示从某固定点沿路径走过的距离 s. 为了说明它的用途,我们重新来谈一下§2.4里的例(3).

设从初始时间出发测得的飞机飞行时间和从起点测得的飞行距离分别是 t 和 s. 于是当飞机出航飞行 t 小时后,走过的距离是

$$s=(v-w)t,$$

当 v 和 w 固定时,这个方程在坐标系中表示一条过原点的直线,斜率为 $v-w$(速度)[点(0,0)表示飞机的出发点]. 在返航途中,距离 s 和 t 满足关系式

$$s=-(v+w)(t-T),$$

这是一条过点 $(T,0)$(设飞机在规定时间 T 返回到出发点)斜率为 $-(v+w)$ 的直线.

两条直线的交点(既是空间的又是时间的)同时属于出航路径与返航路径,在该处飞机改变了飞行方向. 因为 s 的两个表达式在该点都成立,故

$$(v-w)t=-(v+w)(t-T),$$

由此得

$$t=\frac{(v+w)T}{2v},$$

所以由方程得

$$s=\frac{(v^2-w^2)T}{2v},$$

这是飞机所能达到的最远距离. 在§2.4(3)里,我们已得出这个结果(那时用 x 代替 s).

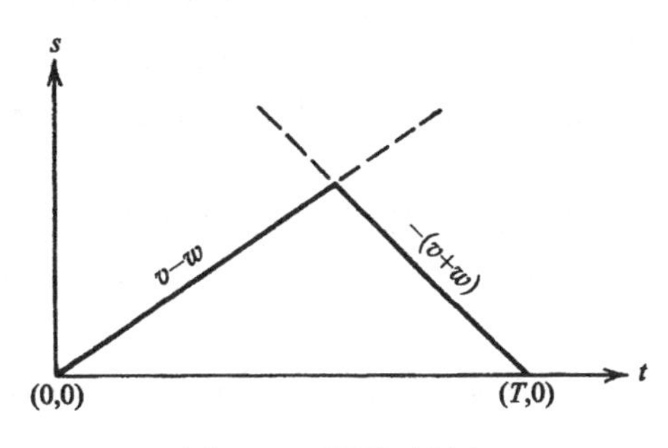

图 2.11　图示时刻表

在图 2.11 中(不要看虚线),飞机的飞行过程由两个线段构成的折线表示,这两个线段在某点交成一角,该点的横坐标就表示飞机所能达到的最远距离. 整个折线便刻画了飞行全过程,它显示了飞机在任何时间所达到的地点,以及达到任何给定点所需的时间,这条线便是飞行(所考虑的运动)的图示时刻表.

2.57　邮递员 A 和 B 相距 59 英里,相向而行. A 两小时走了 7 英里,B 三小时走了 8 英里,而 B 比 A 晚出发一小时,求 A 在遇到 B 前走了多少英里?(牛顿)

2.58　(续)推广之.

2.59　艾尔和彼尔住在同一条街的两头. 艾尔要送一包裹到彼尔家,彼尔也要送一包裹到艾尔家. 它们同时出发,各自的步行速度不变,而且把包裹送到目的地后,放下包裹便立即回家. 第一次碰面时,距艾尔家 a 码,第二次碰面时,距彼尔家 b 码. 问

(1) 街长多少?

(2) 若 $a=300,b=400$,谁走得快?

2.60　鲍伯,彼得和保罗一道旅行. 彼得和保罗擅长走路,每小时走 p 英里,鲍伯脚不好,他驾了一辆小的双座车(不能坐三个人),每小时可行 c 英里. 三个朋友按下列计划进行:同时出发,保罗和鲍伯坐车,彼得步行. 过一会儿,鲍伯让保罗下车继续走,他返回接上彼得又继续向前开,直到赶上保罗. 这时保罗和彼得再换一下,像出发时那样,整个过程便这样重复下去.

(1) 他们每小时走多少英里?

(2) 车上只载一人的时间占旅行时间的几分之几?

2.61　(续)推广:脚不好的鲍伯和他的小车同上题,但同行的却有 n 个朋友 $A,B,C,\cdots,L$(代替两个朋友),他们的步行速度都是 p 英里/小时.

(画出 $n=3$ 的运动图,检验极端情况 $p=0,p=c,n=1$,$n=\infty$.)

2.62　一块石头落入井内. 试由石块撞击井底的声音确定井的深度.(牛顿)

你必须测得当石块开始下落与你听到石块撞底声音这两个瞬时之间的时间间隔 T. 此外,你还必须知道声速 c 和重力加速度 g,问题就是给定了 T,c 和 g,求井深 d.

2.63　假设彗星在直线上做匀速运动,试用三个观察记录去确定它的位置.(牛顿)

设 O 是观察者的眼睛,A,B 和 C 分别是彗星在第一,第二和第三次观察

时所处的位置. 根据观察,我们知道角度

$$\angle AOB=\omega, \quad \angle AOC=\omega'$$

和时间, t 为第一次观察和第二次观察间的时间间隔, t' 为第一次观察和第三次观察间的时间间隔,根据匀速运动的假设

$$\frac{AB}{AC}=\frac{t}{t'},$$

问题就是给定 ω,ω',t 和 t',求 $\beta=\angle ABO$.

(用 ω,ω',t 和 t' 去表示 β 的某个三角函数,如 $\cot\beta$.)

2.64 方程个数与未知量个数相等. 给定 a,b 和 c,求解方程组

$$3x-y-2z=a,$$
$$-2x+3y-z=b,$$
$$-x-2y+3z=c.$$

(条件能满足吗? 条件足以确定未知量吗?)

2.65 方程个数大于未知量个数. 求 p,q 和 r 使得方程

$$x^4+4x^3-2x^2-12x+9=(px^2+qx+r)^2$$

对一切 x 恒成立.

(这个问题要求对一个 4 阶多项式开平方根,对这个具体问题它是可能的,而在一般情形下它并不可能,为什么不可能?)

2.66 证明不可能存在数(实的或复的) a,b,c,A,B 和 C,使得方程

$$x^2+y^2+z^2=(ax+by+cz)(Ax+By+Cz)$$

对独立变量 x,y,z 恒成立.

2.67 方程个数小于未知量个数. 某人用 100 克朗买了猪、山羊和绵羊共 100 只,其中猪 $3\frac{1}{2}$ 克朗一只,山羊 $1\frac{1}{3}$ 克朗一只,绵羊 $\frac{1}{2}$ 克朗一只. 问各买了多少只? (欧拉)

欧拉解这个问题用的方法是所谓的"盲人法则". 设 x,y 和 z 是猪,山羊和绵羊的数目,当然,它们应当是正整数. 先写出它们的总头数,再写出总钱数,得

$$x+y+z=100,$$
$$21x+8y+3z=600.$$

其中第二个方程经过了简单变形. 消去 z,可解出 y,得

$$y=60-\frac{18}{5}x,$$

于是知

$$\frac{x}{5}=t$$

必须是正整数. 剩下的请读者去完成.

2.68　制币者(我们希望他制造的钱不是假的)有三种银子,第一种的纯度是每马克(1马克=8盎司*)含7盎司,第二种的纯度是每马克含$5\frac{1}{2}$盎司,第三种是每马克含$4\frac{1}{2}$盎司. 他想得到纯度为每马克8盎司的银子30马克,问需三种银子各多少马克?(欧拉,括弧里的话是作者附加的.)

这里要求的是整数解. 求方程整数解的问题称为丢番图问题**.

2.69　设一整数加上100得一平方数,加上168又得另一平方数,求该数.

2.70　鲍伯收集了三本邮票. 第一本里的邮票占全部邮票的十分之二,第二本里有七分之几,而第三本里则有303张邮票,鲍伯有多少邮票?(条件足以确定未知量吗?)

2.71　学校对过的商店有一种很少人买的50美分一支的圆珠笔,商店降价以后,存货共卖得31.93美元,问现价多少?(条件足以确定未知量吗?)

2.72　笛卡儿的法则. 我们在§2.1里引述的伟大哲学家和数学家R.笛卡儿的著作,对我们的学习特别重要.

"法则"是在他死后出版的,它在笛卡儿的原稿中并没有完成. 笛卡儿计划写36节,但是只有18节算是勉强完成了的,有3节只有概要,其余的很可能根本就没有写. 前12节讨论在解题中有用的思考方法,后12节讨论所谓"完善"的问题,最后12节是打算处理"不完善的问题"⑦.

每一节开始都有一个"法则",这是给读者的一条简明的告白,整个这一节就是谈法则所总结的思想产生的背景,以及它的解释、例证或详细说明. 当我们引用某一任何段落时,只标明该节法则的编号⑧.

---

* 1盎司=28.3495克.

** 丢番图(Diophantos)是古希腊(公元二—三世纪)亚历山大城的数学家,曾研究整系数方程的整数解问题,这是数论中一个很困难的问题.

⑦　法则Ⅻ,pp,429—430. "完善的"问题可以很快化为纯数学问题,"不完善的"问题则不能,这似乎是两者最大的区别.

⑧　笛卡儿的话引自C.亚当(Charles Adam)和P.塔纳里(Paul Tannery)编汇的《笛卡儿全集》(OE或Oeuvres de Descartes)在第十卷上有"法则"的拉丁原文(pp.359—469).

笛卡儿的话对我们当然是有指导意义的，但是如果你相信笛卡儿的话仅仅是由于它是笛卡儿讲的，那么，你就恰好违背了笛卡儿当初的本意. 实际上，读者不应当盲目相信这个作者讲的，或是任何别的作者讲的东西，或是信赖自己匆忙中得到的第一印象. 在很好地听了作者讲述之后，读者应当只接受那些他自己已经看清楚了的事情，或是经过深思熟虑并由自己的经验所证实了的事情. 只有这样做才是按笛卡儿"法则"的精神办事.

2.73 剥问题的皮(将问题抽象化，简单化). 笛卡儿说："剥去那些多余的东西，把问题化为最简单的形式. "⑨

这个告诫，可以用于程度不同的各类问题. 不过，这里我们还是讲具体点，考虑一个课堂上常举的例题——关于运动的速度问题[如§2.4的例(3)]. 问题里运动的物体，可以是一个人，一辆汽车，一列火车或是一架飞机. 事实上，它们之间没什么差别，因为在初等水平上解此问题，我们总是把它们当作在直线上作匀速运动的质点去处理. 这种简单化在某些情况下完全是合理的，而对另一些情况则也许是荒唐的. 当我们把实际问题化成数学问题时，某种程度上的简单化或抽象化自然是不可避免的. 因为显然，数学问题处理的是抽象的量，因此只有借助于上述那条从具体到抽象的途径，它才能跟实际对象间接地联系起来.

工程师和物理学家在处理他们的问题时，必须对问题作认真的考虑，究竟简单化、抽象化可以进行到什么样的程度，哪些是可以略去的，哪些小效应是可以不计的. 他们必须注意避免两个极端：既不要把数学任务提得太难，变得似乎不可克服，又不要把物理状态过于简单化了. 事实上，在处理最原始的实际问题时，我们一开始便会置身于这个两难的境地. 因此，学会如何将问题简化到一个恰当的程度是初学者必须克服的一个困难，如果不能越过这一障碍，那将是很糟糕的.

这里还涉及一个困难，通常课本里的问题总是默许了某些简单化. 例如，实际速度本来是变化的，但是在初级课本里所有的速度却都认为是常数. 初学者必须逐步熟悉这类隐含的假定，他应当学会正确地解释那些已经简化了的公式，这一点至少是应该常常提出来讨论的.

(我们还应当提到一点，它也是很重要的，不过由于它离题太远，这里就只简单提一两句. 在对未知量进行数值计算时，有一个精度问题，我们在对问题作简化与省略处理时，应当把它与未知量的精度要求联系起来考虑. 如

---

⑨ 法则XIII，p. 430.

果我们在计算时，比起原始数据所能保证的有效数字，多算了或是少算了十进位位数，那我们便做了“虚功”或是遗漏了什么. 虽然在初级水平上阐明这一重要观点的机会是很少的，但切不可放过它们.

在本书末尾列出的参考文献[7]里，对上面讨论到的一些观点，作了有益的，但并不特别引人注目的说明.

2.74 *有关的知识. 动员与组织.* 显然，除非我们知道(或者说假定是知道的)有关的物理事实，否则我们是无法把一个物理问题化为数学问题的. 例如，没有阿基米德定律的知识，我们便不能解 §2.6 里的那个问题.

在把一个几何问题化成代数问题，列出方程式时，我们要用有关的几何知识. 例如，我们也许要用毕达哥拉斯定理，或是相似三角形边成比例，或是面积和体积的计算公式等等.

如果我们不具备这些有关知识，我们就不能把问题归结成代数的方程式. 然而，即使我们曾经学过这些知识，但在我们需要用它们的时候，也可能会想不起来了. 或者就是想到了也认识不到它们对手头的问题有什么用处. 在这里我们可以清楚地看到：光是具备了那些潜在的必需的有关知识还是不够的，我们还应当在需要它的时候，能把它回忆起来，使它从沉睡中苏醒过来，把它动员起来，使它为我们的目的服务，把它组织起来，使它能适应我们的需要.

随着工作朝前进展，我们对问题的构思也会不断变化：一条条的辅助线做出来了，一个个辅助未知量出现在我们的方程里，越来越多的材料被动员起来，引进到问题中，直到最后，达到了饱和，我们得到了恰好跟未知量的个数一样多的方程式，而原有的和后来陆续动员进来的材料也互相渗透形成了一个有机的整体. [§2.5(3)给出了一个很好的描绘.]

2.75 *独立性与相容性.* 笛卡儿要求我们建立的方程其个数与未知量的个数一样多⑩. 设 n 是未知量的个数，$x_1, x_2, \cdots, x_n$ 是未知量；那么所求方程就可写成形式：

$$r_1(x_1, x_2, \cdots, x_n)=0$$
$$r_2(x_1, x_2, \cdots, x_n)=0$$
$$\vdots$$
$$r_n(x_1, x_2, \cdots, x_n)=0$$

其中 $r_i(x_1, x_2, \cdots, x_n)$表示 $x_1, x_2, \cdots, x_n$ 的多项式，$i=1,2,\cdots,n$；此外笛卡

---

⑩ 法则XIX，p. 468.

儿还让我们逐步化简方程组，使得最后只剩下一个方程[11]. “一般来说”，这是可以做到的(即通常所谓正规的情形，……)，而且“一般来说”，方程组有解(即有一组实数或复数值 $x_1, x_2, \cdots, x_n$，它们同时满足 n 个方程)，并且这样的解只有有限个(解的个数依赖于最后那个方程的阶数).

但是也有例外的(不正规的)情形，这里我们不能一般地去讨论它，只举一个简单的例子.

考虑一个三元一次方程组：

$$a_1x+b_1y+c_1z+d_1=0$$
$$a_2x+b_2y+c_2z+d_2=0$$
$$a_3x+b_3y+c_3z+d_3=0$$

其中 x, y, z 是未知量，$a_1, b_1, \cdots, d_3$ 是 12 个给定的实数.

假定 a_1, b_1 和 c_1 不同时为 0，同样的，对 a_2, b_2 和 c_2 以及 a_3, b_3 和 c_3 也作此假定. 如果把 x, y, z 看作空间直角坐标系的坐标，则上述三个方程各表示一个平面，因此这个方程组就表示了三个平面的图形.

关于上述线性方程组，可有下列不同的情形.

(1) 无解，即 x, y, z 取任何实数都不能同时满足三个方程. 在这种情况，我们说这些方程是*不相容的*，而这个方程组就叫做*不相容方程组*或*矛盾方程组*.

(2) 有无穷多个解；我们称此方程组为*不定的*. 在这种情形下，如果满足方程组中两个方程的数组 x, y 和 z 也都满足第三个方程，这时就说第三个方程*不独立*于其余两个方程.

(3) 有唯一解，这些方程是*互相独立的*，而方程组就叫做*相容的和确定的*.

试想像与上述情况对应的三个平面的相互位置，并具体写出来.

2.76　*唯一解. 预测.* 如果一盘棋或一个谜语有不止一个解答，我们就认为它是不完善的；一般来说，我们对只有唯一解的问题，似乎自然而然的有一种偏爱. 在我们眼里，好像只有它们才是“合理的”，“完善的”. 就连笛卡儿也不例外，他说过：“*我们理想中的完善问题，是完全确定的问题，它的解答由已知量就可以导出来.*”[12]

问题的解是唯一的吗？*条件足以确定未知量吗？*我们一开始解题时，常

---

[11] 法则 XXI，p. 469.

[12] 法则 XIII，p. 431.

常就要问这些问题(而提这些问题是得当的). 这样早就问这些问题,并不是真的需要或是真的希望得到一个最后的答案(最后的答案是要在问题完全解出来之后才能得到的),而只不过是想得到一个初步的答案,一个预测或是一个猜想(它们可以加深我们对问题的理解). 这个初步的答案往往证明是对的. 当然,有的时候我们也不免会掉进陷阱,像§2.8的例子遇到的那样[13].

2.77 *为什么要解文字题?* 我认为中学数学教学最重要的一件任务就是讲授列方程解文字题,我希望这个主张能触动一些人. 下面是支持此观点的一个有力论据.

在列方程解文字题时,学生要把一个实际问题翻译成数学语言,这就使他们有机会体验到数学的概念和具体的东西是可以联系起来的,不过这种联系必须仔细研究才找得出来. 中学课程提供了这种基本训练的第一个机会. 而对于以后在工作中不用数学的学生来说,这也就是最后一次机会了. 可是对于工作中要大量用数学的工程师和科学家来说,他们主要要靠这一训练把实际问题翻译成数学概念. 也许一个工程师可以靠数学家去替他解他的数学问题,这样,未来的工程师就可以用不着为了解题去学数学. 但是有一点他是不能完全依赖数学家的,这就是他必须懂得足够的数学知识,以便能把自己的实际问题变成一个数学问题. 这样,未来的工程师当他在中学里学习列方程去解文字题时,便能第一次尝试到数学在他的工作里主要是怎么用的,也第一次有了这样的机会去锻炼自己,培养自己这方面的习惯.

2.78 *更多的问题.* 设计一些与本章所提的问题(特别是那些你能解的问题)类似但又与它们不同的问题.

---

[13] 这种例子还可参看MPR,卷Ⅰ,pp. 190—192,和pp. 200—202,习题1—12.

第3章 递 归

§3.1 一个小小发现的故事

卡尔·弗里德利希·高斯(Carl Friedrich Gauss)是一个伟大的数学家. 关于童年的高斯,有一个传说,我在孩提时代就听说过,不管它是不是真的,我都特别喜爱它.

"事情发生在小高斯上小学的时候,有一天,老师出了一道难题,把1,2,3直到20都加起来. 老师原来是打算在孩子们忙于去求这一长串数的和时,能得到点空闲,可是当别的孩子还刚开始去算这道题时,小高斯却走上前来把他的石板放在老师的桌子上说:'算完了.'这时,老师感到意外又极不高兴,他甚至不想去看一眼小高斯的石板,因为他断定答数一定是错的,并决定要严厉惩罚一下他的冒失. 一直等到别的孩子都把石板交上来以后,他才从最底下把小高斯的那块石板抽出来看,当他发现石板上的数恰恰就是那个和数时,简直有点惊呆了! 这个数小高斯是怎样算出来的呢?"

当然,我们并不确切知道小高斯是怎样算的,也许这是我们永远也不可能知道的. 不过我们可以作一些合情合理的猜想. 小高斯还是个孩子,但他是个特别聪明的早熟的孩子. 他可能比同年龄的其他孩子能更自然地领悟问题,把握问题的实质. 他比其他的孩子更能清楚地去想像要求的是什么,就是如何找出

$$\begin{array}{r} 1 \\ 2 \\ 3 \\ \vdots \\ +20 \\ \hline \end{array}$$

的和数.

他的考虑一定与其他的孩子不同，他想得更全面些，也许他的思考经历了像图 3.1 中那一串图表 A，B，C，D，E 所示的那样的过程：

A	B	C	D	E
1	1	1	1	1
2	·	2	2	2
3		3	3	3
				⋮
·		·	·	10
·		·	·	11
·	·	·	·	⋮
	18	18	18	18
	19	19	19	19
20	20	20	20	20

图 3.1 发现的五步

问题原来的叙述着重于这一串数的头几个数(图 A)，但是也可以着重在这一串数的末尾几个(图 B)．还有更好一点的，就是把两头都看到(图 C)．这时，我们的注意力可能会落到两端的数上，第一个数和最末一个数，看到它们间有某种特殊的关系存在(图 D)，于是主意就有了(图 E)：把两端的数一对一对加起来，它们的和都相等

$$1+20=2+19=3+18=\cdots=10+11,$$

因此，整个这串数的总和乃是

$$10\times21=210.$$

小高斯真的是按这个办法做的吗？我可不敢这样断定，我只是说按照这种办法去解这个题：是比较自然的．我们是怎样去解它的呢？最后我们发现了(E)，正像笛卡儿说的，我们“明确而清楚地看到了真理”，从而找到了一个方便的，省劲的，最适宜于求出这个和数的方法．我们是怎样达到最后这一步的呢？开始时我们迟疑于相反的两种思路 A，B 之间，而后来把它们成功地合并于一个较好的更平衡的形式 C 中．原来是对立的，现在变得和谐了，而再从 C 转到最后的想法就十分近了．小高斯最后的想法也是这样吗？他也是经过这些步骤得出来的吗？也许他跳过了其中的某几

步？也许他跳过了所有的步骤？他是不是一步就跳到最后的结论上？我们回答不了这些问题. 通常一个明快的思想总是在长期的或短暂的犹豫、拿不定主意之后才浮现出来的，我们自己有这种情形，同样的事情在小高斯的思维过程中也可能会碰到.

推而广之，在上面的问题里，用正整数 n 去替换 20，便得到下述问题：*求前 n 个正整数的和 S.*

我们要找和数

$$S = 1 + 2 + 3 + \cdots + n,$$

前面我们建立的方法(它可能就是小高斯的方法)就是把这些项配对，让与 1 相隔某一距离的数和与 n 相隔同一距离的数配成一对. 如果我们熟悉某些代数的手法，我们就能够很容易地把推导变成下面的格式.

把这串和写两遍，第二遍把次序倒过来，

$$\begin{aligned} S &= 1 + 2 + 3 + \cdots + (n-2) + (n-1) + n \\ S &= n + (n-1) + (n-2) + \cdots + 3 + 2 + 1 \end{aligned}$$

在前面求解中配成对的项现在已经一个写在另一个的下面，很好的排起来了，将两个等式相加，便得

$$\begin{aligned} 2S &= (n+1) + (n+1) + (n+1) + \cdots + \\ &\quad (n+1) + (n+1) + (n+1), \\ 2S &= n(n+1), \\ S &= \frac{n(n+1)}{2}, \end{aligned}$$

这是一个一般的公式，当 $n=20$ 时，正好就是小高斯得到的那个数.

§3.2　帽子里掏出来的兔子

本节提出一个推广的问题：*求前 n 个正整数的平方和.* 这个

问题与上节解决的问题类似.

设 S 为所求和数(我们不再受上节所用的符号的拘束),则

$$S = 1 + 4 + 9 + 16 + \cdots + n^2,$$

计算此和数的方法并不那么显然. 人们总是自然地想着去重复使用过去在类似的情况下已获得成功的那些方法. 因此,我们也自然想起了上一节的方法,试着把和数写上两遍,第二遍写的次序是颠倒的:

$$\begin{aligned} S &= 1 + 4 + 9 + \cdots + (n-2)^2 + (n-1)^2 + n^2, \\ S &= n^2 + (n-1)^2 + (n-2)^2 + \cdots + 9 + 4 + 1. \end{aligned}$$

然后把这两个方程相加. 虽然这个方法在解上一个例子时很成功,可现在却是一无所得,我们的试验失败了. 实际上,我们这样做,更多地是出于盲目乐观,而不是理智. 我们得承认,死板地硬套所选择的模型乃是愚笨的(这是思维惰性的一种表现,我们的思想还停留在前面那个例子上,虽然现在情况已经变了). 当然啰,这样一个不对头的尝试,也不能说一点好处也没有,它至少可以促使我们对问题做出更恰当的估计:是啊,看来它比上一节那个问题要难些!

好,下面我们提出另一种解法. 我们从熟悉的二项式展开公式的一个特殊情形出发:

$$(n+1)^3 = n^3 + 3n^2 + 3n + 1,$$

由此可得

$$(n+1)^3 - n^3 = 3n^2 + 3n + 1,$$

它对任何正整数 n 都成立,我们逐个地把 $n=1,2,3,\cdots,n$ 的情形都写出来:

$$\begin{aligned} 2^3 - 1^3 &= 3 \cdot 1^3 + 3 \cdot 1 + 1 \\ 3^3 - 2^3 &= 3 \cdot 2^2 + 3 \cdot 2 + 1 \\ 4^3 - 3^3 &= 3 \cdot 3^2 + 3 \cdot 3 + 1 \\ &\vdots \end{aligned}$$

$$(n+1)^3 - n^3 = 3 \cdot n^2 + 3 \cdot n + 1,$$

下一步该怎么做呢？显然应当把它们加起来，幸亏很多项都消掉了，结果方程左边剩下的变得非常简单．而右边，我们按三列把它们加起来，第一列就加出 S 来了，正是我们所要求的平方和，太好了！最后一列是 n 个 1 的和，也很容易．中间一列加出来的是前 n 个正整数的和，这是我们已经知道的．这样便得到

$$(n+1)^3 - 1 = 3S + 3\frac{n(n+1)}{2} + n,$$

在这个方程里，除了 S 以外，其他都是已知的(即可由 n 表示的)，因而可由此方程确定 S．事实上，

$$2(n^3 + 3n^2 + 3n) = 6S + 3(n^2 + n) + 2n,$$

$$S = \frac{2n^3 + 3n^2 + n}{6}.$$

最后得

$$S = \frac{n(n+1)(2n+1)}{6}.$$

你觉得这个解法怎么样？

谁要是能讲出他不喜欢这个解法的充足理由，我是很欣赏的．这个解法究竟哪里不好呢？

这个解法当然是对的，而且它是那么清晰、简捷而又有力．要记住，这个问题乍看起来是困难的，所以我们没有理由再希望能找到一个更清晰简单的解法．在我看来，这里只有一个正当的反对理由，就是说，这个解法太突如其来了，不晓得是从哪里蹦出来的，简直就像从帽子里掏出来一只兔子一样．我们试把现在的解法与上一节的解法比较一下．在上节里，我们多少能讲出一点解法的来龙去脉，也可以学到一点关于发现事物的方法，我们甚至会建立某种信心，希望有一天自己也会成功地找出一个类似的解法来．然而在本节，我们却未能见到关于发现的来源的任何提示，我们仅仅在本节的开头看到了那个方程(从它出发推导出了一切)，至于我们自己如何才能去找到这个方程，却并没有说出任何道理．这

有点令人失望,我们到这里来是学习怎样解题的,那么,从上面给出的解法里,我们如何才能学到些东西呢?[①]

§3.3 不要光看不练

是的,从上面那个解法里,我们应该能学到一些重要的东西.但上面的解法在叙述上缺乏启发性,方法的来龙去脉看不清楚,因此使得解题本身看上去像是变戏法似的. 你想要弄清楚戏法的内幕吗? 那么你自己*亲身去变变这个戏法*,你就会清楚了. 这一招真是想得太好了,那么现在我们就来施一施这个妙招.

下面我们从推广上两节所考虑的结果开始. 我们把上两节的问题统一于一个更一般的问题之下,即求前 n 个自然数的 k 次幂的和

$$S_k = 1^k + 2^k + 3^k + \cdots + n^k,$$

由前两节,我们已有

$$S_2 = \frac{n(n+1)(2n+1)}{6},$$

$$S_1 = \frac{n(n+1)}{2},$$

这里再加入当 $k=0$ 的极端情形,即

$$S_0 = n,$$

它在以下论述中或许是有用的. 从 $k=0$,1 和 2 的特殊情形出发,我们提出一般问题:将 S_k 像 S_0,S_1,S_2 那样表示出来. 综观这三个特殊情形,我们推测 S_k 可以表成为 n 的 $k+1$ 阶多项式.

很自然地,我们要把对 $k=2$ 用得很成功的那个"戏法"拿来对一般情形试一下. 不过,还是先考虑一下紧接着的那个 $k=3$ 的情形吧. 我们把§3.2 里见过的方法,放到高一阶的情况下模仿使

① 参见 MPR,卷Ⅱ,pp. 146—148,"deus ex machina"和"证明是有启发性的".

用，也许不致于发生很多困难.

我们从利用指数比3再高一阶的二项式公式出发

$$(n+1)^4 = n^4 + 4n^3 + 6n^2 + 4n + 1,$$

可得

$$(n+1)^4 - n^4 = 4n^3 + 6n^2 + 4n + 1,$$

它对一切正整数 n 都成立. 把 $n=1,2,3,\cdots,n$ 的情形依次都写出来：

$$2^4 - 1^4 = 4\cdot 1^3 + 6\cdot 1^2 + 4\cdot 1 + 1,$$

$$3^4 - 2^4 = 4\cdot 2^3 + 6\cdot 2^2 + 4\cdot 2 + 1,$$

$$4^4 - 3^4 = 4\cdot 3^3 + 6\cdot 3^2 + 4\cdot 3 + 1,$$

$$\vdots$$

$$(n+1)^4 - n^4 = 4n^3 + 6n^2 + 4n + 1,$$

和前面一样，把这 n 个方程加起来. 左边的很多项相互抵消了，右边分成四列去加，每一列都含有前 n 个正整数的某个方幂的和，事实上，每一列都出现某一个 S_k

$$(n+1)^4 - 1 = 4S_3 + 6S_2 + 4S_1 + S_0,$$

前面我们已经通过 n 表示了 S_2，S_1 和 S_0，利用那些表达式，可以把方程变成

$$(n+1)^4 - 1 = 4S_3 + 6\,\frac{n(n+1)(2n+1)}{6} + 4\,\frac{n(n+1)}{2} + n,$$

在这个方程里，除 S_3 外，其余的都是用 n 表示的，下面只要作些代数运算便可确定出 S_3：

$$\begin{aligned}4S_3 &= (n+1)^4 - (n+1) - 2n(n+1) - n(n+1)(2n+1)\\ &= (n+1)[n^3 + 3n^2 + 3n - 2n - n(2n+1)],\end{aligned}$$

$$S_3 = \left[\frac{n(n+1)}{2}\right]^2,$$

至此，我们不仅达到了预期的结果，而且可看出作法本身也是有意义的：这一手法用上两次以后，我们也许就能预见到一个一般的轮廓. 请记住一位著名教育家的名言："所谓方法，就是用过两次的

手法．”②

§3.4 递　　归

上节里的作法的突出特点是什么呢？为了得到 S_3，我们要倒回到 S_2，S_1 和 S_0．这一点使我们一下认清了 §3.2 的“戏法”，在那里，我们由已得出的 S_1 和 S_0，递推出了 S_2．

实际上，我们也可以用同一办法导出 S_1 来（在 §3.1 里，我们是用另一方法得到它的）．从下面这个最熟悉的公式

$$(n+1)^2 = n^2 + 2n + 1,$$

可得

$$(n+1)^2 - n^2 = 2n + 1,$$

把 $n=1,2,3,\cdots,n$ 的情形都写出来：

$$2^2 - 1^2 = 2\cdot 1 + 1,$$

$$3^2 - 2^2 = 2\cdot 2 + 1,$$

$$4^2 - 3^2 = 2\cdot 3 + 1,$$

$$\vdots$$

$$(n+1)^2 - n^2 = 2n + 1,$$

然后把它们加起来便得

$$(n+1)^2 - 1 = 2S_1 + S_0,$$

而 $S_0=n$，故

$$S_1 = \frac{(n+1)^2 - 1 - n}{2} = \frac{n(n+1)}{2},$$

这就是 §3.1 最后的结果．

当如上格式对特殊情形 $k=1,2$ 和 3 都获得成效以后，我们当然要毫不犹豫地把它用于一般的和数 S_k．现在应该用指数为 $k+1$

② 参看 HSI, p. 208.

的二项式公式：

$$(n+1)^{k+1}=n^{k+1}+\binom{k+1}{1}n^{k}+\binom{k+1}{2}n^{k-1}+\cdots+1,$$

$$(n+1)^{k+1}-n^{k+1}=(k+1)n^{k}+\binom{k+1}{2}n^{k-1}+\cdots+1,$$

把各个特殊情形都写出来：

$$2^{k+1}-1^{k+1}=(k+1)1^{k}+\binom{k+1}{2}1^{k-1}+\cdots+1,$$

$$3^{k+1}-2^{k+1}=(k+1)2^{k}+\binom{k+1}{2}2^{k-1}+\cdots+1,$$

$$4^{k+1}-3^{k+1}=(k+1)3^{k}+\binom{k+1}{2}3^{k-1}+\cdots+1,$$

$$\vdots$$

$$(n+1)^{k+1}-n^{k+1}=(k+1)n^{k}+\binom{k+1}{2}n^{k-1}+\cdots+1,$$

再加在一起，便得

$$(n+1)^{k+1}-1=(k+1)S_{k}+\binom{k+1}{2}S_{k-1}+\cdots+S_{0},$$

倘若我们已经知道了 S_{k-1}，S_{k-2}，…，S_1 和 S_0，那么由这个方程便可以把 S_k 确定出来(用 n 表示)．例如，由前面所得到的 S_0，S_1，S_2 和 S_3 的表达式，可以直接通过代数运算导出 S_4 的表达式．有了 S_4，进一步又可以得出 S_5，这样一直下去，我们便可以计算任意的 S_k③．

这样，从§3.2里那个“突如其来”的证明(变“戏法”)出发，最终形成了一个模型．为了进一步应用它，我们值得把它总结一下

---

③ 这一方法是帕斯卡(Pascal) 提出的，见 L. Brunschvicg 和 P. Boutroux 编辑的《帕斯卡全集》(CEuvres de Blaise Pascal)第三卷，pp. 341—367.

并将它牢牢记住．对于一个依次排列起来的序列（例如S_0，S_1，S_2，S_3，…，S_k，…），我们可以去算它当中的任一项的值，每次算一个．为此，需要有两个先决条件：

首先，应当知道序列的第一项（S_0是显然可以算出来的）．

其次，应该有某个关系式将序列的一般项与它前面的那些项联系起来（例如本节中的S_k与S_0，S_1，S_2，…，S_{k-1}由上面最后那个方程联系起来，这个联系在§3.2中的"戏法"中就已预示了）．

这样我们便可以借助于前面的项，一个接一个*依次地、递推地*把所有的项都找出来．这就是重要的*递归*模型．

§3.5　符咒(abracadabra)

符咒这个字有点"紊乱的胡话"的意思．今天我们是把它当作贬意词来用的．但是曾经有过一个时期，它是一个很有魔力的字眼．符咒用某种神秘的形式（某些方面有点像图3.2），雕刻在护身符上，人们相信，佩戴了这种护身符，就可以不受疾病或恶运的侵袭．

*你能用几种方法从图3.2里读出符咒—abracadabra这个字？*这里所谓"读"意思是说，我们从最顶上（北极）的A开始，按字母（向东南或向西南）逐个朝下念，直至达到最下面（南极）的A为止．

这个问题似乎稀奇，可是如果你留意到这里边藏着点你熟悉的东西，那么你的兴趣就会被引起来．我们想像在一个城里散步或乘车兜风，假定这个城市是由一些方方正正的街区组成的，其中有一半的街道是从西北通向东南，而另一半的街道是由东北通向西南，两者十字交叉．读图3.2里那个魔字相当于在这种街道网络里走一条锯齿状道路．当你沿着图3.3所示的那条锯齿状道路向前走时，从开始那个A到末尾那个A，经过了十个街区．在这个街道网络里，当然还有一些别的、也有十个街区那么长的、介于这两个端点之间的道路，但是比它更短的道路是不会有的．*在网络*

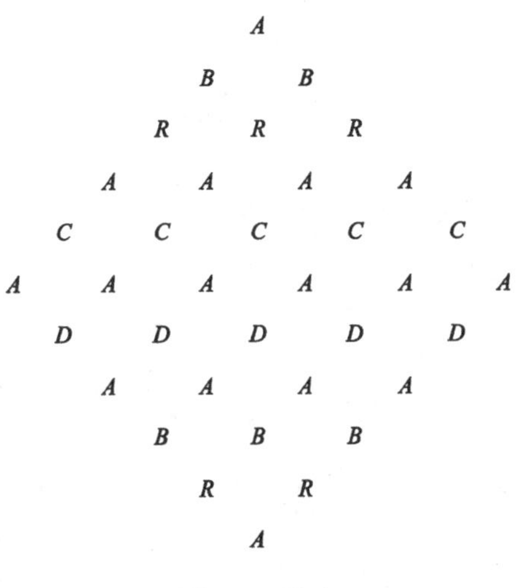

图 3.2 魔字

里,找出介于给定的两个端点之间的不同的最短道路的数目——这就是我们所说的那个藏在图 3.2 关于魔字的怪问题后面的有趣的问题.

对问题进行一般的论述也许有不少好处.有的时候它甚至能提供出一个解法来,我们现在碰到的情况就正是这样.如果你不能解图 3.2 所提的那个问题(你大概不能),那么先去解一个与此有关的简单问题吧.从这点上讲,一般的论述也许能对我们有所帮助:因为我们可以先选它的较简单的情形去讨论.实际上,如果给定的那两个点在网络里彼此靠得很近(比起图 3.3 那两个 A 来说要更近些),则要数出它们之间的不同锯齿状道路就很容易,你只要一根根地去画,然后综合起来就行了.现在照这个办法从 A 开始,一步步做下去.首先考虑那些从 A 走一个街区就可以达到的点,然后是那些走两个街区可以达到的点,以后是走三个、四个以至于更多的街区才可以达到的点.对每一个这种点进行综合并数出它与 A 相连的最短锯齿状道路.图 3.4 里我们标上了这样算出的一些数字(但你应该自己去算这些数字,并且多算几个——

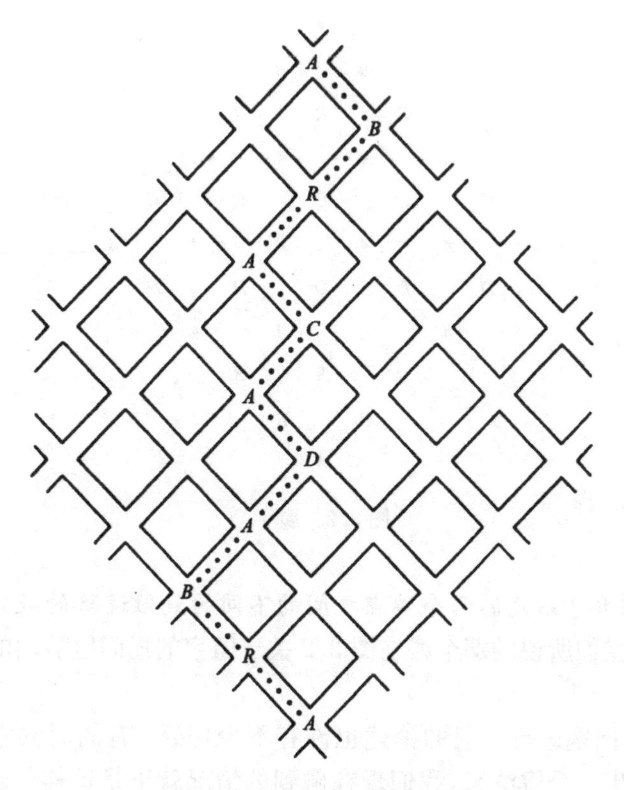

图 3.3　锯齿状道路是最短的

起码要把它们验算一下)．观察一下这些数字——你能看出点什么吗？

在你充分了解上述这些以后，你是能看出一些名堂来的．即使你以前没有见过标在图 3.4 里那张数字表，你也会注意到一个有意思的关系：图 3.4 里，任何一个不等于 1 的数都是表中另两个数的和，一个是它西北的紧邻，另一个是它东北的紧邻，例如

$$4 = 1 + 3, 6 = 3 + 3$$

如果你像生物学家通过观察发现生物规律那样去仔细地观察，你就会找到这一规律了．而在找到这个规律以后，你应该自问一下，为什么会是这样呢？这是什么道理？

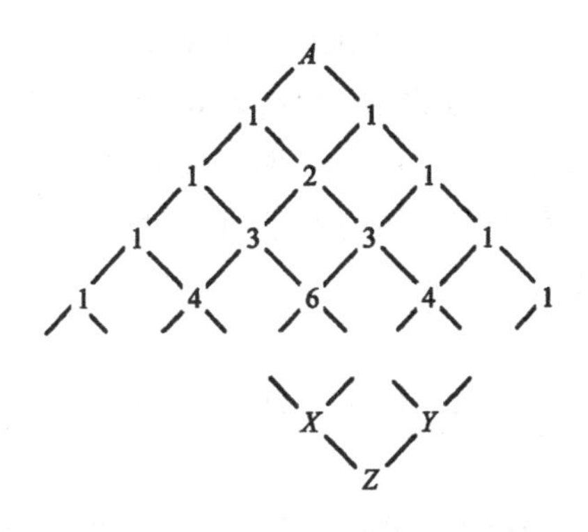

图 3.4　算一下最短锯齿状道路的数目

道理十分简单. 在你的网络里,考虑三个街角,点 X、Y 和 Z,它们的相互位置如图 3.4 所示. X 是 Z 的西北紧邻,Y 是 Z 的东北紧邻,如果我们希望在网络里沿一条最短的道路从 A 到达 Z,就必须或者经过 X,或者经过 Y,一旦到了 X,再进一步到 Z 便只有一条路,同样一旦到了 Y,进一步再到 Z 也只有一条路. 所以从 A 到 Z 最短道路的总数是两部分的和:它等于从 A 到 X 最短道路的数目加上从 A 到 Y 最短道路的数目. 这就是观察结果的解

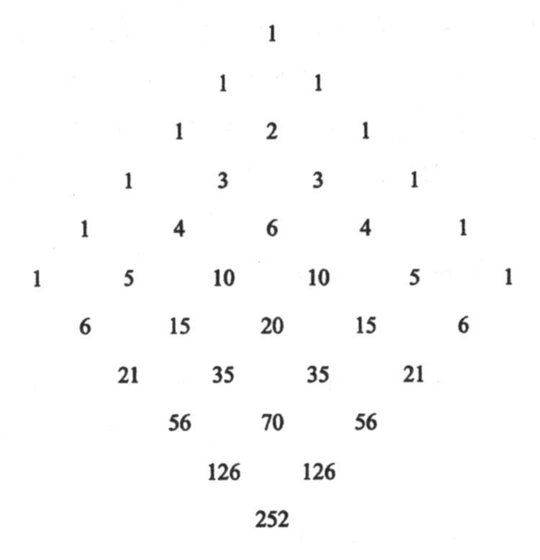

图 3.5　由三角形得到的正方形

释，同时也证明了前面所讲的那个一般规律.

摘清楚这一基本点之后，我们就可以用简单的加法延拓图 3.4 里的数字表，直到得出图 3.5 那张大的数字表为止，于是最南面角上的那个数字就是所要的答案：我们恰好有 252 种不同的方法去读图 3.2 里那个魔字.

§3.6 帕斯卡(Pascal)三角形*

读者现在已经认识了我们在上一节得到的那些数字和它们独特的结构. 图 3.4 里的数称为*二项式系数*，而它们的三角形排列通常称为*帕斯卡三角形*(帕斯卡本人把它叫做“算术三角形”). 在图3.4 里，还可以进一步添上一些线，事实上，它可以无限延伸下去. 图3.5 的表是从这个大三角形里切下来的一块正方形.

实际上，某些二项式系数和它们的三角形排列在帕斯卡的《算术三角形》论文出现以前，就已经在其他作者的著作里出现过. 不过，帕斯卡在这方面的贡献仍丝毫无愧于用他的名字去命名.

(1)我们应当引进一个适当的符号去表示帕斯卡三角形里的数，这也是重要的. 在三角形每一点上对应的那个数都是有几何意义的，它表示从顶点到该点不同的最短锯齿状道路的数目. 每一条这样的道路都经过同样数目的街区，比如说，n 个街区. 而在所有这些道路里，西南方向走向的街区的数目和东南方向走向的街区数目的和都是一样的，用 l 和 r 分别去表示上述两种不同走向街区数(l 指向左下方，而 r 指向右下方)，则显然

$$n = l + r$$

这说明 n,l 和 r 这三个数中任给两个，第三个就完全确定，于是它们涉及的那个点也就完全确定了(事实上，如果以帕斯卡三角形的

---

* 在法国数学家 B·帕斯卡(1623—1662)1654 年发明这个三角形 600 多年以前，我国宋朝的贾宪就已经在《黄帝九章算法细草》一书中提到它了，这是一个指数为正整数的二项式定理系数表.

顶点为原点，建立直角坐标系，一条轴 l 指向西南，另一条轴 r 指向东南，那么 l 和 r 刚好就是那个点的坐标）．例如，对于图 3.3 里的那条道路，最下面的点 A 有

$$l=5,\quad r=5,\quad n=10,$$

而对于同一条道路的第二个 B 点，则有

$$l=5,\quad r=3,\quad n=8.$$

我们将用符号 $\binom{n}{r}$（它是由欧拉引进的）表示从帕斯卡三角形顶点出发，到达由 n（道路经过的街区总数）和 r（沿右下方的街区数）决定的那个点的不同最短锯齿状道路的数目．例如，在图 3.5 中，

$$\binom{8}{3}=56,\quad \binom{10}{5}=252,$$

把图 3.4 的数字用符号去表示，便得图 3.6．在图中，上数相同（即同一个 n）的符号列成一条水平线（第 n 条"基线"——一个直角三角形的底），下数相同（即同一个 r）的符号列成一条斜线（第 r 条道*）．图 3.5 中，第五条道是正方形的一条边，其对边是第 0 条道（如果你愿意的话，可以把它们叫做边界线，或沿河大道），第四条基线则可从图 3.4 中见到．

（2）除了几何上的特征外，帕斯卡三角形还有它计算方面的特征．边界（第 0 条街和第 0 条道以及它们共同的出发点）上所有的数都等于 1（因为显然从出发点到这些街角只有一条最短的道路），所以

$$\binom{n}{0}=\binom{n}{n}=1,$$

我们很自然地称这个关系为帕斯卡三角形的边界条件．

---

* 我们把西南走向的街道称为"道"（avenue），而把东南走向的街道称为"街"（street）．

$$
\begin{array}{ccccccccc}
 & & & & \binom{0}{0} & & & & \\
 & & & \binom{1}{0} & & \binom{1}{1} & & & \\
 & & \binom{2}{0} & & \binom{2}{1} & & \binom{2}{2} & & \\
 & \binom{3}{0} & & \binom{3}{1} & & \binom{3}{2} & & \binom{3}{3} & \\
\binom{4}{0} & & \binom{4}{1} & & \binom{4}{2} & & \binom{4}{3} & & \binom{4}{4}
\end{array}
$$

$$
\begin{array}{ccc}
\binom{n}{r-1} & & \binom{n}{r} \\
 & \binom{n+1}{r} &
\end{array}
$$

图 3.6　符号的帕斯卡三角形

而帕斯卡三角形内的任一数一定在某一水平基线上，假设它是在第 $n+1$ 条基线上，我们就返回（或递归）到第 n 条基线上与它紧邻的两个数，用这两个数去计算它（见图 3.6）：

$$\binom{n+1}{r}=\binom{n}{r}+\binom{n}{r-1},$$

很自然的，我们把这个方程称为帕斯卡三角形的**递归公式**.

这样，从计算的角度来看问题，$\binom{n}{r}$可以认为是被帕斯卡三角形的递归公式和边界条件所确定的（这也可以作为它的定义）.

§3.7　数学归纳法

用递归公式计算帕斯卡三角形里某一个数时，必须借助它前面那条基线上的两个数. 我们当然希望找到一个不依赖于以前的数的独立的计算公式. 下面是大家熟悉的二项式系数的显公式：

$$\binom{n}{r}=\frac{n(n-1)\cdots(n-r+2)(n-r+1)}{1\cdot 2\cdots(r-1)r},$$

它跟帕斯卡三角形里的其他数无关. 帕斯卡的论文里有这个公式(不过它不是以我们现在这种形式出现,而是用文字表达的). 帕斯卡没有说他是怎样发现这个公式的,我们这里也不打算过多地去推测(也许他起初也是猜出来的——我们常常是靠观察,然后再进行推测去发现事物的. 参看习题 3.39 解法的附注). 可是帕斯卡给了显公式一个漂亮的证明,我们这里将把整个注意力集中在他的证明方法上④.

我们预先须作一点说明,显公式从其表示形式来看不能用于 $r=0$ 的情形. 为此我们规定,当 $r=0$ 时,令

$$\binom{n}{0}=1,$$

另一方面,当 $r=n$ 时,因为

$$\frac{n(n-1)\cdots 2\cdot 1}{1\cdot 2\cdots(n-1)n}=1,$$

而

$$\binom{n}{n}=1,$$

所以公式对 $r=n$ 成立. 于是我们只要对 $0<r<n$ 的情形证明显公式即可,也就是说对帕斯卡三角形内部那些数去证明,而对这些内部的数是可以用递归公式的. 下面就引出帕斯卡的证明,我们只做了某些非本质的改动,而这种改动将注在方括号[ ]里.

虽然这个命题[即显公式]包含无穷多种情形,我在两个引理的基础上,就可以给出它的一个极简单的证明.

引理 1 断言命题对第一条基线是对的,这是显然的. [显公式

④ 见注③里的《帕斯卡全集》,pp. 455—464,特别是 pp. 455—457,下面的叙述只是用了近代的符号,而很少改变帕斯卡原文的内容.

对 $n=1$ 成立，因为在这种情形下，r 可能取的值只有 $r=0$ 和 $r=1$ 这两个，而这在前面的说明里已经讲了.]

引理 2 断言：如果命题对某一条基线[对某一个 n]成立，那么它对下一条基线[对 $n+1$]也一定成立.

这样，命题就对一切 n 都成立，因为由引理 1，它对 $n=1$ 成立，于是根据引理 2，它对 $n=2$ 就成立，同样道理，对 $n=3$ 也成立，这样无限地下去. 于是只要证明引理 2 就行了.

按照引理 2 的叙述，我们假定显公式对第 n 条基线成立，也就是说对这个 n 和一切 $r=0,1,2,\cdots,n$ 都有

$$\binom{n}{r}=\frac{n(n-1)\cdots(n-r+2)(n-r+1)}{1\cdot 2\cdots(r-1)\cdot r},$$

特别的，当 $r\geqslant 1$ 时，有

$$\binom{n}{r-1}=\frac{n(n-1)\cdots(n-r+2)}{1\cdot 2\cdots(r-1)},$$

把这两个方程加起来，再利用递归公式，便得

$$\begin{aligned}\binom{n+1}{r}=\binom{n}{r}+\binom{n}{r-1}&=\frac{n(n-1)\cdots(n-r+2)}{1\cdot 2\cdots(r-1)}\cdot\left[\frac{n-r+1}{r}+1\right]\\&=\frac{n(n-1)\cdots(n-r+2)}{1\cdot 2\cdots(r-1)}\cdot\frac{(n+1)}{r}\\&=\frac{(n+1)n(n-1)\cdots[(n+1)-r+1]}{1\cdot 2\cdot 3\cdots r},\end{aligned}$$

于是，由显公式对某个 n 成立便推出它对 $n+1$ 也成立，这样我们就证明了引理 2 的结论.

上面引的帕斯卡的这些话有重要的历史意义，因为他的证明是数学归纳法——一个基本的推理模型——的头一个例子.

这个推理模型需要深入学习[5]，因为如果不求甚解马虎地去引用，数学归纳法是会把一些初学者弄糊涂的，它也可能变成一个惑人的"戏法".

谁都知道跟魔鬼打交道是很危险的，如果你给他一个小指头，他就会吞噬掉整个手. 帕斯卡的引理 2 做的恰好就是这种事. 引理 1 成立，你只给了一个指头($n=1$ 的情形)，而引理 2 马上就拿走你的第二个手指($n=2$ 的情形)，随着又拿走第三个手指($n=3$)，以后又是第四个，这样下去，最后就拿走了所有的手指头，那怕你有无穷多个手指头，也全部要给拿光.

§3.8 继续前进

学完前面三节以后，我们就有了三种不同的方法去引出帕斯卡三角形里的数——二项式系数.

(1)**几何方法**　二项式系数是街道网络里介于两个给定街角间的最短锯齿状道路的数目.

(2)**计算方法**　二项式系数可以由递归公式和边界条件确定.

(3)**显公式**　即 §3.7 里用帕斯卡方法证明的那个公式.

二项式系数这个名字提醒我们还有另一个方法：

(4)**二项式定理**　对变量 x 和任何非负整数 n，都有恒等式

$$(1+x)^n=\binom{n}{0}+\binom{n}{1}x+\binom{n}{2}x^2+\cdots+\binom{n}{n}x^n,$$

证明见习题 3.1.

我们还可以用别的方法引进帕斯卡三角形里的这些数，因为在很多有趣的问题里它们都起着重要的作用，并且具有很多有趣

⑤　见 HSI，归纳和数学归纳法，pp. 114—121；MPR，卷Ⅰ，pp. 108—120.

的性质. 雅各·贝努里 * 在他的《猜度术》(“Ars Conjectandi”,巴塞尔 1713,第二部分,第 3 章,p. 88)一书中写道“这张数字表具有一系列奇妙的性质. 刚才我们已经看到了,组合论的本质就蕴涵在它里面(见习题 3.22—3.27). 比较熟悉几何的人还知道,它还隐藏着数学里一些重要的诀窍. ”当然时代不同了,很多在贝努里时代还未发掘的事情,今天已经都搞清楚了. 不过,对那些希望作一些有趣而又有意义的习题的读者来说,这仍是一个很好的锻炼机会:他可以通过仔细观察帕斯卡三角形里的数,并用这种或那种或同时用几种方法去研究它们,而发现许多东西,其中有些还可能是很有用的.

顺便说一句,本章前四节我们指出了求前 n 个正整数某个方幂的和的问题. 后来,又接触到两个重要的一般模型(递归和数学归纳法),当然,为了彻底理解和掌握这两个模型,还需要继续运用它们去处理更多的例子. 因此在我们的面前还有不少的工作需要去做.

§3.9 观察,推广,证明,再证明

让我们再回到原来的出发点,并用另一种观点来考虑问题.

(1)我们是从图 3.2 和图 3.3 那个魔字开始的,或者说是从那个魔字问题开始的. 未知量是什么呢? 未知量就是街道网络里从第一个 A 到最后一个 A(即从方块的最北角到最南角)的最短锯齿状道路的数目. 这样的每一条锯齿状道路一定要在某一个地方穿过正方形的水平对角线. 沿着这条水平对角线,有六个可能的交叉点(即街角 A),于是我们就可以根据经过不同交叉点而把所有锯齿状道路分成六类,那么每一类里又有多少条道路呢? 这就

* 雅各·伯努利(Jacob Bernoulli 1654—1705),瑞士巴塞尔的数学家,是数学史上著明的贝努里家族第一个成员. 《猜度术》是一本讨论概率论的书,1713 年在他死后才出版.

提出了一个新问题.

我们具体考虑水平对角线上的一个交叉点,例如从左边数过来的第三个(按§3.6的符号,即 $l=3,r=2,n=5$ 的那个点). 任何一条过这个交叉点的锯齿状道路都是由两段组成的,上半段是从正方形的北角开始,到选定的这个点为止,下半段则从所选的点开始,到正方形的南角为止(图 3.3). 我们前面已经看到(图 3.5)不同的上半段道路的数目是

$$\binom{5}{2}=10,$$

而不同的下半段道路的数目也是这么多. 因为任一个上半段和任一个下半段拼在一起都是一条完整的道路[由图 3.7(Ⅲ)所示],所以这种道路的数目等于

$$\binom{5}{2}^2=100,$$

当然,与水平对角线交于其他点的锯齿状道路的数目也可以用同样的方法去计算,于是我们又找到了原来问题的一个新解法:我们恰好有

$$1+25+100+100+25+1,$$

种不同的方法去读图 3.2 里那个魔字. 这些数的和跟我们在§3.5末尾得出的那个数一样,都等于 252.

(2)推广. 图 3.3 所考虑的那个正方形的一条边只包含 5 个街区. 推而广之(由 5 过度到 n),我们有

$$\binom{n}{0}^2+\binom{n}{1}^2+\binom{n}{2}^2+\cdots+\binom{n}{n}^2=\binom{2n}{n}.$$

这就是说,“帕斯卡三角形中第 n 条基线上的数的平方和等于第 $2n$ 条基线当中的那个数”. 实际上,我们在(1)中作的推理已经证明了这个一般命题. 虽然我们仅仅讨论了 $n=5$ 的特殊情形(我们甚至只考虑了第五条基线上一个特殊点),但是当我们这样作时,并没有用到它的特殊性,因此上述推理并不失一般性. 不过读

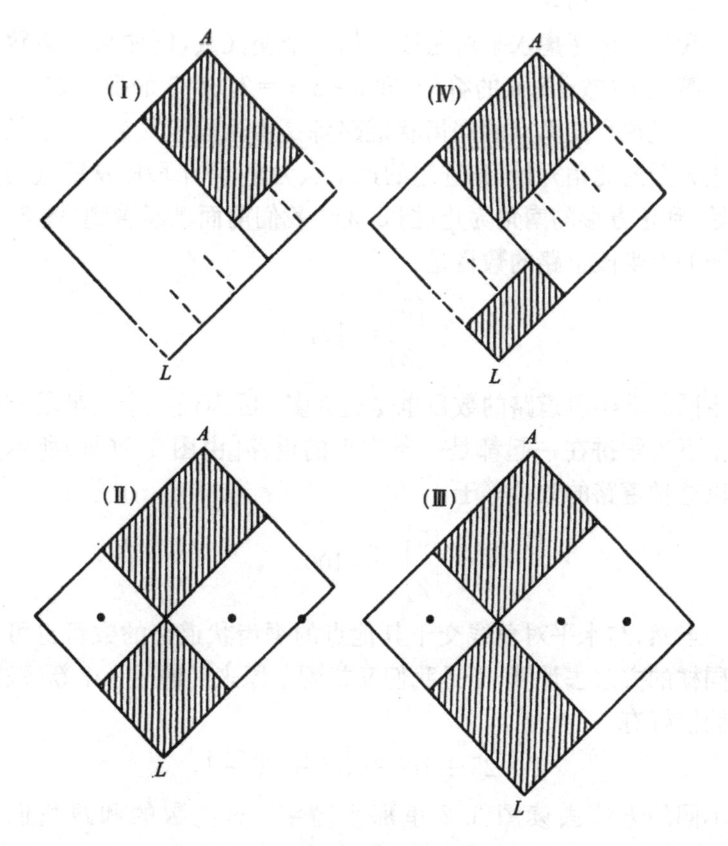

图 3.7　提示

者可以当作一个有用的练习去重复一下上面的推理，由特殊变成一般，即用 n 替换前面的 5[⑥].

(3)*另一种方法*. 不过这个结果还是来得有点突然，如果我们还能从别的角度证明它，那我们对它就会理解得更好了.

综观§3.8 里列举的各种方法，我们试着把这个结果与二项式公式联系起来. 实际上，它们的联系可通过下式表现出来：

---

⑥　这是一个有代表性的特殊情形. 见 MPR，卷Ⅰ，p. 25，习题 10.

$$
\begin{aligned}
(1+x)^{2n} &= \cdots + \binom{2n}{n} x^n + \cdots \\
&= (1+x)^n (1+x)^n \\
&= \left[\binom{n}{0} + \binom{n}{1} x + \binom{n}{2} x^2 + \cdots + \binom{n}{n} x^n\right] \\
&\quad \cdot \left[\binom{n}{n} + \cdots + \binom{n}{2} x^{n-2} + \binom{n}{1} x^{n-1} + \binom{n}{0} x^n\right],
\end{aligned}
$$

我们集中来考虑 x^n 的系数，右边第一行 x^n 的系数就是(2)中那个方程(我们正在找它的第二个证明)的右端，现在再看后两行里两个因子的乘积，这里对后一个因子利用了二项式系数的对称性：

$$
\binom{n}{r} = \binom{n}{n-r}.
$$

在这个乘积里，x^n 的系数显然就是(2)里我们要去证明的那个方程的左端. 因为这些是 x 的恒等式，两边 x^n 的系数应该相等，故得证.

第 3 章的习题与评注

第一部分

这一部分是关于前四节的习题与评注.

3.1 证明在§3.8(4)里叙述(并用于§3.4)的二项式定理(利用数学归纳法. §3.8 提到的前三个方法中，哪一个同现在这个问题最相当?).

3.2 **等价于一般情形的一个特殊情形.** 由§3.8(4)给出并在习题 3.1 中证明的那个恒等式只是下述恒等式

$$
(a+b)^n = \binom{n}{0} a^n + \binom{n}{1} a^{n-1} b + \binom{n}{2} a^{n-2} b^2 + \cdots + \binom{n}{n} b^n
$$

的一个特殊情形($a=1, b=x$)，证明反过来那个特殊情形也可以推出这个更为一般的恒等式[7].

---

[7] 这种特殊与一般的等价性常使哲学家和初学者困惑不解. 其实，在数学里却是很常见的. 参考 MPR，卷Ⅰ，p. 23 习题 3 和 4.

3.3　在本章前三节里，我们计算了 S_k（其定义见§3.3）当 $k=1,2,3$ 的情形，$k=0$ 的情形是显然的. 比较这些表达式，我们便可导至一般的定理：S_k 是 n 的 $k+1$ 阶多项式，其最高阶项的系数是

$$\frac{1}{k+1}.$$

定理的结论

$$S_k=\frac{n^{k+1}}{k+1}+\cdots$$

（略写部分是 n 的一些低阶项）在历史上对积分的计算曾起过重要作用.

试用数学归纳法证明此定理.

3.4　我们可以藉助于对某些小的自然数 n 计算比值 $\frac{S_4}{S_2}$ 而猜得 S_4 的一个表达式. 实际上，对

$$n=1,2,3,4,5$$

有

$$\frac{S_4}{S_2}=1,\frac{17}{5},7,\frac{59}{5},\frac{89}{5},$$

为一致起见，把它们写成

$$\frac{5}{5},\frac{17}{5},\frac{35}{5},\frac{59}{5},\frac{89}{5},$$

分子都接近 6 的倍数，实际上它们可写成

$$6\cdot 1-1,6\cdot 3-1,6\cdot 6-1,6\cdot 10-1,6\cdot 15-1,$$

请注意数（你应当能认出它们）

$$1,\quad 3,\quad 6,\quad 10,\quad 15,$$

如果你能成功地做出 S_4 的一个表达式，那么就（独立于§3.4 的方法）试用数学归纳法去证明它⑧.

3.5　再用§3.4 里指出的方法（而不依赖于习题 3.4）去计算 S_4.

3.6　证明

$$n=S_0,$$
$$n^2=2S_1-S_0,$$
$$n^3=3S_2-3S_1+S_0,$$

---

⑧　MPR，卷Ⅰ，p. 108—110 对一个与此类似但较为简单的情形进行了讨论.

$$n^4 = 4S_3 - 6S_2 + 4S_1 - S_0,$$

以及一般的公式

$$n^k = \binom{k}{1}S_{k-1} - \binom{k}{2}S_{k-2} + \binom{k}{3}S_{k-3} - \cdots + (-1)^{k-1}\binom{k}{k}S_0.$$

(它跟§3.4里的主要公式很相像,但两者并不相同.)

3.7 证明

$$S_1 = S_1,$$
$$2S_1^2 = 2S_3,$$
$$4S_1^3 = 3S_5 + S_3,$$
$$8S_1^4 = 4S_7 + 4S_5,$$

以及它的一般公式

$$2^{k-1}S_1^k = \binom{k}{1}S_{2k-1} + \binom{k}{3}S_{2k-3} + \binom{k}{5}S_{2k-5} + \cdots,$$

其中 $k=1,2,3,\cdots$ 按照 k 为奇数或偶数,右端最后一项分别为 S_k 或 kS_{k+1}.

(它跟习题3.6很相像,因为我们可以把 n^k 写成 S_0^k)

3.8 证明

$$3S_2 = 3S_2,$$
$$6S_2S_1 = 5S_4 + S_2,$$
$$12S_2S_1^2 = 7S_6 + 5S_4,$$
$$24S_2S_1^3 = 9S_8 + 14S_6 + S_4,$$

以及一般的公式

$$3\cdot 2^{k-1}S_2S_1^{k-1} = \left[\binom{k}{0} + 2\binom{k}{1}\right]S_{2k} + \left[\binom{k}{2} + 2\binom{k}{3}\right]S_{2k-2} + \cdots,$$

其中 $k=1,2,3,\cdots$. 按照 k 为奇数或偶数,右端最后一项分别为 $(k+2)S_{k+1}$ 或 S_k.

3.9 证明

$$S_3 = S_1^2,$$
$$S_5 = S_1^2(4S_1 - 1)/3,$$
$$S_7 = S_1^2(6S_1^2 - 4S_1 + 1)/3,$$

以及一般的,S_{2k-1} 是 $S_1 = \dfrac{n(n+1)}{2}$ 的 k 阶多项式,当 $2k-1 \geqslant 3$ 时,S_{2k-1} 可以被 S_1^2 整除(这就推广了§3.3的结果).

3.10 证明

$$S_4 = S_2(6S_1 - 1)/5,$$
$$S_6 = S_2(12S_1^2 - 6S_1 + 1)/7,$$
$$S_8 = S_2(40S_1^3 - 40S_1^2 + 18S_1 - 3)/15,$$

以及一般的，$\frac{S_{2k}}{S_2}$是 S_1 的 $k-1$ 阶多项式(这就推广了习题 3.4 解法中出现的一个结果).

3.11 我们引进如下符号

$$1^k + 2^k + 3^k + \cdots + n^k = S_k(n),$$

它要比§3.3里采用的符号更明确(或更具体)些，这里 k 是非负整数，n 是正整数.

我们把 n 的取值范围(不是 k 的范围)推广，令 $S_k(x)$表示 x 的 $k+1$ 阶多项式，当 $x=1,2,3,\cdots$等自然数时，它就等于 $S_k(n)$. 例如

$$S_3(x) = \frac{x^2(x+1)^2}{4},$$

证明当 $k \geqslant 1$(注意，$k \neq 0$)时，有

$$S_k(-x-1) = (-1)^{k-1}S_k(x).$$

3.12 用尽可能多的方法求前 n 个奇数的和.

$$1 + 3 + 5 + \cdots + (2n-1).$$

3.13 求 $1+9+25+\cdots+(2n-1)^2$.

3.14 求 $1+27+125+\cdots+(2n-1)^3$.

3.15 (续)推广.

3.16 求 $2^2+5^2+8^2+\cdots+(3n-1)^2$.

3.17 (续)推广.

3.18 求 $1 \cdot 2+(1+2)3+(1+2+3)4+\cdots+[1+2+\cdots+(n-1)]n$ 的简单表达式(应设法用前面讲过的某些内容，最有希望用上的是什么？是方法呢还是结果?).

3.19 考虑$\frac{n(n-1)}{2}$个差：

$$2-1$$
$$3-1, 3-2$$
$$4-1, 4-2, 4-3$$
$$\vdots$$

$$n-1, n-2, n-3, \cdots, n-(n-1),$$

求:(a)它们的和,(b)它们的积,(c)它们的平方和.

3.20 $E_1, E_2, E_3, \cdots$由恒等式

$$x^n - E_1 x^{n-1} + E_2 x^{n-2} - \cdots + (-1)^n E^n$$
$$= (x-1)(x-2)(x-3)\cdots(x-n)$$

确定. 证明

$$E_1 = \frac{n(n+1)}{2},$$

$$E_2 = \frac{(n-1)n(n+1)(3n+2)}{24},$$

$$E_3 = \frac{(n-2)(n-1)n^2(n+1)^2}{48},$$

$$E_4 = \frac{(n-3)(n-2)(n-1)n(n+1)(15n^3+15n^2-10n-8)}{5760}.$$

并证明一般的,E_k[由于它依赖 n,所以最好记为 $E_k(n)$]是 n 的 $2k$ 阶多项式.

[最好利用高等代数的有关命题,因为 E_k 是前 n 个正整数的 k 阶初等对称多项式,而它 k 次幂的和就是 $S_k = S_k(n)$. 验证 $E_k(k) = k!$.]

3.21 *数学归纳法的两种形式*. 可以用数学归纳法证明的命题 A,典型的情况是它包含有无穷多个分命题 $A_1, A_2, A_3, \cdots, A_n, \cdots$. 事实上,命题 A 跟“$A_1, A_2, A_3, \cdots$同时成立”这个命题等价. 例如,如果 A 表示二项式定理,而 A_n 表示恒等式(见:习题 3.1)

$$(1+x)^n = \binom{n}{0} + \binom{n}{1}x + \binom{n}{2}x^2 + \cdots + \binom{n}{n}x^n$$

成立. 则二项式定理说,此恒等式对 $n=1,2,3,4,\cdots$都成立. 亦即所有 A_n 同时成立.

对一串命题 $A_1, A_2, A_3, \cdots$考虑下面三句话:

(Ⅰ) 命题 A_1 成立.

(Ⅱa) 由命题 A_n 成立,可推出命题 A_{n+1} 成立.

(Ⅱb) 由命题 $A_1, A_2, A_3, \cdots, A_{n-1}$ 和 A_n 都成立可推出命题 A_{n+1} 成立.

现在我们便能区分下述两种数学归纳法.

(a)由(Ⅰ)和(Ⅱa)可得命题 A_n 对一切 $n=1,2,3,\cdots$都成立;在§3.7里,我们按帕斯卡的论证法得出了这一结论.

(b)由(Ⅰ)和(Ⅱb)也可得命题 A_n 对一切 $n=1,2,3,\cdots$ 都成立;在习题

3.3 的解法里，我们就是这样用的.

你也许感到方法(a)和(b)之间的差别主要是形式上而不是本质上的，你能把这一感觉具体写出来并给它一个清晰的论证吗？

第二部分

3.22 十个男孩——柏尼(Bernie)，瑞奇(Ricky)，亚伯(Abe)、查理(Charlie)、艾尔(Al)、狄克(Dick)，艾勒克斯(Alex)、比尔(Bill)、罗埃(Roy)和亚太(Artie)———一同去野营. 傍晚时，他们分成两队，每队五人，一队支帐篷，另一队做晚饭. 问不同的分法有几种？(魔字能帮你的忙吗？)

3.23 证明 n 个元素组成的集合有 $\binom{n}{r}$ 个不同的含 r 个元素的子集[或者按传统术语说：在 n 个元素中每次取 r 个元素的组合数是 $\binom{n}{r}$].

3.24 平面上按"一般位置"给定 n 个点，意即任意三点均不共线. 则连结任意两给定点的直线可以做出多少条？顶点选自给定点的三角形可以做出多少个？

3.25 (续)叙述空间中类似的问题，并解之.

3.26 n 边凸多边形有几条对角线？

3.27 求 n 边凸多边形对角线的交点数. 这里只考虑多边形内部的交点，并假定多边形是"一般的"，即任意三条对角线都没有公共点.

3.28 多面体有六个面(我们考虑不正规的多面体，即它的任两个面都不合同)，如果一个面涂红色，两个面涂蓝色，三个面涂棕色，问不同的涂法有多少？

3.29 多面体有 n 个面(任两个面都不合同)，其中 r 个涂以红色，s 个涂以蓝色，t 个涂以黄色. 假定 $r+s+t=n$，问不同的涂法有多少？

3.30 (续)推广.

第三部分

在解下列某些题时，读者可以在几种方法中去考虑和选择[见§3.8；二项式系数的组合解释(参看习题 3.23)又提供了一种途径]. 莱布尼兹很强调从多方面解同一个问题的重要性. 下面是他的一个看法(大意)："比较同一个量的两种不同表达式，便可以解出一个未知量来；而比较同一结果的两个不同的推导，便可以找到一个新的方法."

3.31 用尽可能多的方法证明

$$\binom{n}{r}=\binom{n}{n-r},$$

3.32 考虑沿帕斯卡三角形一条基线上所有数的和：

$$\begin{aligned}
1 \quad &= 1 \\
1+1 \quad &= 2 \\
1+2+1 \quad &= 4 \\
1+3+3+1 \quad &= 8
\end{aligned}$$

这些等式看来在预示一条一般的定理，你能猜出它吗？如果猜出来了，你能证明它吗？如果证明了，你还能给出其他的证法吗？

3.33 观察下列等式

$$\begin{aligned}
1-1 \quad &= 0 \\
1-2+1 \quad &= 0 \\
1-3+3-1 \quad &= 0 \\
1-4+6-4+1 \quad &= 0
\end{aligned}$$

推广，证明，再证明.

3.34 考虑帕斯卡三角形第三条道上前六个数的和

$$1+4+10+20+35+56=126,$$

找出这个数字在帕斯卡三角形里的位置，试观察类似的事实. 推广，证明，再证明.

3.35 把图 3.5 中那 36 个数字加起来，再找出和数在帕斯卡三角形中的位置. 进一步提出一条一般的定理并证明它(求这么多数的和当然是个繁重的任务，但如果想得巧一些，你就很容易抓住要领).

3.36 试在帕斯卡三角形里认出关系式

$$1\cdot 1+5\cdot 4+10\cdot 6+10\cdot 4+5\cdot 1=126$$

中的那些数，记下它们的位置. 观察(或记住)类似的情形，然后推广，证明，再证明.

3.37 试在帕斯卡三角形里认出关系式.

$$6\cdot 1+5\cdot 3+4\cdot 6+3\cdot 10+2\cdot 15+1\cdot 21=126$$

中的那些数，记下它们的位置，观察(或记住)类似的情形，然后推广，证明，再证明.

3.38 图 3.8 表示的是一个无穷图案序列的前四个，图案中的每一个都由等圆堆集成等边三角形的形状. 任何一个不在图案边上的圆都与周围的六个圆相切. 第 n 个图案的每一条边都是由 n 个圆排成的,第 n 个图案里圆的总数称为第 n 个三角形数. 试用 n 表示第 n 个三角形数,并指出它在帕斯卡三角形里的位置.

3.39 把图 3.8 里的圆换成球(弹子),使得圆是它的赤道. 先把 10 个弹子在水平面上排成图 3.8 里的形状,再把 6 个弹子放在它们上面(整齐地嵌在缝隙里)当作第二层,在它们上面又加 3 个弹子作为第三层,最后放一个弹子在顶上. 这个

$$1+3+6+10=20$$

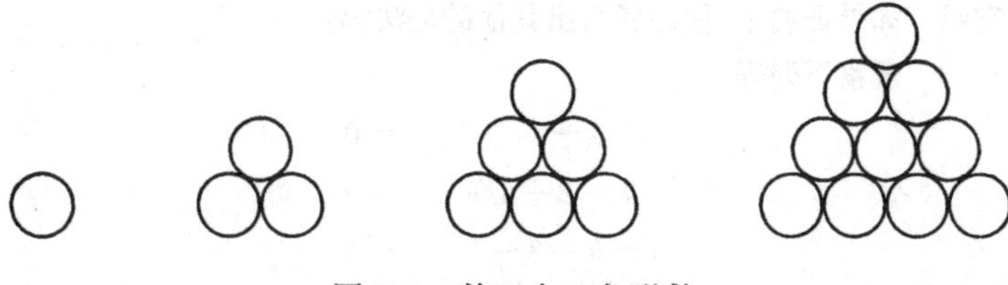

图 3.8 前四个三角形數

个弹子的结构跟正四面体的关系,就正像图 3.8 里圆堆成的图案跟等边三角形的关系一样,所以把 20 称为是第四个角锥数. 试用 n 去表示第 n 个角锥数,并指出它在帕斯卡三角形里的位置.

3.40 你可以按另一种方式用弹子做一个角锥堆:第一层有 n^2 个弹子,排成图 3.9 里的正方形,第二层是 $(n-1)^2$ 个弹子,然后是 $(n-2)^2$ 个弹子,这样下去,最后只有一个弹子在最顶上,这个堆里有几个弹子?

3.41 试用街道网络里某一类锯齿状道路的数目去解释乘积

$$\binom{n_1}{r_1}\binom{n_2}{r_2}\binom{n_3}{r_3}\cdots\binom{n_k}{r_k}$$

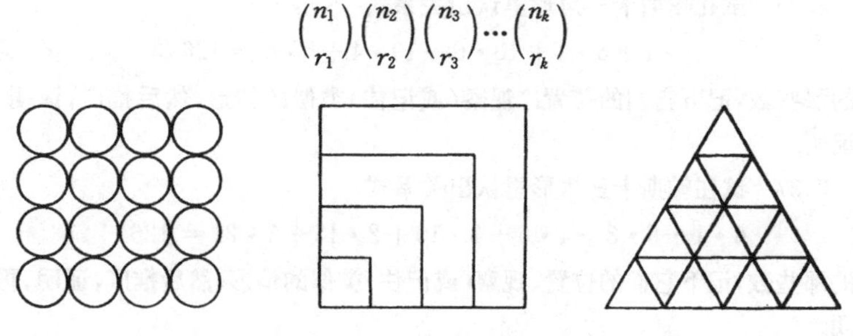

图 3.9 第四个正方形数

3.42　从帕斯卡三角形的顶点到由数 n(街区总数)和 r(右下方向的街区数)确定的点的所有最短锯齿状道路,都与帕斯卡三角形的对称轴(即图 3.3 中从第一个 A 到最后那个 A 的连线)交于同一个公共点,即它们共同的出发点——顶点. 在这些道路组成的集合中,考虑所有与对称轴再没有别的交点的道路组成的子集,求它们的数目 N.

为了搞清楚问题的意思,考虑一些简单的特殊情形:对

$$r=0,n,\frac{n}{2}(n\text{偶数})$$

有

$$N=1,1,0.$$

解法　只要考虑 $n>\frac{n}{2}$ 的情形就行了. 这就是说,如果用对称轴去平分平面,则这些锯齿状道路公共的最低端点是在右半平面内. 整个集合内有 $\binom{n}{r}$ 条道路,我们把它分成三个互不相交的子集:

(1)即上面定义的那个子集,我们要找它的元素个数 N. 集合里不属于这个子集的道路除了 A 点外,跟对称轴还有别的交点.

(2)开始的第一街区是左下方向街区的道路. 这种道路必然要在某个地方与对称轴相交,因为它的终点在另一个半平面内. 这个子集里的道路数目显然是 $\binom{n-1}{r}$.

(3)既不属于(1)又不属于(2)的那些道路. 它们是从右下方的街区开始的,但随即在某处与对称轴相交.

证明子集(2)与子集(3)的元素个数相等(图 3.10 给出了在这两个子集间建立一一对应的关键性提示),由此推出

$$N=\frac{|2r-n|}{n}\binom{n}{r}.$$

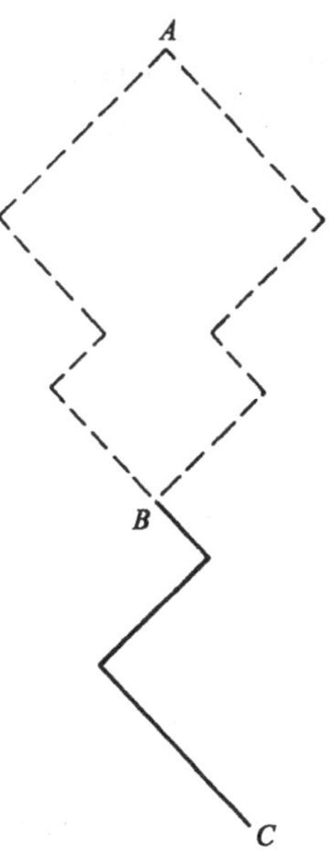

图 3.10　关键性的提示

3.43　(续)证明从顶点到第 n 条基线且与对称轴仅仅交于顶点的最短锯齿状道路数目,当

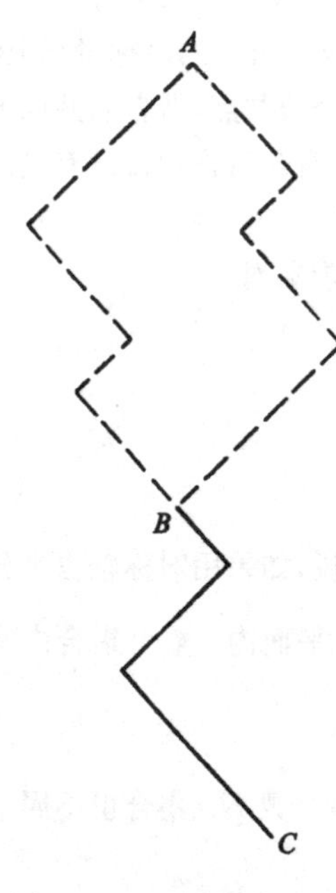

图 3.11　关键性提示的另一形式

$n=2m$ 时，等于 $\binom{2m}{m}$，而当 $n=2m+1$ 时，则等于 $2\binom{2m}{m}$.

3.44　**三项式系数.** 图 3.12 是由下列两个条件确定的无限三角形数值表的一部分.

(1)**边界条件.** 每一条水平线或"基线"(在§3.6 里也类似地用过这个词)都以 0,1 开始，以 1,0 告终.(第 n 条基线上有 $2n+3$ 个数，因此，除了边界条件确定了这四个数以外，在第 n 条基线上还有 $2n-1$ 数没有确定，这里的 $n=1,2,3,\cdots$.)

(2)**递归公式.** 第 $n+1$ 条基线上没有确定的数，都等于第 n 条基线上三个数——西北，正北和东北三个紧邻——的和.(例如，$45=10+16+19$.)

试求第七条基线上的数(其中除三个外，都可被 7 整除).

3.45　(续)证明第 n 条基线上从 1 开始到 1

$$
\begin{array}{ccccccccccccc}
 & & & & & 0 & 1 & 0 & & & & & \\
 & & & & 0 & 1 & 1 & 1 & 0 & & & & \\
 & & & 0 & 1 & 2 & 3 & 2 & 1 & 0 & & & \\
 & & 0 & 1 & 3 & 6 & 7 & 6 & 3 & 1 & 0 & & \\
 & 0 & 1 & 4 & 10 & 16 & 19 & 16 & 10 & 4 & 1 & 0 & \\
0 & 1 & 5 & 15 & 30 & 45 & 51 & 45 & 30 & 15 & 5 & 1 & 0
\end{array}
$$

图 3.12　三项式系数

为止的数都是 $(1+x+x^2)^n$ 的展开式中 x 方幂的系数(这就是"三项式系数"名称的由来).

3.46　(续)试解释图 3.12 关于中心铅垂线的对称性.

3.47　(续)观察下列等式

$$\begin{aligned} 1+1+1 &= 3 \\ 1+2+3+2+1 &= 9 \\ 1+3+6+7+6+3+1 &= 27 \end{aligned}$$

试推广并证明.

3.48 (续)观察下列等式

$$\begin{aligned} 1-1+1 &= 1 \\ 1-2+3-2+1 &= 1 \\ 1-3+6-7+6-3+1 &= 1 \end{aligned}$$

试推广并证明.

3.49 (续)注意到和数

$$1^2+2^2+3^2+2^2+1^2=19$$

是一个三项式系数,试推广并证明.

3.50 (续)在图 3.12 中找出与帕斯卡三角形里数字完全相同的直线.

3.51 *莱布尼兹调和三角形*. 图 3.13 是一张不常见的奇妙的数表的一角. 它具有的某些性质,可以说与帕斯卡三角形是“对比模拟”(analogous by contrast)的. 帕斯卡三角形由整数组成,而莱布尼兹调和三角形(所能看到的)是由整数的倒数组成的. 在帕斯卡三角形里,每个数是它的西北紧邻和东北紧邻的和,而在莱布尼

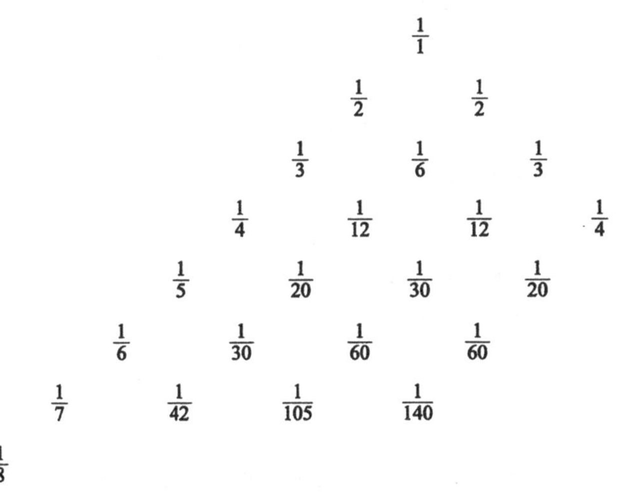

图 3.13 莱布尼兹调和三角形的片断

兹三角形里，每个数是它的西南紧邻和东南紧邻的和，例如

$$\frac{1}{2}=\frac{1}{3}+\frac{1}{6},\frac{1}{3}=\frac{1}{4}+\frac{1}{12},\frac{1}{6}=\frac{1}{12}+\frac{1}{12},$$

这就是莱布尼兹三角形的**递归公式**．这个三角形也有一个**边界条件**：西北边界线（第 0 条道）上的数是依次的正整数的倒数，1/1,1/2,1/3,…（帕斯卡三角形的边界条件情况不尽相同：它沿着整个边界——第 0 条道和第 0 条街——都给定了值）．由给定的边值出发，在帕斯卡三角形的情形，我们通过加法去得出其他的数，而在目前这种情形，我们是通过减法去得出其他的数．图 3.13 里那些空白，借助递归公式立即便可补齐，例如

$$\frac{1}{4}-\frac{1}{20}=\frac{1}{5},\frac{1}{7}-\frac{1}{8}=\frac{1}{56}.$$

试利用边界条件和递归公式，把图 3,13 这张表延伸到整个第八条基线．

3.52 **帕斯卡与莱布尼兹**．试找出两个三角形对应数之间的关系，并证明它．

*3.53 证明[⑨]

$$\frac{1}{1}=\frac{1}{2}+\frac{1}{6}+\frac{1}{12}+\frac{1}{20}+\frac{1}{30}+\cdots,$$

$$\frac{1}{2}=\frac{1}{3}+\frac{1}{12}+\frac{1}{30}+\frac{1}{60}+\frac{1}{105}+\cdots,$$

$$\frac{1}{3}=\frac{1}{4}+\frac{1}{20}+\frac{1}{60}+\frac{1}{140}+\frac{1}{280}+\cdots,$$

$$\vdots$$

（找出这些数在调和三角形里的位置．）

*3.54 求和数

$$\frac{1}{12}+\frac{1}{30}+\frac{1}{60}+\frac{1}{105}+\cdots,$$

并予以推广（你知道一个类似的问题吗?）

*3.55 求下列级数的和

$$\frac{1}{1\cdot 2}+\frac{1}{2\cdot 3}+\frac{1}{3\cdot 4}+\frac{1}{4\cdot 5}+\cdots,$$

---

⑨ 对于那些没有严格的无穷级数（极限，收敛，……）概念的读者，本题以及下面与它类似的某些题，其解法不要求准确的叙述．不过读者有了比较完整的知识以后，应当把准确的叙述（多数情形下是不难的）补起来．

$$\frac{1}{1\cdot 2\cdot 3}+\frac{1}{2\cdot 3\cdot 4}+\frac{1}{3\cdot 4\cdot 5}+\frac{1}{4\cdot 5\cdot 6}+\cdots,$$

$$\frac{1}{1\cdot 2\cdots(r-1)r}+\frac{1}{2\cdot 3\cdots r(r+1)}+\frac{1}{3\cdot 4\cdots(r+1)(r+2)}+\cdots.$$

第四部分

这一部分的某些题与习题 3.61 有关,另一些题与习题 3.70 有关.

*3.56 **幂级数.** 数 π 的十进位小数表示 3.14159…,实际上是一个"无穷级数":

$$3+1\left(\frac{1}{10}\right)+4\left(\frac{1}{10}\right)^2+1\left(\frac{1}{10}\right)^3+5\left(\frac{1}{10}\right)^4+9\left(\frac{1}{10}\right)^5+\cdots$$

把 1/10 换成变量 x,而把数字

$$3,1,4,1,5,9,\cdots$$

分别换成常数系数

$$a_0,\ a_1,\ a_2,\ a_3,a_4,a_5,\ \cdots,$$

便得到一个幂级数

(1) $\quad a_0+a_1x+a_2x^2+a_3x^3+\cdots.$

我们在这里不准备考虑幂级数的收敛性及有关重要性质,只限于讨论这种级数的形式运算(见习题 3.53 的脚注). 乘幂级数以常数 c,得

$$ca_0+ca_1x+ca_2x^2+ca_3x^3+\cdots,$$

将幂级数(1)与另一幂级数

(2) $\quad b_0+b_1x+b_2x^2+b_3x^3+\cdots,$

相加,得

$$(a_0+b_0)+(a_1+b_1)x+(a_2+b_2)x^2+(a_3+b_3)x^3+\cdots,$$

而两个幂级数(1)与(2)的乘积是

$$a_0b_0+(a_0b_1+a_1b_0)x+(a_2b_0+a_1b_1+a_0b_2)x^2+\cdots,$$

幂级数(1)与(2)相等,当且仅当

$$a_0=b_0,\quad a_1=b_1,\quad a_2=b_2,\cdots,a_n=b_n,\cdots.$$

我们把多项式也看成是一个幂级数,它有无穷多个系数为零,事实上,从某一项以后的系数都是零. 例如,多项式 $3x-x^3$ 可以看成是幂级数(1)的特殊情形,其中

$$a_0=0,\ a_1=3,\ a_2=0,\ a_3=-1,\text{且当 } n\geqslant 4 \text{ 时},a_n=0,$$

请验证上述运算法则对多项式都成立.

*3.57　求乘积

$$(1-x)(1+x+x^2+\cdots+x^n+\cdots).$$

*3.58　求乘积

$$(a_0+a_1x+a_2x^2+\cdots+a_nx^n+\cdots)(1+x+x^2+\cdots+x^n+\cdots)$$

中 x^n 的系数.

*3.59　习题 3.57 解法里打开的缺口,也许可用来考虑级数

$$1+x+x^2+x^3+\cdots,$$
$$1+2x+3x^2+4x^3+\cdots,$$
$$1+3x+6x^2+10x^3+\cdots,$$
$$1+4x+10x^2+20x^3+\cdots,$$

你知道这些级数中某一个的和吗?你能找出其他级数的和吗?

*3.60　用另外的方法证明习题 3.37 的结果.

*3.61　*分指数与负指数的二项式定理.* 牛顿 1676 年 10 月 24 日在给英国皇家协会秘书的一封信里,叙述了他是怎样发现(一般的)二项式定理的,他写这封信是为了回答莱布尼兹对他的发现方法提出的询问[10]. 牛顿考虑了某些曲线下的面积,他在瓦里斯(Wallis)关于插值思想的强烈影响下,最终得到了一个猜测:*展开式*

$$(1+x)^a=1+\frac{a}{1}x+\frac{a(a-1)}{1\cdot 2}x^2+\frac{a(a-1)(a-2)}{1\cdot 2\cdot 3}x^3+\cdots,$$

不仅对正整数指数 a 成立,而且对分指数和负指数也都成立,事实上,对一切 a 的值都成立[11].

牛顿对他的猜测并没有给出形式的证明,他宁肯靠例子和类比去说明它. 我们可以说,他作为一个物理学家,是用"实验"和"归纳"去研究问题的. 为了弄清他的观点,我们将重温牛顿做过的某些步骤,正是这些步骤使他确信这一猜测是可靠的. 下面为了叙述简单起见,我们把这个猜测称为"猜测 N".

如果 a 是非负整数,则右边的级数里,x^{a+1} 的系数为零,而所有后面那些

---

⑩　参看 J. R. Newman 的《数学世界》,卷 1,p. 519—524.

⑪　当然,今天我们知道对 x 是要有某些限制的,不过我们这里不去管它. 这种忽略跟牛顿当时情况是一致的,因为当年还没有明确的级数收敛性的定义,而这样做也符合于脚注⑨.

系数也都等于零(由于分子里出现的因子零),于是级数是有限的. 如果 a 的值不等于 0,1,2,3,…,则级数不是有限的,而一直要到无穷. 例如,对 $a=\frac{1}{2}$ 而言,经过仔细计算后的展开式为

$$(1+x)^{\frac{1}{2}}=1+\frac{\frac{1}{2}}{1}x+\frac{\frac{1}{2}\left(-\frac{1}{2}\right)}{1\cdot 2}x^2+\frac{\frac{1}{2}\left(-\frac{1}{2}\right)\left(-\frac{3}{2}\right)}{1\cdot 2\cdot 3}x^3+\cdots$$

$$=1+\frac{1}{2}x-\frac{1}{8}x^2+\frac{1}{16}x^3-\frac{5}{128}x^4+\cdots.$$

牛顿并没有因为出现无穷多非零项而感到烦恼不安,因为他十分清楚幂级数和十进位小数之间的类比(见习题 3.56,关于这一点,他在别的场合曾提到过),某些十进位小数是有限的(如 1/2 或 3/5). 而另一些是无限的(如 1/3 或 7/11).

上述 $(1+x)^{\frac{1}{2}}$ 的级数成立吗? 为了验证这一点,牛顿让级数自乘,结果应当是

$$(1+x)^{\frac{1}{2}}(1+x)^{\frac{1}{2}}=1+x,$$

为了验算这个等式,试计算级数乘积(习题 3.56)里 x^2,x^3,和 x^4 的系数.

*3.62 计算级数

$$1+\frac{1}{3}x-\frac{1}{9}x^2+\frac{5}{81}x^3-\frac{10}{243}x^4+\cdots,$$

平方的表达式中 x,x^2,x^3 和 x^4 的系数. 此级数按猜测 N 乃是 $(1+x)^{\frac{1}{3}}$ 的展开式,其平方应当是 $(1+x)^{\frac{2}{3}}$ 的展开式,试予以验证.

*3.63 (续)计算上题给定级数三次方的表达式中 x,x^2,x^3 和 x^4 的系数. 预测其结果,并验算你的预测.

*3.64 按猜测 N 展开 $(1+x)^{-1}$,你有什么评论吗?

3.65 推广 $\binom{n}{r}$ 的定义范围. 在 §3.6 里,我们已经对非负整数 n 和 r 在满足不等式 $r\leqslant n$ 的情形下定义了符号 $\binom{n}{r}$,我们现在推广 n(而不是 r,参看习题 3.11)的定义范围,我们令

$$\binom{x}{0}=1,\binom{x}{r}=\frac{x(x-1)(x-2)\cdots(x-r+1)}{1\cdot 2\cdot 3\cdots r},$$

其中 x 是任何数,$r=1,2,3,\cdots$. 由这个定义可得

(Ⅰ) $\binom{x}{r}$是 x 的 r 阶多项式，$r=0,1,2,3,\cdots$.

(Ⅱ) $\binom{x}{r}=(-1)^r\binom{r-1-x}{r}$.

(Ⅲ)如果 n,r 是非负整数，而 $r>n$，则$\binom{n}{r}=0$.

(Ⅳ)猜测 N 可写成如下形式

$$(1+x)^a=\binom{a}{0}+\binom{a}{1}x+\binom{a}{2}x^2+\cdots+\binom{a}{n}x^n+\cdots,$$

(Ⅰ)，(Ⅲ)和(Ⅳ)是显然的，证明(Ⅱ).

*3.66　推广习题 3.64：验算一下习题 3.59 的结果是否都符合猜测 N.

*3.67　把我们已经用过三次(§3.9，习题 3.36 和习题 3.60)的那个方法再用一次：假定猜测 N 是对的，用两种不同的方法去计算展开式

$$(1+x)^a(1+x)^b=(1+x)^{a+b}$$

中 x^r 的系数.

*3.68　试估计习题 3.67 的结果：它已被证明了吗？是它的某些部分被证明了吗？有其他的办法证明吗？如果我们承认了它，我们能证明猜测 N 吗？抑或能证明猜测 N 的某些部分？

*3.69　你能认出

$$(1-4x)^{-\frac{1}{2}}=1+2x+6x^2+20x^3+\cdots$$

中的系数是些什么吗？试把它的一般项系数用熟悉的形式(它应当体现系数都是整数这一事实)表示出来.

*3.70　*待定系数法*．把两个给定幂级数的商展成幂级数.

我们要把变量 x 的两个幂级数的商

$$\frac{b_0+b_1x+b_2x^2+\cdots+b_nx^n+\cdots}{a_0+a_1x+a_2x^2+\cdots+a_nx^n+\cdots}$$

展成幂级数，这里系数 $a_0,a_1,a_2,\cdots,b_0,b_1,b_2,\cdots$是给定的数，假定 $a_0\neq0$(虽然我们在开始的题目简短叙述里并没有提到这一假设，但它却是至关重要的.)

我们应当把给定的商表示成下列形式：

$$\frac{b_0+b_1x+b_2x^2+\cdots+b_nx^n+\cdots}{a_0+a_1x+a_2x^2+\cdots+a_nx^n+\cdots}=u_0+u_1x+u_2x^2+\cdots$$

系数 $u_0, u_1, u_2, \cdots, u_n, \cdots$ 只是引进来了，暂时还是不确定的(这就是为什么给这个方法起名叫待定系数法的原因)，不过我们希望最终能把它们定出来. 事实上，确定它们就是本题的任务，所以系数 $u_0, u_1, u_2, \cdots$ 是我们这个问题里的未知量(这里有无穷多个未知量).

把这三个幂级数(其中两个给定，一个是要求的)之间的关系用下列形式重新写出来

$$(a_0 + a_1 x + a_2 x^2 + \cdots)(u_0 + u_1 x + u_2 x^2 + \cdots)$$
$$= b_0 + b_1 x + b_2 x^2 + \cdots$$

便发现情况变得比较熟悉了(习题 3.56)：由等式两边 x 同方幂的系数相等，便得到一个方程组：

$$\begin{aligned}
&a_0 u_0 && = b_0 \\
&a_1 u_0 + a_0 u_1 && = b_1 \\
&a_2 u_0 + a_1 u_1 + a_0 u_2 && = b_2 \\
&a_3 u_0 + a_2 u_1 + a_1 u_2 + a_0 u_3 && = b_3 \\
&\qquad\vdots
\end{aligned}$$

这个方程组属于我们已熟悉的模型：它是递归的，也就是说，它可以用递归的方法解出来. 从第一个方程里可以解出第一个未知量 u_0，当我们解得 $u_0, u_1, \cdots, u_{n-2}$ 和 u_{n-1} 以后，由尚未用过的下一个方程便可以解出下一个未知量 u_n.

试用 $a_0, a_1, a_2, a_3, b_0, b_1, b_2$ 和 b_3 去表示 u_0, u_1, u_2 和 u_3.

(上面这个解法可以当作一个有用的模型. 注意它的典型步骤是：

我们把幂级数的系数作为未知量；

比较幂级数关系式两边同一方幂的系数，从而导出方程组；

用递归方法去计算未知量.

这些步骤便刻画了"待定系数法"这个模型或方法. 由它导出那些最重要最有用的方程组可以用递归方法解出.)

*3.71　考虑方幂的乘积

$$a_i^{\alpha_i}\, a_j^{\alpha_j}\, a_k^{\alpha_k}\, b_l^{\beta_l}\, b_m^{\beta_m}$$

定义

$\alpha_i + \alpha_j + \alpha_k + \beta_l + \beta_m$	是阶数，
$\alpha_i + \alpha_j + \alpha_k$	是 a 的阶数，
$\beta_l + \beta_m$	是 b 的阶数，
$i\alpha_i + j\alpha_j + k\alpha_k + l\beta_l + m\beta_m$	是权.

当然,上面的定义对任意多个 a 和 b 都可以用,并不一定非要三个 a 和两个 b.

试观察在解习题 3.70 中得到的关于 u_0,u_1,u_2 和 u_3 的表达式,并说明观察到的规律性.

* 3.72 试将商

$$\frac{b_0+b_1x+b_2x^2+b_3x^3+\cdots+b_nx^n+\cdots}{1+x+x^2+\cdots+x^n+\cdots}$$

展开(结果很简单——你能用上它吗?).

* 3.73 试将商

$$\frac{b_0+b_1x+b_2x^2+\cdots+b_nx^n+\cdots}{1-x}$$

展开(结果很简单——你能用上它吗?).

* 3.74 试将商

$$\frac{1+\dfrac{x}{3}+\dfrac{x^2}{15}+\dfrac{x^3}{105}+\cdots+\dfrac{x^n}{3\cdot5\cdot7\cdots(2n+1)}+\cdots}{1+\dfrac{x}{2}+\dfrac{x^2}{8}+\dfrac{x^3}{48}+\cdots+\dfrac{x^n}{2\cdot4\cdot6\cdots2n}+\cdots}$$

展开(先算出前几项,然后试着去猜出一般项.).

3.75 **幂级数的逆.** 给定一个函数的幂级数,试求它的反函数的幂级数.

换句话说就是:给定 x 按 y 方幂的展开式,求 y 按 x 方幂的展开式.

更确切地说:给定

$$x=a_1y+a_2y^2+\cdots+a_ny^n+\cdots,$$

假定 $a_1\neq0$,求展开式

$$y=u_1x+u_2x^2+\cdots+u_nx^n+\cdots.$$

按照习题 3.70 的模型,在给定 x 按 y 方幂的展开式中,以 y 的幂级数(要求的)代进去得:

$$\begin{aligned}x=&a_1(u_1x+u_2x^2+u_3x^3+\cdots)+a_2(u_1^2x^2+2u_1u_2x^3+\cdots)\\&+a_3(u_1^3x^3+\cdots)\\&+\cdots\end{aligned}$$

我们让关系式两边 x 同方幂的系数相等,便得到 $u_1,u_2,u_3,\cdots$ 的一个方程组:

$$1=a_1u_1,$$

$$0=a_1u_2+a_2u_1^2,$$

$$0 = a_1 u_3 + 2a_2 u_1 u_2 + a_3 u_1^3,$$
$$\vdots$$

这样得到的方程组是递归的(虽然不是线性的).

试用 a_1, a_2, a_3, a_4 和 a_5 去表示 u_1, u_2, u_3, u_4 和 u_5.

*3.76 检验在解习题 3.75 中得到的表达式的阶数和权.

*3.77 给定

$$x = y + y^2 + y^3 + \cdots + y^n + \cdots,$$

试把 y 按 x 的方幂展开.(结果很简单——你能用上它吗?)

*3.78 给定

$$4x = 2y - 3y^2 + 4y^3 - 5y^4 + \cdots,$$

试把 y 按 x 的方幂展开.(试猜出一般项的形式,并予以说明.)

*3.79 给定

$$x = y + ay^2,$$

试把 y 按 x 的方幂展开.(其结果可用来把习题 3.75 里考虑的一般情形叙述得更明确.)

*3.80 给定

$$x = y + \frac{y^2}{2} + \frac{y^3}{6} + \frac{y^4}{24} + \cdots + \frac{y^n}{n!} + \cdots,$$

试把 y 按 x 的方幂展开.

*3.81 *微分方程.* 把满足微分方程

$$\frac{\mathrm{d}y}{\mathrm{d}x} = x^2 + y^2$$

和初始条件

$$\text{当 } x = 0 \text{ 时}, y = 1$$

的函数 y 按 x 的方幂展开.

按照习题 3.70 的模型,我们令

$$y = u_0 + u_1 x + u_2 x^2 + u_3 x^3 + \cdots,$$

系数 $u_0, u_1, u_2, u_3, \cdots$ 是需要确定的. 将 y 代入微分方程即得

$$\begin{aligned} & u_1 + 2u_2 x + 3u_3 x^2 + 4u_4 x^3 + \cdots \\ & \quad = u_0^2 + 2u_0 u_1 x + (2u_0 u_2 + u_1^2 + 1)x^2 + \cdots. \end{aligned}$$

比较关系式两边同方幂的系数,可得下列方程组.

$$u_1 = u_0^2$$

$$2u_2 = 2u_0 u_1$$

$$3u_3 = 2u_0 u_2 + u_1^2 + 1$$

$$4u_4 = 2u_0 u_3 + 2u_1 u_2$$

$$\vdots$$

因为由初始条件可得

$$u_0 = 1,$$

所以由这个方程组,可用递归方法求出 $u_1, u_2, u_3, \cdots$. 计算 u_1, u_2, u_3, 和 u_4 的数值.

(像我们上面例示的那样,用待定系数法解微分方程,无论是在理论上还是在实践上都有很大的重要性.)

*3.82 (续)证明当 $n \geqslant 3$ 时, $u_n > 1$.

*3.83 把满足微分方程

$$\frac{d^2 y}{dx^2} = -y$$

和初始条件

当 $x=0$ 时, $y=1, \frac{dy}{dx}=0$

的函数 y 按 x 的方幂展开.

*3.84 求函数

$$(1-x)^{-1}(1-x^5)^{-1}(1-x^{10})^{-1}(1-x^{25})^{-1}(1-x^{50})^{-1}$$

的幂级数展开式中 x^{100} 的系数.

这里为了解这个问题,我们先把问题略加拓展,找出方法去计算所考虑的展开式中的一般项 x^n 的系数. 我们的步骤是先考虑一些蕴涵于所提问题里的更为简单的类似的问题,具体地说,即引进若干个"待定系数"的幂级数. 令

$$(1-x)^{-1} = A_0 + A_1 x + A_2 x^2 + A_3 x^3 + A_4 x^4 + \cdots$$

$$(1-x)^{-1}(1-x^5)^{-1} = B_0 + B_1 x + B_2 x^2 + B_3 x^3 + \cdots$$

$$(1-x)^{-1}(1-x^5)^{-1}(1-x^{10})^{-1} = C_0 + C_1 x + C_2 x^2 + \cdots$$

$$(1-x)^{-1}(1-x^5)^{-1}(1-x^{10})^{-1}(1-x^{25})^{-1} = D_0 + D_1 x + \cdots$$

最后

$$(1-x)^{-1}(1-x^5)^{-1}(1-x^{10})^{-1}(1-x^{25})^{-1}(1-x^{50})^{-1}$$
$$= E_0 + E_1 x + E_2 x^2 + \cdots + E_n x^n + \cdots$$

在这套符号下，我们的问题就是求 E_{100}. 现在引进了无穷多个新的未知量去代替原来的一个未知量 E_{100}：我们要去找 A_n,B_n,C_n,D_n 和 E_n，$n=0,1,2,3,\cdots$. 当然其中有些是已知的或是显然的：

$$A_0=A_1=A_2=\cdots=A_n=\cdots=1,$$

$$B_0=C_0=D_0=E_0=1,$$

此外，引进的这些未知量不是彼此无关的：

$$A_0+A_1x+A_2x^2+\cdots,$$

$$=(B_0+B_1x+B_2x^2+\cdots)(1-x^5),$$

检查两端 x^n 的系数，可得

$$A_n=B_n-B_{n-5},$$

再找出类似的关系式，从而找出联系已知量和 E_{100} 的那些中间量，最后就可以把 E_{100} 的值算出来.

*3.85　求函数 $y=x^{-1}\ln x$ 的 n 阶导数 $y^{(n)}$.

直接通过微分和代数运算可得

$$y'=-x^{-2}\ln x+x^{-2},$$

$$y''=2x^{-3}\ln x-3x^{-3},$$

$$y'''=-6x^{-4}\ln x+11x^{-4},$$

总结一下这些(或更多的)已得的情形，我们可以猜想所求的 n 阶导数形式为

$$y^{(n)}=(-1)^n n!x^{-n-1}\ln x+(-1)^{n-1}C_n x^{-n-1},$$

其中 C_n 是一个依赖于 n(但不依赖于 x)的整数. 证明这个结论，并用 n 去表示 C_n.

*3.86　求

$$1+2x+3x^2+\cdots+nx^{n-1}$$

的简单表达式(你知道一个相关的问题吗？你能用它的结果或方法吗?).

*3.87　求

$$1+4x+9x^2+\cdots+n^2x^{n-1}$$

的简单表达式(你知道一个相关的问题吗？你能用它的结果或方法吗?).

3.88　(续)推广.

3.89　给定

$$a_{n+1}=a_n\frac{n+\alpha}{n+1+\beta},n=1,2,3,\cdots,\alpha\neq\beta,$$

证明

$$a_1+a_2+a_3+\cdots+a_n=\frac{a_n(n+\alpha)-a_1(1+\beta)}{\alpha-\beta}.$$

3.90 求

$$\frac{p}{q}+\frac{p}{q}\frac{p+1}{q+1}+\frac{p}{q}\frac{p+1}{q+1}\frac{p+2}{q+2}+\cdots$$
$$+\frac{p}{q}\frac{p+1}{q+1}\frac{p+2}{q+2}\cdots\frac{p+n-1}{q+n-1}.$$

3.91 **关于数 π.** 考虑单位圆(半径=1),作它的外切和内接正 n 边形,令 C_n(外切)和 I_n(内接)分别表示这两个多边形的周长.

引进下列缩写符号

$$\frac{a+b}{2}=A(a,b),\sqrt{ab}=G(a,b),\frac{2ab}{a+b}=H(a.b)$$

(分别表示算术平均值,几何平均值和调和平均值)

(1)求 C_4,I_4,C_6,I_6.

(2)证明

$$C_{2n}=H(C_n,I_n),I_{2n}=G(I_n,C_{2n}).$$

(这样,从 C_6,I_6 出发,就可以用递归方法算出数的序列:

$$C_6,I_6;C_{12},I_{12};C_{24},I_{24};C_{48},I_{48};\cdots$$

以至任意多项,这样我们就可以把 π 夹在两个数之间,而这两个数的差是可以任意小的. 阿基米德计算了这个序列的前十个数,也就是说,一直算到正 96 边形,他发现了

$$3\frac{10}{71}<\pi<3\frac{1}{7},$$

参见 T. L. Heath《阿基米德论文集》,pp. 91—98.)

3.92 **更多的问题.** 设计一些与本章所提的问题(特别是那些你能解的问题)类似但又与它们不同的问题.

第4章　叠　　加

§4.1　插　值　法

在叙述下面的问题之前,我们先讲以下几点.

(1)给定 n 个不同的横坐标

$$x_1, x_2, x_3, \cdots, x_n$$

和 n 个对应的纵坐标

$$y_1, y_2, y_3, \cdots, y_n$$

这就给出了平面上 n 个不同的点

$$(x_1, y_1), (x_2, y_2), (x_3, y_3), \cdots, (x_n, y_n),$$

我们要找一个函数 $f(x)$,使得它在给定横坐标处的值刚好就是对应的纵坐标:

$$f(x_1) = y_1, f(x_2) = y_2, f(x_3) = y_3, \cdots, f(x_n) = y_n.$$

换言之,就是要找一条方程为 $y=f(x)$ 的曲线,使它恰好通过上面给出的那 n 个点. 见图 4.1. 这就是所谓插值的问题.

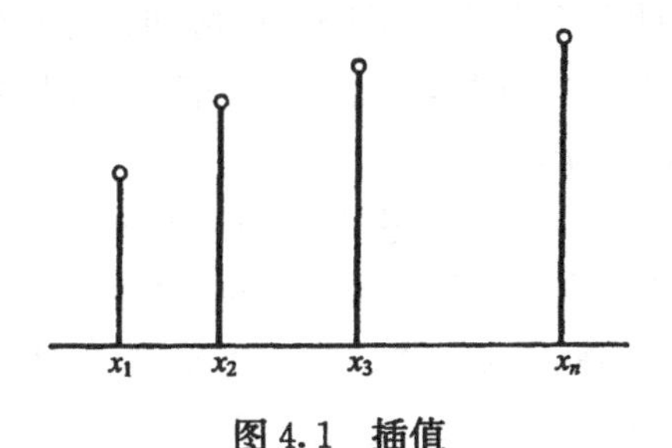

图 4.1　插值

让我们探讨一下这个问题的背景,这样可以提高我们对它的兴趣,从而增加我们解决问题的可能性.

(2)当我们在考虑一个量 y 依赖于另一个量 x 的时候，就可能会出现插值问题. 让我们考虑一个具体的例子：设 x 表示温度，而 y 表示等压下一根均匀金属棒的长度. 金属棒在任何温度 x 下都有一个确定的长度 y 与之对应，这就是我们所说的 y 依赖于 x，或 y 是 x 的函数，记为 $y=f(x)$. 物理学家在实地研究 y 对 x 的依赖时，是把金属棒置于不同的温度

$$x_1, x_2, x_3, \cdots, x_n$$

之下，并对每一温度测得金属棒的长度，设它们分别为

$$y_1, y_2, y_3, \cdots, y_n,$$

当然，物理学家也很想知道在那些他还不曾有机会观察到的温度 x 下金属棒的长度 y 是多少？也就是说，物理学家想在这 n 次观察的基础上知道函数 $y=f(x)$ 在整个自变量 x 变化范围内的变化情况——这样他就提出了一个插值的问题.

(3)让我们在这里插上一句，实际上物理学家的问题是比较复杂的. 他所测得的值 $x_1, y_1, x_2, y_2, \cdots, x_n, y_n$ 并不可能是所要测的量的“真正的值”，因为测量不可避免的会有误差. 所以它的曲线不必通过测得的这些点，而只要很靠近这些点就行了.

此外，在通常情况下我们还要区别下面两种情形：即那个未曾观察的横坐标 x（物理学家想要知道对应于它的纵坐标 y）是在两头两个观察值（即图 4.1 的 x_1 和 x_n）的区间内，或在这个区间外：前一种情形，我们称之为内插，而后一种情形，称为外插（一般我们认为内插较外插更为可靠.）

不过，让我们暂时先别管这个区别以及这一小段提到的别的那些话，还是言归正传，回到(1)和(2)的主题去.

(4)第(1)段里提出的问题是非常不确定的：因为通过 n 个给定点的曲线可以有无穷多条. 物理学家单凭他那 n 次观察数据本身，无法去确定这些曲线里的那一条比其他各条更合适. 因此如果物理学家决定要画一条曲线，除了他的 n 次观察外，他必须还要有一些理由才行——是些什么理由呢？

这样，关于插值的问题便引出了一个更一般的问题(这使它变得更加有意思了)：是什么提供了，或证明了由已知观察数据和思想背景到一种数学表示式的过渡呢？这是一个重要的哲学问题——然而，它并不是那种能有圆满解答的重要哲学问题，所以我们还是转向插值问题的别的方面吧.

(5)我们很自然地把第(1)段里提出的问题转换成去找出一条过 n 个给定点的最简单的曲线. 可是，这样一变，问题不但还是不确定的，反而更含糊了. 因为所谓“简单”是很难有客观标准的，每个人都可以根据自己的嗜好、立场、背景、思想和习惯去判断什么是“简单”.

不过，在我们现在这个问题里却可以给出“简单”的一种解释，它是大家能够接受的，并且可由此导出一个确定的有用的数学公式. 首先，我们认为加法、减法和乘法是最简单的运算. 其次，我们认为函数值可以通过最简单的运算去计算的函数是最简单的函数. 基于这样两个观点，我们必然认为多项式是最简单的函数. 多项式的一般形状是

$$a_0 + a_1x + a_2x^2 + \cdots + a_nx^n,$$

其函数值可以由给定的系数 $a_0, a_1, \cdots, a_n$ 和自变量 x 的值通过三种最简单的运算计算出来. 如果我们假定 $a_n \neq 0$，则多项式是 n 阶的.

最后，对于两个不同阶数的多项式，我们认为阶数低的那一个更简单些. 如果我们按照这样的观点，那么求通过 n 个定点的最简单的曲线的问题就变成一个确切的问题，即多项式插值问题，我们可以将它陈述如下：

给定 n 个不同的数 $x_1, x_2, \cdots, x_n$，和另外 n 个数 $y_1, y_2, \cdots, y_n$，求一个阶数最低的多项式 $f(x)$，它满足下列 n 个条件

$$f(x_1) = y_1,\ f(x_2) = y_2, \cdots, f(x_n) = y_n.$$

§4.2 一个特殊情形

如果我们对所提的问题还束手无策，那么不妨改变一下数据试试. 比方说，我们可以让某一个给定的纵坐标固定，而让其余的减小，这样我们就能发现一个特殊情形，它似乎比较好处理一些. 我们不必限制横坐标，可以假定横坐标是任意 n 个不同的数

$$x_1, x_2, x_3, \cdots, x_n,$$

但选一组特别简单的纵坐标，它们分别是，

$$0, 1, 0, \cdots, 0$$

(这就是说，除了对应于横坐标 x_2 的纵坐标等于 1 外，其余的纵坐标都等于 0，见图 4.2)

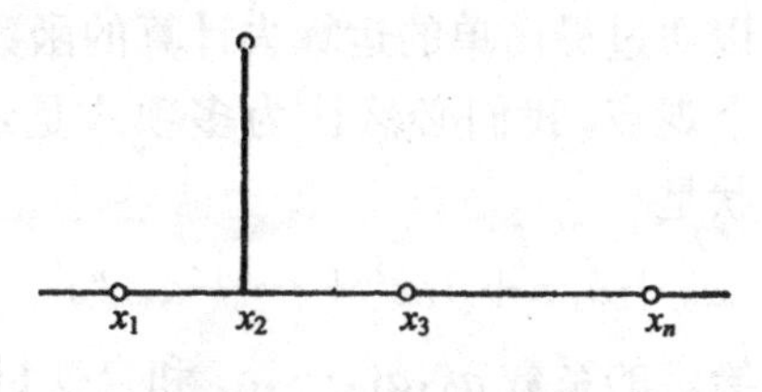

图 4.2 一个特殊情形

根据多项式的一条有趣的性质：在 $n-1$ 个给定点上取值为 0 的多项式(即有 $n-1$ 个不同的根 $x_1, x_3, x_4, \cdots, x_n$)一定能被下列 $n-1$ 个因子整除

$$x-x_1, x-x_3, x-x_4, \cdots, x-x_n,$$

因此也一定能被这 $n-1$ 个因子的乘积整除，因而它至少是 $n-1$ 阶的. 如果多项式的阶数达到了最低的可能的阶数 $n-1$，则它的形状必定是

$$f(x) = C(x-x_1)(x-x_3)(x-x_4)\cdots(x-x_n),$$

其中 C 是某个常数.

我们已经用了全部数据吗？没有，对应于横坐标 x_2 的纵坐标 1 还没有用到，把它也考虑进来，便得

$$f(x_2)=C(x_2-x_1)(x_2-x_3)(x_2-x_4)\cdots(x_2-x_n)=1,$$

从这个方程里可算得 C，把算得的 C 值代进 $f(x)$ 的表达式，便得

$$f(x)=\frac{(x-x_1)(x-x_3)(x-x_4)\cdots(x-x_n)}{(x_2-x_1)(x_2-x_3)(x_2-x_4)\cdots(x_2-x_n)},$$

显然，这个多项式在所有给定的横坐标处都取所要求的值，至此，我们已经成功地解决了特殊情形下的多项式插值问题.

§4.3 组合特殊情形以得出一般情形的解

我们有幸碰见了这样一个易于处理的特殊情形. 为了保住这一幸运，我们现在应当考虑怎样去充分利用所得到的解.

稍稍改变一下所得到的解，我们便可处理一个略微推广了的特殊情形：对于给定的横坐标

$$x_1, x_2, x_3, \cdots, x_n,$$

我们让对应的纵坐标分别是

$$0, y_2, 0, \cdots, 0,$$

用 y_2 这个因子去乘 §4.2 得到的表达式

$$y_2\frac{(x-x_1)(x-x_3)(x-x_4)\cdots(x-x_n)}{(x_2-x_1)(x_2-x_3)(x_2-x_4)\cdots(x_2-x_n)},$$

我们就可以得出取上述那些数值的多项式.

在这个表达式中，横坐标 x_2 跟其他那些横坐标不一样，它扮演了一个特别的角色，但是 x_2 本身并没有什么特殊之处，我们也可以让别的横坐标来扮演它的角色. 这样，如果对于横坐标

$$x_1, x_2, x_3, \cdots, x_n,$$

我们让相应的纵坐标取下列 n 行中的任意一行

$$y_1, 0, 0, \cdots, 0$$
$$0, y_2, 0, \cdots, 0$$
$$0, 0, y_3, \cdots, 0$$
$$\vdots$$
$$0, 0, 0, \cdots, y_n$$

那么就可以写出一个 $n-1$ 阶多项式的表达式，使得它在相应的横坐标处取的值就是这一行规定的值.

上面我们概述了问题在 n 种不同特殊情形下的解法. 你能把它们组合起来去得出一般情形的解吗？这当然是能做到的，把前面得到的那 n 个表达式加起来：

$$\begin{aligned} f(x) = & y_1 \frac{(x-x_2)(x-x_3)(x-x_4)\cdots(x-x_n)}{(x_1-x_2)(x_1-x_3)(x_1-x_4)\cdots(x_1-x_n)} \\ & + y_2 \frac{(x-x_1)(x-x_3)(x-x_4)\cdots(x-x_n)}{(x_2-x_1)(x_2-x_3)(x_2-x_4)\cdots(x_2-x_n)} \\ & + y_3 \frac{(x-x_1)(x-x_2)(x-x_4)\cdots(x-x_n)}{(x_3-x_1)(x_3-x_2)(x_3-x_4)\cdots(x_3-x_n)} \\ & \cdots\cdots \\ & + y_n \frac{(x-x_1)(x-x_2)(x-x_3)\cdots(x-x_{n-1})}{(x_n-x_1)(x_n-x_2)(x_n-x_3)\cdots(x_n-x_{n-1})} \end{aligned}$$

结果便得到一个阶数不超过 $n-1$ 的多项式，它满足条件

$$f(x_i) = y_i,\ i = 1, 2, 3, \cdots, n,$$

这一点由 $f(x)$ 表达式的结构，便可以一眼看出来.

（还有什么问题吗?）

§4.4 数学模型

插值问题的上述解法，是拉格朗日* 提出来的，它可以发展成

---

* L. de Lagrange(1736—1813)，18 世纪著名的法国天文学家和数学家.

为一个重要的一般方法. 你以前曾见过这种方法吗?

(1)可能读者熟悉(或是通过上面讨论回忆起来)通常平面几何里一条熟知的定理:“在一圆中,一弧所对的圆心角等于它所对的圆周角的二倍”的证明(在图 4.3 与 4.4 中,这段弧是用双线表示的),它是建立在两次观察上分两步完成的,参考欧几里得原本第三卷命题 20.

(2)下面是一个容易处理的特殊情形:圆周角的一条边是直径,见图 4.3. 这时圆心角 α 显然等于一个等腰三角形的两个角的和,这两个角彼此相等,而且其中一个就是圆周角 β,这样就对图 4.3 这个特殊情形证明了所要的结论

$$\alpha = 2\beta.$$

(3)下面回到一般的情形,这时我们可以通过圆周角的顶点画上一条直径(图 4.4 里的虚线),于是在图形里便出现了两个特殊情形,设等式

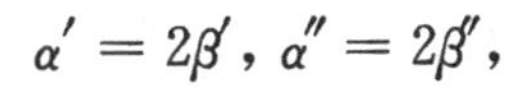

$$\alpha' = 2\beta', \alpha'' = 2\beta'',$$

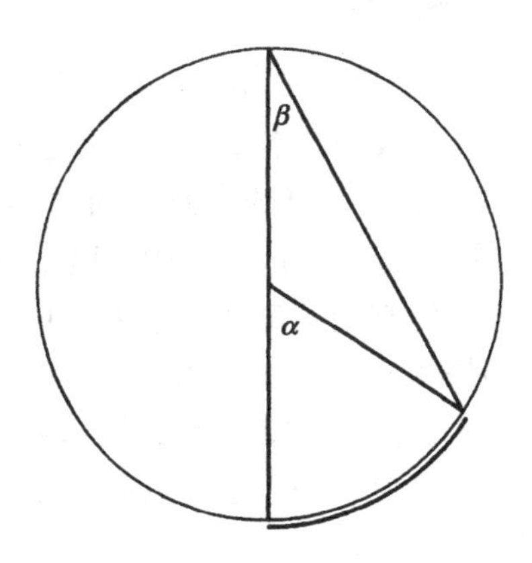

图 4.3　一个特殊情形

分别对应这两个特殊情形(见图 4.3),它们是根据第(2)段里的考虑建立起来的. 定理里的圆心角 α 和圆周角 β 按照图 4.4 里的两种不同情形可以表成两个角的和或差

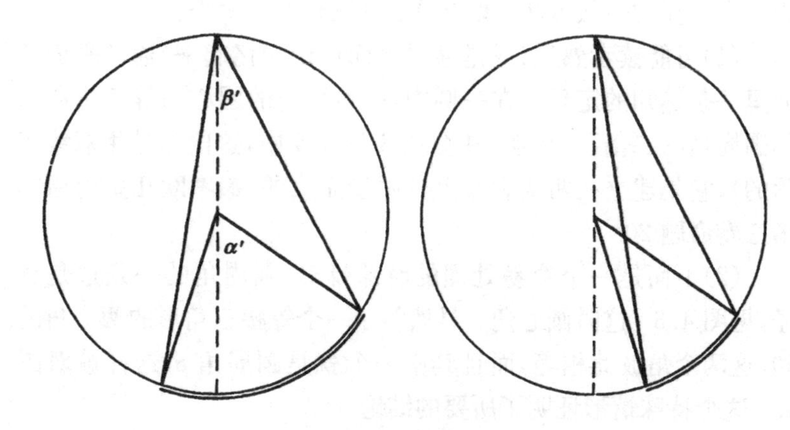

图 4.4　一般情形

$$\alpha = \alpha' + \alpha'', \beta = \beta' + \beta'' \text{或} \alpha = \alpha' - \alpha'', \beta = \beta' - \beta'',$$

现在把前面已经建立起来的那两个等式相加或相减便分别得到

$$\alpha' + \alpha'' = 2(\beta' + \beta''), \alpha' - \alpha'' = 2(\beta' - \beta''),$$

这就证明了定理最一般的情形

$$\alpha = 2\beta.$$

(4)现在让我们来比较一下本章讨论过的这两个问题，一个是§4.1.4.2 和 4.3 处理的代数里的求解的问题，另一个是本节第(1)、(2)和(3)段处理的平面几何里求证的问题. 虽然这两个问题在很多方面迥然不同，但它们的解法却表明了同一个模型. 在这两个例子里，结果都是经过两步得到的.

首先，我们找到一个易于处理的特殊情形，并且给出了一个完全适合于这个特殊情形(也仅限于这个特殊情形)的解. 见§4.2 及本节第(2)段，图 4.2 和 4.3.

其次，把可以求解的若干个特殊情形组合起来，便得到完整的，没有任何限制的，通用于一般情形的解，见§4.3 和本节第(3)段.

让我们用下面两段话来强调一下这个模型的特点.

第一步先处理一个特殊情形，它不仅特别容易解决，而且还特别有用，我们可以恰当地把它称之为导引特款，因为它可以把我们引导到一般问题的解法①.

第二步是用某种特定的代数运算把一些特殊情形组合起来.在§4.3里，让几个特殊情形的解在乘以给定的常数后加起来便得到一般情形的解. 在本节第(3)段，将特殊情形里得到的等式相加或相减从而得出一般情形定理的证明. 我们把§4.3里所用的代数运算[它较之第(3)段所用运算更广一些]称为线性组合或叠加(关于这个概念的更多阐述见习题4.11).

我们可以用上面引进的词句来概括我们的模型：从一个导引特款出发，利用特殊情形的叠加去得出一般问题的解.

下面习题中提到的其他注记和更多的例子，可以使你对上面的概括有更深的理解，你也许还能突破这一概括的限制，把模型扩充到更广的范围中去.

第4章的习题与评注

第一部分

4.1　在证明棱锥的体积等于 $Bh/3$ 时(其中 B 是棱锥的底，h 是它的高)，我们可以把四面体(底为三角形的棱锥)的情形看作是一个导引特款，然后利用叠加. 具体怎样做呢?

4.2　如果 $f(x)$ 是一个 k 阶多项式，则存在 $k+1$ 阶的多项式 $F(x)$ 使得

$$f(1)+f(2)+f(3)+\cdots+f(n)=F(n),$$

对一切 $n=1,2,3,\cdots$ 都成立.

为了证明这个定理，我们可以把习题3.3的结果当作是导引特款，然后利用叠加. 具体怎样做呢?

4.3　(续)还有另外一种方法：我们也可以把习题3.34当作导引特款，利用叠加得出此定理的一个不同证法. 具体怎样做呢?

4.4　给定系数 $a_0,a_1,a_2,\cdots,a_k$，求数 $b_0,b_1,b_2,\cdots,b_k$ 使得方程

$$a_0x^k+a_1x^{k-1}+\cdots+a_k=b_0\binom{x}{k}+b_1\binom{x}{k-1}+\cdots+b_k\binom{x}{0}$$

---

① MPR，卷Ⅰ，p. 24，习题7,8,9.

是 x 的恒等式(符号与习题 3.65 同).

证明这个问题有唯一解.

4.5　运用习题 4.3 的方法,重新推导 § 3.3 里 S_3 的表达式.

4.6　运用习题 4.3 的结论(习题 4.2 叙述的定理)对于 § 3.3 里 S_3 的表达式给出一个新的推导.

4.7　对习题 3.3 里的问题,习题 4.3 能得出什么结果?

4.8　§ 4.1 里的一个问题:$n=2$ 的特殊情形是什么? 当只给定两个点时,我们自然说通过它们的最简单的曲线是直线,它是唯一确定的. 这跟我们在 § 4.1(5)中最终采取的观点一致吗?

4.9　§ 4.2 里的一个问题:

$$y_i = 0,\ i = 1,2,\cdots,n,$$

即一切给定的纵坐标均为 0 的特殊情形是什么?

4.10　§ 4.3 里的一个问题:所得多项式 $f(x)$ 满足一切条件的分款吗? 它的阶数是最低的吗?

4.11　**线性组合或叠加**. 设

$$V_1, V_2, V_3, \cdots, V_n$$

是 n 个具有某种明确的性质的数学对象(属于某个确切定义的集合),并且它们与任意 n 个数

$$c_1,\ c_2,\ c_3, \cdots,\ c_n$$

组成的线性组合

$$c_1V_1 + c_2V_2 + c_3V_3 + \cdots + c_nV_n,$$

也具有同样的性质(属于同一个集合).

下面是两个例子.

(a) $V_1, V_2, V_3, \cdots, V_n$ 是阶数不超过某给定数 d 的多项式,它们的线性组合也是一个阶数不超过 d 的多项式.

(b) $V_1, V_2, V_3, \cdots, V_n$ 是平行于一给定平面的向量,它们的线性组合(这里加法是向量的加法)也是一个平行于该平面的向量.

例(a)是我们在 § 4.3 里讨论过的. 对于 § 4.4 第(3)段,我们只要注意到加法与减法乃是线性组合的特殊情形(这里 $n=2$;加法与减法分别对应于 $c_1=c_2=1$ 和 $c_1=-c_2=1$).

例(b)是有启发性的. 凡是按"通常"代数法则线性地组合起来的对象,都称之为"向量",它们的集合在抽象代数里称为是"向量空间".

向量空间的线性组合在很多近代的数学分支里占着重要的地位. 在这里我们只能考虑少数几个初等的例子(习题 4.12,4.13,4.14 和 4.15).

这里"线性组合"和"叠加"表示的是同一个意思,不过,我们更常用后面这个词. "叠加"这个词在物理学中是经常使用的(特别是在波的理论中),我们这里只讲了一个物理学中的例子——习题 4.16,它对我们来说是够简单的,但却是很重要的.

*4.12 *常系数齐次线性微分方程*. 这种方程的形式是

$$y^{(n)} + a_1 y^{(n-1)} + \cdots + a_{n-1} y' + a_n y = 0,$$

其中 $a_1, a_2, \cdots, a_n$ 是给定的数,称为方程的*系数*;n 是方程的阶;y 是自变量 x 的函数,$y', y'', \cdots, y^{(n)}$ 是 y 的各级导数. 满足方程的函数 y 称为是一个解,或一个"积分".

(a)证明解的线性组合还是一个解.

(b)证明它有一个特殊形式的特解

$$y = e^{rx},$$

其中 r 是一个适当选择的数.

(c)把这种特殊形式的特解组合起来去得出它的尽可能一般的解.

*4.13 求满足微分方程

$$y'' = - y$$

和初始条件

$$\text{当 } x = 0 \text{ 时}, \quad y = 1, \quad y' = 0$$

的函数 y.

4.14 *常系数齐次线性差分方程*

这种方程的形式是

$$y_{k+n} + a_1 y_{k+n-1} + \cdots + a_{n-1} y_{k+1} + a_n y_k = 0,$$

$a_1, a_2, a_3, \cdots, a_n$ 是给定的数,称为方程的*系数*,n 是方程的阶,无穷数列

$$y_0, y_1, y_2, \cdots, y_k, \cdots,$$

如果对于 $k=0,1,2,\cdots$ 它们都满足方程,就称为是方程的一个解.

(我们可以把 y_x 看作是自变量 x 的一个函数,其中 x 取非负的整数值. 另一方面;我们可以把所给的方程看作是一个递归公式,也就是说,我们有一个统一的法则,使得能根据它用数列中 y_{k+n} 前的 n 项,$y_{k+n-1}, y_{k+n-2}, \cdots, y_k$ 算出 y_{k+n} 来或用 y_k 前的 n 项 $y_{k-1}, y_{k-2}, \cdots, y_{k-n}$ 算出 y_k 来.)

(a)证明解的线性组合还是一个解.

(b)证明它有一个特殊形式的特解

$$y_k = r^k,$$

其中 r 是一个适当选择的数.

(c)把这种特殊形式的特解组合起来去得出它的尽可能一般的解.

4.15 斐波那契数列

$$0, 1, 1, 2, 3, 5, 8, 13, \cdots$$

是由差分方程(递归公式)

$$y_k = y_{k-1} + y_{k-2} \quad (k = 2, 3, 4, \cdots)$$

和初始条件

$$y_0 = 0, \quad y_1 = 1$$

定义的,试用 k 去表示 y_k.

4.16 运动的叠加.伽利略发现了落体运动规律和惯性定律,他把它们结合起来,便找出了抛射体的轨道(即抛射体描绘的曲线). 对近代符号的好处有所了解的读者不妨可以自已把伽利略的发现复现一遍.

设 x 和 y 表示铅直平面内的直角坐标,x 轴是水平的,y 轴是朝上的. 一个抛射体(即不受阻力作用的质点)在此平面内从瞬时 $t=0$ 由原点开始运动,这里 t 表示时间. 抛射体的初速度是 v,其初始运动方向与 x 轴正方向交成的角为 α. 我们可以考虑跟这个真实运动相关联的从同一时间同一地点开始的三个虚拟运动:

(a)一个重质点从静止开始自由下落,在时间 t 的坐标是

$$x_1 = 0, y_1 = -\frac{1}{2}gt^2.$$

(b)一个不受重力作用的质点,以给定初速度的铅直分量 $v\sin\alpha$ 为其初速度,由惯性定律,在时间 t 的坐标是

$$x_2 = 0, \quad y_2 = tv\sin\alpha.$$

(c)一个不受重力作用的质点,以给定初速度的水平分量为其初速度,由惯性定律,在时间 t 的坐标是

$$x_3 = tv\cos\alpha, \ y_3 = 0,$$

如果实际运动是由这三个按照"最简单的"假定虚拟出来的运动的合成,那么它的轨道是什么?

第二部分

下面我们将向读者提供一些参与研究活动的机会. 这里主要是指的习题 4.17 和 4.24.

4.17 *多种解法*. 在一四面体里，两条相对的棱有相等的长度 a,它们互相垂直,并且每一条都垂直于连接它们中点的长度为 b 的直线. 求四面体的体积.

这个问题可以用几种不同的方法去解. 需要求助的读者可以去看下面的习题 4.18—4.23 中的某些题或全部. 如果他想把这里涉及的空间关系弄得具体些,可以去找一个简单的正交投影或是简单的截面.

4.18 *未知量是什么?* 习题 4.17 的未知量是四面体的体积.

怎样才能求得这种类型的未知量? 如果给定四面体的底面积和高,就能计算它的体积——但是习题 4.17 里这两个量都没有给出来.

那么,未知量是什么呢?

4.19 (续)你需要求三角形的面积——*怎样才能求得这种类型的未知量?* 如果给定了一个三角形的底和高,就能计算它的面积. 但是作为习题 4.17 那个四面体的底的三角形,只给出了这两个量中的一个.

你需要求一个线段的长度——*怎样才能求得这种类型的未知量?* 通常我们是从某个三角形去计算一个线段的长度——但是在这个图形里,没有一个三角形是可以包含习题 4.17 里四面体的高的.

事实上,暂时这里还没有这样的三角形,*不过你能引进一个来吗?* 不管怎样,*先引进适当的符号*并把你能发现的东西都综合起来.

4.20 *下面是一个与此问题有关且前已解出的问题*:“如果给定四面体的底面积和高,便可求出它的体积. ”你不可能立即把它用于习题 4.17,因为那个四面体的底面积和高都没有给出来. 然而,这周围可能就有便于处理的四面体.

4.21 (续)这*里面*可能就有便于处理的四面体.

4.22 *识广谋就多*. 如果你晓得棱台公式,习题 4.17 就容易作了.

*棱台*是一个多面体. 棱台的两个互相平行的面称为*下底*和*上底*,其他的面称为*侧面*. 棱台有三类棱:即围成下底的棱,围成上底的棱和*侧棱*. 棱台的任何侧棱都连接了下底的一个顶点和上底的一个顶点(这是它的定义的重要部分). 棱柱乃是一个特殊的棱台.

棱台上、下两底之间的距离是它的高,与上、下两底平行并与它们距离相等的平面截棱台于一多边形,称为中截面.

设 V 是棱台的体积,h 是它的高,L,M 和 N 分别是它的下底面,中截面和上底面的面积,则

$$V=\frac{(L+4M+N)h}{6}$$

(V 的这个表达式称为棱台公式.)

用它去解习题 4.17.

4.23 或许你已经放弃了从习题 4.18 开始通过习题 4.19 去解出习题 4.17 的途径,而沿着别的路线得到了结果. 如果是这样的话,那么请看一下结果,再回到那个放弃了的道路上,并沿着它走到底.

4.24 棱台公式. 研究问题的各个方面,从不同的角度去考虑它,在脑子里反复思考——我们照这样作了,再审视一下图 4.5. 对于同一个结果,在找出了四种不同的推导方法之后,我们就应能从它们的比较中获得裨益②.

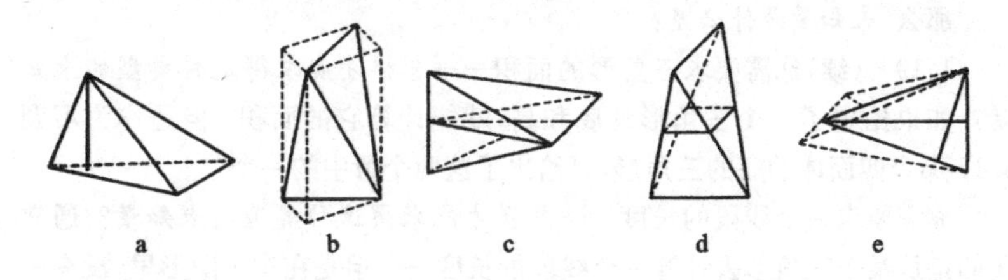

图 4.5 反复思考,从不同的角度去考虑它,研究所有的方面

在我们的四个推导中,三个没有用棱台公式,只有一个用了这个公式(习题 4.22). 因此,对于夹在所处理的问题中的棱台公式特殊情形,事实上,至少是在暗中已得到了三种不同的证明. 我们能否从这些证明中明确提出一个,把它扩展到不仅能证明这个公式的特殊情形,并且也能证明它的一般情形呢?

从表面上看,问题的三种推导(习题 4.20,4.21 和习题 4.18,4.19,4.23)中哪一个最可能被挑中?

4.25 对棱柱(它是一种非常特殊的棱台)验证棱台公式.

4.26 对棱锥验证棱台公式(从某种意义上说,棱锥可以看成是棱台的退化的、极限的情形,即它可以看成是上底缩成了一个点的棱台).

---

② 这里,我们遵从莱布尼兹的主张,见习题 3.31 前的引文.

4.27　为了把作为习题 4.20 解法的基础的特殊情形加以推广，我们考虑把一个棱台 P 剖分成 n 个互不重叠的棱台 $P_1, P_2, \cdots, P_n$，这些棱台拼成了整个的 P，并且它们的下底拼成了 P 的下底，它们的上底拼成了 P 的上底. （在习题 4.20 的情形，见图 4.5b，P 是一个底为正方形的棱柱，$n=5$，P_1，P_2，P_3 和 P_4 是合同的四面体，P_5 是另一四面体. ）证明：如果棱台公式对于所考虑的 $n+1$ 个棱台中的 n 个都是成立的，则它必对余下的那个棱台也成立.

4.28　为了把作为习题 4.22 解法的基础的特殊情形加以推广（图 4.5d），我们令 l 和 n 表示一个四面体相对的两个棱（l 表示下面的，n 表示上面的）. 作一平面通过 l 并平行于 n，再作另一平面通过 n 并平行于 l，令 h 表示这两个（平行）平面间的距离. 这个四面体可看成是一个棱台（一个退化的棱台），棱 l 和 n 分别是它的下底和上底，而 h 是它的高（中截面是一个平行四边形）.

对这一类棱台验证棱台公式.

4.29　证明一般情形的棱台公式（把前面处理过的特殊情形叠加起来）.

4.30　*最弱的一环就代表了全链的强度.* 重新审查习题 4.28 的解法.

4.31　重新审查习题 4.29 的解法.

*4.32　*辛普森*（Simpson）*公式.* 设 $f(x)$ 是定义在区间

$$a \leqslant x \leqslant a+h$$

上的（连续）函数，令

$$\int_a^{a+h} f(x)\mathrm{d}x = I,$$

$$f(a) = L,\ f\left(a+\frac{h}{2}\right) = M,\ f(a+h) = N,$$

则在某些条件（我们将去探讨）下，有

$$I = \frac{L+4M+N}{6}h,$$

I 的这个表达式就称为*辛普森公式*.

设 n 是一个非负整数，取

$$f(x) = x^n,\ a = -1,\ h = 2,$$

试确定 n 的值，使得函数的积分 I 可以用辛普森公式表达出来.

（即使辛普森公式并不精确地成立，它也可以“近似地成立”，也就是说，公式两端的差相对来说可以很小. 这一情形是经常出现的，因此辛普森公式对于积分的近似估值是十分重要的.）

*4.33　证明当 $a=-1$ 和 $h=2$ 时，辛普森公式对任何阶数不超过 3 的多项式都成立.

*4.34　证明辛普森公式对任何阶数不超过 3 的多项式都成立，这里 a 和 h 可不加任何限制.

*4.35　利用立体解析几何和积分计算由习题 4.34 导出棱台公式（数学教师总是告诉我们“为了鉴识简单的方法先去试试复杂的方法”）.

4.36　*扩大模型的范围*. 在解决前面某些问题时，我们实际上已经超出了 §4.4(4) 中叙述的叠加模型的范围. 事实上，我们通过某些容易处理的特殊情形的叠加，已经得出了一般情形的解. 但是这些特殊情形并不全是同一类型的，它们并不全属于同一种特殊情形（在习题 4.29 的解法中，所叠加的立体有些是习题 4.26 里处理过的棱锥，另一些是习题 4.28 里处理过的具特殊位置的四面体. 在习题 4.33 的解法中，我们也是把一些不同类型的情形叠加起来）. 从本质上看，我们只是在一点上偏离了 §4.4(4) 所叙述的模型：我们不是从一个导引特款而是从若干个这种特款出发的. 所以，让我们把模型概括得更广一些：*从一个导引特款或若干个这种特款出发，利用特殊情形的叠加去得出一般问题的解.*

叠加模型指出了一条从一个导引特款（或少数几个这种特款）通向一般情形的道路. 但是还有一种完全不同的联系一般情形和导引特款的方法：我们常常能用一个适当的*变换*把一般情形归结为一个导引特款（例如，习题 4.24 的一般情形可以通过一个积分变量的替换，归结为习题 4.33 的特殊情形）. 这一方法也是用心的解题者同样应当去掌握的. 关于这方面的有启发性的讨论请参见 J. 阿达玛，《初等几何教程．平面几何》，1898；变换方法，pp. 262—270（中译本）.

第二部分　通向一般方法

正如阳光普照万物，我们的智慧和学识在处理各种不同对象时也是一视同仁的.

《笛卡儿全集》，第十卷，p. 360，法则 I.

第5章　问　　题

解题是最突出的一类特殊的自由思维.

威廉·詹姆斯*

§5.1　什么是问题?

在下文中,“问题”这个词将在广泛的意义下去理解,我们第一件事就是谈一下它的含义.

在现代生活中,吃饭常常已不是问题. 假若我在家里觉得饿了,我就到冰箱里去找点吃的,假如在城里,我就到一家咖啡馆或者别的馆子里去. 但是当冰箱里空无一物,或者在城里碰巧没有带钱,那么情形就不一样了. 在这种情况下,吃饭就成了一个问题. 一般来说,一个念头可以产生一个问题,也可以不产生什么问题. 一个涌上脑际的念头,倘若毫无困难地通过一些明显的行动就达到了所求的目标,那就不产生问题. 然而,倘若我想不出这样的行动来,那就产生了问题,那就是意味着要去找出**适当的行动,去达到一个可见而不即时可及的目的**. 所谓解一个问题,就是意味着去找出这样的行动.

如果问题非常困难,这就是一个大问题,如果难度不大,那就只是一个小问题. 而困难的程度就含于问题概念本身:那里没有困难,那里也就没有问题.

一个典型的问题,就是要找到一条通向某个我们不大了解的区域内一个指定地点的道路. 我们可以想像,这个问题对于居住在原始森林里我们的太古祖先们来说,是多么重大. 这也许是(或

* 威廉. 詹姆斯(William James,1842—1910),美国杰出的心理学家.

许不是)我们总是把求解一个问题看作去寻找一条道路——一条绕过障碍摆脱困境的道路——的原因.

我们的自觉思维的大部分是与问题关联着的.当我们并不耽迷于苦思冥想时,我们的思想总是朝着某一个目标:我们寻求达到这个目标的道路或手段,或者去想出能借以达到我们目的的步骤.

解决问题是智慧特有的成就,而智慧乃是人类的天赋.越过障碍,在没有路的地方去开出路来,这种能力,把机灵的动物与鲁钝的动物区别开来,它使人高踞于最机灵的动物之上,同时也把能干人跟他们的同伙区别开来.

对于人类,没有其他事物比人的能动性更有意思了.而人的能动性的最大特征就是解决问题,有目的地去思考和为达到预期的目标而想方设法.我们这里的目的就是去了解这个能动性——在我看来,这个目的应该引起我们极大的兴趣.

在前面,我们把可用相同方法求解的问题综合起来,研究了不少初等数学的问题.我们已经得到了一定的经验,现在我们将在这些经验的基础上,试图上升到更高的一般性,并尽可能地把非数学的问题也包罗进来.想得到一个能应用于各类问题的一般方法,似乎是心志太高了,但这也是很自然的:我们面对的问题虽然花样无穷,但我们每一个人都只有一个脑袋去解决它们,因此我们自然期望恰有一个方法去解它们.

§5.2 问题的分类

一个学生正在进行数学笔试.他不过是一个中常学生,但他在试前做了不少准备工作.在看了一道题目之后,他也许问一下自己:“这是哪一类的问题?”实际上,问一下这个问题对他是有好处的:假若他能分辨出这个题的类别,认出它的类型,把它归到课本的某章某节,他就前进了一大步,现在他就可以回忆学过的解这类问题的方法了.

从某种意义上讲,解决各种程度的问题都是如此.

"这是哪一类的问题?"这个问题立即就引出下一个问题:"关于这类问题我们能做些什么?"而问一下这些问题,甚至对十分高级的研究工作也是有益的.

因此,把问题分类,把它们区分为各种不同的类型是有用的.一个好的分类法是这样进行的,它的每一类问题都有相应的一类解法.

我们这里并不打算引进一个详尽的或完整的分类法,而仅仅按照我们自己所理解的欧几里得及其注解者们的一个传统,去描述问题的两种非常一般的类型.

欧几里得的原本包括有公理,定义和"命题". 他的注解者和一些译者把他的"命题"分为两类:第一类(拉丁名字是"problema")的目的是作图,第二类(拉丁名字是"theorema")的目的是证明一个定理. 把这种分类法推广,我们来考虑两类问题,即所谓"求解"的问题和"求证"的问题. "*求解的问题*"的目的就是去寻找(去构造,生成,得到,确定,……),某个对象,即问题的未知量. "*求证的问题*"的目的就是去判定某一个结论是对的或是错的,去证明它,或是去否定它.

比如,当你问"他说了些什么?"时,你就提出了一个求解的问题. 而当你问"他说了那个没有?"你就提出了一个求证的问题.

关于这两类问题详细的讨论见以下两节.

§5.3 求解的问题

"求解的问题"的目的就是要找出某一对象,即问题的*未知量*,这个未知量应当满足那些把未知量和*已知量*联系起来的条件. 让我们考虑两个例子.

"给定两线段 a,b 和一角 γ,求作一平行四边形,它的相邻两边为给定线段 a,b,两边夹角为 γ. "

"给定两线段 a,b 和一角 γ,求作一平行四边形,使得它的两条对角线为给定线段 a,b,对角线的夹角为 γ. "

在这两个问题中，已知量是相同的：线段 a,b 及角 γ. 两个问题中的未知量都是一平行四边形，因此单凭未知量的性质是不可能把问题区别开的. 在这里，造成问题的差异是条件，即在未知量和已知量之间所要求的关系，当然，平行四边形与其边的关系同它与对角线的关系是不同的.

问题的*未知量*可以是任何可以想像的事物. 在几何作图问题中未知量是一个图形，譬如一个三角形. 当我们去解一个代数方程时，未知量就是一个数，即方程的一个根. 当我们问"他说过些什么?"时，未知量就可以是一个字，或一连串字，即一个句子，或一连串句子，即一篇讲演. 一个叙述清楚的问题必须说明未知量所属的种类(集合). 我们必须从一开始就明确我们要找的是什么样的未知量；一个三角形，或一个数，或一个字，或…….

一个叙述清楚的问题必须说明未知量应当满足的条件. 在问题的未知量所属的集合中，凡满足问题的条件的一切对象，组成一个子集合，每一个属于这个子集合的对象称为是问题的一个解. 这个子集合可以只包含一个对象，这时解就是唯一的. 这个子集合也可以是空集合，这时问题就无解. (关于"解"这一词的注释见习题 5.13.)我们这里可以看到，一个求解的问题可以有不同的含意. 从严格的意义上讲，问题要求找出(生成，构造，确定，列出，描绘出，……)*所有的解*(即整个上面提到的子集合). 从不那么严格的意义上来讲，问题可以仅要求一个(仅一个)解，或若干解. 有时候确定一下解的存在性就够了，即要确定一下解的集合是空，还是不空. 一般来说，对于数学问题，我们常作严格意义上的了解，除非非严格意义上的要求已经在问题中明白表示出来了. 不过在许多实际问题中，"严格意义"是很少有意义的.

当我们处理数学问题时(除非上下文之间出现矛盾)，我们将用"已知量"或"数据"这个词去表示一切根据条件规定与未知量联系着的给定的(已知的，准许的，……)对象. 如果问题是根据三边去作一三角形，那么数据就是三个线段 a,b,c. 如果问题是去解二次方程

$$x^2 + ax + b = 0,$$

则数据就是两个给定的数 a 和 b. 一个问题可以仅有一个数据，或完全没有数据. 例如，"求出圆面积与其外切正方形的面积之比." 因为所求比数是与图形大小无关的，所以不必给出半径的长度或其他这类数据.

我们称未知量，条件和已知量是求解的问题的*主要部分*. 事实上，我们没有理由希望去解出一个我们所不了解的问题. 然而，要了解一个问题，我们就必须知道，而且十分清楚地知道什么是未知量，什么是已知量，和什么是条件. 因此当我们着手去解决一个问题时，应当特别留意它的主要部分，这样作将是明智的.

§5.4 求证的问题

有一个流言，说国务卿在某一场合提到某国会议员时，用了极其粗鲁的语言(这里不必重述它). 这一流言引起了相当大的疑问，"他是不是说了那些话?"这个问题激动了许多人，在报纸上引起争论，甚至在一个国会的委员会里也提到了它，也许还可能上法院. 无论哪一个人，只要认真对待这个问题，他就面临着一个"求证的问题". 他应当去解除关于这个流言的疑问，他应当证明有这个话或是否定有这个话. 但无论证明或否定，都必须要有有效的证据.

当我们拿到一个数学上的"求证的问题"时，我们要做的是弄清一个明确叙述的数学断言 A，即证明 A，或是否定 A. 一个著名的这类待解决的问题是证明或者否定哥德巴赫猜测：假若 n 是大于 4 的偶数，则 n 可表成两个奇素数之和①.

这里叙述的哥德巴赫断言(它仅仅是一个断言，我们还不能肯定它是对的或是错的)具有数学命题*最常见的形式*：它由假设和结论组成，由"假若"开始的第一句话是假设，由"则"开始的第二句话

① MPR，卷 I，pp. 4—5.

是结论[②].

当我们要去证明或否定一个以最常见的形式叙述的数学命题时，命题的假设和结论称为问题的*主要部分*. 事实上，这些主要部分值得我们特别注意. 为了证明命题，我们应当去发现在主要部分之间即假设与结论之间的逻辑联系，为了否定命题，我们应当证明(若可能的话用一反例)主要部分里的一部分——假设，并不蕴涵另一部分——结论. 许许多多大大小小的数学家，试图去解除关于哥德巴赫猜测的疑团，但是没能成功：虽然只需要很少的知识就能了解它的假设和结论，但是还没有人能以严格的论述在建立两者之间的逻辑联系上取得成功，也没有人能够做出一个反例.

§5.5 未知量的元，条件的分款

假若我们的问题是要作一个圆，那么事实上我们必须去找两个量：圆心和半径. 把我们的任务分成两半也许是方便的：所缺的是两个量，圆心和半径，那么我们先去求出第一个，然后再去求出另一个.

假若我们的问题是要用解析几何在空间找出一个点，那么实际上我们就必须找出三个数：即点的三个坐标 x，y 和 z.

按照我们所采取的观点，我们可以说，在第一个例子里，有两个未知量或仅仅一个未知量(圆)，在第二个例子里，有三个未知量或仅仅一个未知量(点). 还有另外的观点用起来也是方便的：我们可以说，在两个例子里，都只有一个未知量，但按某种意义，它是"被分划的". 于是，在我们的第一个例子里，圆是未知量，但它是一个*二元未知量*，它的*元*就是它的圆心和它的半径. 类似的，在我

---

② 有这样的数学命题，它不能自然地分成假设和结论，见 HSI, p. 155，求解的问题，求证的问题 4，这里举一个这种类型的命题："在数 π 的十进位小数表示里，有一段连续出现了九个数字 9". 证明或否定这一命题是一个确定的数学问题. 不过现在要解决它似乎是无望的，"一个笨蛋能够提出九个聪明人都回答不了的问题".

们第二个例子里，点是一个三元的未知量，它的元就是它的三个坐标 x，y 和 z. 一般地，我们可以考虑一个多元的未知量 x，它含有 n 个元 $x_1, x_2, \cdots, x_n$.

上面引进的术语的一个好处，就是在某些一般性的讨论中，我们不需要再把含有一个未知量的和含有多个未知量的问题区分开来了. 实际上，我们可以把后一情形归结为前一种情形，只要我们把那多个未知量考虑成是一个未知量的元即可. 例如，在§5.3中我们所说过的那些原则，实质上仍然可以应用到那些需要找几个未知量的问题上，虽然这个情形在§5.3中并没有明显提到. 下面我们将会见到我们的术语在本书的许多地方都是很有用的.

假若我们的问题是一个求解的问题，那么把条件分成几个部分或几个分款也是有好处的，我们在前面已经有不少机会看到这一点了. 在解决几何作图问题中，我们可以把条件分成两部分，使得每一部分都生成一个未知点的轨迹(第1章). 在应用代数去求解"文字题"时，我们把条件分成许多部分，其个数与未知量一样多，使得每一个部分都得到一个方程(第2章).

假若我们的问题是"求证的问题"，那么我们把假设或结论，或同时把两者分成适当的部分或分款都是很有好处的.

§5.6 所要求的:程序

在按照欧几里得原本的方式去作图时，我们不能自由地去选择工具和仪器:我们是在仅用直尺和圆规的假定下去作图的. 于是问题的解实际上就包括了从已知数据出发，最后达到所要求的图形的一系列非常协调的几何操作:我们的每一步都是作直线和作圆以及决定它们的交点.

这个例子可以打开我们的眼界. 看得更深入一些，我们就可以看出许多问题的解法实质上包含着一个程序，一系列的动作，一个互相紧密联系着的运算系统，一个操作法(拉丁原文是 modus operandi).

以解二次(或三次，四次)方程的问题为例. 这个解法包含在一个非常协调的代数运算系统中，它从已知数据——代数方程的系数出发，最后达到所求的根：我们的运算是加、减、乘、除给定的或前已求得的量，或者是这些量的开根.

再考虑一个“求证”的问题. 这个问题的解，即我们努力的结果是一个证明，也就是一系列非常协调的逻辑运算，这些运算步骤从假设出发，终止于定理所要求的结论，每一步都是从适当选择的假设部分出发，或从已知事实、从前面已经推证出来内容出发，去推证出新的东西.

非数学的问题也有类似的方面. 一个桥梁的建筑师必须把各种各样大量而繁杂的操作，如构筑引道，运输装备，搭脚手架，浇注混凝土，铆接金属部件等都组织起来，并加以协调使形成互相配合的统一的工程. 除此而外，他还必须把这些操作与其他一些性质完全不同的事情联系起来，诸如财务，法律以致政界事务. 所有这些操作都是互相关联的，它们中的大部分都必须在其他一些操作已经实行了的情况下才能进行.

我们再以侦探小说为例. 其中未知量是杀人犯，作者试图用侦探英雄的功勋来打动读者，这个侦探设计了一个侦察方案，即一系列侦察行动，它从发现第一个蛛丝马迹开始，直到最后辨认出杀人犯并把他逮捕归案告终.

我们寻求的对象可以是具任何性质的一个未知量，或是关于任何类型问题的一个待发现的真理，我们的问题可以是理论的或者是实际的，可以是大问题，也可以是小问题. 为了解决我们的问题，我们必须设计出一个经过周密考虑的前后连贯的行动方案，这些行动可以是逻辑运算，数学推导，也可以是具体的操作，它们从假设开始，到得出结论终止，或是从已知数据开始，到求出未知量为止. 总而言之，是从我们已有的开始，到得出我们所需要的为止.

第 5 章的习题与评注

5.1 正棱柱的底为正方形，给定底边的长 a 与正棱柱的高 h，求它的体积 V.

未知量是什么？已知量是什么？条件是什么？

5.2 求两个满足方程

$$x^2+y^2=1$$

的实数 x 和 y.

未知量是什么？已知量是什么？条件是什么？描述一下解的集合.

5.3 求两个满足方程

$$x^2+y^2=-1$$

的实数 x 和 y，描述一下解的集合.

5.4 求两个满足方程

$$x^2+y^2=13$$

的整数 x 和 y，描述一下解的集合.

5.5 求三个满足不等式

$$|x|+|y|+|z|<1$$

的实数 x, y 和 z

(1)描述解的集合.

(2)把不等式中的$<$改为$\leqslant$，描述改动后的问题的解的集合.

5.6 叙述毕达哥拉斯定理.

什么是假设？什么是结论？

5.7 令 n 表示正整数，$d(n)$表示 n 的因数的个数(我们指的是正整数因数，并把 1 和 n 也列为 n 的因数). 例如

6 有因数 1,2,3,6； $d(6)=4$,

9 有因数 1,3,9； $d(9)=3$,

考虑命题：

若 n 是平方数，则 $d(n)$是奇数，否则 $d(n)$是偶数.

什么是假设？什么是结论？

5.8 *是求证还是求解？*

数$\sqrt{3}+\sqrt{11}$和$\sqrt{5}+\sqrt{8}$相等吗？若不相等，哪一个大些？

我们来一般地谈谈这个问题. 问题牵涉的是可以实施算术运算的两个

数 a 和 b，要求我们确定下列三种可能情形

$$a=b, a>b, a<b,$$

究竟哪一种成立.

我们可以看一下这个问题的不同方面：

(1)首先，我们必须去证明或者否定命题 $a=b$. 假如这个命题的结论被证明是错的，我们就必须进而去证明或否定命题 $a>b$. 我们也可以把这两个命题的证明次序颠倒过来. 总而言之，在这里我们碰到的是两个互相有联系的求证问题.

(2)在数学的许多分支里广泛运用着符号函数 $\operatorname{sgn}x$，它的定义如下：

$$\operatorname{sgn}x=\begin{cases}1, & \text{当 } x>0,\\ 0, & \text{当 } x=0,\\ -1, & \text{当 } x<0.\end{cases}$$

于是上面所叙述的问题也就成了要求我们去确定数 $\operatorname{sgn}(a-b)$：这是一个求解的问题.

这里并没有形式上的矛盾(假如我们名词术语用得恰当，它们可以不止一种形式)：在(1)里，我们有一个问题 A，它由两个有联系的、并列的求证问题组成，在(2)里，我们有一个问题 B，它是一个求解的问题. 我们并不把这两个用不同词句表述的问题 A 与 B 视为*等同的*——但它们却是*等价的*("等价"这个词的用法在 HSI，辅助问题 6，pp. 53—54 里有说明，在本书第 9 章还将再次说明).

一个问题的不同提法，并不带来什么不便. 相反，能看到同一个困难的不同方面倒许是一件好事，某个方面也许比另一方面更能对我们有所启示，它也许会显示出一个更加易于入手的方面，从而提供一个便于克服困难的机会.

5.9 *更多的问题*. 对任一问题(在前面几章里有许多)，确定它是"求解"的问题还是"求证"的问题. 并按不同的问题进一步问：

什么是未知量？什么是已知量？什么是条件？

什么是结论？什么是假设？

这里提这些问题的目的仅仅是为了使你熟悉问题的主要部分. 然而经验会告诉你，如果对这些问题认真地问了和仔细地回答了，将对解题带来很大帮助：把注意力集中到问题的主要部分，将会加深你对问题的理解并把你引到正确的方向上去.

5.10 *求解的程序可以由无限次操作或运算组成*. 如果我们要去解方

程

$$x^2 = 2,$$

我们的任务可以有不同的提法. 它可以这样提出:“求 2 的算术根到五位有效数字”,在这情形下我们只要算出数字 1.4142 就完了. 然而,也可以不带任何附加条件或放宽要求而把问题提为:“开 2 的方根”,这时,即使我们把数算到小数点后面四位甚至任何位数都不能说任务已经完成了,这个答案应当是一个程序,一个算术运算方案,由这个方案可以算出这个数的十进位数的任何要求的位数.

下面是另一个例子:“求圆与其外切正方形的面积之比”,答案是$\frac{\pi}{4}$(假如我们认为 π 的值是不言而喻的话). 莱布尼兹把答案(即 $\pi/4$)用无穷级数形式给出

$$\frac{1}{1}-\frac{1}{3}+\frac{1}{5}-\frac{1}{7}+\frac{1}{9}-\frac{1}{11}+\cdots,$$

这个级数事实上规定了一个永无穷尽的算术运算序列,它可以使我们达到 π 的十进位表示中的任何位数(从理论上说是这样,但在实践中这个运算步骤是太慢了). 莱布尼兹说:“虽然这个级数,如它所表示的那样,并不适宜于进行快速的逼近,但是作为圆与其外切正方形的比的表示,我想不出还有别的什么更适合更简单的形式了. ”③

5.11 *化圆为方*. 在解一个“求解”的问题时,我们要找一个对象(“未知”的对象),我们经常是通过找一个程序(一系列操作或运算)去得到那个对象. 为了与所要求的未知量有所区别,我们称这个要求的程序为“运算未知量”. 这一区别是必要的,我们可以用历史上的一个例子来加以说明.

给出了圆的半径,*用直尺与圆规*作一正方形,使得它与圆有相同的面积.

这就是著名的古代“化圆为方”问题的严格叙述,它是由早期的希腊几何学家提出来的. 我们要强调的是,问题本身就*规定了程序*(“运算未知量”)的性质,我们必须用直尺和圆规,依靠画直线和画圆,并仅用给定的点及中途画出的线的交点来做出所求正方形的边,当然,我们应该从给定半径的两个端点出发,通过*有限次步骤*,得到所求正方形的边的两个端点.

多少个世纪以来,有数不清的人曾试图求解这个问题,但均未成功.

---

③ 见 Gerhardt 编莱布尼兹的《哲学著作集》(Philosophische Schriften),第四卷,p. 278.

1882年弗·林德曼(F,Lindemann)证明了这个问题没有解. 然而与圆具有相同面积的正方形无疑是“存在”的(今天已经知道,它的边可以用许多不同的无穷过程逼近到任何预先给定的精度,其中之一就是习题5.10中那个由莱布尼兹提出的著名级数). 但是,我们所要求的那一类程序(由有限次的直尺圆规的操作去作图)却是不存在的. 我不知道弄清了所求图形与所求程序或“未知对象”和“运算未知量”之间的区别以后,是否会减少一些不幸的圆方问题的探求者.

5.12 *次序和因果*. 在桥梁建筑中,把一个预制金属部件安装到确定的位置上是一个重要的操作. 这样两个操作的前后次序有时是很重要的(当第一个没有固定好第二个就无法固定时). 但有时也可以是无关紧要的(当两个部件是独立时). 因此,两个操作在实施时,也许要注意它们的先后次序,但也许用不着. 类似的,在讲授中或在著作中,一个证明的许多步骤也是有先后次序的. 然而,一个步骤在时间上先于另一步骤并不一定在逻辑上也居先. 我们必须弄明白次序和因果的区别,弄清楚时间上的先后和逻辑上的联系的不同. (我们将在第7章再来讨论这一重要问题.)

5.13 *不幸的多义词*. “解”这个字有若干不同的含义,其中有些很重要,应该用确切的词句加以阐明. 如果这方面缺乏确切的词,我可以提供几个这样的词(后面附上德文*的词):

求解的对象(solving object,Lösungsgegenstand)是满足问题条件的对象. 如果问题的目标是解代数方程,那么满足方程的一个数,即方程式的一根,就是一个求解的对象. 只有“求解”的问题才能有求解的对象. 在一个叙述确切的问题里,求解的对象所属的类(集合)必须预先说明——我们必须事先知道所要寻求的是一个三角形呢,还是一个数或其他什么. 事实上,这样的说明(明确指出未知量所属的集合)是问题的重要部分. “求出未知量”就意味着去找出(确定,构造,生成,得到,……)求解的对象(所有求解对象的集合).

求解的程序(solving procedure, Lösungsgang)是一个程序(构思,运算方案,一系列论断),它或是最终求出“求解问题”的未知量,或是最终消除对“求证的问题”的结论的怀疑. 因此,“求解的程序”这个词可应用于两类问题. 在我们工作之初,我们并不知道求解的程序或合适的运算方案,但我们始终在寻求它,希望最终能知道它:这个程序是我们寻求的目标,从某种意义上来

---

* 还有英文的词.

讲，它实际上是我们的未知量，我们可以说，他是我们的“运算未知量”.（参见习题 5.11.）

我们还可以谈一谈“求解的工作”(work of solving，Lösungsarbeit)和“求解的结果”(result of solving，Lösungsergebnis). 然而，为了避免过于繁琐，除非在少数重要场合下，一般地我将让读者自己从上下文中去判断“解”这个字的含义：它指的是对象呢，还是程序，是指工作的结果呢还是工作本身. ④

5.14 *已知量和未知量，假设和结论.* 欧几里得原本有一个独特的前后一贯的风格，有些人认为这是严谨，也有些人认为这是故弄玄虚. 它所有的命题都按照一个确定的模式表述，在措辞上，它把“求解问题”中的已知量和未知量，与“求证问题”中的假设和结论分别处理成是相似的、平行的. 事实上，我们以后将会看到，这两类问题的这两个主要部分之间确有一定的相似性和平行性，这从解题者的观点去看，有一定重要性. 然而，把已知量和假设混同起来或把未知量和结论混同起来，并把这些词用到类型不合适的问题上去，那是绝对不允许的. 但是可悲的是这些重要词汇的滥用有时甚至在出版物中也会出现.

5.15 *计算一下数据个数.* 一个三角形由三条边、或两边夹角，或者一边二角所确定，但不能由三个角确定. 确定一个三角形要有三个独立数据（见习题 1.43 和 1.44). 确定一个变量为 x 的 n 阶多项式需要 $n+1$ 个独立数据：多项式表达式中的 $n+1$ 个系数，或是多项式在点 $x=0,1,2,\cdots,n$ 上（或在任何其他 $n+1$ 个不同的点上）的值等. 有许多类重要的数学对象，为了确定它们，需要有一定数目的独立数据. 因此，当我们解一个求解问题时，及早地*计算一下数据个数*常常是有好处的.

5.16 确定一个 n 边多边形，需要

$$(n-1)+(n-2)=(n-3)+n=3+2(n-3)=2n-3$$

个独立数据. 上面同一数目的四个不同表达式告诉了你什么？

5.17 要确定一个底为 n 边多边形的棱锥需要几个数据？

5.18 要确定一个底为 n 边多边形的棱柱(可以是斜的)需要多少个数据？

5.19 要确定一个 v 个变数的 n 阶多项式需要多少个数据？（多项式的项具有形式 $cx_1^{m_1}x_2^{m_2}\cdots x_v^{m_v}$，其中 c 为常数而 $m_1+m_2+\cdots+m_v\leqslant n$.）

---

④ 见 HSI，p. 202，旧术语与新术语，8.

第6章　扩大模型的范围

把你所考虑的每一个问题,按照可能和需要,分成若干部分,使它们更易于求解.

《笛卡儿全集》,第六卷,p.18,方法论.

笛卡儿的法则,在没有讲清楚分解的技巧之前,是很少有用的.如果把问题分成一些不合适的部分,只会增加没有经验的解题者的困难.

莱布尼兹:《哲学著作集》,第四卷.p.331.

§6.1　扩大笛卡儿模型的范围

在笛卡儿的模型里有一套重要的想法,它们跟列方程并不一定有什么联系.本章将着手于阐发这套想法中的一些部分.我们将细致地从方程式过渡到更一般的概念.下面我们从一个例子开始,这个例子从有些方面来说是很一般的,但在另一些方面,它又是十分具体的,可以为以后的讨论提出方向.

(1) 有一个问题,已化为有四个未知量 x_1,x_2,x_3 和 x_4,及四个方程的方程组.这个方程组有一个特点,即并不是每一个方程都含有四个未知量.现在我们想只强调一下这一特点:我们的符号将清楚地表出哪一个方程含有哪些未知量,而忽略掉其他的东西.现在把这四个方程写出如下:

$$r_1(x_1)=0,$$

$$r_2(x_1,x_2,x_3)=0,$$

$$r_3(x_1,x_2,x_3)=0,$$

$$r_4(x_1,x_2,x_3,x_4)=0,$$

第一方程只包含第一个未知量 x_1，下面两个方程包含前三个未知量 x_1，x_2 和 x_3. 而只有第四个方程包含所有四个未知量.

根据这个情况，我们显然会提出以下解题方案：先由解 x_1 开始，它可以从第一个方程中求得. 得出 x_1 的值以后，我们看出下两个方程就变成了只含 x_2，x_3 的方程组，从中即可确定出下两个未知量 x_2 和 x_3. 得出 x_1，x_2 和 x_3 以后，用第四个方程即可求出最后一个未知量 x_4.

(2) 我们设想上面考虑的方程组表示了一个问题的条件. 这个条件分成了四个部分，而每一个单个方程都代表了整个条件的一部分(即条件的分款)：这个方程表达了所包含的未知量彼此之间以及它们和已知量之间，是怎样由条件中对应的那一部分(分款)所规定的关系联系起来的. 此外条件还具有一个特点，即并非它的所有的分款都包含着全部的未知量. 我们的符号清楚地表明了哪一个分款包含了哪些未知量.

当然，即使我们没有把那些条件的分款翻译成方程式，或者干脆我们就不可能把那些分款翻译成方程式，我们还是可以按照上述这样一个特殊的方式，去把条件分成若干个分款(每一个分款只包含特定的一组未知量). 我们也可以猜想，在上面(1)中大略谈过的那个解方程组的方案，在某种意义上说，对于那些未被代数方程表达出来或是不能用代数方程表达出来的条件的分款组来讲，也仍然成立.

这席话为下面开辟新的可能性启示了广阔的前景.

(3) 为了更清楚地看到这些可能性，我们必须重新解释一下我们的符号.

到目前为止，我们都是按照常规把符号 $r(x_1, x_2, \cdots, x_n)$ 解释成未知量(自变量) $x_1, x_2, \cdots, x_n$ 的一个代数表达式(或一个多项式，或一个函数). 因此，我们把

$$r(x_1, x_2, \cdots, x_n) = 0$$

解释为联系未知量 $x_1, x_2, \cdots, x_n$ 的一个(代数)方程. 如果我们处理一个以 $x_1, x_2, \cdots, x_n$ 为未知量的问题，这样一个方程就表达了

条件的一部分(一个条件分款),也即由条件所规定的未知量 x_1,x_2,…,x_n 与已知量之间的一个关系.

我们并不想推倒这个解释,但是我们要把它加以推广:即便条件的分款不能翻译成一个方程,或甚至 $x_1,x_2,\cdots,x_n$ 不是未知的数,而是任何类型的未知的事物,我们认为符号方程

$$r(x_1,x_2,\cdots,x_n)=0$$

也表示了由问题的条件所决定的,涉及指定未知量(为方便计,我们把一般的未知事物统称为未知量) $x_1,x_2,\cdots,x_n$ 的一个关系.我们也可以说,这样一个符号方程表达了条件的一部分(一个条件分款).

1 4		5	6
2			
	▨		
3			

谜面(线索)

要真正了解这个符号推广的范围,需要有一些例子.而要使我们确信这种推广是有用的则还需要更多的例子.

(4) 纵横字谜*的游戏能很恰当地说明我们刚才引进的符号.我们来看一个(小型的)例子.**

从左到右

1. 晴朗天空的颜色.
(The colour of the sky on a fine day.)
2. 不难.
(not difficult.)

从上到下

4. 好,较好,________.
(Good,better,________.)
5. 赫伯吃饭时________刀和叉.
(Hob ________ a knife and fork when he eats.)

---

* crossword puzzle 是在一个正方形或长方形内的许多小格里,按纵横方向填入(满足一定条件的)适当的英文字的填字游戏.

** 为便于理解,将原例改过.本例选自《基础英语》(Essential English for Foreign Students)第二册,p. 82.谜底为 blue, easy, toss ,best, uses 和 eyes.

从左到右　　　　　　　从上到下

3. 史蒂文生看见风把风筝________高空.(Stevenson saw the wind ________ the kites on hight.)

6. 我们用________去看.(We see with ________.)

在纵横字谜游戏中,未知量是字. 设 $x_1, x_2, \cdots, x_6$ 是我们这个字谜里的六个未知的英文字. x_1 和 x_4 这两个字的第一个字母都在标以 1 的方格里. 但 x_1 是从左到右水平地去读,而 x_4 则应从上到下铅直地去读. 对于 $n=2,3,5$ 和 6,英文字 x_n 的第一个字母应该在标以 n 的方格里. 如果要把蕴含在这个方块图(由一些标有数字或没有标数字的,黑的或白的小方格组成)里的条件刻板地都写出来,我们便可以得出具有 21 个条件的条件组.

首先,谜面(给定的"线索")表示了六个最明显的条件. 我们用

$$r_1(x_1)=0, \quad r_2(x_2)=0, \cdots, r_6(x_6)=0$$

去表示它们. 例如,符号方程 $r_1(x_1)=0$ 表示的条件是说英文字 x_1 的字义是指一种颜色;而 $r_6(x_6)=0$ 是要求用一个英文字去填充"我们用——去看"这一断缺的句子,等等.

从图上还可以看到,还有六个条件是表示这六个未知的英文字的长度(所含字母个数)的:

$$r_7(x_1)=0, \quad r_8(x_2)=0, \cdots, r_{12}(x_6)=0,$$

例如,$r_7(x_1)=0$ 就表示英文字 x_1 的长度,显然在现在这个情况下,$x_1, x_2, \cdots, x_6$ 都应是由四个字母拼成的字.

图形还告诉我们某一个字和另一个字在哪里交叉,于是又可以得到九个条件;

$$r_{13}(x_1,x_4)=0, \quad r_{14}(x_1,x_5)=0, \quad r_{15}(x_1,x_6)=0,$$

$$r_{16}(x_2,x_4)=0, \quad r_{17}(x_2,x_5)=0, \quad r_{18}(x_2,x_6)=0,$$

$$r_{19}(x_3,x_4)=0, \quad r_{20}(x_3,x_5)=0, \quad r_{21}(x_3,x_6)=0.$$

例如,符号方程 $r_{14}(x_1,x_5)=0$ 表示英文字 x_1 的第三个字母

就是英文字 x_5 的第一个字母，又如 $r_{17}(x_2,x_5)=0$ 表示英文字 x_2 的第三个字母就是英文字 x_5 的第二个字母，等等.

现在我们已列出了全部的条件，它们的总数等于

$$6+6+9=21.$$

(5) 一般地，如果问题包含有 n 个未知量，而且条件已经分成了 l 个不同的部分(条件分款)，则我们得到一组联系这 n 个未知量的 l 个关系式，它们可以通过下列联系这 n 个未知量的 l 个符号方程来表示：

$$\begin{aligned} r_1(x_1,x_2,\cdots,x_n) &= 0, \\ r_2(x_1,x_2,\cdots,x_n) &= 0, \\ &\vdots \\ r_l(x_1,x_2,\cdots,x_n) &= 0, \end{aligned}$$

在第 2 章中我们已讨论了特殊的情形，在那里未知量 $x_1,x_2,\cdots,x_n$ 都是未知数，方程也不光是符号的，而是实在的代数方程，并且 $l=n$. 在本章里，我们经常考虑的将是一些类似于(1)和(2)中讨论过的那种特殊情形，也即并非一切条件分款都包含着全部未知量的情形.

(6) 可能会发生这样的事，即两个问题可用同一组符号方程来表示. 这样的问题所涉及的也许是非常不同的事情，但它们有共同之处：他们在某些(比较抽象的)方面是彼此相似的，我们可以把它们归为同一类. 按照这种办法我们可以得到一个新的，更为精致的问题(求解的问题)分类法. 这个分类法对我们的研究有什么好处吗？如果两个问题可用同一组符号方程表示，有一个可同时适用于它们的解题程序吗？

我想，这是一个很好的问题. 虽然话说得太一般了不见得一定很有用，但它会有助于我们了解将要讨论的一些特殊情形.

§6.2 扩大双轨迹模型的范围

在上节中，我们已经勾画出了一个非常一般的画面. 怎样才能

把我们前面所学的东西纳入这个画面呢？怎样才能把我们最先接触的那个双轨迹模型纳入这个画面呢？

(1) 如果我们扩大一下术语的含义，就可以给出清楚的回答.

在处理几何作图问题时，我们提到过“轨迹”. 这个轨迹实际上就是一些点的集合. 下面我们将轨迹一词的含义加以推广，把一个以特定的方式出现在问题求解中(见下面的例子)的集合称为是一条轨迹. “集合”这个词已经有了那么多的同义词(一类对象，一堆东西，个体的综合，一个范畴等等，见习题 1.51)，因此再要说点什么就成为画蛇添足了. “轨迹”这个词，可以引起我们在求解初等几何问题上的许多回忆，因而当我们下面去处理其他一些比较难的问题时，借助于类比，它也许会启发我们去想出一些有用的步骤来.

(2) *平面上一个点的双轨迹.* 我们回到本书最初讨论过的第一个例子：*给定三边，求作一三角形.*

让我们回顾一下这个熟悉的解法（§1.2). 先做出一条边 a，这样便固定了所求三角形的两个顶点 B 和 C. 剩下来还要求一个顶点，把未知量的第三个顶点记作 x. 条件要求 x 必须满足下述两款：

(r_1)点 x 到给定顶点 C 的距离为 b，

(r_2)点 x 到给定顶点 B 的距离为 c.

利用§6.1引进的符号，我们可以把这两个条件(r_1)和(r_2)写成两个符号方程：

$$r_1(x) = 0,$$

$$r_2(x) = 0.$$

满足第一个条件(r_1)(第一个符号方程)的点布满了一个圆周(圆心为 C，半径为 b). 这个圆周就是由所有满足条件(r_1)的点组成的集合或轨迹. 满足第二个条件(r_2)(第二个符号方程)的点的轨迹是另一个圆周. 于是，所提问题的解——点 x 应当同时满足这两个条件，它必须同时属于这两个轨迹. 因此，这两个轨迹的交点就是所提问题的解集合. 这个集合包含两个点，所以有两个解，即关于 BC 边彼此对称的两个三角形.

(3) *空间中一个点的三轨迹.* 下面我们来考虑一个立体几何

问题，它是我们在(2)中刚刚讨论过的简单平面几何问题的类比：给定六个棱，求一四面体.

运用我们刚才在(2)中提到的步骤，我们先作四面体的底，它是一个由给定的三个棱围成的三角形. 做出底之后，我们就得到四面体的三个顶点，记为 A，B 和 C. 剩下来还要求一个顶点，把未知的第四个顶点记为 x，x 到已经确定下来的三个顶点的距离分别是 a，b 和 c. 条件要求点 x 满足下述三款，

(r_1) x 到点 A 的距离为 a，

(r_2) x 到点 B 的距离为 b，

(r_3) x 到点 C 的距离为 c.

利用§6.1中引进的符号，我们把这三个条件 (r_1)，(r_2) 和 (r_3) 写成三个符号方程

$$r_1(x) = 0,$$
$$r_2(x) = 0,$$
$$r_3(x) = 0.$$

满足第一个条件 (r_1)（第一个符号方程）的点 x 布满了一个球面（球心为 A，半径为 a）. 这个球面就是由所有满足条件 (r_1) 的点组成的集合或轨迹. 另外两个条件的每一个也都对应一个球面，它就是满足那个条件的点的轨迹，于是，所提的关于四面体的问题的解——点 x 应当同时满足三个条件，它必须同时属于这三个轨迹. 因此，这三个轨迹（三个球面）的交点就是所提问题的解集合. 这个集合包含两个点，所以有两个解，即关于三角形 ABC 所在的平面彼此对称的两个四面体.

(4) 一般对象的轨迹. (2)和(3)中讨论过的例子也许会使我们想起第一章中解过的属于这同一模型的其他问题. 在这些例子的背后，我们可以看到一般的情形.

问题的未知量是 x. 问题的条件分成 l 个分款，我们用有 l 个符号方程的方程组来表示：

$$r_1(x) = 0, \quad r_2(x) = 0, \cdots, r_l(x) = 0,$$

满足第一个条件分款（由第一个符号方程表示）的对象 x 组成一

个确定的集合，我们称之为第一条轨迹. 满足第二个分款的对象组成第二条轨迹，……，满足最后一个分款的对象组成第 l 条轨迹. 所提问题的解——对象 x 必须满足全部条件，即所有 l 个条件分款，因此它必须属于所有这 l 条轨迹. 另一方面，任何一个对象 x 如果同时属于 l 条轨迹，即同时满足 l 个条件分款，它就是所提问题的一个解. 简言之，这 l 条轨迹的交组成了解集合，即满足所提问题的条件的全部点的集合.

以上讨论大大推广了双轨迹模型，它提出了一个能适用于无数种情形，能行之于几乎一切问题求解的方案：首先，把条件分成适当的分款，然后做出对应于各个分款的轨迹，最后，找出这些轨迹的交，由此得出问题的解. 在评价这一方案之前，让我们先考虑一些具体例子.

(5) **一条直线的双轨迹.** 给定 r，h_a 和 α，求作一三角形.

读者应当记得在第 1 章中所用的符号：r 表示三角形内切圆的半径，h_a 表示边 a 上的高，α 表示边 a 的对角.

这个问题并不那么容易，但开头的几步却是比较明显的. **你能解出问题的一部分吗?** 我们可以很容易地画出所求图形的一部分：一个半径为 r 的圆和它的两条夹角是 α 的切线.（请注意，过两切点的两个半径间的夹角为 $180°-\alpha$）角 α 的顶点即所求三角形的顶点 A. 于是问题归结为做一条(无限)直线，使得 A 所对的边就是它上面的一个线段. 在我们已经做出了上述一部分图形之后，这条所要求的直线就是我们的未知量，记为 x.

直线 x 所要满足的条件由两个分款组成：

(r_1) x 是已做出的半径为 r 的圆的切线，

(r_2) x 到给定点 A 的距离为定值 h_a.

x 的第一条轨迹是半径为 r 的圆的切线集合.

x 的第二条轨迹是圆心为 A 半径为 h_a 的圆的切线集合.

两条轨迹的交由此两圆的公共切线组成，我们可以做出这些切线，见§1.6(1)和习题 1.32.

（事实上，只有外公切线的情形能够解答所提出的问题，因为内公切线也许不存在，而当它存在时，半径为 r 的圆不是它的内切圆而是它的旁切圆.）

把两个圆的公切线当作是**直线的双轨迹的交**是一个有用的看法，如果我们把一些类似的情形也包括进来（特别是对其中一个圆退化为一个点的极端情形），则这种看法就更有价值了.

(6) **一个立体的三轨迹.** 设计一个"三用塞子"，使得它恰好能塞进三个不同的孔，一个是圆的，一个是方的，还有一个是三角形的.

其中圆的直径，正方形的边和等腰三角形的底及高都彼此相等，见图 6.1.

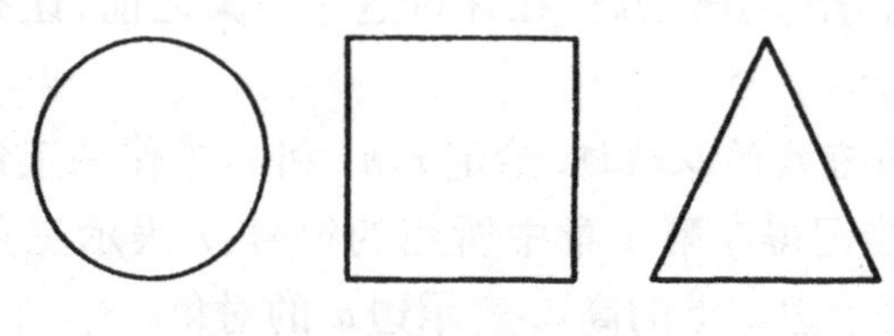

图 6.1　三用塞子的三个孔

上述问题，若用几何的话来说，就是所求立体的三个正交投影应该与给定的三个图形重合. 我们假定这三个投影的方向互相垂直（事实上，这个假定对问题作了一些限制）. 我们的未知量是一个立体，记为 x. 问题的条件由三个分款组成：

(r_1) x 在地板上的投影是一个圆，

(r_2) x 在正面墙上的投影是一个正方形，

(r_3) x 在侧面墙上的投影是一个等腰三角形.

这个意思就是说，我们把这个立体放在一个长方体的房间里，所以这些投影是正交的，三个图形的大小（见图 6.1）在上面的说明中已经交代了.

让我们考察第一个轨迹，即满足条件 (r_1) 的立体的集合. 将给定的圆放在地板上，考虑任何一条通过圆面积的无限垂直直线，称为一根"纤维". 这些纤维构成一个无限的圆柱，所给的圆是它的一个横截面. 如果立体 x 包含在此圆柱内，并至少含有每根纤维的一个点，那么 x 就满足第一个分款(r_1). 所有这种立体组成的集合就是第一条轨迹.

正像第一条轨迹是一个无限铅直圆柱一样，其他两个轨迹分别是两个无限水平棱柱. 对应于(r_2)的棱柱的横截面是一个正方形，如果这个棱柱是南北走向的，那么对应于(r_3)(横截面为三角形)的棱柱就是东西走向的，见图 6.2.

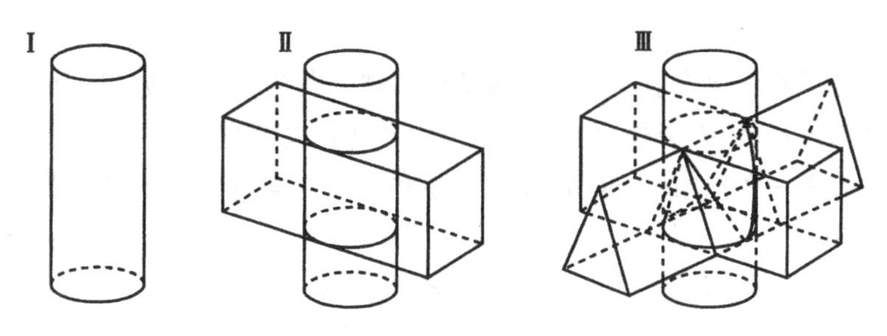

图 6.2 (Ⅰ)第一条轨迹(Ⅱ)前两条轨迹(Ⅲ)三条轨迹

任何同时属于这三条轨迹的立体，就是我们问题的解，即一个"三用塞子". 此类立体中体积最大的一个是三个无限图形——一个圆柱和两个棱柱的交. 其形状见图 6.3.

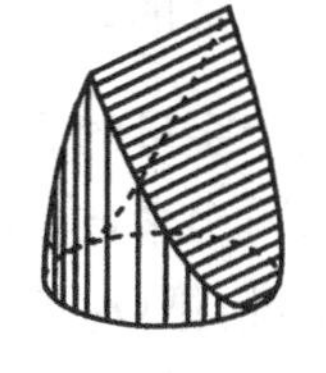

图 6.3 最好的三用塞子

(为什么是体积最大的那一个呢？试描绘这个立体表面的各个不同部分. 试求此问题的其他解.)

(7) 一个字的双轨迹. 在一个允许有双关语和字母可以重排的字谜里，给出的谜面(线索)是：

"rash aye(七个字母的字)的字形是没有根据的."[This form of rash aye is no proof(7 letters).]

这是一个有缺陷的短句. 它似乎是这个意思："如果你肯定得太快，那就什么也没有证明."* 不过，我们怀疑，把某些牵强附会

* rash aye 的中文意思是"轻率的赞同".

的意思弄到解字谜的谜面(线索)里去是不是反而会把我们引入歧途. 这里也许有一条更好的路:即应该把"……的字形"理解成"……字的重排". 因此我们可以试着把这个谜面(线索)照下面的办法去解释.

未知量 x 是一个字. 条件由下面两部分组成:

(r_1) x 是七个字母 RASHAYE 的一个重排;

(r_2) "x 是没有根据的"是一个有意义的(或者是常用的)短语.

让我们来分析一下这个解释. 字谜的条件简明地分成了两个分款:(r_1)是关于这个字的拼法,(r_2)是它的意思. 每一个分款都对应着一条"轨迹",但是这些轨迹并不像前面例子里的轨迹那样好办.

第一条轨迹是十分清楚的,我们可以把七个字母

A A E Y H R S

按 2520 种不同的方法去排(读者现在不必去验证这个数是怎样推导出来的,实际上它就是$\frac{7!}{2!}$),如果一定需要的话,我们可以把这七个字母的 2520 种不同的(既没有重复的,也没有漏掉的)排法全部写出来,这就把条件(r_1)所允许的可能情形全部列出来了,也就是说,把(r_1)对应的轨迹完整地描述或者构造出来了. 然而这实在是太麻烦和太浪费了(许多元音和辅音的胡乱排列在英文里是不允许的). 而且,这种把一切情形都机械地列出来并不是我们的目的,它不符合这个游戏的精神. 因此,如果不是从原理上而是从实践上去看的话,对应于(r_1)的这个轨迹是不好表示的,是难以处理的.

对应于分款(r_2)的轨迹不只是不好表示出来,而且还是含糊不清的. 如果英文字母 x 已经有了,短语"x 是没有根据的"有意义吗? 它是一个常用的短语吗? 在许多情形下,回答是成问题的.

因此,根据不同的理由,两个轨迹中的任何一个都是不好处理的,都没法顺利地描述和构造出来. 当然就更谈不到有什么确定的

步骤去找这两个轨迹的交了.但是,把整个条件分成两个不同的分款,而所求的字必须同时满足它们,这种做法仍然是有裨益的.先集中注意于条件的一个分款,然后是另一个,考虑几乎所有满足一个分款(或是另一个)的字,从这个方向试一下,再从那个方向试一下,把我们记忆里库存的所有字和短语都翻腾翻腾,最后要找的这个字就会显现出来.(参阅习题 6.9.)

(我们这里强调了两个分款(r_1)和(r_2)中没有一个是容易处理的——这一点对评价我们所考虑的这个一般方案是必要的.然而,实际上,两个分款中总有一个要比另一个容易处理些——这对于解决我们手头的难题也许是有价值的.)

§6.3 从哪一个分款着手

在上节里我们所讨论过的各种类型的问题都是按同一个数学模型(我们称为"l 个轨迹的模型")去求解的.不过我们还剩下一个没有解,即§6.2 最后(7)里那个问题.困难是什么呢?我们已经把条件成功地分解成两个简洁的分款,但我们没法处理对应于这些分款的轨迹,我们不能把这些轨迹全部列举或顺利描绘出来,因此作不出它们的交.

有时候我们遇见一些情形,虽然也有这种困难,但还没有到极端的程度,对这种情形我们也许能够想出办法去处理它们.

(1) *一个字的双轨迹.* 在一个允许双关语和字母可以重排的字谜里,谜面(即线索)是:

"两边都是平的(五个字母)"[Flat both ways(5 letters).]

在作过一些尝试以后,我们会导致下面这个解释:未知量是一个字 x.条件由两个分款组成:

(r_1)x 的字义是"平的" (flat),

(r_2)x 有五个字母,把它倒过来念也还是"平的"意思.

我们从哪一个分款开始着手呢?这里是有差别的.要有效地去处理分款(r_2),你就必须在你脑子里开列一串五个字母组成的字的单子，其中每一个字倒过来念意思都是一样的. 我想我们几乎没有人脑子里存着这样一个单子. 但是我们中多数人却都能回忆起一些或多或少含有“平”这个意思的字. 我们应该当它们在脑海里浮现出来时检验它们是否还满足分款(r_2). 下面就是这样一些字：

even(平等的)，smooth(平滑的)，unbroken—plain (平整的，平易的)，dull-horizontal(平庸的，水平的)，当然还有 level(平的)！[①]

(2) 让我们试着分析一下前面这个求解过程中的最本质的东西.

分款(r_1)从全部字这个大范围里挑选出一个小的字集合来，其中有一个就是谜底(解). 分款(r_2)做的是同一件事，不过这里有一个差别：这种挑选对一种情况来说要比另一种情况来得容易些. 在这里我们处理(r_1)要比(r_2)更有办法些. 我们是先用了较容易处理的分款来作第一次选择，然后再用较难处理的分款去作第二次选择. 作好第一次选择是比较重要的：我们第一次是从全体字这个庞大的容器里去挑选元素，而第二次是从第一次选得的那个大大限制了的轨迹里去挑选元素.

这里寓意是简单的：每一个分款都对应一条轨迹. 我们应当先从较完整或较有效的那个轨迹开始着手. 这样做，你就可以避免把所有对应于其他分款的那些轨迹都做出来：因为你只要在第一条轨迹里再用其他那些分款去挑选元素就行了.

(3) 一个三元未知量的双轨迹. 船长有多大年纪？他有几个孩子？他的船有多长？我们只知道这三个所要求的整数的乘积是 32118. 船的长度用呎表示(即若干呎)，船长有若干个(大于 1)儿子和若干个(大于 1)女儿，他的年龄比他的孩子数要大，但他还不到 100 岁.

---

① HSI，分解和重新组合 8，p. 83—84，那里也有一个十分类似的例子，而且也考虑到了本节那个重要的思想.

这个题目要找的是三个数字，令

$$x \qquad\qquad y \qquad\qquad z$$

分别表示船长的

孩子数　　　年龄　　　船的长度

把问题想像成下面这样是有好处的：即我们只有一个未知量，它不是一个数而是一个三元未知量，一个三元数组(x,y,z).

把问题叙述里所提出的条件分解成合适的一些分款是一件十分重要的事. 这需要对问题的一些细节和条件所有可能的重新组合作周密的考虑. 在经过若干尝试(为了节约篇幅我们跳过这些)以后，我们得到下列两个分款：

(r_1) x,y 和 z 都是大于 1 的正数，且

$$xyz = 32118.$$

(r_2)
$$4 \leqslant x < y < 100.$$

我们先从两个分款的哪一个着手呢？当然是从(r_1)先开始，因为它只有有限多种可能性，而(r_2)对 z 一点限制也没有，所以会有无穷多种情况.

于是我们来分析(r_1). 32118 可以被 6 除尽，因而很容易把它分解成素数因子的乘积：

$$32118 = 2 \times 3 \times 53 \times 101$$

为了把它写成三个因子的乘积，我们必须把四个素数中的两个并成一个. 于是只有六种不同的分解方法，使得 32118 可以写成三个都不等于 1 的因子的乘积：

$$6 \times 53 \times 101$$

$$3 \times 101 \times 106$$

$$3 \times 53 \times 202$$

$$2 \times 101 \times 159$$

$$2 \times 53 \times 303$$

$$2 \times 3 \times 5353$$

在这六种可能性中，只有第一个是满足分款(r_2)的，因此我们得出

$$x = 6, y = 53, z = 101.$$

船长有六个孩子，他有53岁，他的船长为101呎.

在这个简单智力问题的解法中，那个关键的想法（它即使对于比较复杂的题目也是经常可以使用的）是：从整个条件中分离出一个"主要的"分款来，它的存在只有少数几个可能性，然后再利用剩下的那些"次要的"分款在这些可能性中去进行挑选②.

*(4) *一个函数的双轨迹*. 有一类在物理和工程技术中每天都要遇到的十分重要的数学问题，它的条件很自然地分成两个分款：由微分方程和初始或边界条件去确定一个函数. 下面是一个简单的例子：未知量x是自变量t的一个函数，我们要求它满足

(r_1)微分方程$\frac{\mathrm{d}^2 x}{\mathrm{d}t^2}=f(x,t)$，其中$f(x,t)$是一个给定的函数，

(r_2)初始条件，当$t=0$时，$x=1$，$\frac{\mathrm{d}x}{\mathrm{d}t}=0$.

我们是从微分方程着手呢还是从初始条件着手？这依赖于给定函数$f(x,t)$的性质.

第一种情形. 取$f(x,t)=-x$，则微分方程是

$$\frac{\mathrm{d}^2 x}{\mathrm{d}t^2} = -x,$$

这个微分方程属于少数几个可初等求解的特殊类型中的一个，它的"通解"能明确写出来. 实际上，满足微分方程的函数的最一般形式是：

$$x = A\cos t + B\sin t,$$

这里A和B是任意常数（积分常数），这样我们便得到了对应于分款(r_1)的"轨迹".

现在转向分款(r_2)，我们利用它从刚才得出的第一条轨迹里

② 参见习题6.12—6.17.

把所要的解挑出来：在 x 和$\frac{dx}{dt}$的表达式中令 $t=0$，则由初始条件便得

$$A=1, B=0,$$

$$x=\cos t.$$

第二种情形. 假定我们研究了微分方程，但并未找出它的通解（或是它的任何解），我们决定不再在这方面努力了. 那么，下一步我们该怎么办呢？我们应该从分款(r_1)和(r_2)中的哪一个着手呢？

在这种情况下，我们可以先用(r_2)：我们设 x 是一个 t 的幂级数，它的最初的系数可以由初始条件决定，剩下的那些系数 u_2，u_3，u_4，…暂时还是不确定的（事实上，它们就是我们的未知量，见习题 3.81）. 于是有：

$$x=1+u_2t^2+u_3t^3+u_4t^4+\cdots,$$

这样，从某种意义上讲，对应于分款(r_2)的轨迹就已经得出来了. 我们再转向第一个分款(r_1)，由微分方程去确定剩下的系数 u_2，u_3，u_4，…（如果可能的话，利用递归的方法，见习题 3.81）.

请注意，在任何情况下，微分方程都比初始条件要"挑剔"得更厉害些（即大大限制了被选择函数的范围）. 因为分款(r_2)只确定幂级数的两个系数，而微分方程[条件(r_1)]则必须确定剩下的那无穷多个系数. 上面这个情况表明了从限制得厉害的分款着手并不总是最好的.

§6.4 扩大递归模型的范围

上一节我们已经注意到了条件的各个分款之间的一个重要的区别：我们有理由（有时甚至是很强的理由）认为从某一个分款着手要比从另一个分款着手来得更好些. 当然，这里还有些限制，因为我们迄今考虑的仅是一个未知量的情形（但这并不是一个真正的限制，关于这一点请参考§5.5 的讨论）. 下面就让我们来考虑

多个未知量的情形.

(1) 第三章里考虑过的几个例子给我们提示了一个重要的一般情形.设 n 个未知量 $x_1, x_2, x_3, \cdots, x_n$ 满足下列 n 个条件:

$$r_1(x_1)=0,$$

$$r_2(x_1,x_2)=0,$$

$$r_3(x_1,x_2,x_3)=0,$$

$$\vdots$$

$$r_n(x_1,x_2,x_3,\cdots,x_n)=0,$$

这个特殊的 n 个关系组不仅告诉我们应该从哪里着手,而且还告诉我们底下该怎样继续做下去.实际上,它提出了一个完整的解题方案:首先从 x_1 开始,它可以由第一个关系式去确定.得到 x_1 以后,从第二个关系式便可以确定 x_2.得到 x_1 和 x_2 以后,从第三个关系式又可以确定 x_3,如此下去;每次都按次序确定未知量 x_1, x_2,…,x_n 中的一个,利用已经得到的那些未知量的值就可以确定下一个未知量的值.只要第 k 个关系式是方程

$$r_k(x_1,x_2,\cdots,x_{k-1},x_k)=0,$$

则这一方案就一直可以顺利进行下去,因为我们可以把 x_k 用 x_1, x_2,…,x_{k-1} 表示出来($k=1,2,\cdots,n$).如果第 k 个方程关于 x_k 是线性的(当然,x_k 的系数应当不等于 0),情况就变得特别顺利.

这就是递归的模型:即用递归的方法,或者说借助于前面已经得到的 $x_1, x_2, \cdots, x_{k-1}$ 去确定 x_k.

根据这个模型,我们可以简单地一步一步朝前走,从 x_1 开始,解得 x_1 后去求 x_2,解得 x_2 后就去求 x_3,这样做下去看来是最明显和最自然不过了.每走一步我们都必须涉及前面各步累积所得到的结果,这或许就是这一模型最重要的特征.这一点在讨论过几个例子之后,我们就会领会得更清楚了.

(2) 在 §2.5(3)中我们曾得到一个七个未知量七个方程的方程组,让我们把未知量改记成

$$D=x_7,$$

$$a = x_4 \qquad b = x_5 \qquad c = x_6$$

$$p = x_1 \qquad q = x_2 \qquad r = x_3$$

再把方程组重新写一下,清楚地表示出每一个方程式是通过哪几个未知量联系起来的,而把其他的细微末节忽略掉,同时把这些方程编上号,使得它们的求解顺序从编号上就能清楚地看出来.

这样我们便得到下面这组关系式:

$$r_1(x_2, x_3) = 0,$$

$$r_2(x_3, x_1) = 0,$$

$$r_3(x_1, x_2) = 0,$$

$$r_4(x_2, x_3, x_4) = 0,$$

$$r_5(x_3, x_1, x_5) = 0,$$

$$r_6(x_1, x_2, x_6) = 0,$$

$$r_7(x_4, x_5, x_6, x_7) = 0.$$

方程组的这个写法本身,就提供了一个明显的解题方案:我们先把前三个方程分离出来,它们只含有前三个未知量 x_1, x_2 和 x_3,因此可以看成是这三个未知量的三个方程的方程组[事实上,我们可以很容易地从§2.5(3)的三个方程——即这里的前三个关系式——把 $x_1 = p, x_2 = q, x_3 = r$ 解出来]. 一旦解出了前三个未知量 x_1, x_2, x_3,方程组就"变成是递归的"了:我们可以逐个地从第4、第5、第6个方程里分别解出 x_4, x_5, x_6(事实上,这三个未知量的求解前后次序是无关紧要的). 解出 x_4, x_5, x_6 以后,利用最后一个关系式就可以得到 x_7[它是原来问题里的主要未知量,其他都只是辅助未知量,见§2.5(3)].

读者应该把刚才讨论过的方程组与§6.1(1)里考虑的方程组比较一下.

(3) *解方程*

$$(he)^2 = she,$$

当然,这里 *he* 和 *she* 指的都是按通常十进制符号表示的数(正整数). 前一个是两位数，另一个是三位数，h，e 和 s 都是个位数. 为不致混淆，把问题重新表示如下：求满足方程

$$(10h+e)^2=100s+10h+e$$

的 h，e 和 s. 其中 h，e 和 s 都是正整数，且 $1\leqslant h\leqslant 9$，$0\leqslant e\leqslant 9$，$1\leqslant s\leqslant 9$.

这道小小智力题并不困难. 如果读者能自己解出来，他对下面提供的解题方案就会有更好的体会. 在下面的求解过程中，第一步我们只考虑一个未知数，第二步我们再多加进一个未知数，即同时考虑两个未知数，只在最后一步才同时处理三个未知数（下面把每一步简记为阶段）：

阶段(e). 由于对 e 有一个单独的要求，即 e^2 的最后一位必须是 e，所以我们先从 e 开始. 我们把十个一位数的平方都写出来，

$$0,\ 1,\ 4,\ 9,\ 16,\ 25,\ 36,\ 49,\ 64,\ 81,$$

发现只有四个是符合这个要求的，所以

$$e=0 \text{ 或 } 1 \text{ 或 } 5 \text{ 或 } 6.$$

阶段(e,h). 这里有一个条件只涉及三个一位数中的 e 和 h，即：

$$100\leqslant (he)^2<1000,$$

因此容易得出

$$10\leqslant he\leqslant 31,$$

把这个不等式与上面(e)里考虑的结果联系起来，我们便发现两位数 he 必须是下面十个数中的一个

10，　11，　15，　16

20，　21，　25，　26

30，　31

阶段(e,h,s). 现把上面这十个数的平方都列出来

100，121，225，256

400，441，**625**，676

$$900,961$$

我们发现只有一个是满足所有条件的. 因此

$$e = 5, \quad h = 2, \quad s = 6,$$

$$(25)^2 = 625,$$

(4) 在上面(3)这一小段里,我们把所提问题的条件分成三个分款,它们可以用有三个符号方程的组(利用 § 6.1 里的符号)来表示:

$$r_1(e) = 0,$$

$$r_2(e, h) = 0,$$

$$r_3(e, h, s) = 0.$$

让我们把这三个分款的组与下面三个线性方程的组比较一下:

$$a_1 x_{\mathrm{I}} = b_1,$$

$$a_2 x_1 + a_3 x_2 = b_2,$$

$$a_4 x_1 + a_5 x_2 + a_6 x_3 = b_3,$$

其中 x_1, x_2, x_3 是未知量,$a_1, a_2, \cdots, a_6, b_1, \cdots, b_3$ 是给定的数,而且假定 a_1, a_3 和 a_6 都不等于 0.

这两个组的相似之处比起它们的不同之处要明显得多,让我们再仔细地把它们比较一下.

我们先看 x_1, x_2 和 x_3 的这个线性方程组,第一个方程就完全确定了第一个未知量 x_1,因为后面那些方程无法影响或改变由第一个方程得到的 x_1 的值. 利用 x_1 的这个值,第二个方程就完全确定了第二个未知量 x_2.

未知量 e, h 和 s 满足的那三个分款形式上与 x_1, x_2, x_3 的三个方程相似,但本质上却不同. 第一个分款并不能完全确定第一个未知数 e,它只是限制了 e 的选择范围,即生成 e 的一条轨迹(这是最恰当的解释). 类似地,第二个分款也不能完全确定第二个未知量 h,它生成二元未知量(e, h)的一条轨迹. 只有最后一个分款才

把 e,h 和 s 完全确定下来：它从前面得到的轨迹里把同时满足所有这些条件的那个唯一的三元未知量 (e,h,s) 挑了出来.

§6.5 未知量的逐步征服

考虑 n 个数值的未知量 $x_1,x_2,\cdots,x_n$，我们可以把它们看成是一个多元未知量 x 的按次序排列的分量(参见§5.5). 在本节，我们假定这 n 个未知量是从一个递归的方程[像我们在§6.4(1)里考虑的那样]依次定出来的. 解法的递归过程把我们的多元未知量 x 逐步地揭示出来. 开始我们对未知量 x 知道得很少——我们只知道它的一个分量 x_1 的值，但是我们可以利用最初得到的这点信息去得出更多的信息：把关于第二个分量 x_2 的知识跟关于第一个分量 x_1 的知识合在一起. 在解题的每一阶段，我们都把关于一个新的分量的知识加到已经得到知识上去，在每一阶段，我们又都要用已经得到的信息去得出更多的信息. 我们要靠逐省逐省的占领去最后征服一个王国. 在每个阶段，我们利用已被征服了的省份作为行动基地去征服下一个省份.

在前面我们已经见到的一些例子中这一程序或多或少有些改动. 比如说，不一定每次都恰好征服一个省份，有时可能大获全胜，一次就征服了两三个省份，参见§6.4(2)和§6.1(1). 有时一个省份在一次打击下也可能没有完全被征服，先是一个省份以后又有另外一些省份部分地被征服，只有最后决定性的一战，才把它们全都征服了. 参见§6.4(3).

我们过去可能还碰到过这个程序的其他形式. 例如在§2.7中，就曾碰到过一些特殊的扩张型模型，给我们以很深的印象. 又如未知量有很多分量(例如在纵横字谜的问题里)，我们就可以沿着几条思路同时去进行：我们不必拘泥于用一根线去穿所有的珠子，而可以用好几根线去穿. 这里本质的东西是*运用已经收集到的信息作为行动的基础去收集更多的信息*. 从这个意义上，也许我们可以这样说，所有研究和解决问题的合理的程序都是递归的.

第6章的习题与评注

6.1　具有许多分款的条件. 在n行的幻方里,n^2个数字是这样排列的:它的每一行的数字之和、每一列的数字之和以及两对角线的每一条上的数字之和都相同,这个和数就称为"幻方常数". 最简单的熟知的幻方是前九个自然数1,2,…,9填充起来的三行幻方. 现在让我们来详细地谈一下这个填充简单幻方的问题.

什么是未知量? 有九个未知量,令x_{ik}表示居于第i行第k列的所求的未知量,$i,k=1,2,3$.

什么是条件? 这个条件共具有四个不同类型的分款:

(1) x_{ik}是一个整数.

(2) $1 \leqslant x_{ik} \leqslant 9$.

(3) $x_{ik} \neq x_{jl}$　除非$i=j$和$k=l$.

(4) $x_{i1}+x_{i2}+x_{i3}=x_{11}+x_{22}+x_{33}$,　对$i=1,2,3$,

$x_{1k}+x_{2k}+x_{3k}=x_{11}+x_{22}+x_{33}$,　对$k=1,2,3$,

$x_{13}+x_{22}+x_{31}=x_{11}+x_{22}+x_{33}$.

说明每一种类的分款的数目和所有分款的总数,这些分款具有§6.1(3)的记号中的哪一种形式?

6.2　引进一个多元未知量把在§6.1(5)中考虑的一般关系组化为在§6.2(4)(显然更为特殊)的关系组.

6.3　引进一个多元未知量,把在§6.1(1)中考虑的方程组化为在§6.4(1)中所考虑的关系组的一种特例.

6.4　用习题6.3的方式简化在§6.4(2)中考虑的方程组.

6.5　规划一个方案解下述方程组

$$r_1(x_1, x_2, x_3)=0,$$
$$r_2(x_1, x_2, x_3)=0,$$
$$r_3(x_1, x_2, x_3)=0,$$
$$r_4(x_1, x_2, x_3, x_4)=0,$$
$$r_5(x_1, x_2\ x_3, x_5)=0,$$
$$r_6(x_1, x_2, x_3, x_6)=0,$$
$$r_7(x_1, x_2, x_3, x_4, x_5, x_6, x_7)=0.$$

6.6　关系组

$$
\begin{aligned}
r_1(x_1) &= 0, \\
r_2(x_1, x_2) &= 0, \\
r_3(x_2, x_3) &= 0, \\
r_4(x_3, x_4) &= 0, \\
&\vdots \\
r_n(x_{n-1}, x_n) &= 0,
\end{aligned}
$$

是课文里所考虑过的关系组中一个特别有趣的特款，是哪一个关系组？

你以前曾见过它吗？你在什么地方曾有机会去比较两个彼此类似的关系组？

6.7　过圆内一定点作一条定长的弦.

把这个问题归类.

6.8　平面上给定两条直线 a, b 及一个点 C 的位置，此外，又给定一个线段长 l. 试作一条过点 C 的直线 x，使得由直线 a、b 和 x 作成的三角形的周长等于定长 l.

把这个问题归类.

6.9　**保留一部分条件**. 在 §6.2(7)考虑的问题的两个分款中，(r_1)似乎好办些：在试图满足这个要求时，就能规划出某种方案. 为了解出一个由一组给定字母(例如 RASH AYE)组成的字谜，我们需要去找出这样一个字，它仅由这一组给定的字母组成，并且包含所有这些字母. 下述的求解步骤也许是可行的：把条件的后一部分"并且包含所有这些字母"暂且搁下，先试着去寻求由这组给定字母组成的字，或常用的字根，字首及字尾. 这类短的字是容易拼得的，进一步再找出长一些的，最后也许有可能解得所求的字谜. 在上述给定情形下，我们可以想到以下的字：

ASH, YES, SAY, SHY, RYE, EAR
HEAR, HARE, AREA
SHARE
RE－(前缀)
－ER, －AY, －EY(后缀)

为了解出 §6.2(7)的问题，我们在考察这堆字时，脑子里不光是想着字谜或分款(r_1)，并且也想着(r_2). 这堆字里的某些也许可以组合成为一个谜底——但像 SHY AREA，就不是一个解.

6.10　**阿里阿德涅的线团***. 弥诺斯国王的女儿阿里阿德涅爱上了忒修

* 故事见《希腊的神话和传说》.

斯，并给了他一个线团，当他进入迷宫时，他解开了这个线团，并且顺着线找到了摆脱歧途的归路.

是古代的启蒙天使编出了这一神话吗？它多么惊人地启示了某一类问题的本质！

在求解问题的过程中，我们常常会陷入困境，感到已经走到了尽头，前面无路可走了.而迷宫的故事则提供了另一类的问题，在那里每到一点前面都有许多路可走，困难却成了如何在它们中间进行选择.为了去掌握这样一种问题（或者当我们已经掌握了这种问题为了要把它的解法表示出来）我们应当依次地以一些最适当和最省便的顺序去处理各种所涉及的论题；每当有两种可能性呈现出来时，我们就应当根据怎样使前面已做的工作发挥最大效能这一原则，来选定接下来的一个论题."阿里阿德涅的线团"的故事有力地启示了"十字路口的最好选择".（顺便提一下，这是莱布尼兹很得意的一句话.）

包含着若干个未知量、若干个互相关联的任务和条件的问题，就常常具有迷宫的性质.纵横字谜和错综复杂的几何作图可以很好的说明这一点.在解决这种问题时，每一步我们都要做出选择：下一步我们应当转向哪儿？（考虑哪一个字？作哪一部分图形？）开始时，我们应当去找出最薄弱的环节，找出最容易入手的分款，找出字谜中最易于求得的字或看出图形中最易于做出的部分.在找出了第一个字或做出了第一部分图形以后，我们就应当小心地去选择第二步：确定该去找哪个字（或哪部分图形），它应当使得已找到的第一个字（或第一部分图形）能发挥最大的作用.照这样下去，我们总是不断地在选择下一步的任务，确定下一步要求的未知量，使得我们能从前面已经求得的未知量得到最大的帮助.（这就是我们在§6.5中提到过的那个想法.）

下面有少量的习题，使读者有机会去品味一下以上发表的这些议论.

6.11　求出习题6.1中详细叙述的三行幻方.

（你也许知道一个解，但你应当求出所有的解.在考察各未知量时，先后次序是很关紧要的.特别是，你应当先去定出那些能够唯一确定的未知量的数值，并从这些未知量开始入手.）

6.12　一个四位数乘以9就颠倒了数字次序（即得到的另一个四位数，它的各位数字的顺序正好与原数的相反），这个数是什么？（你准备先用条件的哪一部分？）

6.13　设a，b，c和d都是一位数，而二位数ab（即$10a+b$）中，$a\neq b$，且

$$ab\times ba=cdc$$

求此四数.

6.14　一个三角形有六个“部分”:三条边和三个角.是否可能找出这样两个不全等的三角形,第一个三角形中五个部分与第二个三角形中的五个部分相等?(我没有说这五个相等的部分一定是对应的部分.)

6.15　艾尔、彼尔和克里斯计划搞一次大的野餐.每人出9元,都去买三明治,冰淇淋和汽水.对于其中每一样,三个孩子所花的总数都是9元,但每个孩子把他的钱分成三份的方式都是不一样的,而且没有一个孩子在不同的东西上花了相等的钱,在他们中间最大的单项支出是艾尔付冰淇淋的钱,彼尔买三明治花的钱是买冰淇淋的两倍.问克里斯在买汽水上花了多少钱?(所有的支出均以元为单位.)

6.16　为了迎接万圣节(11月1日),布朗、约尼斯和史密斯三对夫妇为邻居的孩子们买了点礼物.每一个人买的礼物的件数恰好同他(她)买的每一件礼物的价钱(美分数)相同,每一位夫人又都比她们的丈夫多花75美分.安妮比彼尔·布朗多买了一件礼物,贝蒂又比乔·约尼斯少买一件,问玛丽的丈夫是谁?

6.17　在一个大热天里,四对夫妇在一起共喝掉了44瓶可口可乐.四位夫人中安妮喝了2瓶,贝蒂3瓶,凯洛4瓶,桃乐西5瓶.布朗先生与他的夫人喝得一样多,但其他三位丈夫都比自己的夫人喝得多:其中格林先生喝的是夫人的2倍,怀特先生是夫人的3倍,史密斯先生是夫人的4倍.试指出这四位夫人的丈夫都是谁.

6.18　*更多的问题*.试从本章所述的观点出发去考虑进一步的例子,注意把条件划分为一些分款,并且权衡一下从这一部分或从那一部分分款出发去着手解题的利弊.用这样的观点重温一下过去解过的一些题,并且再找出一些能够用上这个观点的新题目.

6.19　*一个中间目标*.我们已经开始着手去解我们的问题,但还停留在初始状态.我们已经全盘了解了我们的问题,这是一个求解的问题.我们也知道“什么是未知量”,并且清楚要找的是什么样的东西.我们也已经列出了数据,并从整体上了解了所给的条件,我们现在需要*把条件划分成为适当的部分*.

请注意,这可不是一件微不足道的小事:也许有许多种可能的划分,而我们所要的,当然是最有利的划分.譬如说,在用代数方法去解几何问题时,我们把条件中的每一分款都用一个方程来表示,把条件划分成为不同的分款就产生出不同的方程组,当然,我们要把那种最便于处理的方程组挑出来[参阅

§2.5(3)和§2.5(4)].

在所给的问题的叙述中,条件可以是一个未被划分的整体,也可能它已被划分成若干分款.无论在哪一种情形下,我们都面临一个任务:在第一种情况下,我们要把条件划分成为合适的分款,而在第二种情况下,则要把条件进一步划分为更合适的分款.这种条件的再划分可以使我们更接近求出问题的解:这是一个中间目标,在一些场合下,它起着很重要的作用.

6.20 图示法.我们曾用符号方程[§6.1(3)中引进的]来表示一个由问题的条件所要求的关系.我们也可以用图来表示这些关系,而图示可以帮助我们对这些关系组有更清楚的了解.

我们用一个小圆圈表示一个未知量,用一个小方块去表示未知量之间的一个关系.此外,我们通过把代表某一关系的方块和代表某一未知量的圆连接起来的办法,来表示该方块所代表的关系里包含着该圆所代表的未知量.因此,图6.4的(a)表示了四个未知量之间的具有四个关系的关系组,在这个图里面,我们可以看到,譬如说,仅有一个未知量包含在所有4个关系中,和仅有一个关系式包含所有四个未知量,事实上,图(a)和§6.1(1)中的四个方程的方程组表示的是同一件事情,不过一个是用几何语言来表示出的,另一个是用公式的语言表示罢了.图中两条线交于小圆或小方块外一点[如图(a)中就出现了这样一个交点]是无关紧要的,事实上,我们可以这样想像:只有那些小圆和小方块是在纸平面上,那些连线都是在空间里,虽然它们在纸平面上的投影偶尔也可以相交,而它们却没有公共点.

就如图(a)那样,图6.4中的(b),(c),(d)和(e)也都是表示了以前考虑过的一些关系组:试指出这些考虑过的关系组所在的段落和习题.

(图6.5例举了另外一类图示法,从某种意义上说,它跟上面那种图示法是互为"对偶"的*.即无论是关系或是未知量都用直线来代表,关系用水平线来代表,未知量用铅直线来表示,当且仅当一个关系包含一个未知量时,它们的代表直线才有一个公共点.图6.4中的(c)和图6.5中的(c)表示的是同一个关系组.同样的,两个图中的(d)表示的也是同一个关系组.

*图6.5可以提供一个代数表示法:我们可以用矩阵来表示关系组.令矩阵的每一行代表一个关系,矩阵的每一列代表一个未知量,矩阵的每个元素取值1或0.一个元素取值是1或是0,决定于这个元素所涉及的关系(即

---

* 即图6.4中的点(圆圈和方块)对应了图6.5中的线,而图6.4中的线却对应了图6.5中的点.

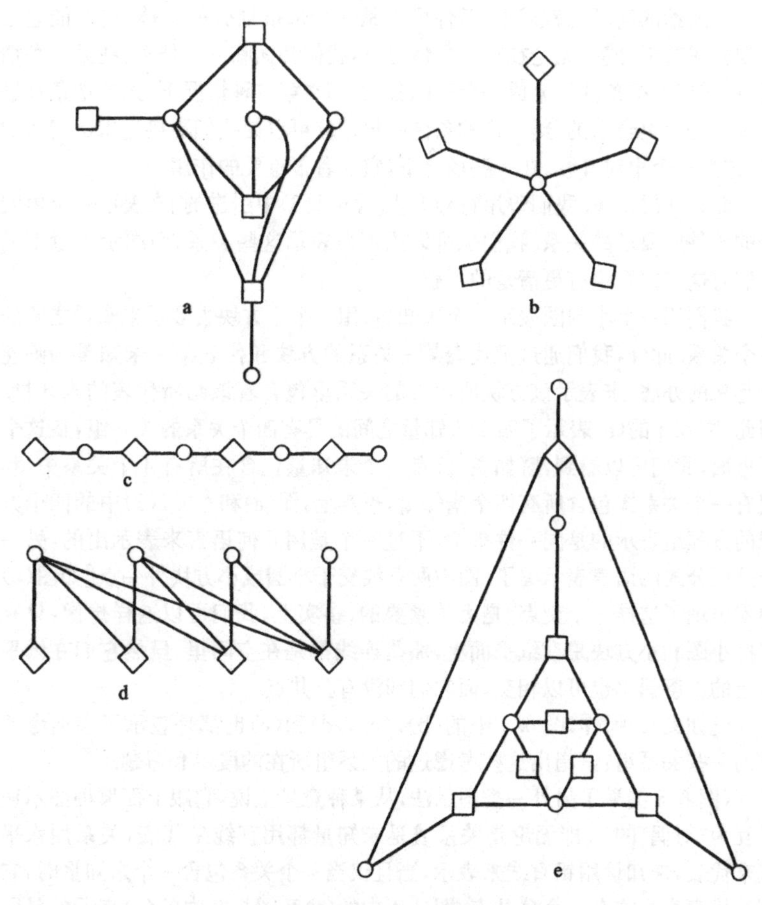

图 6.4　圆圈和方块,未知量和关系

所在的行)是否包含有它所涉及的未知量(即所在的列*).

6.21　几个非数学问题的典型. 我们首先应当去满足哪一个条件分款? 这个问题在各种情形中都有代表性. 当我们选定了一个认为是主要的分款, 并且列出了满足这一"主"款的对象之后,我们再利用条件的"次"款,它常常

* 即用"矩阵"去表示一张"图". 请参阅《英国中学数学教科书 SMP》(有中译本)和 F. Harary 著《图论》(Graph Theory),第二版,1971.

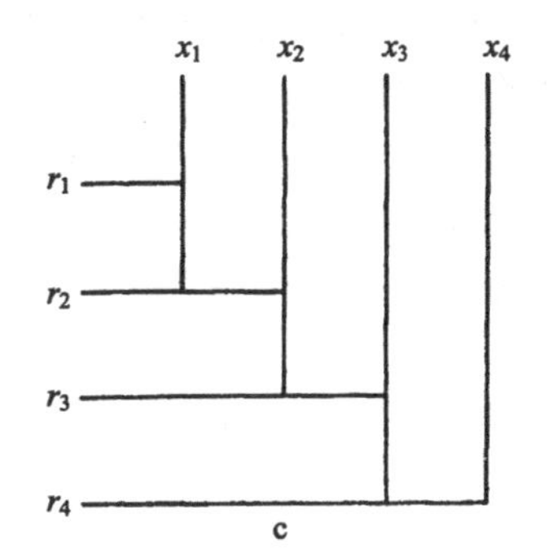

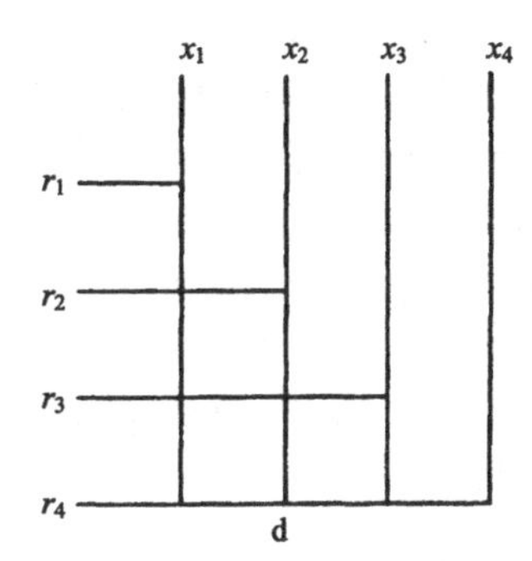

图 6.5 未知量和关系，铅直线和水平线

可以淘汰掉大部已列出的对象，最后只留下一个对象，它既满足条件的主款，也满足条件的次款，从而满足全部条件.前面我们已经有机会看到了这种模式的程序[§6.3(3)，习题6.15，习题6.16]，它可以从非数学问题中自然地提出来，也适用于各种类型的非数学问题.

翻译者的问题. 把一篇法文翻译成为英文，我们就必须要对一个法文字找出英语中确切与之对应的字，比如说"confiance"，由法英字典中可查出许多对应字(confidence，trust，reliance，assurance)，它们仅仅满足问题的条件里的第一个较为粗略的分款，我们必须仔细地去考察上下文，从而进一步发现隐藏于其间的其他微妙的分款，然后利用这些另外的分款从已列出的字中淘汰掉那些不太适合的字而选出最达意的那个字.

两步将死. 棋盘上摆出了黑白棋子的一个残局，轮到白子走.问题的未知量是白子的这一步.条件要求不管黑子接下去的一步怎么走，白子第二步必须把黑方将死.

所要求的白子的第一步必须能提防黑子的任何可能的下一步(防止意外反击或为将军作准备)，因此，我们可以说，有多少个需要提防的黑子可走的步子，就有多少个条件分款.

一个可行的策略是：先考虑黑子的威胁性最大的步子，并列出白子中所有能预防这一着的步子，然后再来考虑黑子中的"次要"的步子，淘汰掉已列出的白子步子中的那些不能预防黑子中"次要"步子的那部分，于是真正所要的解就在列出的步子中单独留下了.

工程设计. 一个工程师想要设计一种新的小机械.为了使新机械能投入生产，它必须满足一大堆要求；有些是"技术"上的要求诸如好用，安全，耐久

等等，其他是“商业”上的要求如成本低，销路好等. 工程师首先只去考虑技术上的要求（我们可以认为这是条件中的“主款”），这样工程师就有了一个明确的技术（物理）问题去解决. 这个问题常常会有好几个解，工程师就把这些解列出来并审查它们. 作了这些之后，再进而考虑商业上的要求（我们把它们作为条件中的“次款”），这些要求也许抛弃了好些很好用的机械而只留下最有利可图的一种.

6.22 试不用纸和笔，仅仅依靠观察，解出下列共有三个未知量和三个方程的方程组：

$$3x+y+2z=30,$$
$$2x+3y+z=30,$$
$$x+2y+3z=30,$$

证明你得到的解是对的.

6.23 给定三角形的三条边长 a,b 和 c，设三角形的每一个顶点都是一个圆的圆心，且这三个圆都互相外切. 试求出这三个圆的半径 x,y 和 z.

6.24 求出满足下列四元方程组的 x,y,u 和 v：

$$y+u+v=-5,$$
$$x+u+v=0,$$
$$x+y+v=-8,$$
$$x+y+u=4,$$

你能看出一条捷径吗？

6.25 *一个更加精细的分类*. 上面的例子 6.22，6.23 和 6.24 说明了重要的一点：具有若干个未知量的一个问题，若其条件对于这些未知量来说是对称的，则它的求解过程（假若你能看出来的话）就要受到这种对称性的制约并可大大简化（也可参阅习题 2.8 和 MPR，卷 I，pp. 187—188，习题 41. 有时候，如习题 6.23，我们不仅应当考虑未知量的置换，而且还应考虑未知量和数据的置换.）还有其他一些虽不常见但也是有趣的情形，在这些情形里，条件并不是对所有的未知量（和数据）的置换都保持不变，而仅对某一些置换保持不变. 假如要对这种情形穷根追源的话，我们就需要对求解的问题进行比本章所提到的分类[见 § 6.1(6)]更为精细的分类，而且我们能够预见到这样一种分类对于我们的研究是很有趣的.

第7章 解题过程的几何图示

没有任何东西比几何图形更容易印入脑际了,因此用这种方式来表达事物是非常有益的.

《笛卡儿文集》,第十卷,p. 413; 思维的法则,法则Ⅻ.

§7.1 隐 喻

事情发生在大约五十年前,那时我还是个大学生,我正在帮一个男孩子准备考试,当时我必须给他解释一道初等的立体几何题,可是因一时未得要领而卡住了. 居然对付不了这样一道简单的题目,实在是该打. 第二天晚上我坐下来,重新从头到尾仔细地解了一遍,那次我是做得这样彻底,以致这辈子再也不会忘记它了. 我试着把解题的自然进程和涉及的那些基本思想都直观化,最终便得到了一张解题过程的几何图示. 这是我对解题的第一个发现,也是我终生对解题都产生兴趣的开端.

是一组常用的隐喻词把我最终领到这张几何图示的. 人们不止一次地注意到语言是充满着隐喻的(有的毫无生气,有的是半死不活,有的则生动活泼). 我不知道人们是否还注意到了很多隐喻是互相关联的:它们或是联系着的,或是结合在一起的,它们形成了团,形成了多少有些松散的及重叠的族. 不管怎么说吧,确有相当丰富的一族隐喻词,具有两个共同特点:它们都关联着基本的人类解决问题的活动,而且都提供了同样的几何形象.

发现解法,就是在原先是隔开的事物或想法(已有的事物和要求的事物,已知量和未知量,假设和结论)之间去找出联系. 被联系的事物原来离得越远,发现联系的功劳也就越大. 有时我们发觉这种联系就像一座无形的桥:一个大的发现就像一座桥架在了两个差得很远的想法的鸿沟上，让人感到意外. 但更经常的，我们是通过实现一条链来看到这种联系的：一个证明像是一串论据，像是一条由一系列结论组成的链，也许是一条长链. 这条链的强度是由它最弱的一环来代表的. 因为哪怕是只少了一环，就不会有连续推理的链，也就不会有有效的证明. 对于思维上的联系我们更经常使用的词是线索，比如说，我们都在听教授讲课，但他失去了证明的线索，或是被一些推理线索缠乱了，他不得不看一下讲稿，以拾起失掉的线索，等他把线索整理出来得到最终结论时，我们也都已经困倦不堪了. 将一条细微的线索当成一条几何上的线，将被联系着的事物当成几何上的点，这样无可避免地，一幅隐喻着一系列数学结论的图式便必然地浮现出来了.

现在让我们停止聆听高谈，转过来具体考查一些几何图形吧.

§7.2 问题是什么？

我们需要一个例子，我选择了一个非常简单的立体几何题①：

给定棱台的高 h，上底的一条边长 a 和下底的一条边长 b，求正方棱台的体积 F.

（底为正方形且高过底的中心的棱锥称为正四棱锥，棱台是棱锥被它的底和一个平行于底的平面所截的部分，这个平行于底的平面包含了棱台的一个面，我们称它为棱台的上底，棱台的下底就是原来整个棱锥的底，它的高就是两底间的垂直距离.）

解这个问题的第一步是先集中到目标上. 我们问：你要求的是什么？我们向自己提出问题，并把要求体积 F 的图形尽可能明确地画出来（见图 7.1 的左侧）. 这时的思维状态可恰当地表示为一个孤点，记为 F，我们的全部注意力都集中在这里（见图 7.1 的右侧）.

如果什么也不给，我们就求不出未知量 F. 我们问自己：已知

---

① 此题与先前考虑过的那个问题非常类似，甚至更简单些. 见文献[17]，[19].

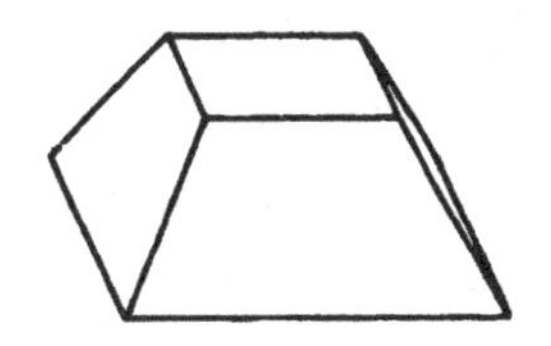

图 7.1　集中到一点：目标

量是什么？或你有些什么？这样，我们就把注意力集中到图中那些长度已定的线段 a,b 和 h 上，见图 7.2 的左侧.（在所考虑的立体中，以 a 为边的正方形在上边，以 b 为边的正方形在下边.）现在把改变了的思维状态再画出来，我们在图 7.2 右侧增加了三个新点，分别记作 a,h 和 b，来代表三个已知量，它们与 F 之间有一道鸿沟，这就是图 7.2 右边的那一片空白. 这片空白象征着尚未解决的问题，我们的问题现在就集中为将未知量 F 与已知量 a,h 和 b 联系起来，我们必须在它们之间的那道鸿沟上架起桥来.

图 7.2　待解的问题：沟上架桥

§7.3　这是一个主意

我们的工作是从把问题的目标，未知量和已知量赋予几何形象开始的. 工作的最初阶段已由图 7.1 和 7.2 适当地描绘出来了. 那么我们怎样从这里继续前进呢？下一步该怎么走呢？

如果你不能解所提出的问题，那就去找一个合适的有关联的问题.

在当前的情形，用不着去很远找. 其实，*未知量是什么？*一个棱台的体积. 而这是一个什么样的棱台呢？*它是如何定义的？*它是一个棱锥的一部分. 是哪一部分呢？介于——不，就说到这里吧，*让我们用另一种方式来叙述它*：这个棱台是我们用一个平行于底的平面，截去整个棱锥中的一个较小的棱锥以后所剩下的部分. 在当前的情形，大(整个)棱锥的底是一个面积为 b^2 的正方形，见图 7.3. 如果我们知道这两个棱锥的体积 B 和 A，我们就能求出棱台的体积：

$$F = B - A,$$

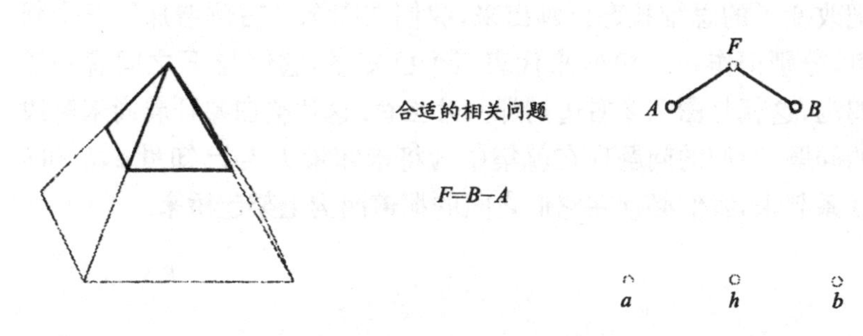

图 7.3　如果你不能解所提出的问题，那就去寻找一个……

让我们来求体积 B 和 A 吧！对了，这是一个主意！

于是我们原来的问题——求 F，就转化成了两个适当关联着的辅助问题——求 A 和 B. 为了用图来表达这一转化，我们在未知量 F 和已知量 a，h，b 中间的那片空白上引进两个新的点，记为 A 和 B. 我们用斜线把 A 和 B 与 F 连接起来，以此来表示这三个量之间的基本关系：从 A 和 B 出发，我们就能得到 F，即关于 F 的问题的解法是建立在关于 A 和 B 这两个问题的解法的基础上的.

我们的工作还没做完，我们还要去求两个新的未知量 A 和 B. 在图 7.3 中，两个吊着的点 A 和 B 与已知量 a，h 和 b 之间还隔着一道鸿沟. 不过事情看来是有希望的，因为棱锥对我们来说是比棱台更熟悉的图形，而且，虽然现在替代未知量 F 的是两个未知量 A 和 B，但这两个未知量是完全类似的，而且分别和已知量 a 和 b 有类似的关系. 对应地，在图 7.3 中，思维状态的图式表示是对称的. 线段 FA 倾向于给定的 a，而 FB 则倾向于给定的 b. 我们已经开始在原来的未知量和已知量之间架桥了，剩下的沟变窄些了.

§7.4 发展我们的想法

我们现在到了哪儿啦? *你要求什么?* 我们要求找出未知量 A 和 B. *未知量 A 是什么?* 一个棱锥的体积. *你怎样才能得到这类东西? 你怎样才能求出这一类未知量? 根据哪些已知量你就能求出这一类未知量?* 如果我们有两个已知量：底面积和棱椎的高，棱锥的体积就能计算出来. 事实上，这个体积就是这两个量的乘积再除以 3. 这里高度并没有给出来，不过我们还是可以把它考虑进来，设它是 x，则

$$A=\frac{a^2x}{3}.$$

在图 7.4 的左侧，棱台上面的小棱锥显得比较详细，我们特别突出了它的高 x. 这一阶段的工作在图 7.4 的右侧给出了图式表示，在已知量的上面出现了一个新的点 x，用斜线分别把 A 和 x，A 和 a 连接起来，表示由 x 和 a 能得出 A，即 A 能用 x 和 a 表示出来. 虽然仍有两个未知量(在图 7.4 中尚悬在半空的未缚牢的点)需要去求，但我们已经跨出了前进的一步，因为我们至少已经成功地把未知量 F 和一个已知量 a 联系起来了.

不管怎么说，下一个步骤是显然的. 未知量 A 和 B 具有类似的性质(它们在图 7.3 中是对称地表示出来的). 我们已经把体积 A 用底和高表示出来了，我们也能把体积 B 类似地表示为：

$$B=\frac{b^2(x+h)}{3},$$

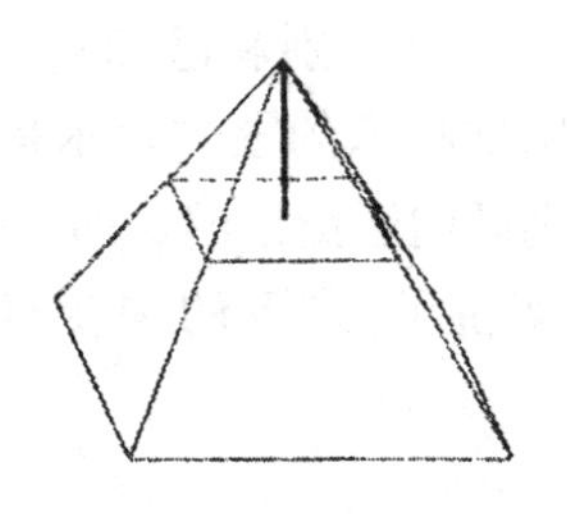

你怎样才能得到这样一类的量?

$A=\frac{a^2x}{3}$

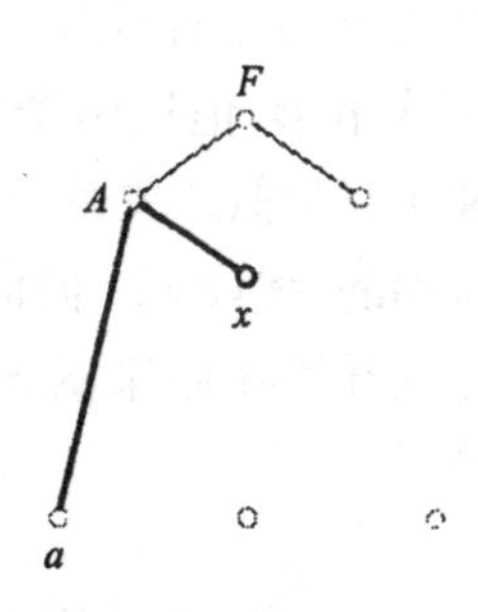

图 7.4　和已知量的第一个联系已做出，但还有未系住的点悬在半空中

在图 7.5 的左侧部分，含棱台的大棱锥显得比较明白，突出了它的高 $x+h$. 在图 7.5 的右侧部分出现了三条新的斜线，把 B 分别与 b,h 和 x 连接起来. 这些线表示 B 能由 b,h 和 x 得出，即 B 能由 b,h 和 x 表示出来. 于是只有一个点还悬着——点 x 还没有与已知量连接起来. 沟变得更加狭窄，它现在只横在 x 和已知量当中了.

剩下的未知量是什么？是 x——一条线段的长. 你怎样才能求出这一类未知量呢？怎样才能得到这类事物呢？

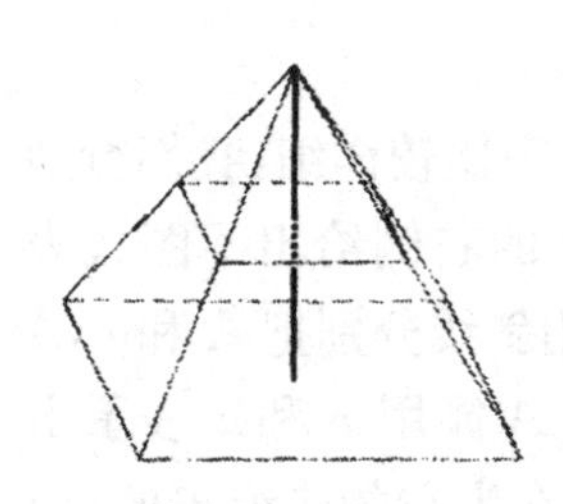

用同样的方法得到它

$B=\frac{b^2(x+h)}{3}$

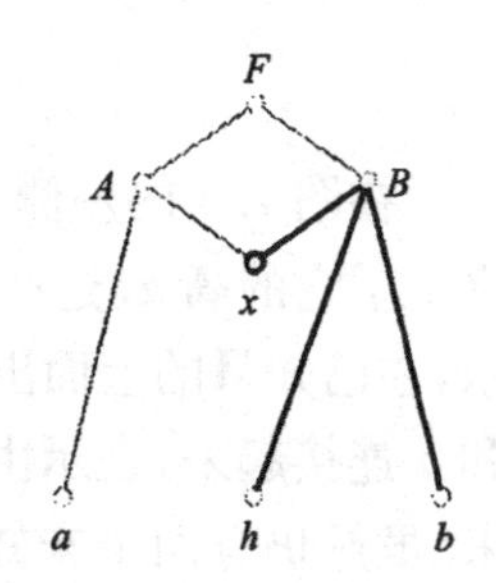

图 7.5　只剩下一个问题悬而未决了

几何中最常见的事就是从一个三角形——如果有可能就从一个直角三角形，或是从一对相似三角形去得出一条线段的长，然而图形里还没有一个用得上的三角形，而这里应该有一个以 x 为边的三角形. 这样一个三角形应当在一个通过体积为 A 的小棱锥的高的平面上，这个平面同时也应当通过体积为 B 的大棱锥的

高，而大棱锥与小棱锥是相似的．是的，通过这个高并且与这些棱锥中某一个的底的一条给定边平行的平面上有两个相似三角形．这就是我们所要的！好了，完成了！

在图 7.6 中显示了一对相似三角形，由此，x 可以很容易地通过下列比例式算出：

$$\frac{x}{x+h}=\frac{a}{b},$$

细节在这个阶段并不重要，重要的乃是现在 x 能够由三个已知量 a，h 和 b 表示出来了．图 7.6 右侧部分出现的三条新的斜线正好表示了 x 可以与 a，h 和 b 联系起来．

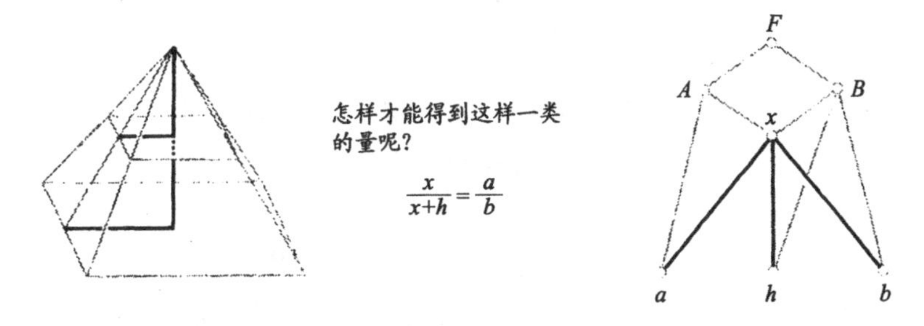

图 7.6　我们已经成功地在鸿沟上架起了桥

好！我们已经成功地在鸿沟上架起了桥，成功地通过中间量(辅助未知量)A，B 和 x，在未知量 F 和已知量 a，h 和 b 之间建立起一个不中断的联络网．

§7.5　彻底完成它

这个问题解出来了吗？还没有——还没有彻底解出来．我们应当把棱台的体积 F 用已知量 a，h 和 b 表示出来，而这一点还没有做到．但我们工作中比较重要也是比较吸引人的部分已经过去了，剩下的任务只是些按部就班的事，不再需要拐什么弯了．

在我们工作的第一部分中是有冒险的因素的．在每一个阶段我们总是希望下一步会使我们更靠近我们的目标——在鸿沟上架起桥来.当然,我们希望是这样,但我们并不十分有把握.在每一阶段我们都必须把下一步想出来并且冒险地去试它.但现在再也不需要什么发明和冒险了.我们已经预见到只要沿着图 7.6 中那个不中断的联络网中的线索走去,就能够万无一失地从已知量 a,h 和 b 到达未知量 F.

我们的第二部分工作就从第一部分结尾处开始,首先来处理最后引进的辅助未知量 x.由 §7.4 的最后一个等式可得

$$x=\frac{ah}{b-a},$$

然后把 x 的值代入 §7.4 所得到的两个等式中,得

$$A=\frac{a^3h}{3(b-a)},\qquad B=\frac{b^3h}{3(b-a)}$$

(这两个结果的类似使人感到欣慰),最后我们用一下 7.3 中一开始就得到的等式

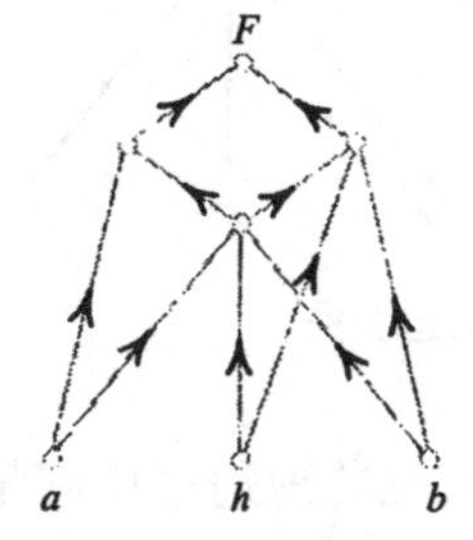

图 7.7　从已知量到未知量的工作图

$$F=B-A=\frac{b^3-a^3}{b-a}\cdot\frac{h}{3},$$

$$F=\frac{a^2+ab+b^2}{3}h,$$

这就是所要的表达式.

图 7.7 恰当地把这一部分工作用符号描述了出来,其中每一条连线都带有箭头,它指出我们是朝哪个方向去从事这一联系的.我们从已知量 a,h 和 b 出发,由此向前经过中间的辅助未知量 x,A 和 B 到达原来的、主要的未知量 F,通过已知量一个一个地把这些量表示出来.

§7.6　慢　镜　头

图 7.1 到图 7.7 表达了解题的一个接一个的阶段.我们把这七个图组合成一幅综合的图,图 7.8.让我们从左到右依次来看图

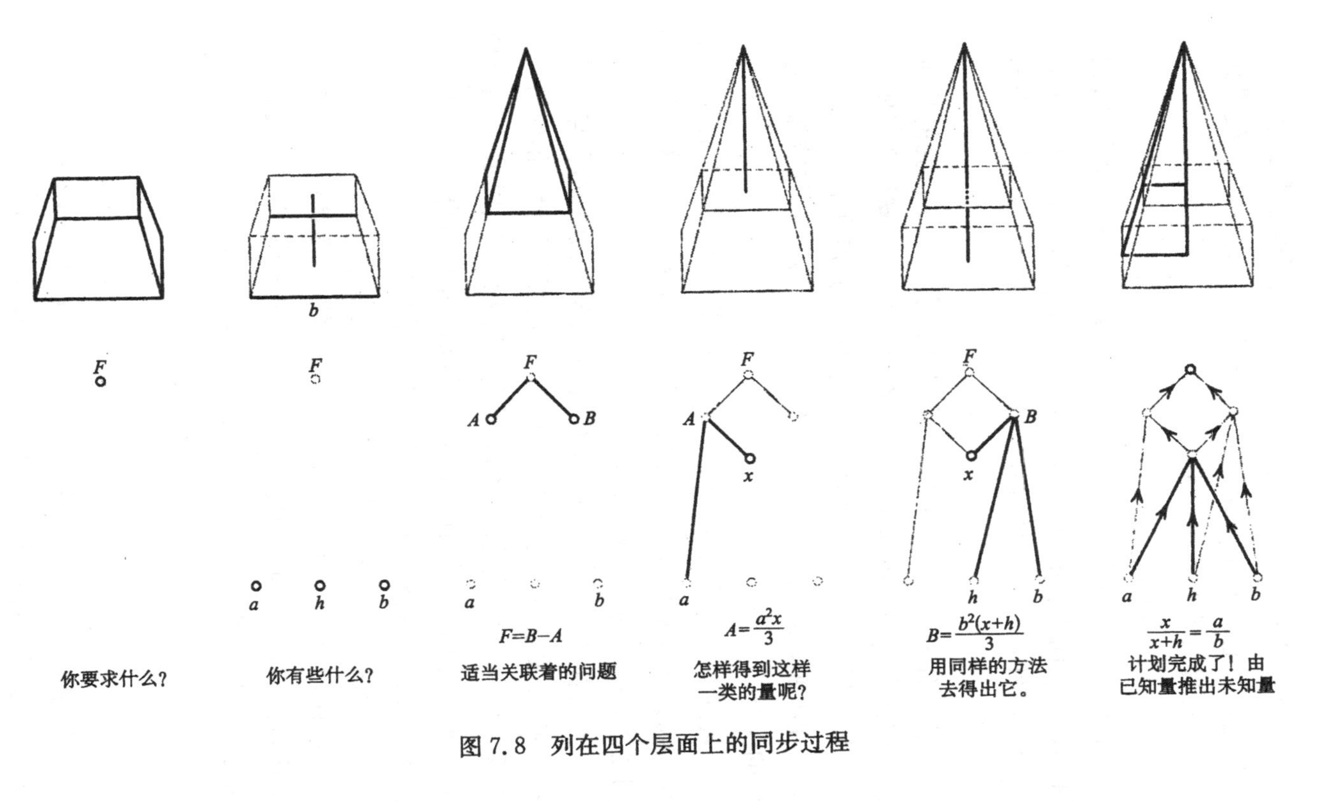

图 7.8　列在四个层面上的同步过程

7.8，当我们很快看过去时，便好像是在看关于解题者前进步伐及发现进程的电影演出，如果我们放慢速度地看过去，我们便得到一组求解过程的慢镜头，它给我们留出了时间，使我们能对重要的细节进行仔细地观察.

在图7.8中，解题的每一个阶段(解题者的每一个思维状态)都用若干层面去表示：属于同一个思维状况的各层则从上到下垂直地列在图中. 于是解的进程便沿着四条平行线，呈现在四个不同的层面上.

最上面的一层是*图像层*，在这里我们看到了所研究的几何图形在解题者的脑子里的演化过程. 在每一个阶段，解题者对所探讨的几何图形都有一幅想像的画面，但是随着过渡到下一个阶段，画面也在改变，某些细节可能变得不重要了，而另一些细节却引起我们的注意，新的细节会加进来.

转到下一层，我们来到了*关系层*. 在图示中，所考虑的对象(未知量，已知量，辅助未知量)都用点表示，而联系这些对象的关系则用连接这些点的线段来表示.

紧接着关系层下的是*数学层*，它由数学公式组成，且与关系层相对照. 在关系层里，我们把问题已达到的那个阶段所得到的全部关系都标了出来，最后得到的关系则是用粗线描出以示强调，此外不再展示更多的细节. 而在数学层里，则只把最后得到的关系写了出来，前面已经得到的那些关系都没有写出来.

继续往下，我们就来到对我们来说是基本的一层，即*启发层*. 在每一阶段，它都提出一个简单的、自然的(一般都用得上的!)问题或者提示，这些问题或提示使我们得以进入那个阶段. 我们主要关心的就是去研究这些问题或提示的实质.

§7.7 预　　习

我们应该反复地审视图7.8. 我们要把以往的经验跟它进行比较，建立起联系来. 我们应该在这些图形的背后领悟出某些有趣的，值得进一步去研究的东西. 在单个问题的解法图示里，我们将把那些对以下各章所处理的一般问题有价值的启示尽量发掘出来. 我们将按顺序对各章大略地考查一下.

（本章以下各节将预习后面的若干章，它们的章数与以下的节数一致，并且有相同的标题.）

好，现在我们就试着把那些藏在具体问题背后的一般想法发掘出来吧！

§7.8 计划和程序

依次观察图 7.8 的各个阶段，我们可以看到解题者的注意力怎样在所探讨的几何图形上徘徊，他是怎样越来越多地把握了图形的细节，以及他是怎样一步一步地建立起联络网从而构成他的解题计划的. 仔细观察解题的逐步展开，我们可以从中辩认出若干阶段.

我们已经注意到了（在 §7.5）解题过程两个部分的差异：在第一部分（由图 7.1 到图 7.6 说明）我们是自上而下做的，即从未知量到已知量；在第二部分（由图 7.7 说明）我们是自下而上做的，即从已知量到未知量.

然而即使在第一部分我们也可以再分为两个阶段. 在开始阶段，图 7.1 和图 7.2，解题者的主要努力是放在了解他的问题. 在后一阶段，图 7.3 到图 7.6，他发展了一套逻辑联系的系统，从而建立了一个解题计划.

这后一阶段，即计划的设计阶段，看来是解题者工作的最根本的部分，我们将在第 8 章里更仔细地去研究它.

§7.9 题中之题

在考查图 7.8 时，我们会注意到解题者在解他的最初的（所提的、主要的）问题时，会遇到若干个辅助问题（“有帮助的”问题，子问题). 在寻求棱台的体积时,他被引导到去求一个整棱锥的体积,尔后又要去求另一个整棱锥的体积,然后还要去求一条线段的长度. 为了得到最初的未知量 F,他必须通过这些辅助未知量 A,B 和 x. 只要稍微有一点解数学题的经验,就会知道这种把所提问题分解成若干个子问题的方法是十分典型的. [例如见 §2.5(3)]

下面我们将仔细地考查辅助问题的作用并区分辅助问题的不同类别.

§7.10 想法的产生

图 7.8 所示解题的各个步骤中哪一个是最重要的呢? 我想,是那个整棱锥的蹦出——而且我还认为大多数在这类事情上有过某些经历,并且对他的经历动过些脑子的人,都会同意我的看法. 引进整个棱锥并且把棱台看作是两个棱锥的差是解题中的关键想法. 对多数解题者来说,解法的其余部分就比较容易,比较显然,比较常规了——对有较多经验的解题者来说,这差不多完全是例行手续了.

在现在这种情况里关键想法的出现似乎并不给人很深的印象,但是我们切不要忘了这里所讨论的是一个非常简单的问题. 在经历了长时间的紧张和踌躇之后突然看到一道闪光——得到关键的想法,这会给人留下深刻的印象,它或许是一个重要的经验,读者不要放过它.

§7.11 思维的作用

在图 7.8 的图解表示中,进程里最显著的标志就是引进了越来越多的细节. 当解题者前进时,越来越多的线段同时出现在几何图形和关系图示中. 在图形逐渐错综起来的背后,我们应当看到解题者脑子里成长着的结构. 在每采取一个重要步骤时,他都调用了某些有关的知识,他认出了某些熟悉的形状,运用了某些已知的定理.在这里,解题者的思维作用就是把他经验中某些有关的部分重新回忆出来,并且与手头的问题联系起来,这个作用也就是动员和组织的作用.

我们过去曾经有机会谈到这一点(特别是在习题2.74里),以后我们还将有机会来探讨这一点以及思维作用的其他一些方面.

§7.12 思维的守则

图7.8把解题的进程分别在四个不同的层面上表现出来,它指出了解题者工作的某些特征.当然,我们很想知道解题者是怎样工作的,但我们更切望知道他应该怎样去工作,图7.8能在这方面给我们一些指示吗?

在图7.8最低的那个层面上,有一系列问题和提示,它们推动着解题者一步步地工作.这些问题和提示都是简单的,很自然的,而且是非常一般的.它们在我们所选的这个简单的例子里,引导解题者得出了问题的解,在无数别的场合,它们也可以引导着我们.如果说存在着一种思维守则的话(譬如某些指南手册,或者是类似于笛卡儿和莱布尼兹所寻求的那种万能方法一样的法则汇编或箴言录),那么,从某种意义上讲,排在图7.8最下面那一行上的那些问题和提示就属于这一方面,我们应该仔细地把这一点研究一下.

第7章的习题与评注

7.1 在§7.2中所述问题的另一种处理方法.棱台的底面在一个水平面上(譬如在桌子上).利用通过棱台顶的四条边的四个铅直平面(见图7.9),

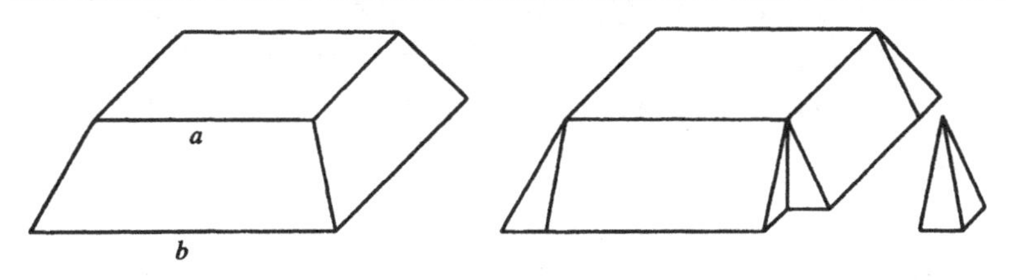

图7.9 四个铅直平面

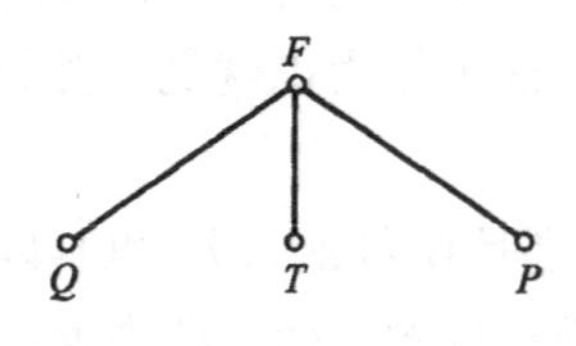

图 7.10　另一途径

我们把棱台分成了九个多面体：

一个体积为 Q 底为正方形的柱体.

四个体积均为 T 的底为三角形的柱体.

四个体积均为 P 的底为正方形的棱锥. 按照图 7.10 指出的途径计算 F.

7.2　用图把 §2.5(3) 和 §2.5(4) 所给出的同一个问题的两个解法表示出来(把所牵涉到的量用点表示,互相之间有关系则用线连接起来).

7.3　*一个证明的探求.* 欧几里得原本第 11 卷里的命题 4 可以叙述如下：

假定一直线过两给定直线的交点且垂直于此二直线,则它也垂直于两给定直线所决定的平面上任一过此交点的第三直线.

我们想分析一下这个命题的一个证明,使它的结构形象化,并且通过运用本章所讲的解题过程的几何图示法去理解这个证明的精神实质. 运用类似于图 7.1 到图 7.8 所描绘的讨论,我们处理目前的情况多少更简捷一些.

我们这里主要关心的是在解题者的脑子里证明是如何形成的. 不过,所证明的命题本身也是有趣的,它叙述的是立体几何的一个基本事实. 甚至命题的逻辑形式也是有趣的. 有的教师这样说:"两个坏孩子搅乱了整个班",这也许是不对的,但是他的叙述和我们要去证明的欧几里得的命题却具有同一形式.

(1) *从后往前推.* 作图 7.11,引进适当的记号,然后我们把要证的命题按标准形式重述一下,把它分成假设和结论：

假设：三条直线 OA, OB 和 OC 都过同一点 O,并且在同一平面上,但它们彼此不同,而且

$$PO \perp OA \quad PO \perp OB$$

结论：则

$$PO \perp OC$$

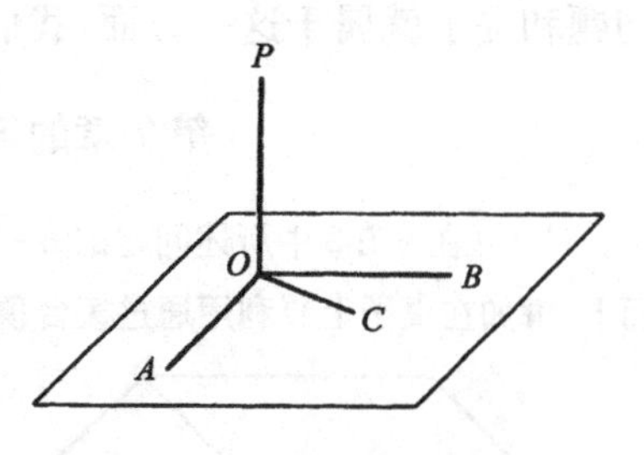

图 7.11　两个坏孩子搅乱了整个班

"结论是什么?"

就是 PO 垂直 OC,或 $\angle POC$ 是直角.

“直角是什么？它是怎样定义的？”

与它的补角相等的角称为直角. 在这种意义下重复一下这个结论或许是有好处的. 延长 PO 到 P'(于是 P,O 和 P' 在同一直线上, 而 O 和包含 O 的平面则在 P 和 P' 的中间). 那么[见图 7.12(a)]所要的结论就是

$$\angle POC = \angle P'OC$$

“为什么你认为用这种形式表达的结论更有优越性呢?”

我们经常从三角形全等去证明角相等. 在现在的情况下, 如果我们知道

$$\triangle POC \cong \triangle P'OC$$

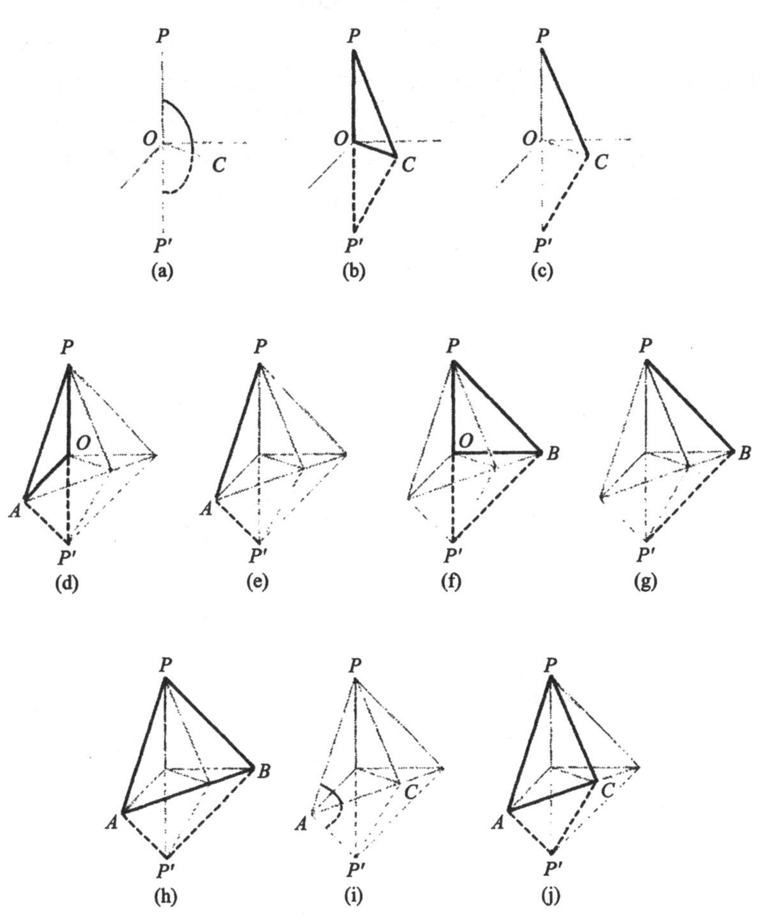

图 7.12 几何图形的变化

(见图 7.12(b))我们就能证明所要的结论.然而为了证明这一点,我们就要假设 P'是这样做出的,即

$$PO = P'O.$$

事实上,要证这两个三角形全等我们需要些什么呢?我们知道有一对边是相等的,由作图可得 $PO=P'O$,而且显然

$$OC = OC.$$

要完成这个证明只需要知道[见图 7.12(c)] $PC=P'C$ 就够了.

以上我们从所要求的结论出发返回到给定的假设,我们是从后向前推的.我们已经从结论由后朝前倒推了很大一段了,不过这条引导我们走向假设的路的尽头还在云雾之中,暂时还看不到.我们的工作由图 7.13 用符号表示了出来,它用图示指出了哪些结论断言可以从哪些别的结论断言推导出来——如像图 7.1 到 7.8 那样,指出哪些量能从另外哪一些量求出来.在图 7.13中,前面得到的那些等式(或合同)都将用它的左端去表示,即

$\angle POC = \angle P'OC$　由 $\angle POC$ 表示

$\triangle POC \cong \triangle P'OC$　由 $\triangle POC$ 表示

$OC = OC$　由 OC 表示

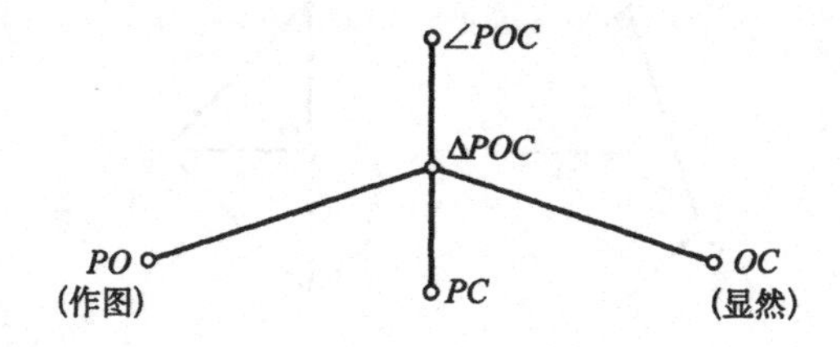

图 7.13　从后往前推

等等. 事实上,只写出左端也就够了,因为我们只要用 P' 代替 P 就可以从它导出右端,即由过 A,B,C 和 O 的平面的上半空间到它的下半空间.

(2) 问题的复述. 我们已经在结论上花了一些时间了. 现在该把注意力转到我们想要证明的命题的假设上来.

"假设是什么?"

我们应该重述假设条件使之与重述的结论能协调一致,我们应该让假设和结论尽可能地彼此靠近,而不是把它们拉开. 我们应该证明(按复述的结论):如果(我们用同样的话把假设复述一下)

$$\angle POC = \angle P'OC \quad 且 \angle POB = \angle P'OB,$$

则

$$\angle POC = \angle P'OC,$$

整个命题听起来觉得十分好,因为它显得很和谐. 不过我们还得在假设上加上一句重要的话,即这三条不同的直线 OA,OB 和 OC 是在同一平面上. 这句话应该在某种意义上跟结论有关,但怎样有关的呢?

事实上,在这里需要有这样一个关键的想法,即注意到我们可以让点 A,B 和 C 在同一条直线上,而把它们这样放可能会很有好处.(可以把它选为任一条不通过 O 而且不平行于三条给定直线 OA,OB 和 OC 的直线.)这样我们就得到了所要证明的命题的另一种陈述.

假设:点 A,B 和 C 共线,而且过这三点的直线不含 O 点. 此外

$$\angle POA = \angle P'OA \quad 且 \angle POB = \angle P'OB.$$

结论:则

$$\angle POC = \angle P'OC.$$

图 7.14 把这个命题用符号表示了出来.

(3) 从前往后推. 在处理假设条件时,我们也可以同样考虑曾经在处理结论时考虑过的那些关系,不过现在我们是按相反的顺序去考虑它们.

因为

$$\angle POA = \angle P'OA \quad 由假设,$$

$$PO = P'O \quad 由作图,$$

$$OA = OA \quad 显然,$$

我们便得出[见图 7.12(d)]

$$\triangle POA \cong \triangle P'OA.$$

[见图 7.12(d)]因此

$$PA = P'A.$$

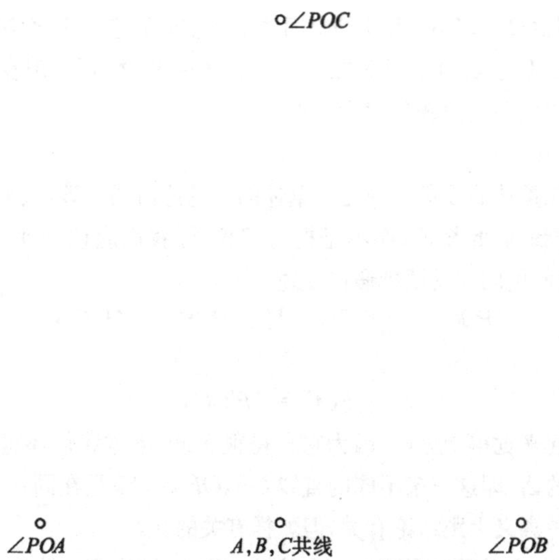

$\circ \angle POC$

$\circ$ $\angle POA$　　$\circ$ A,B,C共线　　$\circ$ $\angle POB$

图 7.14　介于假设与结论间的鸿沟

[见图 7.12(e)]由完全相同的推理可得

$$PB = P'B$$

[见图 7.12(f)和 7.12(g)].

上面我们做了从前往后推的工作,方向是从给定的假设条件指向所要求的结论.

图 7.15 把刚才我们所做的工作和前面按图 7.13 所做的工作的思维状态显示了出来. 如图 7.15 所示,剩下来需要由已经证明了的等式 $PA=P'A$ 和 $PB=P'B$,以及到此为止尚未用上的 A,B,C 共线的假设,去导出 $PC=P'C$. 把现在的情况与图 7.14 所表示的情况相比较,我们是有理由抱有希望的,我们需要在它上面去架桥的那道鸿沟显然已经变得窄了一点.

(4) 从两边同时推. 证明中所剩下的部分可能很快地就使解题者(或读者)想到,最后的结论看来马上就会得到了. 不过我们还是一步步来吧.

要求的关系式

$$PC = P'C$$

[图 7.12(c)]可由全等三角形得出.(这里是从后往前推)事实上,我们可以很容易地由已经得到的两个等式

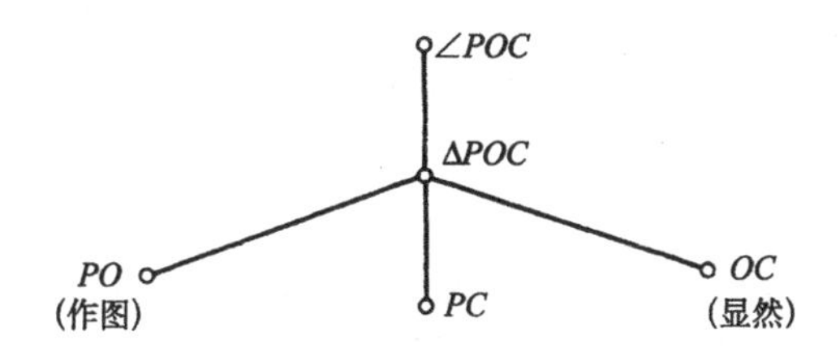

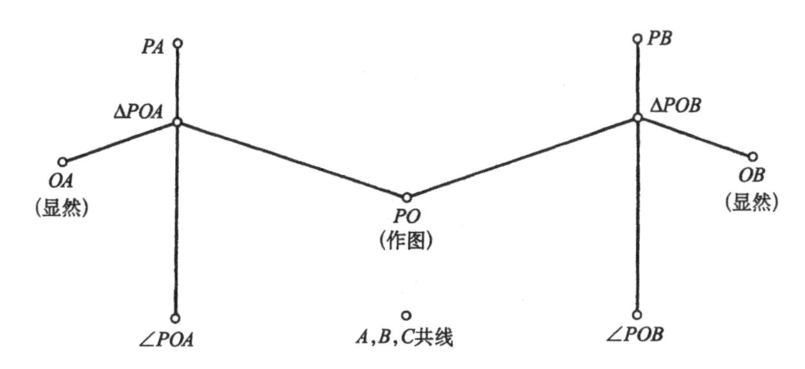

图 7.15　从前往后推

$$PA = P'A \ PB = P'B$$

和

$$AB = AB$$

得到全等三角形[图 7.12(h)]

$$\triangle PAB \cong \triangle P'AB$$

(又从前往后推了.)但这些不是我们所要求的三角形. 为了得出 $PC=P'C$(这样就结束整个证明了)我们应该知道,比方说

$$\triangle PAC \cong \triangle P'AC$$

只要我们知道

$$\angle PAC = \angle P'AC$$

我们就能由已经得到的

$$PA = P'A$$

和

$$AC = AC$$

推出上述所要的结果.(现在我们又在从后向前推.)事实上,我们从已经得到的三角形$\triangle PAB$和$\triangle P'AB$全等便知道

$$\angle PAB = \angle P'AB$$

[见图 7.12(i)].(图 7.16 表示了这一瞬间的思维状态.)然而,由假设A,B和C共线,可得

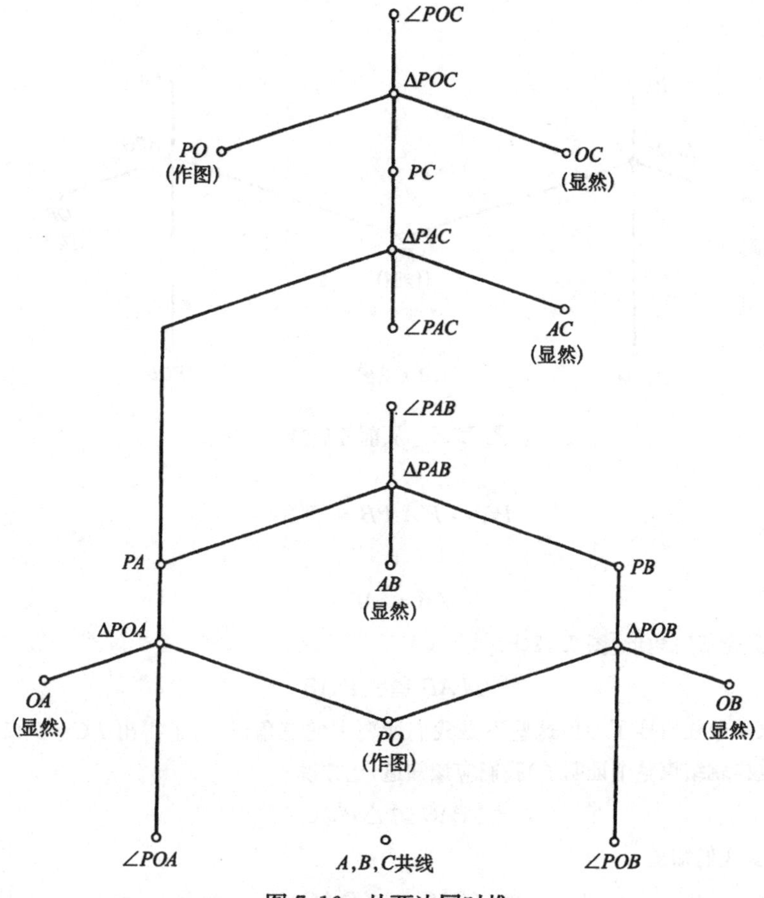

图 7.16 从两边同时推

$$\angle PAB = \angle PAC$$

和

$$\angle P'AB = \angle P'AC,$$

由此,我们便封上了最后那条沟隙(见图 7.17;回顾 7.12 全图).

最后这一步,即从图 7.16 过渡到图 7.17 值得我们特别注意.只有最后这一步用到了那句不可缺少的重要假设,即 A,B 与 C 共线.

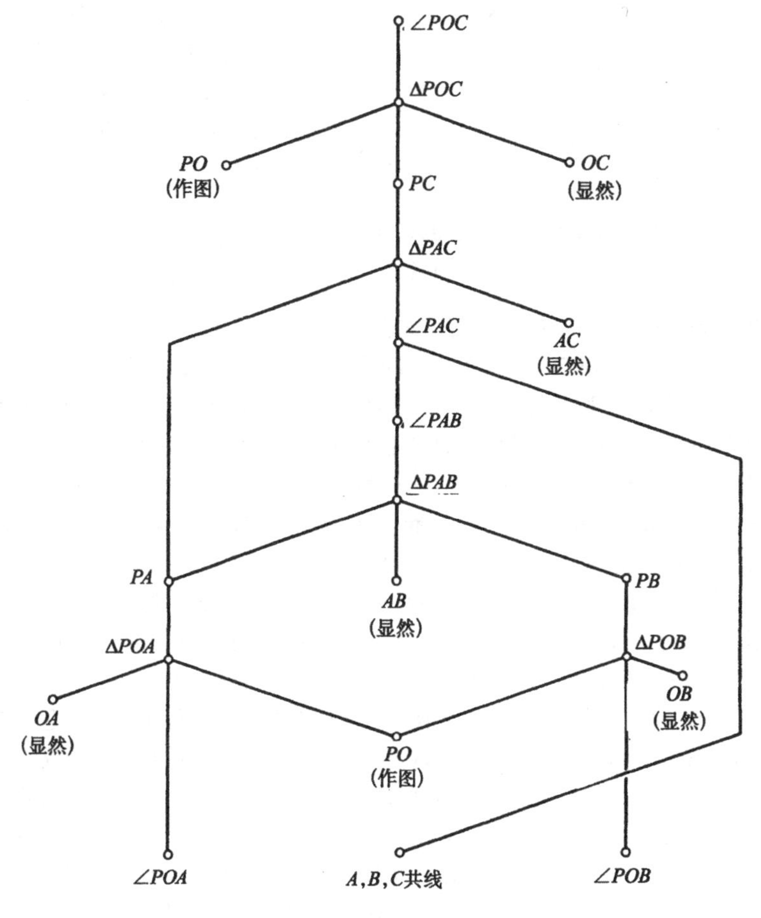

图 7.17　封上最后一条沟隙

7.4 *初等图式* 在§7.2到§7.6中，我们研究了一个求解的问题，而在习题7.3中，我们又研究了一个求证的问题. 对这两种情形我们都用了由点和连线组成的图式，去描述解题的进程与结构. 我们希望通过比较这两种情形来弄清楚这些图示的意义.

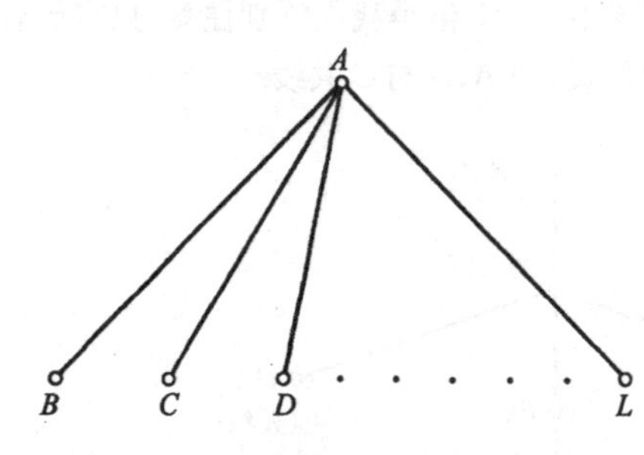

图7.18 如果我们有了B和C和D…和L，我们就能得到A

我们来考虑一个"初等图式"，如图7.18所示. 这个图包含了$n+1$个点，其中的一个点A，比其余的n个点$B,C,D,\cdots$和L处在更高的位置上. 处于较高位置的点A分别用线段自上而下地与其余n个点相连. 这种样子的初等图式，就是图7.3——图7.8和图7.13——图7.17中所遇到的那些图式所赖以组成的"砖". 这样的一个初等图式表示了什么?

当初等图式属于一个像图7.3到图7.8所考虑过的那种求解的问题时，点$A,B,C,D,\cdots$和L就表示*量*(长度，体积等等). 而当初等图式属于一个像图7.13到图7.17那样的求证的问题时，这些点就表示一些*结论*. 对于前者，*图7.18表示如果给定了量$B,C,D,\cdots$和L，我们就可以算出量A*. 对于后者，图7.18则表示由*结论$B,C,D,\cdots$和L可以推出结论A*，换句话说，在第一种情形初等图式表示：量A是量$B,C,D,\cdots$和L的一个*已知的函数*，而在第二种情形表示：结论A是结论$B,C,D,\cdots$和L的一个*推论*. 我们也可以说初等图式回答了一个问题，对一种情形这个问题是："根据哪些*已知量*可以求出A?"而对另一种情形这个问题是："根据哪些前提能推出A?"

于是我们就能看出我们是怎样用这样的图式去描述任何类型问题的求解的. 在实际问题中，点$A,B,C,D,\cdots$和L可以表示我们已有的事物或我们要想得到的事物. 图7.18表明，如果我们有了B和C和D…和L，我们就能得到A，或者$B,C,D,\cdots$和L这些手段合起来便可以达到目的A. 所以图式也就回答了下述问题："如果我想得到A，那么我应该首先得到什么?"

7.5 *更多的问题* 虽然我们可以试着用图式去表示任何类型问题的解(见习题7.4)，但这样表示有时也可能会较勉强，显得不自然. 读者可以去找一些其解法易于用图式表示且又更有启发性的问题.

第8章 计划和程序

从一个愿望联想起我们曾经看到过的某些方法、手段，借助于这些方法、手段，我们可以得到如所求的目标那一类的东西．再从这些方法或手段出发，我们又联想到别的一些通向它们的方法或手段，这样继续下去，直到达到某个我们力所能及的起点为止．

托母斯·霍布斯*：《利维坦》**第三章

§8.1 一个制订计划的模型

本章开头所引的霍布斯的一段话十分简洁和准确地描绘了一个基本重要的模型——即解问题程序的模型．让我们把这段文字再仔细地读一下，并试图去看清程序的全貌，找到它所适用的各种情况．

我们有一个题目．这就是说我们有了一个目标 A，但我们不能立刻就达到它，我们正在寻找某些适当的措施去达到它．这个目标 A 可能是实际的，也可能是理论的，它或许是数学的——一个要找的数学对象（计算一个数或构造一个三角形等等）或者是一个要证明的命题．总之，我们希望达到我们的目标 A．

“从一个愿望联想起某些方法，手段”——这是常见的一种思维状态．目标启示了方法与手段，一个愿望通常总是很快地伴随着能导致愿望实现的某些行动的设想．比如，当我想到某些我想得到

---

* 托母斯·霍布斯（Thomas Hobbes，1588—1679），英国哲学家．

** 利维坦（Leviathan），圣经里一个巨兽的名字．《利维坦》是霍布斯的一本政治学名著．

的东西时,我总是很快想起了能买到这种东西的商店.

让我们回到霍布斯的原文:"由愿望联想起某些方法、手段",这就是说,我们联想到了某个能产生出我们所要求的 A 的方法手段 B. 这个联想可能来源于以往的经验:"我们曾经看到过由 B 可以产生出与我们的目标 A 同类的东西". 总之,我们认为假如有了 B 我们就能得到 A. "而从 B 这个联想,我们又可引起另一些为了求得 B 而引出来的方法的联想,比如说 C",于是,如果有了 C 我们就能得到 B. "这样继续下去"——如果有了 D 我们就能得到 C——"直到达到某个我们力所能及的起始点为止",如果有了 E 我们就能得到 D——但这个 E 的确是我们已有的! 这个 E 就终止了我们这一串联想,因为 E 是我们所能把握的,即是"我们力所能及"的,它是给定的,是知道的.

我们这一串联想经历了若干个"如果"——"如果那样则这样",如果我们有了那个,我们就能得到这个. 事实上,我们考虑了如果 B 则 A,如果 C 则 B,如果 D 则 C,如果 E 则 D.

我们在 E 就停下来了,因为我们无条件地占有 E,不再需要任何更多的"如果"了.

(这里如果的个数,或步骤的数目是非本质的,几乎没有必要提及它. 在我们例子中出现的这四个步骤和五个"靶子"或"目标",可以考虑表示成 n 个步骤和 $n+1$ 个目标.)

上面说的是*制订计划*. 当然,紧接着来的应该是计划的*实施*. 从 E 出发(它是一个"我们力所能及的起始点") 我们应得到 D,得到 D 以后,我们应继续得到 C,由 C 又到 B,而最后由 B 就到了我们要求的目标 A.

注意,制定计划和实施计划是沿着相反的方向进行的,在制定计划时,我们是从 A (即目标,未知量,结论)开始,而以到达 E(我们已有的东西,已知量,假设条件)终止. 而在执行计划时,我们却是从 E 作到 A 的,因此目标 A,它虽是我们思考的第一件事,却是我们拿到手的最后一件事. 如果我们认为朝着目标的运动是前进的话,那么我们就应该认为制定计划这一过程的工作方向是倒退的.这样,由霍布斯所描述的这个解题的重要模型就可以恰当地称为倒着制定计划或从后向前推,希腊的几何学家把它叫做分析,它的意思就是"倒着解".对比起来,实施计划的工作是从我们已经占有的事物向目标前进(在目前情况下,即从 E 到 A),它称为是前进的或从前往后推,又叫做综合,意思就是"放到一起"①.

读者应该对某些显然的例子具体实践一下制定计划时的从后向前推和实行计划时从前往后推的工作."如果我付了 B 这么一笔款,我就能在那家商店里买到我想要的东西 A,如果……,我就能得到 B 这么一笔款."我希望读者能成功地设计出一个简捷的计划来,而且祝他在把它付诸实现时不要碰到什么挫折.

§8.2 更一般的模型

我们把上一节建立的模型与第 7 章中曾经仔细分析过并用图 7.8 表示的例子对照一下.这个例子准确地说明了模型的一般趋向:在制定计划阶段是从未知量到已知量,从后向前推,但在实行计划时却是从已知量到未知量,从前往后推.不过这个例子的一些细节并不完全与此模型相符.

我们来看最开始的一步.在§8.1 的模型中,A 可由 B 得到,最初的目标转移到第二个目标,即 A 的获得依赖于 B 的获得.但是在图 7.8 的例中,未知量(棱台的体积)的计算是归结到去计算两个新的未知量(两个体积),这里第二个目标并不只是一个,而是有两个这样的目标.

然而,如果我们重新考虑了图 7.8 所表示的例子和第 7 章里对这个图所做的各种注记(特别是习题 7.4),我们便应该容易得出§8.1 模型的一个推广,它能包括图 7.8 的情形和无数种其他有趣的情形.

我们的目标是 A.我们不能立刻就得到 A,但我们注意到如果

---

① 参见 HSI,p. 141—148,帕扑斯(Pappus),和 p. 225—232,从后向前推.

我们有了若干东西，B'，B''，B'''，…，我们就能得到 A 了. 可是，我们还没有这些东西，于是我们开始考虑怎样才能得到它们，这样我们就把 B'，B''，B'''，…树作我们的第二目标. 经过某些考虑之后，我们可能发现如果有了其他几样东西 C'，C''，C'''，…的话，我们就能得到所有的第二目标 B'，B''，B'''，…，当然，实际上我们并没有这些东西（C'，C''，C'''，…），但我们可以尽力去得到它们，于是我们把它们树作第三目标. 如此下去，我们就是这样织着这张计划的网的. 我们不得不一再重复若干次地说："如果我们有了那个，那个和那个，我们就能得到这个"，一直到最后我们走到了实处，达到了我们确实拥有的某些东西为止. 我们的计划这张网，由所有隶属于我们原来的目标 A 的附属目标以及它们互相之间的关系所组成. 也许会有许多附属目标，这样，要用文字去表达网的细节也许就太复杂了，但是它们可以用我们在第 7 章建立起来的由点和线构成的那种图示去表示［例如在§2.5(3)里，原始目标是 D，第二目标是 a，b 和 c，第三目标是 p，q 和 r，另外还可以考虑习题 7.2.）.］

我想以上已经十分清楚地叙述了一个一般的模型，它包含了§8.1 所描述的模型作为一个特殊情形，我们称它为从后向前推的模型，这是一个制定计划的模型. 制定计划是从目标（即我们要求的东西，未知量，结论）开始从后向前，向着那些"我们力所能及"的东西（我们已有的东西，已知量，假设条件）推过去. 而当我们已经达到那些"我们力所能及"的东西时，我们就要把它们作为"起始点"来用，顺着原路返回去，我们将从前往后朝着目标推过去，这也是计划里的一部分. 参见习题 9.2(3).

§8.3 程　　序

数$\sqrt{3}+\sqrt{11}$和$\sqrt{5}+\sqrt{8}$相等吗？假如他们不相等，哪一个更大些？（出现的平方根均取正值，这是众所周知的.）

只要有一点代数运算的经验，我们就可以很容易地想出一个处理这个问题的计划，我们甚至可以把计划搞得这样清楚和明确，以致值得用一个特殊的词去称呼它——程序.

提到的这两个数或是相等,或是第一个大,或是第二个大.两个数间只能有三种关系,用符号=、>和<表示.这三个关系中只有一个是实际上成立的——现在我们还不知道到底是哪一个,虽然我们希望很快就能知道这一点.我们把三个关系中实际成立的那一个用?表示,并写为

$$\sqrt{3}+\sqrt{11} \quad ? \quad \sqrt{5}+\sqrt{8},$$

不管这三个关系到底是哪一个实际成立,我们都可以把某些代数运算同等地施行到所有这三种关系上.开始,把两边平方,则原来的关系平方后仍然成立:

$$3+2\sqrt{33}+11 \quad ? \quad 5+2\sqrt{40}+8,$$

利用这一运算我们把平方根的个数减少了,开头有四个,而现在只有两个了.随后的计算我们将逐个地去掉剩下的平方根,于是我们将看到符号?究竟表示三种关系中的哪一个.

读者不必预先从每一个细节上去了解所规划的运算,但是他应当毫不犹豫地懂得这些计算是能够实现的,它们一定会导致所希望的结果.因此他会同意在这种情况下值得用一个特殊的词——程序来称呼这样一个确定的计划(见§8.5).

讲了上面这些以后,我们事实上已经达到了本节的目标,不再一定有必要把程序的所有步骤都写出来,不过我们还是把它写出来吧:

$$\begin{array}{ccc} 1+2\sqrt{33} & ? & 2\sqrt{40} \\ 1+4\sqrt{33}+132 & ? & 160 \\ 4\sqrt{33} & ? & 27 \\ 528 & ? & 729 \end{array}$$

到这里已经没有问题了,我们知道哪一边比较大,再顺原路返回去,即得

$$\sqrt{3}+\sqrt{11}<\sqrt{5}+\sqrt{8}$$

§8.4 在几个计划中选择

在给定的(任意)三角形的每一边外侧作一个等边三角形,连接这三个等边三角形的中心,证明这样得到的三角形是等边的.

在图8.1中,$\triangle ABC$ 是给定的三角形,A',B',和 C',分别是作在 BC,CA 和 AB 上的等边三角形的中心. 要求我们证明 $\triangle A'B'C'$ 是等边的. 这个三角形居然总是等边的,也就是说,通过如上作图得到的最后的形状竟会与任意的最初形状无关,这件事看上去很怪,几乎不可置信. 我们猜想这个证明不会太容易.

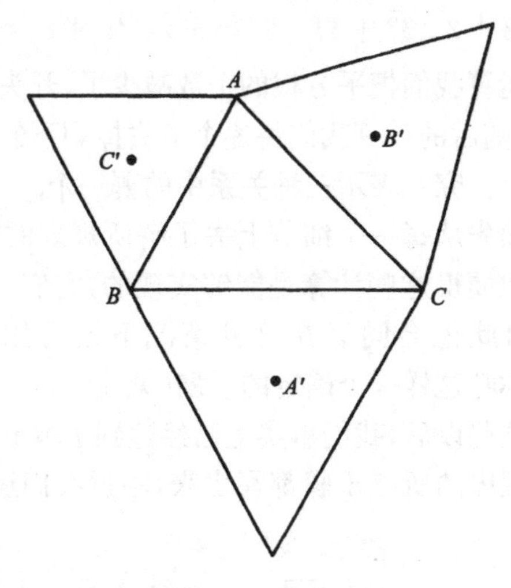

图8.1 三个孤立的点

不管怎么样,我们对点 A',B' 和 C' 孤立于图8.1的其余部分总觉得不太自然. 然而这个缺陷并不严重. 容易看出,$\triangle BA'C$ 是等腰的,$A'B=A'C$,而且 $\angle BA'C=120°$,我们把这个三角形及两个跟它相似的三角形引入图中便可得到"更连贯的"图8.2.

但是我们仍然不知道怎样去接近我们的目的. 你怎样才能证明这样一个结论呢? 用欧几里得的方式? 用解析几何? 还是用三角?

(1) 我们怎样用欧几里得方式去证明 $A'B'=A'C'$ 呢? 利用 $A'B'$ 和 $A'C'$ 是全等三角形的对应边. 但是在图中没有这种能用得上的三角形,而且我们也看不出怎样才能引进这些有用的三角形. 这真令人泄气——让我们试试别的途径吧!

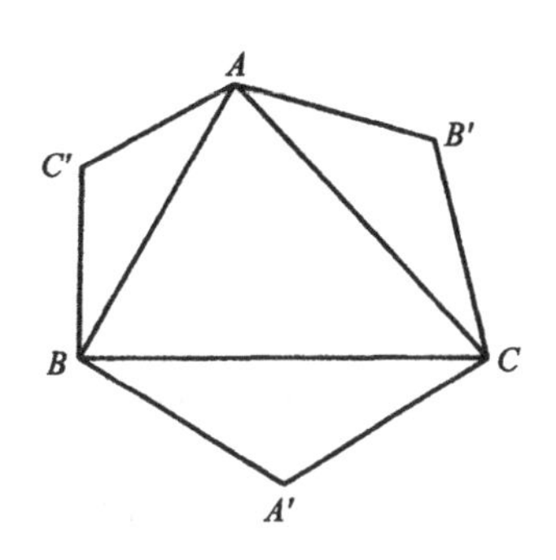

图 8.2　更为连贯

(2) 怎样用解析几何去证明 $A'B'=A'C'$ 呢? 我们应当把点 A, B 和 C 的坐标看成是已经给出的量,而点 A', B', 和 C' 的坐标是未知量. 把这些未知量用已知量表示出来之后,我们也就能把问题里的距离用已知量表示出来,并检查它们是否相等. 这当然是一个非常清楚的计划,不过这得处理六个未知量和六个已知量——不,这个方法不怎么吸引人. 让我们再试试第三种方法吧.

(3) 怎样用三角去证明 $A'B'=A'C'$ 呢? 我们应当认为 $\triangle ABC$ 的三条边 a, b 和 c 是给定的量,而三个距离

$$B'C'=x, C'A'=y, A'B'=z$$

是未知量. 计算出未知量以后, 我们再检查看是否确有 $x=y=z$. 这个办法看上去比(2)要好一点,因为这里只有三个未知量和三个已知量.

(4) 事实上,我们用不着计算三个未知量,算两个就够了,假如 $y=z$,即任意两边都相等——这就够了.

(5) 事实上,我们甚至用不着计算两个未知量,如果我们能搞得稍微巧一点的话,那么算一个也就够了. 只要我们在把 x 用 a, b 和 c 表出时能设法得到一个关于 a, b 和 c 对称的表达式就够了. (一个表达式关于 a, b 和 c 是对称的,如果当我们互换 a, b 和 c 的位置时表达式不变. 如果对 x 有这样一个表达式的话,那么对 y 和 z 也一定有同样的表达式.)

这个计划,虽然它依赖于解题者的机巧和某些新颖的念头,仍然显得比较吸引人——读者应该试着把它做出来(见图 8.3 和习题

8.3).

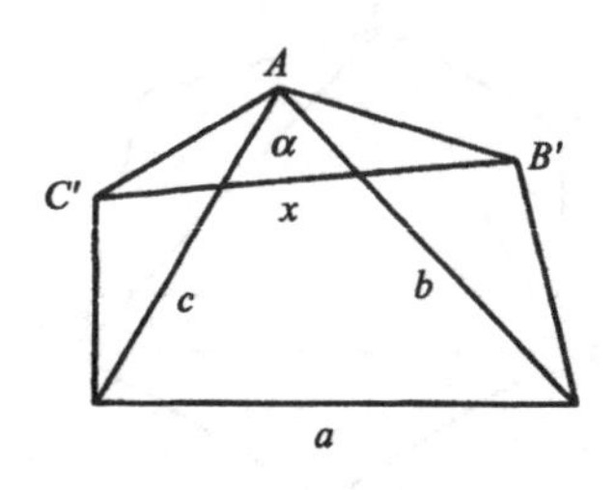

图 8.3 集中在一条边上

(6) 我们这个题有什么寓意吗?我想是有的.

如果你发现有好几个计划,而其中没有一个是十分有把握的,如果在你面前出现了好几条岔路,那么,在大着胆子沿着某一条路走下去之前最好先对每一条路都稍加探索,因为任何一条都可能把你引向死胡同.

§8.5 计划与程序

我们可以把我们的计划看成一条路,我们正打算沿着它去旅行.可是有各种各样的计划.我们喜欢的是这样的计划,它规划的一些行动将把我们径直地引向目的地.但是不幸我们并不总是能成功地设计出这样圆满的计划,也很少有那种深远的行动需要去规划.我们也许只能看清这条路上很短的一段,也许可以看到很长的一段或甚至整段都可以看到,一直看到目的地.因此我们可以是朦胧地看出我们这条路,也可能是清晰地看清了这条路.另外,我们还估计到而且也准备好了,会有各种意外的事情在途中,那些我们完全没有看到或是没有看得很清楚的地方发生.而一个愿意看到的意外(这种希望不见得总是落空的)就是闪出了一个巧妙的想法,它能使我们立刻看清一切.

经常碰到的情形是我们未能形成一个圆满的计划:计划还有些漏洞,某些关键的思想仍然没有抓住.不过我们还是往前走,我们寄希望于在实行计划的过程中会涌现出一些巧妙的或新奇的想法,把漏洞补起来.

我们对这类想法的依赖程度有多大应当看作是计划之间最重要的区别.如果我们丝毫不依赖什么新的想法,就能肯定计划里经过深思熟虑并且预见到的那些步骤足以把我们引导到目的地,这样我们就有了一个清楚的、确定的计划，这种计划称为一个程序.我们可能得在那些不完善的计划上花费很多时间，直到最后我们成功地把其中某一个发展成为程序为止.

作为例子请比较§8.3和§8.4.

§8.6 模型与计划

在适当的情形下，每一个我们前面研究过的那些模型都提示了一个计划——但并不能立即就生成一个确定的计划，一个程序.

例如，我们有一道几何作图题.我们试着用双轨迹的模型去解它.这的确是一个计划，但是我们还得用一些其他的想法去找一个合适的作图点，使问题能归结为做出该点，同时去适当地把条件分开，以便我们能得出两条关于该点的轨迹.

或者，我们决定按笛卡儿模型通过把它归结为解方程，去解一道几何问题.这的确也是一个计划，但我们还得有一些别的想法去建立起与未知量数目相同的方程，和进一步解这个方程组的一些想法.

从后向前推是一个非常一般和有用的制定计划的模型.但是为了跨越从未知量到已知量的鸿沟，我们显然还需要某些来自工作对象本身的想法.当倒着制定计划的工作已经成功，展布在鸿沟上的逻辑网络已臻完善，情况就很不同了，这时我们就有了一个从已知量到未知量的从前往后推的程序.

第8章的习题与评注

8.1 *往后还是向前？倒退还是前进？分析还是综合？*在我们所用的术语中(见§8.2)“从后向前推”这个词用来表示解题的一个确定的策略，一种制定解题计划的典型方法.这是唯一可能的策略吗？它是最好的策略吗？

(1) 取“我们的例子”，即我们在第7章作过图式研究的例子.我们最终得到的解题计划是用图7.7来表示的，它是一个由点和线，中间未知量和相互间的联系织成的网，张在未知量和已知量之间原先的那片空白上.我们开始织这张网时是从未知量朝已知量织过去的，这一工作的依次阶段表示于图7.8之中.我们把这种工作方向称为“倒退的”或“从后向前的”(在图7.8中是从上往下).

最后的计划即整个相互关联的系统(见图 7.7——在另外的情形这个网可能更复杂)并没有显示出它是按什么方向建造起来的. 另一个解题者可能是从已知量出发沿着图 7.7 里箭头的方向(即我们实行这个计划遵循的方向)去制定计划. 按这个方向去发现计划就称为是前进的或从前往后推.

还有另外的解题者(或许他遇到一个更复杂的问题)可能制定了一个并不总是只按同一个方向工作的计划. 从随便哪一头出发,他有时从未知量向已知量那边推,有时又从已知量向未知量那边推,也可能是交替地从两头推过去;他甚至可能在那些尚未与任何一头联系起来的中间地带的事物之间建立某些有盼头的联系. 由此可知,用从后向前推的办法设计计划决不是唯一可能的方法. 习题 7.3 就是一个具体的例子.

(2) 在由图 7.8 扼要概括的例子里,我们是用从后向前推的方法设计这个解题计划的. 让我们把我们的工作和某个解题者的工作比较一下,他恰巧是用从前往后推的方法制定了这同一个计划.

事实上,我们是从未知量开始的,我们问了一些着重于未知量的问题:*你要求什么? 未知量是什么? 你怎样才能得到这一类的量? 你怎样才能求出这一类未知量? 根据哪些已知量你就能求出这一类未知量?* 于是我们找出了两个"已知量",体积 A 和 B,根据它们可以推出未知量来,借助于它们未知量 F 可以表成:$F=B-A$. 我们这一阶段的工作由图 8.4 表述(它是图 7.3 的一部分).

而另外那个解题者的出发点不同,即从已知量开始. 他问了自己一些着重于已知量的问题:*你有些什么? 已知量是什么? 这些东西对什么有用? 你怎样才能用上这些已知量? 从这些已知量你能推出些什么?* 而碰巧他注意到能由已知量得出长度 x(即高),把 x 用 a,h 和 b 表示出来(这一点可以从我们很晚得出的一个比例式得到,见图 7.6). 他的这一阶段工作可以用图 8.5表示出来.

让我们回到原先由图 8.4 表示的那段工作. 把未知量用 A 和 B 表示之后,我们就留下来两个新的未知量 A 和 B,和两个新的(辅助)问题:

用已知量 a,h 和 b 去计算 A.

用已知量 a,h 和 b 去计算 B.

这是两个明显与我们原来的问题属于同一类型的数学问题. 倒退着做下去,我们又问:*你怎样才能求出这样的未知量? 根据哪些已知量你就能求出这样的未知量?*

现在再回到另外那个解题者那里去，他已经到了图 8.5 所表示的阶段. 把 x 表成已知量 a，h 和 b 的组合之后，他就能把 x 看作是已给的，这样他就有了更多的已知量，也许会有一个更好的机会把原始的未知量找出来. 不过，按原先的路朝前走，他却没有明显的辅助问题，但他必定会问自己一个不太确定的问题：*我怎样去用这个 x 呢？这种东西对什么有用？从这种已知量我能推出些什么？*

在我们和另一解题者之间、在图 8.4 和图 8.5 表示的两种情况之间最引人注目的差别是对前景的展望. 要是我们成功地解出了我们的辅助问题，会怎么样？要是他成功地回答了他的问题会怎么样？

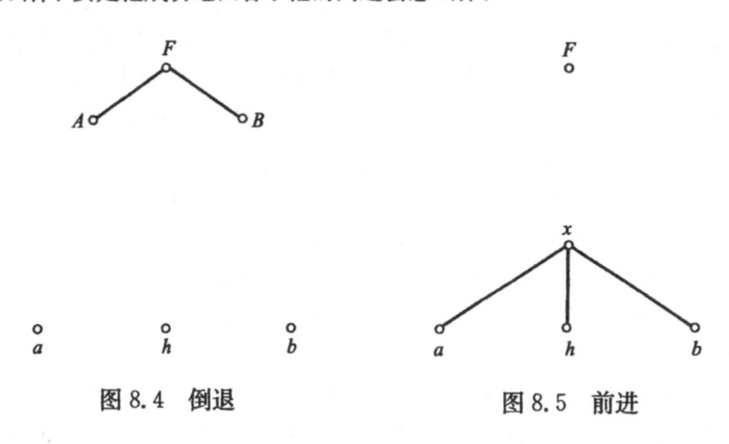

图 8.4　倒退　　　图 8.5　前进

如果我们成功地把我们的辅助未知量借助于已知量表示了出来（即用 a，h 和 b 表示了 A 和 B），我们也就能把原始未知量（$F=B-A$）表示出来了，于是我们的问题也就解决了. 如果前进型的解题者成功地把某个量譬如 y 表成了已知量的组合，他仍然面临着一个不确定的问题：他怎样才能用上这个 y？当然啰，除去一种走运的情况即 F 就是 y 本身，否则他还得继续去解决他的问题.

(3) 制定计划的这两种方法，倒退的和前进的，都可能成功也都可能失败. 从后向前推，我们可能会碰到一个不能解决的辅助问题. 从前往后推，我们可以从已知量导出很多很多的量，但这些量可能没有任何用处，我们也许不能由它们得出我们原来的未知量.

制定计划的这两种方法都要求各种活动的配合. 然而，当我们从后向前推时，我们可望把大部分时间花在去弄清楚形成的中间问题. 而当我们从前往后推时，我们可能把大量时间花在了犹豫于可做的问题之间，或者去做了一些没什么帮助的问题.

总的来说,倒退地制定计划,从后向前推或"分析"(用希腊几何学家的术语来说)要略胜一筹.世上也许没有一个一成不变的法则,但是先考虑一下未知量(结论,你要求的东西),然后才是已知量(条件,假设,你已有的东西)看来是明智的.一般总是由未知量着手,从后向前推,除非我们有什么特殊的理由不这样做——当然,要是有一个巧妙的想法促使你从已知量开始的话,那就去做吧!

(4) 虽然还有许多事情要说②,我们这里只再简短的说明几点.

在某些情况下可以做些小的选择.在很多实际问题中,我们要求的东西(作图,求出……)是十分确定的,但是我们几乎不知道哪些东西能用来达到我们的目的.而且也不可能去通盘考查它们,因为它们的数量太多了.由于我们拿不出什么充分的理由说,在这一大堆难办的已知量中必得要从这一条开始,所以我们几乎总是不得不倒退着制定计划.

在倒退着制定了计划以后,我们就前进地去实行它(回忆一下§7.5).但这只是去执行而不是去规划,因为我们先前已经把所有的主意都想好了,现在我们只要把它们付诸实现就行了.这使我们会怀疑,那些前进地制定计划的人,也可能事先就有了某些主意——所谓事先就有的含意指的是隐隐约约的或潜意识的.

有一位女学生这样解释过:光是就材料本身(而没有预先的分析)去进行综合将是困难的——这就有点像你要做一个蛋糕,原料都放在面前,但却没有食谱一样.

当然你也别太拘泥于教条.在从未知量开始从后向前推的过程中,也许你会发现一个由已知量朝前推一步的好机会,这时你也就不必有什么犹疑,走那一步好了.

8.2 聪明人从结果开始.我的一个朋友,他是一位优秀的数学家,也是一位优秀的哲学家,有一次他告诉我说,当他去证明一个定理的时候,他经常是从写下 Q.E.D.这三个字母开始的(拉丁文 quod erat demonstrandum 的三个字头,表示"这就是要证明的东西"),而写下这个传统上出现在证明末尾的这一组字母*,能使他处在正常的情绪之中.

有一句谚语说:"聪明人从结果开始,傻瓜则中止在起点."

---

② 参见 HSI,pp.141—148,帕扑斯(Pappus),和 pp.225—232,从后向前推.

* 很多作者在证完一个命题后总是写上 Q.E.D.表示证明已经完成.

8.3 把§8.4(5)中的计划付诸实施.

8.4 *在三个计划中作选择.* 设 a 表示正圆柱底的半径,h 表示它的高.一个与上底的圆周相切(即只有一个公共点)并交下底于一条直径的平面把圆柱的体积分成不等的两个部分.试计算介于下底与相交平面之间的较小的那一部分(即一个"蹄子")的体积.

这个问题和它的第一个解法都是阿基米德给出的③.

我们用空间解析几何方法去解.以圆柱的轴为 z 轴,它的下底落在直角坐标系的 xy 平面上.设分圆柱体积为两部分的平面交 xy 平面于 y 轴.于是,圆柱下底的周界的方程是

$$x^2+y^2=a^2,$$

而平面的方程是

$$\frac{z}{h}=\frac{x}{a}.$$

我们可以或者用积分,或者用卡瓦列里 (Cavalieri)原理* 去计算要求的体积.这两种方法都要考虑这个"蹄子"的一族平行截面.这里有三组明显的平面:我们可以选择垂直于 x 轴的,垂直于 y 轴的或是垂直于 z 轴的截面.

你选择哪一种平面?解之.

8.5 *在两个计划中作选择.*

(1) 在猜纵横字谜的时候,我们犹疑于两个字之间.一个有四个字母,其中一个已知,三个未知,另一个字有八个字母,三个已知,五个未知.我们该先找哪一个?*在以上提供的数据基础上*,能在这两者之间做出合理的选择吗?

我认为这几乎是不可能的,但下面有一个不同的意见.

*(2) 所提问题应该用一种更一般和(尽可能)更精确的形式复述出来.

设一个字由 $k+l$ 个字母组成,其中 k 个是已知的,l 个是未知的.我们着手去找这个字,同时我们也考虑这一工作的困难度.

首先让我们假定那 k 个字母是完全知道的,即它们是什么以及每一个在什么位置上都是已知的(比如例中

---

③ 见 T. L. Heath 编阿基米德全集补遗,pp. 36—38,《方法》篇命题 11.

* 卡瓦列里(B. Cavalieri,1598—1647),意大利数学家.卡瓦列里原理说,如果两个立体有相等的高,而且它们平行于底面且离底面有相等距离的截面的面积的比是一个常数的话,则这两个立体的体积的比也等于这个常数.

$$IN\_\_R\_\_\_,$$

这里 $k=3,l=5$). 在这种情形,我们可以定义数字 N 为找出这个字的困难度,这里 N 是指由 $k+l$ 个字母组成(其中 k 个字母已指定而且排在规定的位置上)的现代英语惯用字的总数.(当然,任何一个完全确定的 N 的递增函数,比如 $\log N$ 同样也可以拿来当作困难度)

从理论上说,这个定义看上去是合理的,因为可能入选的字的数目 N 越大,从中选出一个的困难当然也就越大.但实践起来却是有好多麻烦的地方.我们怎样才能肯定一个英文字是或不是"现代惯用"的?这个定义从纵横字谜的观点来看是满意的吗?不管怎么说,实际去确定这个数字 N 看来是很烦人的,而且也没有什么好处.

*(3) 这样我们就又被引向一个不同的更高的目标:我们想去确定仅仅只依赖于数字 k 和 l 的难度,即"其他方面都等同"的难度——也许可以说"平均难度".我们想把具相同 k 和 l 的一切情形都放在一起,而只把 k 和 l 的数值考虑进来.要是我们能达到这个高目标,难度就将是一个 k 和 l 的数值函数 $f(k,l)$. 显然 $f(k,l)$ 关于 k 应当是个递降的函数,而关于 l 则应当是一个递增的函数.即便如此,比如,我们也还是搞不清楚 $f(1,3)$ 和 $f(3,5)$ 究竟哪一个更大些.

*(4) 如果英文字中的字母是彼此独立的,则具有 k 个给定的字母和 l 个可以自由选择的字母的英文字个数 N 可以简单地表示为:

$$N=26^l,$$

数字 N 的意义是照(2)中那样解释.于是难度就可以定义为

$$f(k,l)=\frac{\log N}{\log 26}=l,$$

这样选择的 $f(k,l)$ 倒是跟上面提到的它应有的性质是一致的,但是它又横生出一个严重的问题:这 k 个已知的字母在多大程度上限制了这 l 个仍然可以随便选择(当然实际上并不完全可以自由选择)的字母?

能否想出一个多少比较现实的 $f(k,l)$ 的公式,这事大可怀疑.不管怎么说,我们希望这样一个公式应该与刚才提到的那个至少在两个方面是不同的:它应该是 k 的一个严格递减的函数,另外即使它不能对各种语言都适用,至少也应对几种语言是适用的.

*(5) 下面是一个粗略的纯推测的试验性建议:

$$f(k,l)=\frac{\log[26-ak][26-a(k+1)]\cdots[26-a(k+l-1)]}{\log 26},$$

适当地选择正参数 α,可以使上述公式适用于一种用二十六个罗马字母表示的语言. 这个公式只能用于那些字长

$$k+l<\frac{25}{\alpha}+1$$

的字.

(6) 前面这些考虑,也许对启发式思考和可能达到的准确度进行了某些阐述,其中也讲了一些道理.

8.6 *这确也是一个计划.* "我将只是坐在这儿,看着这个图,等着来一个好的主意."这确实也是一个计划. 或许有点太简单了,或许也太乐观了:你对自己会有好主意的本事过于自信了. 不过,这样的计划偶尔也是可行的.

8.7 回顾一下过去你解过的问题,用从后向前推的方法去把你解过或可能解过的某些问题重新考虑一下.

8.8 *别把自己束缚住.* 我们考虑一个半具体的例子. 我们要去证明一个初等几何的定理,它的结论是这样的:"……于是$\angle ABC$ 和$\angle EFG$ 相等."我们须从某一确定的假设推出这个结论,由于假设的细节和本评注的目的并不相干,因此我们略去这些细节.

在解题过程的某一阶段(可能是最初阶段),我们集中于考虑结论:*结论是什么?*

我们必须证明

$$\angle ABC=\angle EFG.$$

怎样才能证明这个结论? 从什么假设条件出发才能推出这个结论?

接着我们就想起若干个过去学过的有关事实,几个能推出现在要证明的这个结论的渠道. 两个角相等

(1) 如果它们是全等三角形的对应角,或

(2) 如果它们是相似三角形的对应角,或

(3) 如果它们是两条平行线被一直线所截而成的对应角,或

(4) 如果它们的余角相等,或

(5) 如果它们内接于同一圆内并截取等弧.

我们这里有五个不同的已知定理,每一个都可以用于我们的情况,从这五个不同的假设条件中任取一个都能推出要求的结论. 我们可以从任一个开始做起. 譬如,我们可以试试(1). 我们可以引进两个适当的三角形$\triangle ABC$ 和$\triangle EFG$,然后去证明它们全等. 如果我们成功了,要求的结论立刻便可以得到! 但我们怎样才能证明$\triangle ABC\cong\triangle EFG$ 呢? 我们对这个问题开始倒退着

制定计划.然而我们也可以根据以上所提到的那些定理中任何一个别的定理去作这种倒退着制定计划的工作.它们中的任何一个都有某种成功的机会吗?哪一个成功的机会最大呢?如果我们不能回答这些问题,如果得到的回答仅仅是些含糊的不确定的感觉,那么我们所面临的抉择实在就很难决定了.我们正站在岔路口上,我们必须在几条路中选择一条,每一条路开始的那一段都是足够清楚的,但延伸出去就变得不确定了,而那一头则藏到云里去了.图 8.6 试图用图形把这种情形表示出来.

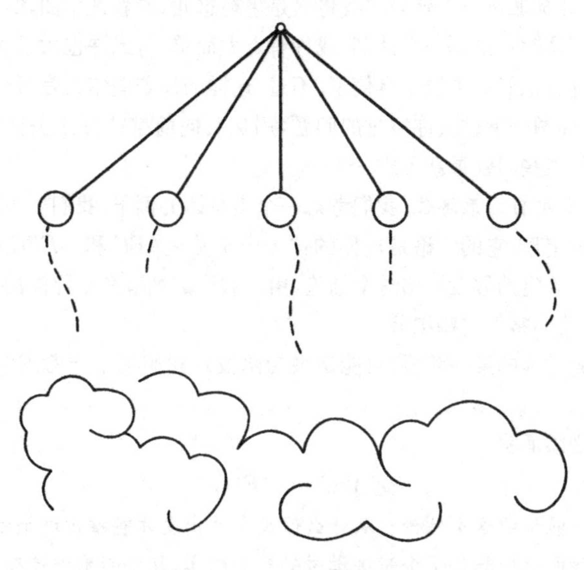

图 8.6　一个难以决定的选择

这个例子的目的是想使读者认识到头绪的多样和在几个计划之间作选择的不确定性.在这种情形下我要给予的忠告是:*不要过早地限定自己,不要过死的把自己限制在一条路上*.做一件事的时候,不要把别的都忘了.

一个好的解题者作计划就像一位将军一样:他认识到袭击计划是可能失败的,因此他并不忽视退却的路线.一个好的计划应当附有某些*应变措施*,即对付意外困难的某种适应性.④

④　见 MPR,卷Ⅱ,pp. 148—152.

第9章 题中之题

无论是在作图或是在证明中，当我们假定了任何还没有被证明但需要加以论证的东西时，我们就把这些本身有疑问而又值得去研究的东西叫做是一个引理.

普罗克洛斯*《欧几里得评论》

关于第一册的命题Ⅰ

当一个问题出现时，我们应当能够及时地看一下，是否首先去考查某些别的问题会带来好处，并想一下有哪些别的问题，以及按什么顺序去考查它们.

《笛卡儿全集》，第十卷，p. 381；

思维的法则，法则Ⅵ.

你对这个问题充其量能做些什么？把它放在一边，先去做另一个问题.

传统的数学教授**

§9.1 辅助问题：达到目的的手段

沃尔夫冈·科勒(Wolfgang Köhler)对类人猿的某些观察引起我们极大的兴趣. 下面我们扼要地叙述一下他的一个实验[①]***.

笼子里关着一头饥饿的黑猩猩. 笼子外面地上放着一只香蕉. 黑猩猩可以把手臂从笼子的栅栏中伸出去，但够不着香蕉，它

---

* 普罗克洛斯(Proclus，410—485)，希腊数学家.

** 参见 HSI，作者在那里曾塑造了一个外表可笑的数学教授的形象.

①*** 沃尔夫冈·科勒著《猿的智力》，pp. 32—34. 沃尔夫冈·科勒是德国动物心理学家，以对类人猿高级神经活动方面的研究而闻名.

来回地试着，竭力想够着它，可是都失败了. 现在它只好坐在那儿. 笼子外面在它够得着的地方还放着一根棍子，不过它似乎一点也没注意到它. 突然它跑了过去，抓住那根棍子，笨拙地用它去扒那只香蕉，一直扒到它能够得着的地方，然后它就把香蕉抓过来吃了.

这只黑猩猩解决了两个问题：

A. 把香蕉抓过来.

B. 把棍子抓过来.

问题 A 是先出现的. 最初，黑猩猩对那根不能吃的棍子丝毫没表现出任何兴趣，但是它还是先解决了 B. 问题 B 的解决为它解原来的问题 A 铺平了道路. 黑猩猩对 A 有直接兴趣，而对 B 只有间接的兴趣，A 是目的，B 仅仅是它的手段；A 是它的主要的或原始的问题，而 B 只是一个辅助问题(或"有帮助的"问题，子问题).

下边让我们先一般地概括一下辅助问题这个重要的词的意义：*所谓辅助问题是这样一种问题，我们之所以注意到它并在它身上下功夫并不是为了解决它本身，而是因为我们希望注意它、对它下功夫可以帮助我们去解决另一个问题，即我们原来的问题.* 因此，辅助问题是我们到达终点的一种手段，它能修筑一条到达目标的通道，而原来的问题就是我们的终点和目标[2].

去设计并解出一个合适的辅助问题，从而用它求得一条通向一个表面上看来很难接近的问题的通道，这是最富有特色的一类智力活动. 因此，我们没有什么理由拒绝承认黑猩猩的表演是一种智力活动.

下面我们将对辅助问题进行分类，先从一些数学例子着手.

---

② 见 HSI，PP. 50—51，辅助问题.

§9.2 等价问题：双侧变形

先从一个例子开始. 我们的任务是解下面这个三个未知量三个方程的方程组：

$$
(A)\begin{cases} x-y \quad =-4 \\ x+y+z=5 \\ x+y-z=31 \end{cases}
$$

由(A)我们可得出另一个方程组(B)：

(1) (A)中第一个方程不变；

(2) (A)中第二个方程和第三个方程相加；

(3) (A)中第二个方程减去第三个方程.

于是我们得到一个新的方程组：

$$
(B)\begin{cases} x-y \quad =-4 \\ 2(x+y)=36 \\ 2z \quad =-26 \end{cases}
$$

(B)的导出过程表明如果数 x,y,z 满足(A) 必然也满足(B). 反过来也是对的,即满足(B)的数 x,y,z 必须满足(A). 看起来这似乎是对的，我们可以用不同的方法去证明这一点,例如,可以这样来证:以 2 去除(B)的后两个方程,可得

$$
(C)\begin{cases} x-y=-4 \\ x+y=18 \\ z \quad =-13 \end{cases}
$$

现在让(C)的第一个方程不变,而把后面两个方程先是相加后是相减便又回到了(A). 所以,简而言之,数 x,y 和 z 只要满足两个方程组(A)和(B)中的一个,则必定满足另外那一个.

方程组(A)和方程组(B)并不是恒同的,它们并不是由相同的方程组成的. 因此严格地说,我们不能认为求解(A)的问题与求解(B)的问题这两者是恒同的. 但是我们可以准确地说这两个问

题是等价的. 下面是等价这个词用法的一个一般的定义：两个问题称为是等价的，如果我们知道任一个问题的解决也就包含了另一个问题的解决. ③

从一个问题过渡到与它等价的另一个问题，就叫做双侧（或可逆，等价）变形. 例如，从我们原来解(A)的问题过渡到解(B)的问题就是一个双侧变形. 这也是一种很有用的变形，因为方程组(B)比方程组(A)更接进问题的解. 事实上，(B)距离(C)比(A)要近，而(C)几乎已是我们任务的终点，因为z的值已经有了，而求出x和y的值就剩下不多的事了.

§9.3　等价问题的链

我们再回到§9.2的方程组(C)，对(C)施行加法和减法，可以得出方程组

$$(D)\begin{cases}2x=14\\2y=22\\z=-13\end{cases}$$

因此有

$$(E)\begin{cases}x=7\\y=11\\z=-13\end{cases}$$

于是我们得到下面五个方程组的一个序列（每个方程组有三个方程）

$$(A),\quad (B),\quad (C),\quad (D),\quad (E)$$

对每个方程组都提了一个问题，即求出满足方程组的x，y和z的值. [对(E)的情形"问题"已经完全解出来了，因此在这里所谓"问题"这个词不是用它的原义，而是在广泛的意义下去用它.]

③ HSI，p. 53；辅助问题 6.

这些问题的每一个都与它前面的(也和它后面的)那个问题等价,就好像一根链条一样,每一个环与下一个环都相连,所以我们这里得到了一个等价问题的链.

在我们的链中,(A)是始端,(E)是终端;(A)是原来提出的方程组而(E)表示解. 这样我们就有了一条理想的圆满的到达解的道路. 从提出的问题开始,我们设计了一个问题的序列,每一个问题都与前一问题等价,而且比前一问题距离解更近,这样从问题到问题地前进,在最后一步我们就得到了解本身.

不过,即使在数学中,在寻求未知量和为求证而努力时,我们也常常必须解决一些并不那么圆满的事情,因此我们转而去考查辅助问题的其他类型.

§9.4 较强或较弱的辅助问题:单侧变形

我们从考虑下面这个仅叙述了一部分的问题作为开始.

A. 求一个棱锥的体积,已给…….

这里我们假定已知量是足以确定这个棱锥的,但是底和高并不是已知量,这两个量都没有给出来. 这一点对下面的论述是很重要的,至于已知量究竟是些什么,则对我们现在的讨论无关紧要,所以我们在这里不把它们都一一列举了④.

我们知道假如给出了棱锥的底和高,则它的体积就可以算出——但是,我们刚才说过,这两个量一个也没有给出. 因为没有给出它们,所以我们要设法算出它们. 于是我们转向另一个问题:

B. 求一个棱锥的底和高,已给…….

问题 A 有一个未知量,问题 B 则有两个未知量,它们的已知量都一样(没有列出来). 在这两个问题之间,存在着一个单边的不对称的关系. 如果我们解出了问题 B,即得到了这个棱锥的底和高,我们就能算出它的体积,这样我们就解出了 A. 可是反过

④ 习题 4.17 是 A 型问题的一个具体例子.

来，如果我们解出了 A，并不意味着我们也能解出 B. 因为从 A 的结果虽然可以知道在 B 的两个未知量之间，有一个简单的关系，但是想找它们中的哪一个也可能会碰到一些严重的困难. 所以从解 A 中得到的要比从解 B 中得到的少. 我们把 A 叫作是两个问题中较弱的一个，而 B 是较强的一个[⑤].

我们用一般的术语把前面讲的再重复一下. 有两个问题 A 和 B 都还没有解出来. 我们现在掌握的知识状况是这样：我们知道怎样由 B 的解推出 A 的解，但我们却不知道怎样才能由 A 的解去推出 B 的解. 在这种情况下，我说 A 弱于 B，而 B 强于 A（两个意思其实是一样的）.

从原来的问题过渡到一个较强的或较弱的辅助问题（在这两种情况下它都不与原来的问题等价），这种变形称为单侧变形（或不可逆变形）. 在上面的例子里，原来的问题 A 弱于辅助问题 B，所以 A 到 B 的变形是单侧的. 有经验的读者可以去回忆几个与这里相似的例子，其中单侧变形是有用的.

另一种类型的单侧变形，即辅助问题弱于原来的问题的单侧变形常常也有用. 下面就是一个这种例子：

A. 计算未知量 $x_1, x_2, \ldots, x_{n-1}$ 和 x_n，已给…….

B. 计算未知量 x_1，已给…….

我们假定所给的条件和已知量完全决定了未知量，而且在 A 和 B 这两个问题中，条件和已知量都是一样的，但它们究竟是些什么在这里并不重要，因此我们把它们删略了. 显然 A 的解包含了 B 的解，但一般说来 B 的解未必包含 A 的解：按照我们的定义，A 强于 B. 但是，当我们要解 A 时，我们把 B 作为辅助问题引进来常常是会有好处的，这一点我们在第三章中用递归方法去解 A 时已经做过多次了，那里就是把 x_1 选作初始的未知量，即从辅助问题 B 开始做起，把它当作通向 A 的一块跳板.

---

⑤ HSI，p. 56，辅助问题 8.

§9.5 间接的辅助问题

我们从一个例子开始. 考虑以下问题:

A. 给定正四面体的棱长,求它的外接球面的半径.

如果我们没有发现通向问题 A 的其他通道的话,我们可以尝试考虑下面这个问题去接近它;

B. 已给等边三角形的边长,求它的外接圆的半径.

由 A 过渡到 B 既不是§9.2 里的双侧变形,也不是§9.4 里的单侧变形. 事实上,我们很难看出 B 的解怎么就会包含 A 的解或者 A 的解怎么就会包含 B 的解——问题 A 和 B 并不等价,而且按照我们的定义,也说不上哪一个比另一个更强些.

但是问题 A 和 B 也不是一点关系也没有. 问题 B 是问题 A 的一个类比,它是平面几何和立体几何间重要类比的一个小小的例子. 对我们多数人来说,问题 B 显得比问题 A 要容易些,我们甚至已经看出、或稍加思考就可以回忆起 B 的解. 在这种情况下,我们很自然地会问:考虑问题 B 值得吗? 考虑 B 能提供机会去促进 A 的解决吗?

可能会碰到这种情况,即考虑 B 并没有对 A 的解决贡献什么有价值的东西,甚至假若我们清楚地看到 A 与 B 之间的类比,而得到了 B 的完全的解,上述这种情况也还是可能发生. 但也可能出现这种情况,从表面上看 B 好像不会起什么作用,而实际上 B 却起了作用. 例如 A 和它的类比 B 的比较倘若使原来的问题 A 变得更有趣,在这种情况下,B 就是有用的. 然而 B 对 A 的解决所起的作用可以是很不同的,有的场合 A、B 之间的类比可能会向我们提供某些有用的启示,例如,在"平面"问题 B 里,所要求的半径与等边三角形高之比是一个简单的分数 $\frac{2}{3}$. 这就向我们提示了一个问题:类似的"空间"问题 A 会怎样呢? 所要求的球面的半径与正四面体高的比会是一个简单分数吗? 这个问题或类似的问题可能会提供些有用的因素，并为 A 的解决铺平道路. 说不定在解 A 的过程中，我们会需要四面体的一个面的高，要是这样的话，如果我们知道等边三角形外接圆半径与它的高之间的比，问题 B 的答案不就给那条解 A 的链条提供了一个环节吗?

一般来说，即便 B 既不是与 A 等价的问题，也不是比 A 较强或较弱的问题，如果我们对 B 的考虑也还是能以某种方式有助于问题 A 的解决，这样的 B 就叫做 A 的间接辅助问题.

§9.6 材料上的帮助，方法论方面的帮助，激起的联想，导引，演习

辅助问题可以有数不清的各种各样的方式去协助解出原来的问题.

如果解出了一个等价的辅助问题，也就得出原来问题的完全的解. 这对于解出一个较强的辅助问题情况也是这样. （这两类辅助问题之间的差别只有当我们解不出它们时才显示出来. 如果一个等价的辅助问题的解决确实是我们力所不及的，那么对我们原来的问题也一样. 可是如果一个较强的辅助问题证明是难以接近的，则我们原来问题的前景倒未必就那么阴暗. ）

至于其他类型的辅助问题，即使解出来了，也不一定就能保证得到原来问题的完全的解. 但它们也许能提供某些*材料上的帮助*. 辅助问题的解的一部分（或甚至解的全部）可能会变成原来问题的解的一部分，它也许给原来的问题提供出一个结论，一种作图法或者是一个赖以得到结论和做出图形的事实等等.

即使连这种材料上的帮助都谈不上时，辅助问题还可能给我们以*方法论上的帮助*. 它可能会提示一个解题方法，给出解的一个轮廓，或是指出该从哪个方向下手等等. 一个类比于原来的问题但比原来问题容易的辅助问题往往就是处在这种能提供方法帮助的地位上.

我们也许不能清楚地指出到底原来问题最后所得的解中，哪

一部分是来自辅助问题的. 或者说,原来问题解的哪一个特征是由辅助问题所提供的. 但是辅助问题所激起的联想对原来问题解法的发现提供某些好的想法却是常见的. 它或者是通过类比和对照使得原来的问题变得更有趣或理解得更透彻了,或者是唤起了我们的回忆,从而让我们的思维机器发动起来,使得最终某些有本质联系的事实得以浮现.

辅助问题还可以以另外一些比较微妙的方式去起作用. 有时做一道题要涉及到进行判断. 继续工作下去可能有两个方向,在我们面前展开了两条路,一条向右,另一条向左. 我们该选哪一条路呢? 哪一条看起来似乎更有可能把我们引导到解? 合理地估计一下我们的前景是重要的,辅助问题在这方面就可以给我们很好的指导. 正是我们花在辅助问题上的注意力和工作,以及由此获得的经验,对于我们在正确的方向上做出判断,起到了引导的作用.

有时,我们可能只是为了演习一下而去做一个辅助问题. 譬如说,如果我们原来的问题中涉及了一些我们不熟悉的概念,在这种情形下,先去解某些同样包含这些概念的但比较容易的问题可能是上算的,于是这样的问题就变成了我们原来问题的一个(比较间接的)辅助问题.

虽然从辅助问题那里可以获得这么多不同的东西,但也往往遇到这种情形:我们在辅助问题身上花了很多时间,碰到不少麻烦,而所得甚少. 因此,每当我们卷进这样一类问题之前,应当先权衡一下利弊,估计一下得失.

第9章的习题与评注

9.1 *是辅助问题的可靠来源吗?* 一个辅助问题有时可能会由所提出的问题"自发地产生出来". 但是也可能会发生这种情形,当我们很想有一个有吸引力的辅助问题时,脑子里却什么也想不出来. 在这种情况下,我们也许希望最好有一张可靠的来源目录表,从中我们可以提取出有用的辅助问题来. 事实上,存在着各种常常用来形成辅助问题的方法,下面我们将考虑最明显的那些，它们在大多数场合下都可以帮你找到某些辅助问题——但是并不保证你所得到的辅助问题都是有用的.

辅助问题在解题过程的任何阶段都可能出现. 不过在下面的讨论中我们假定已经走过了最初的一段. 我们已经考虑过而且充分了解了我们问题的那些主要部分——未知量、已知量和条件，或者假设和结论——以及这些主要部分的最显然的划分(分款等等). 但是我们没有看到什么有盼头的计划，因此我们希望能有某些容易接近的或吸引人的目标. 我们知道只要深入地考查问题的那些主要部分就可以带来这样的目标和有用的辅助问题，我们将在下面概括地讲一下最值得我们注意的那些情形.

9.2 Respicc finem. 要求达到目标的愿望，常常使人浮想联翩，它使人产生出一系列行动的念头，而这些行动有可能使愿望得以实现. 所以说目标启示着手段. 因此要注视着目标，不要让它走出视野，它指引着你的思想.

Respice finem 的意思就是“盯住目标”. 在拉丁文盛行的时代，这是一句流行的格言⑥. 霍布斯把它引申为：“要经常盯住你想要的，把它作为你在追求它的道路上指导你全部思想的东西. ”⑦

盯住目标，我们这样地等待着，直到某些方法的思路浮现出来. 为了缩短等待的时间，我们应深入地去了解这个目标：*你要求什么？你要的是哪一类的东西？未知量是什么？结论是什么？*我们也应当做出努力去想出一些合适的方法. *你怎样才能得到这一类东西？你从哪里能得到这一类东西？在哪一家商店才能买到这一类东西？你怎样才能求出这一类未知量？你怎样才能推出这样一个结论？*

最后这两个问题，专门涉及到数学的问题，其一是关于求解的问题，另一个是关于求证的问题. 下面我们分别考虑这两种情形.

(1)*求解的问题*. 如我们在§9.4 所做的那样，我们考虑一个半具体的问题：“求一个棱锥的体积，已知……. ”这里未知量即棱锥的体积已交待清楚，而条件和已知量却没有详细说明. *你怎样才能求出这一类未知量？*我们怎样才能算出棱锥的体积？*根据哪些已知量你能得到这*一类未知量？当然，所提的问题是给出已知量的，但困难的是至少在现在我们不能由给出的已知量去推出未知量. 我们真正需要的是*更易于操作的已知量*，事实上，我们需要

---

⑥ 引自中世纪拉丁文诗，Quidquid agis prudenter agas et respice finem.（意即：不论做什么，都要合理地去做，同时要盯住目标.）

⑦ 霍布斯：《利维坦》第Ⅲ章.

另一个更易于接近的具有相同未知量的问题.

如果我们能找到这样一个问题,我们的处境就不一样了.

(2) *已经解出的具有相同未知量的问题.* 如果我们有幸能回想起这样一个问题,我们就可以着手选择它的*已知量作为辅助问题的目标.* 这个办法是极为常用的. 下面用我们的(前面提到过的那个半具体的)例子来说明它.

问题的未知量是一个棱锥的体积 V. 在一个以 V 为未知量的最熟悉的问题中,已知量是底的面积 B 和高的长度 h. 我们知道这个问题的解 $\left(V=\frac{Bh}{3}\right)$,已经把它想起来了. 但是我们怎样去利用这个解呢? 最自然的事就是设法从所提问题(未解决的问题)的已知量去计算 B 和 h. 在作这个尝试时,我们选择 B 和 h 作为我们的目标,我们引进两个辅助问题,一个的未知量是 B,另一个的未知量是 h,而在两个问题中已知量都是我们现在问题里的已知量. (具体例子可见习题 4.17,4.18.)

(3) 上面这种办法是常常要用的,而且在许多情况下还要*反复地*应用.

令 x 表示第一级未知量,即所提问题的未知量. 我们正在寻找易于操作的已知量而且我们注意到如果我们有了 $y', y'', y''', \cdots$ 我们就能求出 x(利用过去已解得的问题的解). 我们选择 $y', y'', y''', \cdots$ 作为我们新的目标,这是第二级未知量,如果我们有了 $z', z'', z''', \cdots$ 我们就能求出 $y', y'', y''', \cdots$(利用几个过去已解得的问题的解),于是我们又把 $z', z'', z,''' \cdots$ 作为我们的目标,这是第三级未知量. 如此下去. 我们是在*从后向前推*(见§8.2).

为了做好这些准备工作,我们就应当有一个放着一些已解出的(简单的,但是经常有用的)问题的仓库,并且它还应当是货源充足和组织良好的仓库(见习题 12.3).

(4) *尚未解出的具有相同未知量的问题.* 我们可以把这种问题看成是所提问题的一个跳板,把它当作一个辅助问题引进来,然后设法去解它——这种办法可能有好处. 但是,别的方面都一样,前景却比情形(2)要差. 因为要想明显地从这个问题里获得好处,我们首先应该去解出它,其次还应该能按(2)里描述的那样去用上它.

(5) 如果我们一点也看不出怎样才能求出我们现有问题里的那类未知量,如果我们不能回想起任何一个已经解出的具有同样未知量的问题,而且也想不出一个新的我们能处理的具有同样未知量的问题,那么我们可以去寻找一个具有*类似未知量*的问题. 譬如说,如果我们要去求一个棱锥的体积,而我们找不到别的方法,我们可以试试去回想一下如何求一个三角形的面积，把各种不同的途径都考查一下，以寻找某些带有启发性的类比.

(6) *求证的问题*. 我们可以把前面对求解的问题说过的那些稍加改变在这里复述一遍，但快速概述一下也就行了.

这里最好也从一个半具体的问题开始. 我们要证明下述形式的定理："假设……，则此角为直角. "结论是明确提出来了，但它的假设条件没有详述出来. *你怎样才能证明这样一个结论？* 你能从哪些假设条件推出这样的一个结论？这些问题提示我们去寻找一个*具有同样结论的定理*，其中结论"此角为直角"可由另外一些更容易操作的假设条件推出来.

如果我们有幸想起了一个*过去证明过的具有同样结论的定理*，我们可以选择它的假设条件作为*目标*，我们可以试着用我们要证明的定理的假设条件去证明这个回忆起的定理的假设条件.

这个办法是经常可用的. 在许多情况下，我们可以*反复地*应用它，并用*从后向前推的办法*去发现所要的结论的证明.

如果我们碰到一个与所提问题具有相同结论的定理，但它同样也是没证明过的，我们可以设法去证明它. 这种尝试可能是有益的，但要仔细估量一下它的前景.

如果我们想不起来任何过去证明过的具有同样结论的定理，也没有想出任何易于处理的新的具有同样结论的定理，我们可以去寻找一个*具有类似结论的定理*.

(7) 不论问题是哪种类型的，我们都能事先知道在解它时将用到某些过去所得到的知识. 然而，当问题较难时，究竟哪些知识能用上，我们就不能很有信心地去预言了. 任何一个过去解出过的问题，任何一个过去证明过的定理都可能用上，特别是当它在某些方面能与我们现在的问题联系上的话就更是如此——但我们没有时间去一一考察它们了. 前面的讨论引导我们把注意力转向最有可能联系的那些方面. 如果我们有一个求解的问题，那么*过去解过的问题中具有相同类型未知量的*就更有可能用上，而如果我们有一个求证的问题，则*过去证明了的具有相同结论的定理*也是更有可能用上的. 因此，我们应当优先考虑下列问题：*如何才能求出这一类型的未知量？怎样才能证明这样一个结论？*

9.3 *去掉或加上一个分款*. 当我们的工作进展缓慢或者一点也前进不了时，我们会变得对它不耐烦，而希望有另一个问题去代替它. 这时如果知道怎样去修改一下问题，使之能导出一个与之有关的问题，是很好的. 因为对新问题的考虑可能会碰着用上的机会. 下面是一张最明显的有关这类修改的列表.

求解的问题:

(1) 从条件中去掉一个分款.

(2) 在条件中加上一个分款.

上面的(1)使条件放宽了,而(2)使条件变窄了.

求证的问题:

(1) 从假设中去掉一条.

(2) 在假设中加上一条.

(3) 从结论中去掉一条.

(4) 在结论中加上一条.

上述(1)和(4)都使定理变强了,而(2)和(3)则使定理变弱了.

有关这些改变引起的后果将在习题 9.4 和习题 9.5 中讨论.

9.4 放宽或窄化条件. 我们考虑关于对象 x(属于同一个范畴)的两个条件 $A(x)$和 $B(x)$. 我们称 $A(x)$比 $B(x)$窄或(二者是相同的)$B(x)$比 $A(x)$宽当且仅当任何满足 $A(x)$的对象也必满足 $B(x)$. (我们是在"蕴涵"的意义下用这些术语的,所谓 $A(x)$与 $B(x)$宽窄相当,意思是它们彼此蕴涵.)

(1) 放宽条件意思是从所提出的问题过渡到另一个问题,后者较前者有较宽的条件. 读者应体会到在前面几章中我们经常在作这一工作(当然,不是用像现在这种术语去叙述它). 譬如,在几何作图题中,若仅叙述(或重新叙述)点所满足的一个条件,我们就得出点所描出的一条轨迹,这里只保留一部分条件而舍去了其余的,换句话说,即放宽了条件. 又如当我们列出含有几个未知量的方程组中的一个方程时,我们只用了全部条件的一部分(一个要求,一个分款,一个限制等)实际上这也是放宽了条件.

如果我们能做到下面两件事的话,放宽条件就的确是有用的. 第一,找出(描述,列出,……)满足放宽了的条件的所有对象组成的集合. 第二,把那些不满足原来条件的对象从这个集合中去掉. 我想读者会回忆起这两个目的在双轨迹的模型是怎样达到的,他还应当复习一下 § 6.3(3) 以及某些处理起来比较麻烦的习题和评注(亦见习题 6.21).

然而,放宽条件也能换一种不同的方式去应用,熟悉笛卡儿模型的读者可以很容易看到这一点.

(2) 窄化条件意思是从所提问题过渡到另一个比原题条件更窄的问题. 在我们现有的水平上,我们没有很多机会去使用这个办法,仅举下面一例.

我们须要去解 n 次方程

$$x^n + a_1x^{n-1} + a_2x^{n-2} + \cdots + a_n = 0,$$

其中系数 $a_1, a_2, \ldots, a_n$ 是整数. 当然,先从找整数根开始比较合适. 实际上,这就等于对 x 增加了附加的要求,即 x 必须是整数,这里我们就把条件变窄了. 但整数根(它必须是最后一个系数 a_n 的因数)的寻求是比较容易的,而且,如果我们能求得一个这样的根,我们就能降低这个方程的阶数,从而便于我们求出剩下的根. (习题 2.31 是一个具体的例子.)

条件的窄化经常用于较高水平的问题,见习题 9.11.

9.5 *考查一个强些或弱些的定理.* 我们考虑两个叙述明确的定理 A 和 B. 如果我们知道 A 可由 B 导出 (即如果我们假设 B 成立即能推出 A 成立) 则称 A 弱于 B 或(同义于) B 强于 A. 当我们既不能证明 A 也不能否定 A、既不能证明 B 也不能否定 B 时, A、B 间这种强弱关系特别有趣.

(1) *考查一个可能的基础.* 我们想要证明已给的两个量不相等. 例如,我们要证明的定理 A,它断言

$$e < \pi,$$

我们十分幸运地注意到了第三个量,它与给定的两个量都能很容易地进行比较. 在我们的例子里, e 和 π 都能很容易地与数字 3 进行比较. 因此,为证明 A,我们考虑定理 B,它断言

$$e < 3 \quad 和 \quad 3 < \pi.$$

当然, A 立即可由 B 导出. 这个新引进的定理 B 断言的东西更多,因此它比命题 A 更强,而证明 A 是我们原来的问题.

注意,如果我们要证明两个无理数不相等,我们几乎总是按例中所做的那样去进行,我们去找出一个把两个无理数隔开的有理数. 这样做,也就像例子里所做的那样,把原来的命题归结为一个更强的命题,发现这个隔开它们的有理数使得新的命题更强些.

这种事情在较高水平的研究中处处可以碰到,为了证明所提出的定理 A,我们必须去想出一个更强些的定理 B,使得 A 可由 B 导出,而由于某种原因 B 却要比 A 更容易处理. 证明了 B,我们就有了一个"基础"来说明为什么 A 是对的. 当然,当我们在发现那个可以导出 A 的定理 B 时,我们还不知道 B 是否能证明,我们甚至不知道 B 是否成立. 因此,在这个时候,那个 B 还不是 A 的"基础",只是一个"可能的基础". 不过,考查 A 的可能基础 B 也许仍是一种可行的方法.

(2) *考查一个推论.* 我们要证明两个量相等. 例如,设 S 表示一个半径为 r 的球面的面积,我们要证明的定理 A,它断言

$$S = 4\pi r^2.$$

我们开始先证明一个比预期结果少一点的东西，把它记作定理 B，它断言

$$S \leqslant 4\pi r^2$$

（我们可以用球内接多面体逼近球这个事实去证明 B）. 总之，B 显然可由 A 导出，因此 B 是 A 的一个推论，即定理 B 比定理 A 要弱些.

但是较弱的定理 B 的证明，最终却能够引导我们去得到原来定理 A 的证明. 事实上，用以证明定理 B 的那种方法，也可以给出另一个弱些的定理的证明，即相反的不等式

$$S \geqslant 4\pi r^2$$

（把内接多面体换成外切多面体）. 综合这两个弱些的定理，便可以推出原来的定理.

这样的事在较高水平的研究中也是比比皆是.

如果我们不能去证明一个提出来了的定理 A，我们可以去考虑一个我们能证明的较弱的定理 B. 然后我们可以设法把这个较弱的定理 B 当作一个跳板，利用由 B 得到的动力，我们就能达到 A. 这一点甚至在很初等的定理中都会碰到. 例如，我们可以先证明一个较弱的定理 B——特殊情形，然后利用 B 作为跳板，就可以去证明原来的定理 A——一般情形.

你知道一个这样的例子吗？

9.6　设 m 和 n 是两个已给的正整数，$m>n$. 比较下列问题：

A. 求 m 和 n 的公因数.

B. 求 n 和 $m-n$ 的公因数.

A 和 B 之间的逻辑关系是什么？

如果要求你证明 A，你能看出由 A 过渡到 B 有些什么好处吗？

利用这个提示求出 437 和 323 的公因数.

*9.7　比较下列问题：

A. 求函数 $f(x)$的极大值.

B. 求横坐标 x，使得 $f(x)$的导数 $f'(x)$等于零.

A 和 B 之间的逻辑关系是什么？

你能看出由 A 过渡到 B 有些什么好处吗？

9.8　考虑一个三角形并设

O是它的外接圆的圆心.

G是它的重心.

E是过O和G的直线(欧拉线)上的一点,使得$2OG=GE$(G在O和E之间).

考虑下面两个定理:

A. 三角形的三个高交于一点.

B. 三角形的三个高都通过点E.

A和B之间的逻辑关系是什么?

你能看出由A过渡到B有些什么好处吗?

证明B.

*9.9 比较下列两个问题(平方根取正值):

A. 证明

$$\lim_{x\to+\infty}(\sqrt{x+1}-\sqrt{x})=0.$$

B. 给定正数ε,求使

$$(\sqrt{x+1}-\sqrt{x})<\varepsilon$$

成立的正数x.

A和B之间的逻辑关系是什么?

你能看出由A过渡到B有些什么好处吗?

求解B.

9.10 比较下列两个问题(n表示一个正整数):

A. 证明(或否定)命题:如果2^n-1是一个素数,则n必为一素数.

B. 证明(或否定)命题:如果n是一个合数,则2^n-1必为一合数.

A和B之间的逻辑关系是什么?

你能看出由A过渡到B有些什么好处吗?

求解B.

9.11 *寻找反例*. 反例意味着否定一个命题,这个命题企图断言某结论对某一确定范畴内的一切对象都成立. 而反例就是这个确定的范畴内的一个对象,对它来说,命题的断言并不成立. 反例的寻找具有某些我们应该讨论的有趣特点. 下面为了充分说明这一点,我们有时不得不超出一点通常的水平.

*(1) 一个求证的问题. 证明或否定下列命题:

如果实的无穷级数$a_1+a_2+a_3+\cdots$收敛,则无穷级数$a_1{}^3+a_2{}^3+a_3{}^3+\cdots$也收敛.

在多少干了一阵之后，我们怀疑命题是不真的，于是设法找一个反例去否定它.

*(2) 把求解问题作为求证问题的一个辅助问题. 我们要找一个反例，即一个满足(1)的假设条件的无穷序列，它不满足(1)所提的结论. 实际上，这就面临了一个求解的问题. 让我们来看看它的主要部分.

未知量是什么？一个无穷的实数序列 $a_1, a_2, a_3, \cdots$.

条件是什么？它由两个分款组成：

(Ⅰ) 级数 $a_1 + a_2 + a_3 + \cdots$ 收敛，

(Ⅱ) 级数 $a_1^3 + a_2^3 + a_3^3 + \cdots$ 发散.

这里我们应注意这个求解的问题是作为一个求证的问题的辅助问题提出来的.

(3) 要求一个(任一个)满足条件的对象. 在初等水平上，常常是要求我们去求出所有的解，所有满足问题条件的对象. 但在目前的情况下，只须求出一个解，一个这样的对象就够了，一个反例就足以否定所宣称的那个一般命题.

这种不同于一般的情形，可能需要一种不同的策略. 对此，莱布尼兹曾提出过一些意见⑧："要求的也许是一切解，也许只是某些解. 如果只要求一个解，我们就要去想出一个与原来条件相容的附加条件，这常常要求较高的技巧. "

*(4) 窄化条件. 我们来考查一下满足第一部分条件(Ⅰ)的收敛级数，希望能碰上一个，它也满足第二部分条件(Ⅱ). 很自然地我们要从最简单和最熟悉的级数入手.

我们可能首先想到的是具正项 a_n 的收敛级数. 但是，在这种级数里，当 n 充分大时，有 $a_n < 1$，因此 $a_n^3 < a_n$，于是以 a_n^3 为一般项的级数也是收敛的，不满足条件(Ⅱ). 所以我们必须考虑那些同时具有正项和负项的收敛级数.

这方面最熟悉的情形是一个交错级数，它各项的符号排列如下：

$$+ - + - + - + - \cdots,$$

如果这样一个级数的一般项 a_n 的绝对值单调下降地趋于 0，这个级数就收敛——而这时 a_n^3 的情况也是一样的，所以它构成的级数也收敛，条件(Ⅱ)

---

⑧ 莱布尼兹：《短文与未完成稿》，p. 166.

再次不满足. 于是我们必须进入不太熟悉的领域了.

由于我们不想到离我们熟悉的东西太远的地方去冒险,所以我们可能会想到再添加一个限制:

(Ⅲ) 项 $a_n(n=1,2,\cdots)$的符号排列如下

$$+--+--+--+--\cdots.$$

即使把条件(Ⅲ)加到条件(Ⅰ)和(Ⅱ)上,我们仍然有很大的任意选择 a_n 的余地. 于是我们可能想到再添加一个限制(一个不那么确定的限制):

(Ⅳ) 级数 $a_1{}^3+a_2{}^3+a_3{}^3+\cdots$像熟悉的级数 $1+\frac{1}{2}+\frac{1}{3}+\cdots$那样的方式发散.

这个自己添加的附加要求(Ⅲ)和(Ⅳ)大大地窄化了条件(见习题 9.4). 它们或许能引导找到一个反例,也或许反而限制了它. 我想它们总是利多于害,不过读者应试着自己举出一个反例,并对这个问题发表自己的看法.

(5) *一个交替的程序*. 现在也许是提一下程序问题的好机会,每一个要想获得做证明题能力的人都应当熟悉这个. (通常在中学水平没有很多的机会去获得或训练这样的能力.)

一个求证的问题,就是一个叙述明确的论断 A,关于 A,我们并不知道它是对的还是错的,我们是处在疑惑的状况. 问题的目标就是要排除这种疑惑,去证明 A 或是去否定 A.

我们有时会想出一个双向工作的方法,不管是要去证明还是要去否定(都有可能),在任何情形它都能让我们更接近问题的解决. 可是这样的方法是罕见的,如果我们不走运,找不到这种方法,我们就面临着一个抉择:我们到底是应该去证明 A 呢还是应该去否定 A 呢? 我们要在这两个不同的方向上作一选择. 要证明 A,我们就应该去找某些定理或某些策略,由它们去推出 A. 而要否定 A,我们就应该举出一个反例.

一个好的计划应该是交替着去做,一会儿在这个方向,一会儿在另一个方向. 当在某一个方向达到目的的希望逐渐消失时,或是我们在这个方向干得厌倦时,我们就转到另一个方向,如果需要,我们还准备返回来,就这样做下去. 根据这两个方向工作所了解的东西,我们最终可能就会成功.

(6) 这个交替的程序还有一个高级的变形,在一些较困难的情况下,我们需要这样的变形,而且它也可以达到更高的目标.

如果我们不能证明所提出的论断 A,我们试代之以去证明一个较弱的命题(证出它的可能性比原来要大). 而如果我们不能否定所提出的论断,我们

试代之以去否定一个较强的命题(否定它的可能性比原来要大). 如果我们成功地证明了命题 P,下一步我们就试着去否定一个(适当选择的)比 P 强的命题. 另一方面,如果我们成功地否定了一个命题 P,下一步我们就试着去证明一个(适当选择的)弱于 P 的命题. 这样,从两个方向朝 A 做过去,最后我们或许能够证明 A. 但我们也可以越过 A,或是去证明一个比 A 强的命题,或是否定 A 但在证明一个比 A 弱的命题中把它的某些部分保留下来.

这样交替地在证明和举反例两方面工作,就使我们可以得到有关事实的一个比较全面的知识. 当用它来发现一个定理时,我们不仅知道它是对的(我们已经证出它了),而且也知道它不是那么容易改进的(我们否定了更强的定理). 由此可见证明在科学的建树中所起作用之一斑. (参见波利亚和舍贵《分析中的问题和定理》,德文版,卷 I,p. Ⅶ. 或 MPR,卷 I,p. 119,习题 14.)

(7) 关于交替程序的进一步深化,历史上有名的例子及它的哲学意义,见文献中引的拉卡托斯(I. Lakatos)的工作[10].

9.12 特殊化与推广是有用的辅助问题的重要源泉.

举数论中的一个问题为例. 我们要研究正整数 n 的因数的个数. 记为 $\tau(n)$. 例如(进行特殊化)12 有六个因数 1,2,3,4, 6 和 12,因此 $\tau(12)=6$,这里我们把 12 的"平凡因数"1 和 12 也算进去了,以下对任意的 n 也都是这样.

特殊化的方法之一是考虑特殊的数,例如求出 $\tau(30)=8$. 我们也可以按顺序列出 $\tau(n)$,$n=1,2,3,\cdots$,的值组成一张以下列数字开头的表:

$$\begin{array}{ll}\tau(1)=1 & \tau(6)=4\\ \tau(2)=2 & \tau(7)=2\\ \tau(3)=2 & \tau(8)=4\\ \tau(4)=3 & \tau(9)=3\\ \tau(5)=2 & \tau(10)=4\end{array}$$

把问题特殊化的另一个方法是考虑特殊的一类数. 如果 p 是素数,则

$$\tau(p)=2,\ \tau(p^2)=3,\ \tau(p^3)=4,$$

于是,我们发现推广到 p 的任意 a 次方幂的答案是

$$\tau(p^a)=a+1.$$

如果 p、q 是两个不同的素数,pq 恰好有四个因数 $1,p,q$ 和 pq,因此

$$\tau(pq)=4,$$

接下去我们可以考虑三个不同的素数的乘积等等. 利用推广,我们可以设法

求出当 $n=p_1p_2\dots p_l$ 是 l 个不同的素数的乘积时 $\tau(n)$ 的值. 如此下去,有时考虑特例,然后再推广,这样我们就能发现 $\tau(n)$ 的一个一般表达式.(求出它!)

这就是发现的方法. 不仅在数(正整数)论中是如此,在数学的其他分支,更一般的在科学中都是如此. 在特殊化时,我们试着去搞清楚这个问题的一个比较具体的容易接近的部分,而利用推广,我们试着把在一个局部范围内已经成功观察到的东西扩展出去⑨.

9.13 类比是发现的另一丰富源泉. 在简单的情形,我们几乎可以照抄一个明显的相似问题的解. 在复杂一点的情形,一个巧妙的类比也许不能立刻给我们以具体的内容上的帮助,但是它可以给我们指出一个工作的方向.

类比的用途花样是很多的,在前面(和后面)各章中有很多例子都说明了这一点. 这里我们只引一例[§1.6(3)]. 这个问题是:已给球面三角形的三边,求作它的一个角. 这个作图题利用平面几何里一个类似的问题作为辅助问题:已给普通三角形的三边,求作它的一个角.

试回忆几对类比问题.

正如我们指出的那样,还有许多其他利用类比的方法⑩.

9.14 如果我们失败了呢? 我们着手研究一个辅助问题时所抱的希望有可能落空,我们的计划可能失败. 但我们花在辅助问题上的时间和精力是不会白费的,从失败中我们也可以学到东西.

我们希望去证明定理 A,我们注意到有一个较 A 强的定理 B,由它可以得到 A. 于是我们着手去攻 B,如果我们成功地证明了 B,A 也就证明了. 可是我们失败了,这很让人扫兴,但我们关于 B 的经验会引导我们对 A 的前景做出一个较好的判断.

我们希望去证明定理 A. 我们注意到一个定理 B,这是 A 的一个推论,它看上去比 A 要容易处理,于是我们着手研究 B——如果我们成功地证明了 B,我们就可以利用它作为跳板去证明 A. 实际上,我们设法证明了 B,但是想把它作为一个达到 A 的跳板的尝试却失败了. 因此希望落了空——但我们关于 B 的经验却可以引导我们对 A 的前景做出一个较好的判断⑪.

---

⑨ 见 HSI,推广,pp. 108-110, 特殊化,pp. 190—197;和 MPR,第 2 章各处.

⑩ 见 HSI,类比,pp. 37-46;和 MPR,第 2 章各处.

⑪ 参见 MPR,特别是卷Ⅱ, pp. 18—20.

9.15 *更多的问题.* 注意到了一个辅助问题在解某个问题时有用,试着去搞清楚为什么它会有用以及它是从什么地方来的.

为什么? 弄清楚问题与辅助问题之间的关系,见习题9.6—9.10.

来自何方? 辅助问题是通过或可以通过(从后向前)倒推着的工作、推广、特殊化、类比提出来的吗?或者还有什么别的(不寻常的)源泉?

第 10 章　想法的产生

我的思想被一道闪电击中，愿望便在这一闪中得到了满足.

但丁*:《乐园》，第三十三章

§10.1　一线光明

一个问题的解法可能会很突然地出现在我们面前. 常常在长时间反复考虑一个问题而没有任何明显的进展之后，我们突然有了一个巧妙的想法，好像掠过了一道灵感，看到了灿烂的阳光. 这有点象在深夜走进一家生疏旅馆的房间，不知道灯的开关在哪里，为了找到开关，你跌跌撞撞地在黑屋子里摸来摸去，你碰着了乱七八糟漆黑的各种东西，撞着了这个或那个桌椅板凳. 而一旦你摸到了开关，把灯打开，刹那间一切就都清楚了. 那些乱糟糟的东西现在都变得条理清晰，形象宛然，摆设得体，秩序井然.

解题的经验也是这样. 有时突然一步便澄清了一切，驱散了原来的混沌、紊乱、分散与捉摸不定，而带来了光明、秩序、相互联系与明确的含义.

可是，在这种事情中，点滴经验也许比累牍的描写更有价值. 为了亲自取得经验，我们应当静心地去研究一个具体的例子. 初等的数学例子或许最宜于给我们带来发现性的工作，带来发现中的不安和喜悦，并“使我们的眼睛习惯于去清晰地看出真理”.（最后一句话是借用笛卡儿的.）

---

* 但丁(Alighieri Dante,1265—1321)，意大利著名诗人.

§10.2 例　　子

我要冒昧地向读者谈一个小小的经验．我将叙述一个简单但又不太平常的几何定理，并把一系列引导到它的证明的想法重新整理出来．我将缓慢地，非常缓慢地去作，逐个地、一个接一个地把线索揭示出来．我想在我讲完整个情节之前，读者就会抓住主要想法了(除非有什么特殊情形)．但是这个主要想法比较出人意外，所以读者在这里可以体验到一个小小发现的喜悦．

A．如果三个有相同半径的圆过一点，则通过它们的另外三个交点的圆具有相同的半径．

这是我们要证的定理．它的叙述简短而明确，但是没有把细节充分清晰地表达出来．如果我们作一图(图 10.1)，并且引进适当的符号，便得到下列更明确的复述：

B．三个圆 k,l,m 具有相同的半径 r，并通过同一点 O．此外，l 和 m 相交于点 A，m 和 k 相交于 B，k 和 l 交于 C．则通过 A,B,C 的圆 e 的半径也是 r．

图 10.1 画出了四个圆 k,l,m 和 e 以及它们的四个交点 $A,B,$

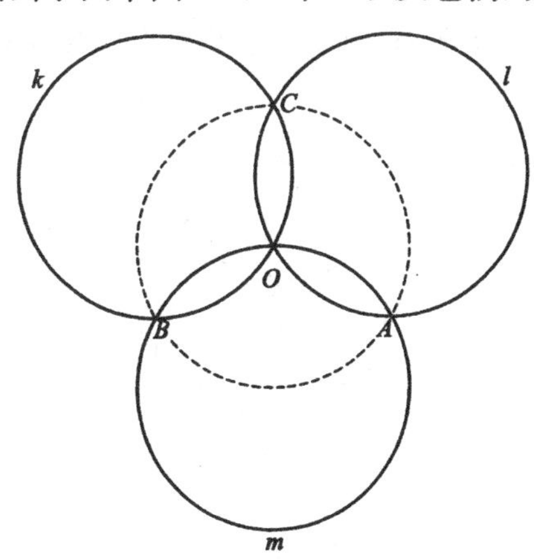

图 10.1　三圆通过一个点

C 和 O. 这个圆画得不甚圆满，它既不简练，也不完全，有些东西好像漏掉了，某些本质性的东西似乎没有画进去.

我们处理的是圆. 圆是什么？圆由中心和半径确定，它所有的点到中心的距离都等于半径的长. 我们在图上看不到这个共同的半径 r，这样我们就没有把假设中的一个基本部分考虑进来. 因此让我们引进各圆的中心，k 的圆心 K，l 的圆心 L 和 m 的圆心 M. 我们应当在哪儿画出半径 r 呢？我们似乎没有理由把三个给定圆 k，l 和 m 中任一个及三个交点 A，B 和 C 中任一个放在优于其他圆及点的地位上，于是我们就把三个圆的中心分别与三个交点连接起来，K 连接 B，C 和 O，等等.

结果得到的是一张拥挤的图(图 10.2). 这里面有这么多的线段和弧，使得我们很不便于去"观察"它，所以这张图"还是站不住脚". 它有点像老式杂志上的某些画面，这种画有不止一种效果，如果你按通常的方式去看它，它是一个图像，可是如果你转到另一个位置再换一种特殊方式去看它，那么另一个图像就会突然闪现在你面前，并对第一个图像发表某些机智的评论. 你能从我们这张塞满了直线段和圆的图中认出另一张有意义的图吗？

……

我们也许会一下子看出隐藏在塞满了的画面里的真正图形，

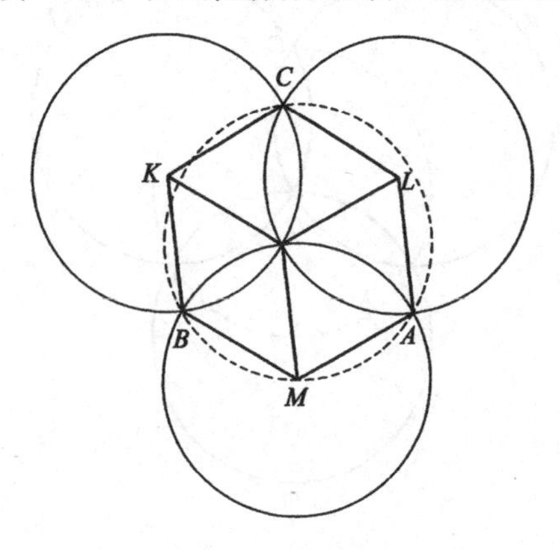

图 10.2　太拥挤了

也或者可能是逐渐地把它认了出来. 我们可能是在努力解题的过程中,也可能是在一些次要的、非实质性的机会中达到了它. 比如当我们想去重画一下我们的不完满图形时,我们也许会注意到整个图形是由它的直线形部分确定的(图 10.3).

注意到这一点看来是重要的. 因为它确实把几何图形简化了,而且还可能改进了它的逻辑状况. 它使我们能把定理复述为下列形式.

C. 如果九个线段

$$KO, KC, KB,$$
$$LC, LO, LA,$$
$$MB, MA, MO,$$

都等于 r,则必存在一点 E,使得下列三个线段

$$EA, EB, EC$$

都等于 r.

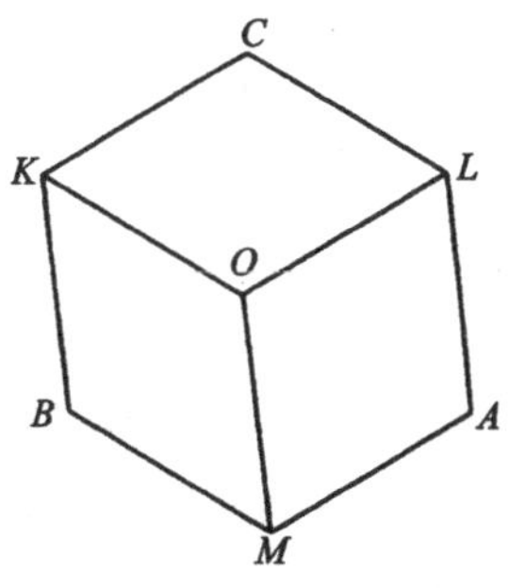

图 10.3 它使你想起了什么?

定理的这种叙述法把我们的注意力引向图 10.3. 这个图形是有吸引力的,它使我们想起一些熟悉的东西. (想起什么?)

当然,在图 10.3 中,由假设,某些四边形如 $OLAM$ 的四条边相等,它们是菱形. 菱形是我们熟悉的对象,认出它之后,我们就能更好地"观察"这个图形了(整个图形使我们想起什么?)

菱形的对边是平行的. 依据这一点,我们就能把图 10.3 中的九条线段分成三类,同一类中的线段譬如像 AL,MO 和 BK 是彼此平行的. (现在这个图形使我们想起什么?)

我们不应该把我们要去求的结论忘掉了. 让我们假定这个结论是对的. 在图中引进圆 e 的中心 E,和以 A,B,C 为端点的三条半径,我们就得到了(假设地)更多的菱形,更多的平行线段,见图 10.4. (现在整个图形使我们想起什么?)

……

当然,图 10.4 是平行六面体十二个棱的一个投影图形,它的

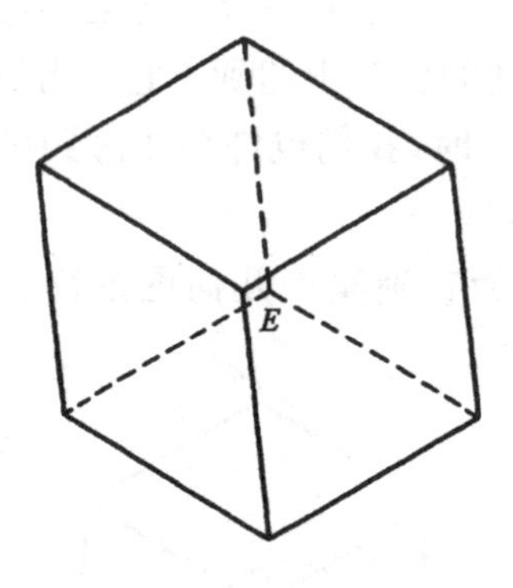

图 10.4　当然！

特殊性在于所有的棱的投影长度都相等.

因此，图 10.3 是一个"不透明的"平行六面体的投影，我们只看到了它的三个面，七个顶点和九条棱，还有三个面，一个顶点和三条棱在这个图中看不出来，所以图 10.3 只是图 10.4 的一部分，但是这一部分就决定了整个图形. 如果这个平行六面体和投影方向的选择使得九条棱的投影如图 10.3 所示那样都等于 r(根据假设它们应该这样)，那么剩下的三条棱的投影也一定等于 r. 这三条长为 r 的线是从看不见的第八个顶点的投影出发的，而这个顶点的投影 E 就是通过点 A,B 和 C 半径为 r 的圆的中心.

这样，我们就证明了定理. 这个证明意外地用了一个美术家的概念，把平面图形看作是立体的一个投影.

(这个证明用了立体几何的概念. 我希望这样做没什么大错误，即使有错也容易纠正. 现在我们可以很简单地把中心 E 的位置定下来，而且很容易不依赖任何立体几何的知识去检查 EA, EB 和 EC 的长度. 不过这里我们不再这样做了！)

§10.3　辅助想法的特征

上面的讨论列举了各种辅助想法的特征. 我们特别缓慢地叙述了它产生的过程，不是得意洋洋地夸说，而是慢条斯理的铺陈(这样做是为了使读者尽量能分享我们的发现). 此外，我们的例子存在某些片面之处，但这在任何例子也是难免的，因为现实世界的各种现象实在太丰富了. 不过，只要读者怀着谅解的心情，从适当的角度，在适当的范围内，以他自己的经验为背景来考虑这个例子，那么它也许能够用来对经常出现的各种特征作一个有用的描绘.

辅助的想法往往总是自发地产生的. 它带来了某些显著的新因素,改变我们的已成之见. 并且随之使人产生出终点在望的强烈信念.

自发性是它的一个很典型的特征,但这点是比较难以描述的. 如果设想读者遇到了这样的事:从图 10.2 那些纠缠成一堆的线段和字母中,平行六面体的形象出乎他意料之外地“跳”出来,那么他就会很好地理解这意味着什么了. 可能他会在某种程度上理解灵感这个词的意义,理解怎样用内在心声的耳语或超自然神的启示去解释那突然出现的深刻想法.

在上面那个例子里,出现的显著的新因素就是关于平行六面体的那个想法. 一个立体图形的出现,给一个平面的几何问题的解带来了决定性的一步,这当然是比较新奇的. 在普通常见的问题中,那个决定性的新因素常常在问题的所属范围之内就可以找到. 如果这个问题是一个平面几何问题,一般地我们总以为这个新因素将是在图形上加进一条新的辅助线,或是突然想起了一个有关的定理,或是诸如此类的事.

在这个例子里,已成之见的改变是非常引人注目的. 圆隐退了,消失在背景上,直线走到前台来了. 但是我们已不再把它们看成是半径,现在我们把每一样东西都跟平行六面体去联系. 过去的半径,它们的终点,图形里的四边形现在都有了新的意义,它们现在表示的是立体的棱,顶点和面. 这里,我们对构成问题的这些因素的认识方式的变化是惊人的,但却是典型的. 几乎任何一个问题的解法中的决定性想法都要给我们带来同样的整个概念的革命性的重建,一旦想法浮现出来,这些因素就得扮演新的角色,得到新的意义. 在几何问题的解中,这些因素被重新组合,它们被组合成若干三角形,或者有对应边的若干对三角形,或者是菱形,或者任何其他能服务于我们研究目的的熟悉的图形. 一条线在想法出现之前仅仅是一条线,现在则得到了某种意义:它变成了某个三角形的一条边,而这个三角形跟另一个三角形全同是解法的关键所在，或者它变成了两条平行线的横截线，或者它以某种方式配置在一个更全面的图形里．总之，在想法出现之后，我们看到了更多——更多的含义，更多的目的，和更多的关系．想法的出现就像在黑屋子里打开了灯！

这个辅助的想法还使人产生出目标在望的信念．一个突然升起的想法，犹如戏剧重排中展现的壮观场面，给人一种难以忘怀的重要气氛，带来强烈的信念．这种信念常表现为诸如“现在我有啦！”“我求出来了！”“原来是这一招！”等惊叹．在现在的情况下，如果你仅仅是看到了平行六面体而没有看出它能引导到解，你就还没有具有这种决定性的想法．你还缺少点什么．你并不需要详细地看到这个平行六面体怎样引导到解，但是你应该有一个强烈的感觉，就是它将会引导到解．

§10.4 想法有赖于机会

你有了想法吗？如果你回答说：“有了”，那么你是走运的．有益的想法不是一逼就来的．我认真地对待这个问题．我把它摆在案头上．我决心努力做它．我急切地去做．我全神贯注在它上面．我等着出一个好的想法，但是它会来吗？也许立刻就来，也许得过一会才来，也许根本就不来．

我们需要有益的想法，我们自然希望有有益的想法能供我们用．但是实际上，它们才是我们的主人，而且它们是反复无常的，任性的．它们可能出乎意料地闪现在我们面前，它们经常姗姗来迟，而有时干脆就让我们白等．

想法只有当它们要来时才来，而不是我们要它们来就来．等待想法就像是等着彩票中奖．

如果想法完全是偶然得来，那么问题的解主要就靠机会．许多人相信是这样．塞缪尔·巴特勒* 有四句妙语：

---

* 塞缪尔·巴特勒(Samuel Butler，1612—1680)．英国诗人．

世界上所有的发现，

都不是理性和智慧的结果；

只是那些走运的人们，

由于误会或在漫不经心中发现了它们.

很难相信这样一个流传很广的见解是没有根据的，完全错误的. 但是它就完全对吗？当我们要解一个问题时，我们应该只靠运气吗？我希望在读过前面各章之后，读者会有自己的见解.

第 10 章的习题与评注

10.1 *思想的自发性. 一段引语和一个注解.*

(1) 下列这段话引自托马斯· 佩恩*著《理性的时代》，第一部分.

任何一个从观察自己这个角度去考查人类思维的状态及其发展的人，都不能不看到两种不同的所谓思想：一类是根据本人对外界的反映及本人的思维活动而产生的思想，还有一类是自动闯进我们脑子里的思想. 如何对待这些志愿的来访者？我制定了一条规则，即如果值得的话就要殷勤接纳并尽可能小心地去检验它们；正是从它们那里，我得到了我几乎全部的知识.

(2) 李希坦伯格注意到我们不应说"我在想"而不如说"在想着"，就好像我们说"下雨了"或"打雷了". 李希坦伯格认为有一种思维的自发活动，我们对它就像对自然界的巨大力量一样还不能完全支配.

我们也可以说我们的思维有时就像某一类马或骡子，某种奇怪的动物，为了让它干活——它经常是不给干——我们必得顺着它，偶尔也揍它一顿.

(李希坦伯格，Georg Christoph Lichtenberg，1742—1799，德国物理学家和作家，《格言家》可能是他最著名的著作.)

10.2 *两个试验.* 在纵横字谜上花点时间(但不要太多)是值得的，由此我们能学到某些关于解题的东西，譬如我们如何去想，和我们应该如何去想.

(1) 在一个纵横字谜中，你找到如下线索："一类很普通的心(十个字母)". 一开头，你可能对这个字是什么或这条线索意味着什么毫无头绪. 但是当你顺利地找到一个交叉的字时，它给了你一个信息：即中间一个字母. 另一个交叉的字又向你提供了第二个字母，接着又找到了第三个字母，或者第四个字母——于是突然，那个要求的字就会"闯进你的大脑. "

---

* 托马斯·佩恩(Thomas Paine，1737—1809)，英国政论家.

请准备好一张纸，翻到 p. 424 这个问题的解答上．先用纸把整个解都遮住．然后向下移动你的纸，只露出第一行——你现在知道要求的字了吗？如果还不知道，再露出第二行，然后又是下一行等等，这样你就可以体验到什么叫做想法“闯进了你的大脑”．

*(2) 如果你懂得一点微积分(不用太多)，你可以在求一个不定积分的值时再体验一下．请取一张纸翻到 p. 424.

第 11 章　思维的作用

马略特*说人类的大脑像一个口袋：你思考时就像在摇这个口袋，直到从里面倒出某些东西为止．因此思考的结果无疑在某种程度上依赖于机会．我想再补充一点，即人类的大脑更像一个筛子：你思考时就像在晃这个筛子，直到某些细微的东西筛落为止，而当它们筛落时，正在搜索的注意力就抓住一切似乎有关的东西．另外，它还有点像如下的譬喻：为了捉一个小偷，城市长官下令全体居民都去通过一道门，并让被偷的人站在门口监视．为了节省时间和少点麻烦，可以采用排他法，即如果被偷的人说小偷是男的，不是女的，是成人，不是年轻人或小孩，那么，那些不相干的人就可以不必通过这道门．

莱布尼兹：《短文与未完成稿》，p. 170.

§11.1　我们怎样思考

解题者必须了解他的思路，运动员必须了解他的体质，就像骑师必须了解他的马一样．我想骑师研究他的马并不是为了纯科学的目的，而是为了使它们的成绩能更好一些，所以比之一般地去研究马的生理学和心理学，他更多关心的是自己马的习惯和脾性．

你现在正开始读着的并不是心理学教科书的一章，可也不完全是解题者关于他们思维习惯的一次谈话，如同骑师们谈论他们马的习惯那样．不过，它倒更像一次谈话而不是正式的论述．

---

* 马略特(Edme Mariotte，1620—1684)，法国物理学家．

§11.2 有了一个问题

问题的一个基本要素就是解它的愿望、干劲和决心. 一个你已经很好了解了的并应该去做的问题还不能说就是你的问题. 只有当你愿意去解它,下决心要去做它,它才真正变成了你的问题,你也才真正有了一个问题.

你卷进问题里的深浅程度将取决于你解它的愿望的殷切程度,除非你有十分强烈的愿望,否则要解出一个真正的难题可能性是很小的.

求解问题的愿望是一种**生产的**愿望:它能够最终制做出解,它当然会在你的思维活动中产生一种变化.

§11.3 相　关　性

你也许会碰到一个很厉害的问题,它完全左右了你,到处跟着你使你无法摆脱.

做着问题的人也许会被问题缠住. 他看上去心不在焉,在旁人看来是显然的事他却注意不到,旁人不会忘记的事他却忘掉了. 牛顿在紧张解题的时候就经常忘了吃饭.

所以说解题者的注意力是**有选择性的**:它排斥考虑跟问题不相干的事,但只要与题目相关,哪怕是最细微的关系它也能发现,这就是莱布尼兹所说的那种"搜索的"注意力.

§11.4 接　近　度

一个学生参加数学笔试,不要求他做所有的题,但是他应当尽可能地多做. 在这种情况下他最好的策略也许是一开始就用适当的速度把所有的题都过一遍,并把那些似乎有把握的题挑出来.

注意,这里假定了解题者能够在某种程度上估计问题的难度,他能估计到他和解之间的那种"心理上的距离"有多远. 事实上，任何认真考虑过他的问题的人对于解的接近程度和问题进展的步子都会有一种明确的感觉. 他或许没有用言词去表达，但是他会敏感到比如："这样做是对的，解可能就在这附近，"或者"这样太慢了，解还是离得很远，"或者"我卡住了，一点没有进展，"或者"我正在偏离问题的解"等等.

§11.5 预　　见

一旦我们认真考虑问题，我们就试图去预测，去猜想；我们憧憬着，预测着解的大致轮廓. 这个轮廓或许多少是明确的——当然，也可能多少有点错，不过，我想说通常错得并不会太厉害.

所有的解题者都要猜，但同样是猜，肤浅的猜与深思熟虑的猜却有所不同.

一个缺乏经验的生手往往只是对着问题坐在那儿，搔着头，咬着笔，干等着一个巧妙想法的出现，他并没有为这个想法的到来做点什么或做得很少. 而当所期待的想法终于出现并带来一个似是而非的猜测时，他又不加任何鉴别(或很少作仔细的鉴别)地一古脑接受下来，以为这就是解.

稍微老练一点的解题者对猜测则持审慎的态度. 他的第一个猜测也许是"是 25!"或"我应该告诉他这个和那个"，而经过检查以后，他可能又改了："不，不是 25，试一下 30 吧"或"不，告诉他那个没用，他可能回答这样那样，不过我可以告诉他……. "最后，就是用这种"试算与改进误差"的方法或者说逐次逼近法，解题者可能会得到正确的答案，或一个切实可行的计划[①].

一个更为老练、富有经验的解题者，在他不能顺利地猜出整个答案时，他就尝试去猜答案的某些部分，解的某些特征，解的某些途径或一条途径的某些特点等等. 然后他就设法发展他的猜测，

---

① 参看§2.2(1)和2.2(5).

同时还找机会检验他的猜测，并及时修改他的猜测使之能适应当时了解到的情况.

当然，不管是缺乏经验的生手还是深思熟虑的老手，都很希望能有一个真正好的猜测，一个巧妙的想法.

每个人都很想知道他的猜测什么时候才会成为现实. 这种机会一般都很难精确估计(现在不是我们去谈论离题较远的估计的可能性的时候). 但是很多时候解题者对自己猜测的前景是会有一个明确感觉的. 某些甚至不懂得证明是什么的生手对自己的猜测也可能会有最强烈的感觉，那些经验丰富的老手则也许能辨出这种感觉的细微差别. 不管怎么说，任何人对自己猜测前途的吉凶都是会有感觉的. 所以除了相关性，接近度这种感觉之外，这里我们又看到了解题者头脑里的另一类感觉.

这是相关的一点吗? 解还离得有多远? 这个猜测好到什么程度? 这些问题随着解题者每走一步都在提出来，但它们更多的只是感觉而未用言词表达，它们的回答也更多的只是感觉而并未表以言词. 这种感觉是指导着解题者的行动呢还是只不过是他的判断的衍生物? 它们是内在的原因呢还是表面的征兆? 我不知道，不过起码我知道如果你没有这种感觉，那你就还没有真正深入你的问题.

§11.6 探索范围

我很少丢失手表，而每回遇到这种时候，为了找到它，总要有一番麻烦. 当我丢了表时，开始我总是习惯地在一定的地方去找它:在我的书桌上，或是在我通常放这类小东西的某个搁板上，或者在任何我碰巧能想起来曾把手表脱下放在那儿的第三个地方.

其实这类动作是典型的. 一旦我们认真考虑了我们的问题，我们就设想了它的解的一个轮廓. 这个轮廓可能是模糊的，有时就连自己都难以意识到，但是它却会出现在我们的行动中. 我们可以去试各种各样的解法，但它们都差不多，它们都在我们预想的

(但也许是不自觉地预想的)那个轮廓之内. 如果所试的解法没有一个是适合这个问题的,我们就会感到若有所失,脑子里好像再没有什么东西了,因为我们不可能跑到那个预想的轮廓外面去. 我们并不是去找任何类型的解,而只是找限定在轮廓之内的某一类型的解. 我们不是满世界到处去找解,而只是在某个限定的探索范围之内去找它[②].

在一个适当限制的范围内去开始我们的探索是合乎情理的. 当我去找表时,我自然不会到宇宙里去找,或到城里去找,或是在家里到处都去找,而只会到我的桌子上去找,因为过去我就曾不止一次在这里找到过它. 所以说,在一个有限的范围内去找你的未知量是合乎情理的,但是当你越来越清楚意识到它不在那儿时却还要固执地在那儿找,那就没有什么道理了.

§11.7 决　　断

解题也许是一个思索的过程(对缺乏经验的生手来说则可能是条理不清晰的思索),也许这是一条通向解的漫长、艰辛、充满曲折的道路,每次转折都标志着一次决断,这种决断是我们对相关性和接近度的感觉、对前景增大的或衰退的期望所促成(或伴随着)的. 不管是决断还是即兴的感觉都很难用言词表达,不过有时也可能这样表示出来:

"好,现在来看看这个吧."

"不,这儿没什么可看的,我还是去看看那个吧."

"啊,这儿也没太多可看的,不过总像是有点什么,让我再稍微看看."

一类重要的决断是扩大我们的探索范围,放弃原来的限制,因为这种限制的狭窄性开始给我们一种压抑的感觉了.

---

② Karl Duncker,《关于解题》,《心理学杂志》(Psychological Monographs), vol. 58, No. 5(1945), p. 75.

§11.8 动员与组织

我们对解题者思维活动的了解是很肤浅的，它的复杂性可能是不好想像的. 不过这种活动的一个结果却是十分明显的：随着解题者的前进，他收集的有关材料也就越来越多.

让我们把解题者在工作开始时和结束时对一个数学问题的构思拿来比较一下. 当问题刚提出时，我们有一幅简单的画面：解题者看到的问题是一个未经剖析的没有细节或只有很少细节的整体，譬如说，他可能只看到问题的主要部分——未知量、已知量和条件，或假设与结论. 但是最后的画面就很不同了：它是复杂的，充满了添加上来的细节和材料，它们之间的联系是解题者最初很难想到的. 在原来几乎是空旷的几何图形上，现在有了辅助线，有了辅助未知量，从解题者以往获得的知识中找来了一些材料，特别是那些能应用到这个问题上的定理. 这些定理现在将发挥作用，这是解题者最初所不曾预见到的.

这些材料、辅助因素、定理等是从哪儿来的？是解题者收罗来的，他要从记忆中把它们提取出来，并且有意识地把它们与问题联系起来. 我们把这种收集称为*动员*，而把这种联系称为*组织*③.

解一道题就像建造一所房子，我们必须选择合适的材料. 但光是收集材料也还不够，一堆石头毕竟还不是房子. 要构筑房子或构造解，我们还必须把收集到的各个部分组织在一起使它们成为一个有意义的整体.

动员和组织实际上是分不开的，它们在解题这一复杂过程中相辅相成. 解题这种工作在紧张的时候要求我们投入全部的精力，全神贯注，整个过程呈现出丰富多采的景象. 下面我们将试图对涉及到的多种多样的思维活动加以区分，分别用下列这些词去描述它们——分离与组合，辨认与回忆，重新配置与充实.

---

③ 参见习题2.74.

以下各节就是企图对这些思维活动进行一些描述. 当然，读者不应当指望也没有理由指望会有什么硬性的快捷的区分或是严格的包揽一切的定义.

§11.9 辨认与回忆

当我们在考查问题过程中认出某些熟悉的图形时，我们会显得特别高兴. 譬如在考查一个几何图形时我们可能高兴地认出某个先前没有注意到的三角形，或是一对相似三角形，或是某些别的熟悉的图形. 在考查一个代数公式时，我们也许会认出一个完全平方式或是某些其他熟悉的代数组合. 当然，我们还可能认出(这种辨认可能非常有用)某些更复杂的情况，我们找不出合适的名字称呼它们，甚至给不出它们的正式定义，但这些东西因为它们的熟悉和重要而给人留下印象.

当我们在图形里认出一个三角形时我们当然有理由高兴，因为我们熟悉关于三角形的几个定理而且也解过有关三角形的各种问题，这些已知的定理或以前解过的问题可能就有一两个是可以用到现在这个问题上的. 通过认出一个三角形我们便使问题与以往获得的大量知识有了接触，这些知识的某些部分现在或许就能用上. 因此，一般说来，辨认能引导我们回忆起某些有用的东西，把有关的知识动员出来.

§11.10 充实与重新配置

我们在图形中已认出了一个三角形而且也成功地回忆起可能应用到目前这种情形的一条有关三角形的定理. 不过，要想把这条定理实际用上，还必须在我们的三角形上引某些辅助线，譬如说一条高线. 因此一般来说，这些动员起来的可望有用的因素，可以添加到问题的构思中来，使问题更加丰富充实，填补了它的空白与不足，一句话，就是充实了它.

充实可以使新资料进入我们问题的构思，这对整个问题的组织来说也是重要的一步．但是有时尽管没有引进什么新东西，只是把现有的因素重新配置一下，在新的关系下去考虑它们，我们也同样会在问题的组织中获得进展．通过重新配置问题的各个因素，我们改变了问题构思的“结构”．所以说这种重新配置就意味着重建④．

让我们把这一问题讲得更具体些．在一个几何问题的解法里，引进一条合适的辅助线可能是关键的一步，但有时我们不引进任何新的线段，只是按新观点去考虑现有的线段也能得到关键的一步．例如我们也许会注意到某些线段组成了一对相似三角形．看到这一熟悉的结构，我们就会认出在这个图形的某些因素之间迄今尚未注意到的一个关系，我们看到了不同地组合起来的因素，从而发现一个新的结构，看到图形变成了一个比原来安排得更好、更协调、更有希望的整体——这就是所谓问题的重建．

重新配置可能会涉及重点的改变．原来呈现在前台的那些因素和关系经过重新配置后，可能得放弃它们的特殊地位退隐到后面去，有的甚至要从问题的构思里完全消失．为了更好地把问题组织起来，我们常常得放弃某些当初认为是有关的东西．不过整个说来，当然还是加进来的东西比丢掉的要多．

§11.11　分离与组合

当我们去考查一个复杂的问题时，我们的注意力可能时而被这个细节吸引，时而又被另一个细节吸引．我们集中注意某一个细节，把焦点放在它上面，去着重考虑它，把它特别挑出来，即把它从周围的事物里区分出来，一句话，我们把它分离出来了．以后我们的注意力又转到另一个细节上，又把另一个细节分离出来，就这样继续下去．

---

④　见前面引的 Duncker 的文献，pp. 29—30.

在考查完了各种细节并对它们中的某些重新予以评价之后，我们就会感到有必要重新把这些情况连成一个整体去看. 事实上，在重新评价某些细节之后，整体的面貌可能会起变化. 这些重新评价过的细节再结合起来，其结果便会出现一个所有细节显得更加和谐的组合体，一幅崭新的整体的画面.

分离与组合就是这样相辅相成地推动着解的进程. 分离把整体分成若干个细部，随之而来的组合则把这些细部重新集合为一个多少有些不同的整体. 分解，重新结合，再分解，再重新结合，我们对问题的了解可能就是这样朝着一个更有希望的前景演化着.

§11.12 一张图表

图 11.1 是前几节的一个图解总结，读者可以从中摘其所要. 在这里九个词排成了一个正方形，一个在正方形的中心，四个在正方形的顶点上，其余四个则写在四条边上.

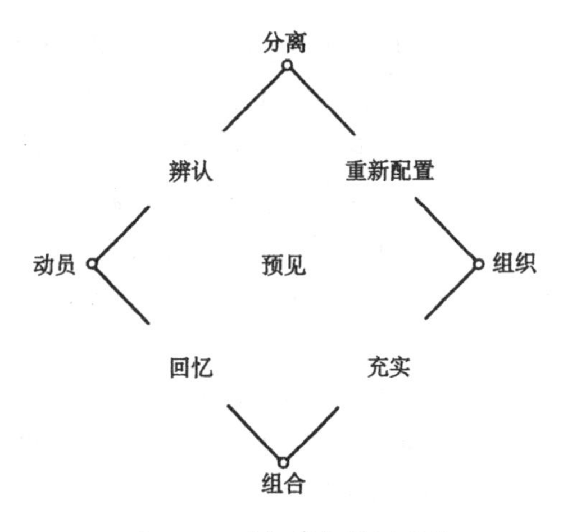

图 11.1 我们是怎样思考的

动员和组织用正方形水平对角线的两个端点表示. 事实上这是两个相辅相成的活动. 动员是从我们的记忆中把有关的条款抽

出来，而组织则把这些条款有目的地联系起来.

分离与组合用铅直对角线的两个端点表示. 事实上这也是两个相辅相成的活动. 分离是从整体里把特殊的细节挑出来，组合则是把零散的细节重新集合成一个有意义的整体.

构成动员这个角的两条边标以*辨认*和*回忆*. 事实上，与问题有关的条款的动员往往是从辨认出某个已给的因素开始并且有赖于回忆起一些有关联的因素.

构成组织这个角的两条边标以*充实*和*重新配置*. 事实上，组织意味着充实这个问题的构思，依靠添加一些新的细节填平空白，使它变得更完满，同时也意味着重新调整问题的整个构思.

当我们沿着正方形的边从左到右读这些词时，我们就从动员起来的细节达到了组织起来的整体. 一个刚刚辨认清楚的细节，经过仔细分离和特别关注，可能会导致整个构思的重新配置. 同样把一个回忆起来的适合某一组合的细节恰当地加进我们的构思，必将充实整个整体.

预见是我们解题活动的中心，所以它对应的点位于正方形的中心. 所有我们的这些活动，动员和组织各种各样的因素，分离和重新组合它们，辨认和回忆它们，重新配置和充实我们对这个问题的构思等等，这一切都是为了想预测到解，或解的某些特征，或某一条通向它的小路. 如果这种预见突然闪现在我们面前，我们就把它称为有启发的想法或灵感，我们整个活动的中心愿望就是想要得到这样一个想法.

当我们把图 11.1 概括的思维活动应用到特殊的对象上时，它会采取特殊的形式. 例如，对应于正方形的四条边，我们可以列出在解数学问题中特别重要的四种思维活动：

辨认：	重新配置：
利用定义	改变问题的形式
回忆：	充实：
已知的定理和问题	引进辅助因素

另外还有一点，解题者的布署总是跟他对关联度、接近度的感觉，对猜测是否到位的估量有关，受它们影响，被它们策动. 讲到这些，我们附带提一句：比较老练的人在这几点上都有更强的辨别感. 此外我还想作一个带点推测的注解⑤：某些这种感觉可能跟图 11.1 中提到的那些思维活动有联系.

如果我们问题的构思已变得很匀称，很有条理，所有的细节都已齐全，而且都是熟悉的，这时我们就可以满意了. 如果在你的和谐的整体里有清晰明净的细节，那么想法一定就在眼前了！照我看来，以上这些所表达的意思就是我们前面提到的那些活动进行得很顺利或者说已经达到了它们的目的.

当我们感到不再需要重新配置时，就说明我们对问题的构思看上去已经匀称了，而当我们毫无困难地就能把全部细节都回忆起来时（任何一个细节都可以很容易地勾起其他的细节），这表示我们的构思看上去是有条理的了. 当不再需要什么补充时，我们的构思看上去就是完全的了，如果所有的细节都已辨认出来，那就表示它看上去已是熟悉的了. 细节的清晰来自前面的分离与特别关注，而整个构思的和谐则是成功地组合了所有细节的结果. 我们之所以说想法就在眼前，是因为我们感到事情在顺利地朝着越来越完满的预见进展.

下面我想把以上讲的这些表明工作进展的标志，系统地归纳成一张表，它们相互的位置与图 11.1 正方形中那些对应词的安排相同. 这里我们一共排到了七个词，其中四个是正方形四条边上的词，另外三个在它的铅直对角线上. 请看这张表：

成功地分离：
清晰的细节

充分地辨认： 熟悉的		成功地重新配置： 匀称的

有希望的预见：

---

⑤ 参看 HSI，进展的标志 4，p. 184.

想法即在眼前

充分地回忆：有条理的

成功地充实：完全的

成功地组合：和谐的整体

§11.13 部分启示着整体

有一次在街上，我从一个吹着口哨走过身边的男孩那里听到了某支曲子的一两个旋律．这是一支我很喜欢的曲子，但已经多时没有听到了，因此在刚听到的一刹间，满脑子全都充满了这支曲子的旋律，其他一切忧患喜乐都被赶到了九霄云外．

这件小事是“联想”的一个很好的说明．大脑的这一现象早就被亚里士多德和以后的很多作者描述过．布莱德雷*说得很好：“脑子里单一状态的任何部分，一旦重现，就会使其余部分趋于恢复．”我碰到的情况就是这样，一个旋律带回了整支曲子的回忆，随之不久其余的旋律也都在脑中重现了．下面是对此现象的另一种虽然不够细致但容易记住的说法：“部分启示整体．”我们可以把这句短语看成是布莱德雷那段准确阐述的一个节写．

请注意两个重要的词“趋于”与“启示”．下面这些话

“部分启示着整体．”

“部分能使整体趋于恢复．”

“部分有机会去恢复整体．”

都是可取的，但是

“部分恢复了整体．”

作为“联想法则”的一种表达方式则是不可取的，因为不是必然会恢复，而只是说有一个机会、有一种趋势．关于这种趋势的强烈程度，我们还知道如下规律：如果你对那一部分集中了更多的注意

---

* 布莱德雷（Francis Herbert Bradley 1846—1924），英国哲学家．

力，那么它就将更强烈地启示着整体，而若干个部分连在一起，将比它们中任何单个更强烈地启示着整体．假若你想要了解联想在解题者的思维经历里扮演的角色，那么刚才加上的这两句话是很重要的．

让我们考虑一个十分简略的例子．假定有一个数学问题如果用了某个关键性的定理 D 就可以很快解出来，而不用 D 就会十分困难．解题者虽然对定理 D 本身理解得很好，但开始时他根本没想到定理 D 会跟他的问题有关，那么他怎样才会注意到定理 D 的关键作用呢？这时可能发生各种情形．

一种比较简单的情形是所提问题与定理 D 有一个部分是共同的．解题者在试过这又试过那之后，可能会注意到这个共同部分，把它分离出来给予特别关注，于是这个共同的部分就给出一个机会，使得整个定理 D 能回忆起来．

另一种不那么简单的情形是原来问题的构思与定理 D 没有公共部分，但是如果解题者还知道一个定理 C，它有一部分与问题共有而另一部分则与定理 D 是共同的，这样解题者就可能会先接触到 C 而后又由 C 达到了 D．

当然，这条联想的链条可能会更长．例如，从所提问题联想到 A，由 A 联想到 B，由 B 及 C，最后才由 C 到达 D．链条越长，则解题者"晃口袋"、"筛筛子"的时间也就越长，直到最后把定理 D 晃出或筛落为止．

晃口袋或筛筛子只是用来描述解题者思维经历的一种隐喻（见本章开头的引语），用图 11.1 加以总结的前面那几节就是试图少用些隐喻去描述这一思维经历．而在这里我们又给了前面描写过的那些活动（辨认、回忆、……）一个合理的解释，解题者正是通过那些活动去寻求建立我们指望的联想．

事实上，通过认出某个因素，解题者就把它置于可以找到联想的范围之内，而任何新动员出来的因素添加到问题构思里来，都使我们有更多机会去引出更多联想中的因素．当解题者分离出某一因素并集中审视处理它时，花在它上面的精力就使它有更多机会去跟别的因素建立联想．而一次重新配置则可以使若干因素彼此接近，多个因素共同实现的联想当然比任何单个因素实现的联想要多．

然而仅仅用联想去解释解题者的思维经历是不够的，除了联想这一互相吸引的作用外，必然还有某些别的东西使我们在那些联系着的因素与组合中去区分出到底哪些是相关的哪些是无关的，哪些是有指望的，哪些是无指望的，哪些是有用的，哪些是无用的⑥．

第11章的习题与评注

11.1　*你的经验，你的判断*．本书的目的是为了改进你的工作习惯．实际上只有靠你自己才能改进你的习惯．你应该去发现在“你通常在做些什么”和“应该去做些什么”之间的差别．这一章就是写来帮助你更好地看清自己通常在做什么．

下面这些练习，习题11.2-11.6要求你说明前面正文里那些节的内容，试用你自己的工作把解释找出来——这些自发地在你脑子里产生的解释是最能说明问题的．试着不带任何偏见地判断一下正文的描述或图11.1关于解法的说明是否与你的经验一致．

11.2　*动员*．回忆你做过的某些几何题．原来的图形上几乎是空的，而在解题过程中随着辅助因素的引入，图形就越来越充实了．

11.3　*预见*．你能想起这样一种情况吗？——在某个非常确定的时刻，你突然变得坚信解法一定会成功．

11.4　*更多的部分能更强烈地启示整体*．你同意这个说法吗？试用你自己的经验加以说明．

11.5　*辨认*．你是否能回忆起这样一种情况：认出一个因素（或者注意到了它以前没被注意到的作用）成了解法的转折点？

11.6　*重新配置*．你是否能回忆起这样一种情况：重新配置图形成了解法的关键？

11.7　*从里面做起和从外面做起*．在所提问题和他已有的经验之间建立联系，这无疑是解题者行动的一个基本部分．他可以试着“从里面”或“从

---

⑥　见前面引的Duncker的文献，p. 18.

外面”去发现这种联系. 他可以就在问题内部考查它的各个因素,直到他找到了某个因素,能从外面、从以前获得的知识中引进来某个有用的因素为止. 另外,他也可以走到问题外面去,考查他早先获得的知识,直到他找到某个可以应用到该问题上的因素为止. 从里面去做就是解题者仔细审视他的问题,研究它的各个成分和各个方面. 从外面去做就是他浏览自己已掌握的知识,在其中搜寻,看是否有什么能用到现在这个问题上来. 图 11.2 的两个部分试图给出“从里面”和“从外面”工作的直观表示.

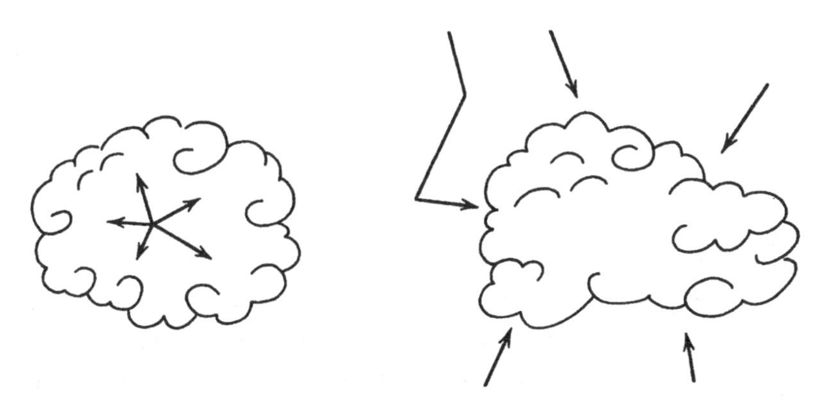

图 11.2　从里面做起和从外面做起——穿过云层

11.8　*老鼠迷宫的启发*. 图 11.3 可以表示林木茂盛的丘陵地带伐木者草草修成而又很快弃置不用的小路, 点 E 表示入口. 图 11.3 也可以表示心理学试验里让老鼠在里面奔跑的迷宫.

但是图 11.3 也可以用来象征解题者用某种方法工作时的活动. 开始他往前走了一段路以后,就沿着一条弯曲小路走去,一直走进一条(实际的或想像的)死胡同为止,然后他转过头来折回原路,当他看到旁边有一条小路时,他就又沿着它走下去,来到另一条死胡同,于是又折回来,他就是这样走着,试了好几条路,多次折回去,不断留心新的出口,就这样探索着他的问题,从整体上看还是在走着(我们希望)正确的方向.

11.9　*进程*. 随着解题过程的推进,解题者对问题的构思不断改变,这特别表现在他收集到的与问题有关的资料越来越多. 我们姑且假定我们能用某种办法去测得在每瞬间收集到的资料的“程度”,并假定这一“程度”在某种程度上反映着解题者对问题的构思. 当然,这一假定是粗糙的靠不住的,

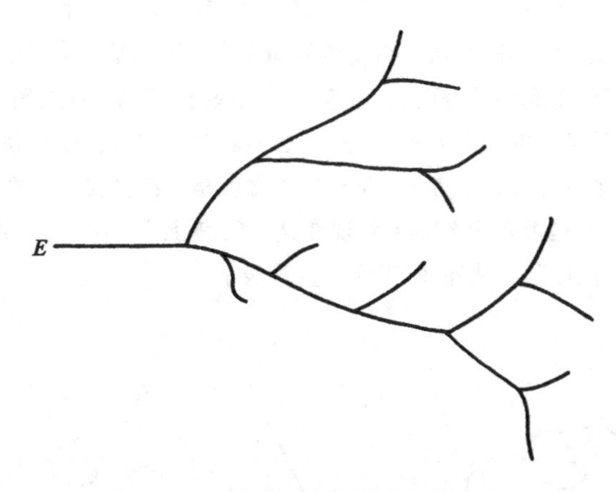

图 11.3　小路,小路,死胡同和侧门

不过它使我们可以用图形去表示解题的进程.

在一个坐标系中,见图 11.4,我们把时间取作横坐标而把某一时刻我们对问题构思的"程度"取作对应的纵坐标. 所得的曲线表示我们对问题的构思是时间的函数,这条几何曲线表示出解法在解题者脑子里是怎样成熟起来的.

我们假定这个解法在发展中没有受到什么挫折,所以对应的图 11.4 是一条上升的曲线,代表一个时间的非降函数. 曲线从一段缓慢的几乎不怎么变的上升的虚线开始(左边),这是想表示"史前"时期即问题下意识生长的阶

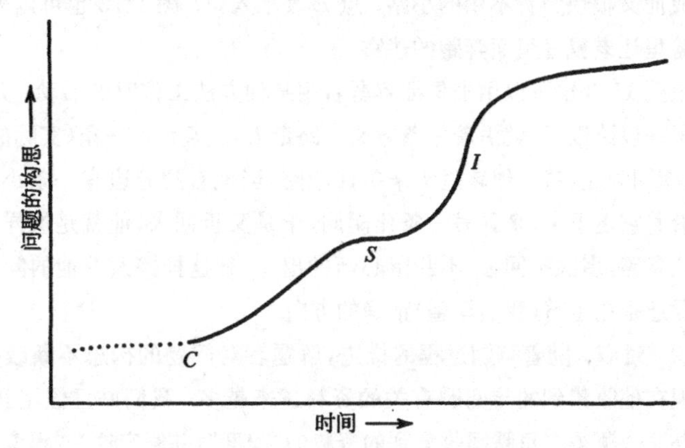

图 11.4　自觉的开始——停滞——想法,灵感,转折点

段. 点 C 标志着自觉工作的开始，从这里虚线变成了实线. 斜率表示在那一瞬时工作进展的速度，这个速度在变化着，它在 S 点最慢，曲线在 S 点切线是水平的，它表示着瞬间的停滞. 在点 I 速度最快，那里的斜率取到了极大值，同时 I 还是一个扭转点，它意味着关键想法在这里出现了，这是灵感来临的那一瞬间.（点 S 也是一个扭转点，但它属于相反的类型，在 S 点斜率是取极小值的.）

解法在解题者脑子里的发展是一个复杂的过程，其变化是各种各样的. 图 11.4 并没有把这些情景都表现出来，但它可以给我们其他的讨论(譬如说图 7.8)作点补充.

11.10 *你也是这样的.* 很多我知道(或者我想我知道)的解题知识是通过对少数几个难忘的经历的深思而得到的. 常常在读一本书，或跟一个朋友进行讨论，或跟一个学生闲谈，或观察听众的表情时，我会突然想起什么来，而且情不自禁地对自己说："你也是一样的，你做这些时也跟他们一样. "实际上，甚至我观察动物时——狗呀，鸟呀，有一次是老鼠——也有过这种感觉"你呀，跟它们是一样的. "

11.11 *鼠与人.* 女东家慌慌张张地跑到后院，把捕鼠器放在地上(这是一个老式的捕鼠器，即一个有一扇活门的笼子)，并且催她的女儿赶快把猫弄来. 捕鼠器里的老鼠看来像是知道要发生什么啦，疯狂地在笼子里蹦着，死劲地朝栅栏上撞着，一会儿朝这边，一会儿朝那边，在最后一刹那它终于成功地挤了出去，消失在邻居的地里. 捕鼠器某一边的栅栏中间肯定有一个缝隙比较宽. 女东家显然很扫兴，那只来晚了的猫也很失望. 可我从开始就是同情老鼠的，所以我感到很难对女东家或猫说点什么安慰的话，而是默默地为老鼠庆幸. 它解决了一个很大的问题，给出了一个重要的例子.

这也就是解题的途径. 我们必须一再地去试，直到最后我们看出各种缝隙之间的细微差别为止. 我们必须不断更换我们的试验，使得我们能探测到问题的各个方面. 因为说实话，我们事先并不知道唯一能让我们挤过去的那道缝隙到底在哪一边.

鼠类和人类所用的基本方法是一样的：一再地去试，多次变化方法，使我们不致错过那少许的宝贵的可能性. 当然啰，人解决问题通常总比老鼠要强，人不需要用肉体去撞障碍物，他是用智力去撞，人能够比老鼠更多地变化他的方法而且也能从挫折中学到更多的东西.

第 12 章　思维的守则

所谓方法就是把我们应该注意的事物进行适当的整理和排列.

《笛卡儿全集》,第十卷,p. 379;
思维的法则,法则 V.

§12.1　应该怎样思考

第 11 章试图描绘出解题者典型的思维活动. 但是典型的是否就是合理的呢? 我们可以这样去做,但是,我们是不是应该这样去做呢?

这些问题既含糊又笼统,很难于回答,不过却可以用来表示本章的意向. 我们将试着利用第 11 章所概括的解题者的思维经历来把那些对于解题者有典型意义的思维活动(步骤、程序等等)列举出来,并且在列出的过程中指出每一个在解题过程中所处的地位.

我们将以简洁的形式,利用一套"定型的"提问和建议来表达这些对解题具有典型意义的活动. 读者将会感到这些问题和建议可以用两种不同的方式去解释:它们或者是引自解题者的自言自语,或是一个高明的教师向他要培养的一个学生所提的建议①.

---

① 建议读者将这一章的说明与 HSI 中平行的章节进行比较,前面这一段可参考 pp. 1—5,目的. "定型的"提问和建议(它们是我的方法的一个主要部分)在我的文章中有介绍,见参考文献[18].

§12.2 集中目标

当你有了一个问题时，它会经常在你的脑中出现，缠住你不放．不过，你不要只是笼统地去想你的问题，而应该是面对它，看清它，特别是应该问自己：*你要求的是什么？*

在解题的过程中，你会多次碰到问这个问题的机会．当你深深地陷进了某个也许不相干的枝节问题中时，当你的思路开始混乱时，那么最好是问一下自己：*你要求的是什么？*并把思路重新集中到目标上来．

求解的问题的目标是未知量，为了把思想集中到这种目标，你应该问：*未知量是什么？*求证的问题的目标是结论，这时相应的问题是：*结论是什么？*

看清楚你的目标，也就是看清你想要取得的东西之后，你应当清点一下自己现有的可以用来达到目的的东西，所以应当问一下自己：*你有些什么？*

实际上，如果你希望把两个点联系起来，找到一条由此及彼的途径，那么你最好是轮流地观察这两个点，先是这一个，再是那一个，因为这样你就经常有机会来回地问：*你要求的是什么？你有些什么？*

对于求解的问题，我们问：*未知量是什么？已知量是什么？条件是什么？*而对于求证的问题则应当问：*结论是什么？假设是什么？*

这些问题提醒了我们什么呢？它提醒我们把注意力集中到上述各点上．按照笛卡儿的说法（见本章开头的引文），方法就在于按适当的顺序一个接一个地去注意全部有关联的各点．当然，求解的问题的那些主要部分（未知量，已知量和条件）和求证问题的主要部分（结论和假设）无疑都是有关联的．它们简直太重要了，看来应当及早考虑它们，当你把问题作为一个整体充分了解之后，就应把注意力集中到它的主要部分上去．

§12.3 估计前景

一个认真对待自己问题的解题者,对自己走向目标的步伐和接近目标的程度,以及任何影响自己计划前景的变化都会有敏锐的感觉. 而我们常常还希望能比感觉更进一步,例如清醒地估计一下自己的处境,判断一下问题的性质,估计一下问题的前景等等. 这些就是下面我们要提的那些问题的意图所在.

有些问题是没有希望的. 如果我们手头的问题是一个没有希望的问题,我们当然就不应该在里面陷得太深,因此,我们要问一问:这问题有什么答案吗? 它有一个清楚的答案吗? 如果有答案,我能求出来吗?

当我们在处理一个求解的问题时,我们应当问一问:这问题有解吗? 我们还可以进一步细问:这个问题是只有一个解呢? 还是有几个解? 或者是没有解? 问题的条件是不是恰好足以确定未知量? 或它给得太少了还是太多了?

当我们在处理一个求证的问题时,相应的问题是,这个定理成立还是不成立? 我们还可以进一步细问:这定理是成立的呢还是得有更强的假设才能保证它成立? 这个定理是不能改进了呢还是一个较弱的假设就足以保证它成立? 等等.

实际上,在结束我们的工作及解出问题之前,这些问题中的任一个都不可能得到明确的回答. 但是我们并没有真正指望能明确回答这些问题,我们所要的只是一个临时性的答案,即一个猜测. 在寻求正确猜测的过程中,我们可以逐步弄清自己相对于问题的位置,而我们所期望的效果也正是这个. 我们已把前面的问题用一种简短而通俗的形式叙述出来了. 为慎重起见,我们应当问一下:这问题像是有答案、有解的吗? 所述定理可能成立也可能不成立,哪一种可能性更大些呢?

我们该在什么时候问上述这些问题呢? 这并没有(也不该有)什么一定之规,十分经常的是,考虑过§12.2对问题的主要部分提出的那些疑问之后，它们就会很自然地随之提出来了.

§12.4 所要求的：途径

目标启示着手段，对目标(未知量，结论)的考虑可能会启发你找到一个途径. 考虑了目标，问题就一个接一个地出来了：你要求的是什么？什么是未知量？你怎样才能求出这种类型的未知量？根据哪些已知量你就能求出这一类未知量？这些提问就引导到一条"倒退"的途径：如果我们发觉了可以推出所提问题的未知量的"已知量"，那么我们就可以把这些"已知量"选作辅助问题的目标，这样我们就可以开始从后向前推了[见习题 8.1(2)].

对于求证的问题，相应地我们问：你要求的是什么？结论是什么？你怎样才能推出这种类型的结论？根据哪些假设条件就能推出这种类型的结论？

与上面强调未知量(结论)的提问相对应，我们也可以有强调已知量(假设条件)的提问：已知量是什么？这样的已知量有什么用？从这种已知量你能推出些什么？对于求证的问题也有一串对应的提问：假设条件是什么？这样的假设条件有什么用？你能从这种假设条件推出些什么？这些提问将引导到一条前进的途径.(见习题 8.1，我们在习题 8.1 中曾讨论过这个问题，应当记住，总的说来，倒着推的计划比朝前推的计划要略胜一筹.)

不幸，我们经常碰到的情况是既不能用倒着推的办法也不能用朝前推的办法去得出一个可行的计划. 不过还是有些别的提问可以启发我们去找出一条途径来，假如及早提出下面这些提问可能是有好处的：这是什么类型的问题？它与某个已知的问题有关吗？它像某个已知的问题吗？在试着把我们的问题归入某一类和试着找出它与已知问题的关系及相似之处的过程中，我们也许会发现一个熟悉的能用于目前问题的模型，于是我们就有了一个出发点——我们已经看到了通向解的最初一段路.

为了找一个可用的相关问题，我们可以去综观一下那些最常用的关系：你知道一个相关的问题吗？你能设想出一个相关的问题吗？你知道或你能设想出一个同一类型的问题、一个类似的问题，一个更一般的问题、一个更特殊的问题吗？但是，这些提问也可能使我们远离了原题，所以通常总是在我们已经把问题弄清楚并记牢之后才把它们提出来. 这样，即使我们在距离原题较远的地方工作，也不致于有忘掉原题的危险.

§12.5 所要求的：更有希望的局面

当你处理某些具体事情（比方说，你打算从树上锯一根树枝）时，你会自动地置身于一个最便于行动的位置上. 面对任何问题都应仿此办理，也就是你应当设法使自己处在一个最易于抓住问题的位置上. 在解题过程中，你常常会翻来覆去地在脑子里惦量着问题，试图能使它看起来更简单. 此刻你看到的问题的情况可能还不是最好的. 所以应当问一下自己：这个问题已经表达得尽可能地简单、清楚以及有启发性了吗？你能重新表述一下这个问题吗？

你当然很想把问题重新表述一下（即把它变成一个等价的问题），使它变得更熟悉，更有吸引力，更易于接近和更有希望解决.

你工作的目的就是想在你要求的东西和你现有的东西之间横着的那条鸿沟上架起桥来，也就是要把未知量和已知量，结论和假设连接起来. 那么你能不能把问题重新表述得使未知量和已知量，结论和假设看上去彼此更加接近些呢？

你可以把结论变形，把假设变形，或者把两者同时变形，但必须使它们彼此更加靠近. 同样的，你可以把未知量变形，把已知量或条件变形，或把整个问题变形，但目的应当是使得未知量和已知量彼此更加靠近.

随着问题的进展，一些新线段出现在所考虑的图上，而在解题者脑中逐渐成熟的结构上，也加进了新的材料和新的关系. 问题的每一次变形都更易于引进新的因素. 而返回到定义则是给问题构思增加新材料的重要途径.

例如,如果我们的问题是处理一个棱锥的棱台(见第7章),我们应当问一问:棱锥的棱台是什么?它是怎样定义的?棱台是整棱锥被一个平行于底面的平面截去一个小棱锥后余下的部分.这个回答使我们注意到了两个新的立体——整棱锥和小棱锥,我们发现把它们中的某一个或同时两个都结合到问题的构思中来可能是很有利的.②

把问题所给的这些因素返回到定义去考虑,使我们可以引进某些新的因素,而这些新的因素转而又引出更多的新因素,如此继续下去,我们就可以把问题的思路进一步展开.这种展开往往能使我们更接近问题的解.但也不尽然,因为有时某些不必要的过细反而会阻碍问题的解决.

值得考虑的使问题变形的方法很多,有些方法仅对某些特殊类型的问题适用,但也有一些是比较一般的.(见习题12.1,12.2.)

§12.6 所要求的:有关的知识

所谓解法,基本上就是把所提问题与我们过去获得的知识中的有关因素联系起来,当我们试图把问题复述成一种更有利的形式时,我们实际上是想从问题本身开始去寻求联系,即企图用"从里面"做起的办法去穿透包围问题的云层.我们也可以从另一个极端去寻求这种联系,即试着用"从外面"做起的办法去寻求某些有用的知识片断.

要想全盘考查我们已经获得的全部知识显然是不可能的.因此,我们应该从考查最有可能与目前问题有联系的那部分知识入手.

如果你对问题所属的范畴是熟悉的,你就能知道其中哪些是"关键的事实",也就是那些你最有机会用得上的事实.这样你就

---

② 见HSI,定义,p.85-92.

把它们事先准备起来，就像一个好的工人把得心应手的工具备好放在手边那样.

如果你有一个求解的问题，你就应该特别关心那些具有相同未知量的问题，因为这种问题可能会是一个倒推计划(见第8章)的起点. 如果你有一个求证的问题，那么那些与所考虑的定理具有相同结论的定理值得你特别注意，因为它可能是一个出发点.

这里所谓的关键事实是什么？有一个具同样类型未知量的问题(特别是过去解过的问题)吗？有一个具同样结论的定理(特别是过去证过的定理)吗？这些提问能提醒你从过去获得的知识中抽出某些有用的因素，当你要去收集有关的事实时，则从这些问题入手是比较恰当的. 而如果这些都无济于事，那么你就得去考查更复杂、更深奥的事实，或者某些过去考虑过的，虽然跟手头问题的未知量或结论没有共同点而在其他某个因素上却有共同点的问题. 毫无疑问，在你的知识中总有一些是能用于现在这个问题的，但怎样把它们联系起来呢？又怎样去得到它们呢？你可以尝试“推广”、“特殊化”、“类比”，以及在你的问题所属的整个范畴内去搜寻.

当然，你的知识面越广，组织得越好，那么你找到所需要的东西的机会也就越多. 见习题12.3.

§12.7 所要求的：重新估计形势

有时你对工作的进展会感到很失望，因为你考虑过的各式各样的想法都失败了，试过的那些路也都走进了死胡同. 摆在你面前的图形，问题整个构思的现状都显得糊涂不清楚，拥挤但又不完全，一些基本因素、基本环节仍无下落.

麻烦可能是由于陷进了枝节问题，或受了毫不相干的材料的拖累所引起的. 因此最好是回到问题最原始的构思上去，重新去考察未知量，已知量和条件，或者假设和结论. 你把全部条件都考虑进去了吗？你把所有的已知量都用上了吗？你把全部假设都考虑进去了吗？它的每一部分你都用到了吗？

如果你原来就确信所有这些已知量和条件都是确定未知量所必不可少的，或者全部假设都是推出结论所必不可少的，那么这些提问就问得非常贴切. 倘若你没有明确到这些，而只不过是觉得所有的已知量与条件或假设的所有分款可能是很根本的，则前面那些问题问得也是恰当的，而且可能会对你有所帮助. 它们启示你应该试着去用某一个你完全忽视了的已知数据或者分款，而这样做就有可能使你找到失落的环节.

另外，麻烦也有可能是由于你还没有充分理解问题中那些基本术语的意义. 你对问题直接涉及的所有概念都了解(形象化地了解)了吗？这个提问可以提醒你返回到某些术语的定义上去，提醒你应该弄明白你的问题，这样就有可能引导你得到一个比较满意的复述或找到某些有用的新因素.

§12.8 提问题的艺术

在前面几节里，我们概述了解题者几种典型的思维动作或“招数”. 每一招数的描述都表述成一个提问(或建议——用五号楷体排的)，它可以作为招数的一个缩影，一个紧凑的表示③. 重要的是要弄清楚解题者(或教师)怎样才能用这些提问.

这里所收集的每一个提问，如果问得是地方，是时候，就可能引出好的回应，引出正确的想法，或一个能推动求解进程的合宜的招数. 所以说，提问的作用就像一服兴奋剂，它能促使我们产生所期待的反应. 所以说，这些提问是思想指南.

然而，当你真的身临其境时，你可能会不知道该问些什么了. 这时你可以试着作几个提问，一个接着一个，直到提出一个有用的问题来. 因此你可以把前面几节看成是可选问题的一个仓库，即

---

③ 关于“求解的问题”所涉及的提问列表于 HSI, pp. 13—15(中译本)，建议读者去研究一下这张表及所附的说明和例子.

当作一张提问的清单.

但是不要随心所欲地用这张清单随便地提问,也不要机械地搬用它,按死板的顺序去提问. 我们应该像一个熟练的工人使用他的工具箱那样来使用这张清单. 一个熟练的工人总是先仔细地考查一下要做的活,然后再去选择他该用的工具. 他可能在找到顺手的工具之前会试好几件工具,但他绝不是随意地或者机械地按固定的顺序去拿他的工具,他是运用他的判断力去选择工具的. 这也就是当你面对一个题目时,怎样从本章所收集的那些提问中选取其中一个的途径.

当然,一个工人可能得经过长期的实践和仔细观察别人的工作才掌握了他的手艺. 这也正说明了你怎样才能把握这里所收集的这些提问的用法. 这里并没有指导这些提问用法的一成不变的规则. 但是如果这些提问的背后有着你个人成功或失败的经验,如果你对你的目标了解得十分透彻,那么你就很有可能会挑出一个好的提问来.

一个熟练工人的工具当然都是保管得很好而且很有条理地排列在工具箱里的. 如果你不止是从字面上而是从你亲身经历里理解了本章描述的这些提问及由此而来的解题招数,如果你很好地了解了它们在解题过程中各自的作用,那么,我认为你将会比大多数人更善于去内行地,而不是笨拙地、随意地处理你的问题.

可能任何类型的思维守则都在于掌握和恰当地运用一系列合适的提问. 但是,我们怎样才能学到提问的艺术呢? 这种艺术没有任何规律吗?

第 12 章的习题与评注

12.1 *重新表述问题*. 我们问题的目标是要去证明(或否定)下述命题:"如果 A 成立则 B 也成立". 有时把问题变形,去证明(或否定)等价的逆否命题:"如果 B 不成立则 A 也不成立"可能更方便些. 见习题 9.10.

下面是一个类似的情况,令 x 表示一个求解的问题的未知量,$a,b,c,\cdots$,

l表示已知量.(例如未知量和已知量表示某一几何图形各部分的度量.)这时如果把未知量 x 与一个已知量,比如 a,互换一下可能会带来好处. 这样我们就把原来的问题变成一个新的问题,它的未知量是 a,而已知量是 $x,b,c,\cdots,l$. 见习题 2.33,2.34 和 2.35.

我们在这里考虑了两种与本题无关的变形的类型. 这些类型的研究本来属于启发式的范畴.

12.2 *把它表达成数学语言*. 我们在§2.1 中讨论过的笛卡儿的伟大计划可以(粗略地)概括成这样一句话:你可以把任何问题,通过表示成代数方程转化成数学问题. 笛卡儿的计划是失败了,但我们可以把它推广为:*把你的问题表达成数学语言*从而使它获得新生. 当然,这一建议能否成功就看我们能运用自如的数学语言的范围和水平了. 譬如说,如果我们不仅能像笛卡儿那样了解并运用代数符号,而且还了解并能应用微积分的符号,那么我们能处理的问题就多得多.

从一种非常广泛的意义上讲,任何一种充分清晰的概念结构都可以包括在"数学语言"当中. 在这种非常广泛的解释之下,"把它表达成数学语言"这句话理论上可能是完全的,但在实践上却并没有什么意义,因为它的意思一点也不比"试弄清它"多多少.

不过也有一种很窄的甚至多少有点含糊的解释但它却是经常有用的. 这就是把图解、图表和几何图形当作一类数学语言的符号形式来用. 画一个图,也就是把问题表成几何图形的语言,这常常是很有帮助的. 有些人就有一种要把自己的想法表示成某种几何符号的欲望. 参见习题 14.8.

12.3 *货源充足和组织良好的*知识仓库是解题者的一个重要资本. 良好的组织使得所提供的知识易于用上,这甚至可能比知识的广泛更为重要. 至少在有些情况下,知识太多可能反而成了累赘,它可能会妨碍解题者去看出一条简单的途径,而良好的组织则有利而无弊.

在一个秩序井然的仓库里,最常用的东西总是放在最容易拿到的地方,经常在一起使用的东西也总是放在一起,标签和细目则安排得便于我们把两个或更多个有关的东西同时取出来.

把图书馆里的图书或工具箱里的工具布置得很实用对工作是会大有帮助的,然而把你记忆里的知识安放得有条不紊则更对你有帮助,因此也更值得你去关心. 让我们来看看某些(对解题者来说是重要的)组织要点:

(1) 在任何主题中,都会有一些*关键事实*(关键问题,关键定理),你应当设法把它们放在你的记忆库里的最前面. 当你开始解题时,你跟前总得有一些关键的事实,就像一个熟练的工人开始工作时总是把他最常用的工具放在旁边一样.

当你想用欧几里得的方法去证明一个初等平面几何的命题时,你可以把三角形合同的四种情形和三角形相似的四种情形看作是关键事实. 当你想用笛卡儿的方法(第2章)去把一个初等几何问题化成方程组时,你可以把毕达哥拉斯定理和相似三角形边成比例的定理看作是关键事实. 如果你对处理级数的收敛或一些其他类的问题有经验,你也就能说出同样有关的关键事实.

(2) 下列两个提问对解题者来说是经常要用的:用什么样的已知量你才能确定这种类型的未知量? 根据哪些假说你才能推出这个结论? 由于要不断地用这些提问,所以我们应当把过去解过的具有同样类型未知量的问题及过去证明过的具有相同结论的定理设法"储存在一起".

(3) 你了解你所住的城市吗? 倘若你很了解它,你就应该能找出城市中任意两点间最近的走法以及指出采用什么交通工具最为方便. 同样,这也正是我们对知识的组织所要求的,在你工作的领域内你应当能找出任何两点间切实可行的联系.

概括一下有关的问题也许能使知识的组织搞得更好一些. 为此,本书的第一部分曾广泛地概括了由于能用同一个模型解出而彼此关联着的问题. 同样的,我们也可以去概括具有共同未知量的,或共同已知量的,或由类比关联着的,等等一系列问题.

(4) 欧几里得除《几何原本》外还写了一些其他的书,其中之一是《已知量》. 这本书里概括了能够确定几何对象的各种不同的已知量. 我相信欧几里得写《已知量》的目的是想把几何知识以即时可用的形式存放起来,以此去帮助我们的解题者,而这种形式主要是为那些经常问自己"根据哪些已知量我就能确定这一类未知量?"的读者考虑的.

12.4 根据哪些已知量你才能确定这种类型的未知量? 试列出若干简单的"求解问题",其未知量分别描述在下列句子中(这里大写字母表示点).

(1) ……求点 P.

(2) ……求 AB 的长度.

(3) ……求$\triangle ABC$ 的面积.

(4) ……求四面体 $ABCD$ 的体积.

12.5 根据哪些假设条件你才能推出这个结论? 试列出若干个简单的平面几何定理其结论分别为(大写字母 $A,B,C,\cdots$表示点).

(1) ……则 $AB=EF$.

(2) ……则 $\angle ABC=\angle EFG$.

(3) ……则 $AB:CD=EF:GH$.

(4) ……则 $AB<AC$.

12.6 *类比:三角形和四面体.* 下面是一对问题,第一个是关于三角形的,第二个是关于四面体的,它们彼此类似:

作给定三角形的外接圆.

作给定四面体的外接球面.

列出更多的彼此类似的题对或定理对. 它们的解法或证法也类似吗?或者说它们彼此是怎样关联着的?

12.7 叙述一个类比于下列四面体定理的三角形定理:

连接四面体相对两棱中点的直线必通过四面体的平行于该两棱的任一截面的重心.

这个三角形的定理能有助于证明上面的四面体的定理吗? 对习题 12.8 和习题 12.9 所叙述的定理,也请回答对应的提问.

12.8 (续) 任何通过四面体相对两棱中点的平面必平分其体积.

12.9 (续)在任一四面体中,平分二面角的平面把所对的棱分成与包含这个二面角的两相邻面的面积成比例的线段.

12.10 *注意和行动.*

(1) 方法是不是全在于把注意力按适当顺序一个接一个地放在全部有联系的点上?(见本章开始的引文.)这一点我不敢肯定. 但是解题者的有条不紊工作的动人之处确在他能够逐个地专注于问题中的有关因素以及它们的各种组合上.

问题:"*未知量是什么?*"和建议:"*盯住未知量!*"的目的是同一个,即把解题者的注意力引导到问题的未知量上去. 解题者有条不紊的工作在外人看来好像他是被一串心声指引着前进似的:

盯住整个问题.

盯住未知量.

盯住已知量.

盯住条件.

分别盯住每一个已知数据.

分别盯住条件的每一个分款.

特别注意一下那个你还没有用上的已知数.

特别注意一下那个你还没有用上的条件分款.

盯住这两个已知量的组合.

等等.

(2) 注意会引出行动.

*盯住未知量！未知量是什么？你怎样才能求出这种类型的未知量？根据哪些已知量你才能确定这种类型的未知量？你知道——你解过——具有这种类型未知量的问题吗？*投到未知量上的注意力将引导解题者到他的记忆中去查找曾经解过的具有同样未知量的问题. 如果这样的查找成功,解题者就可以尝试用从后向前推的方法去解他的问题(见第8章).

以上考虑的情况(即把注意力放在未知量上而引起的回顾)是特别常见和有用的. 但是把注意力放在问题的任何其他有关因素上,也可能导致一个有利的联想从而得到有利的行动. 比方说,把注意力放在问题陈述中出现的某个词,可能会导致我们返回到那个词的定义,由此得出该问题的一个有帮助的复述,并导致把有用的新因素引进复述的问题中.

(3) 解题者相继把注意力放在问题的各个因素和它们的各种组合上——他希望能从中找出一个因素,由它可以想到某个有益的(或最有益的)行动. 他希望在众多闪过的念头中能找到一个巧妙的想法告诉他怎样去做.

12.11 *生产性的思考,创造性的思考.* 如果思考让我们得出目前这个问题的解法,那它就是生产性的,如果思考创造出能解决未来问题的方法,那它就是创造性的,这种方法能解决的问题数目越大,种类越多,创造性也就越大.

有时解题者尽管没有成功地解出自己的问题,他也可能是做了创造性的工作,因为他的努力可能会导致一个能应用于其他问题的方法. 所以说,如果解题者留下未解决的是一个有意义的问题,它最终导致其他人发现了丰富多采的方法,则他就算是*间接地*做了创造性的工作.

我认为,把三等分任意角的问题流传下来的古代希腊人虽然没有解决这个问题,而且在那以后的若干个世纪里,还引起了大量徒劳无功的工作,但他们还是做了伟大的创造性的工作. 这个问题揭示了一个差异,即任意角都可以二等分,但只有一些特殊的角(如 90°)才能用圆规直尺把它三等分. 于是由此引出了怎样把一个角分为 5,7 或 17 等份的问题和方程式有没有根式解的问题，最后导致了高斯，阿贝尔和伽罗瓦*的伟大发现，这些发现所创立的方法可应用于无数问题上，这是最先提出三等分角的希腊人做梦都没有想到过的.

* 阿贝尔(Niels Henrik Abel，1802—1828)，挪威数学家. 伽罗瓦(Evariste Galois，1811—1832)，法国数学家，群论的创始人.

第 13 章　发现的规则

虽然在这类情况下要去规定任一件事都是困难的，而且每个人自己的禀赋也应当成为他在这些行动中的指南，但我仍将尽力给初学者指出方法.

牛顿:《泛算术》,拉尔兹逊译,1769 年版,p. 198.

由于实例比起说教来更容易使人学到本事，因此我认为去从事下列问题的解是合宜的.

牛顿:同上,pp. 177—178.

§13.1　形形色色的规则

随着解题者工作的进展，问题的面目不断在变化. 每一阶段，解题者都面临着新的情况和新的决断:在这个情况下该怎么做?下一步又该怎么做? 如果他有一套完善的方法，有一个正确无误的解题策略，他就能根据严格的规则，从当前已知的条件出发，利用清晰的推理，去确定下一步该怎么办. 不幸的是，从来就没有万能的完善的解题方法，没有能应用于一切情况的精确规则，十之八九是根本就不存在这样的规则.

不过各种各样的规则还是有的，诸如行为准则，格言，指南，等等. 这些都还是有用的，有据的，尽管它们不像数学或逻辑的规则那么严格. 数学规则，就像数学上"没有宽度的线"那样，泾渭分明. 而很多有据的规则却并不是这样，它没有一条截然分明的分界线，有时候它既不是黑，也不是白，只是一片灰色的影子，给我们留着某些余地，留着让我们进一步思考的余地.

看来，有些思维方式和思想习惯在很多——也许是绝大多数——解问题的场合是有作用的. 不管怎么说，前几章在这方面已经提到了一些例子和讨论. 所以我们现在不应当问"有没有关于发现的规则?"而应当提不同的问题,例如,"是否存在表述某些在解题中起作用的思维方式的格言?"①

§13.2 合 理 性

我们称一个行动或一个信念是合理的,如果它是建立在充分考虑过的理由之上的,而不是仅仅根据一些不清晰的、含糊的来源(诸如习惯、未认真研究的印象、感觉或"灵感"等等)贸然提出来的. 经我们仔细检查了证明的每一步而认可的数学定理便是一个典型的合理信念. 从某种观点看来,数学论证研究的最主要的价值,就是它使我们更接近作为"理性生物"的人的理想的合理举止.

然而解题者究竟应当怎样合理地行事却并不是显然的. 让我们把他的困难考虑得稍微具体一点. 我们来设想一个经常出现的典型情况:解题者正在解某个问题 A,而这个问题与另一个问题 B 是有联系的. 研究问题 B 有可能会使他更接近原来问题 A 的解. 但另一方面,研究问题 B 也可能不会带来任何好处,反而损失了时间和精力. 因此解题者就面临着一个决策:该不该暂时放弃对原来问题 A 的研究转而去研究新的问题 B 呢? 让他左右为难的是究竟要不要引进 B 作为一个辅助问题. 解题者能做出一个合理的决断吗?

解题者可能从问题 B 得到的一个重要好处就是研究 B 可以激发他的记忆,从而使得对解 A 有用的因素浮现出来. 那么有哪些机会使得研究 B 能产生这种效果呢? 看来仅仅就凭清晰合理的论证想去估计这种机会是不可能的. 在某种程度上,从某种意义上说,解题者必须要靠他的无法说清的感觉.

另一方面,也许存在着引进或反对引进 B 作为辅助问题的明

---

① 本章所讨论的大多数"规则"曾以稍微不同的形式在作者的文章中谈过,见参考文献[22].

确理由，我们在第 9 章中就曾经概述过某些这样的理由，解题者应怎样既顾及他的说不清楚的感觉又考虑到他的说得清楚的理由呢？他可以——而这一点看来是明智的——花些时间去仔细考虑他说得清的理由，而把他的感觉朝后推到最后决断的时候．事实上，仔细考虑他的说得清的理由能使他有机会在正确的方向上去影响他的感觉．看来除了这样做以外，很少能做得更合理了．

无论如何，解题者必须学会如何平衡说不清楚的感觉和说得清楚的理由．也许这就是他必须学习的最重要的东西．在我看来，解题者主要的行动准则，或主要的格言应当是：

决不要做违反你的感觉的事，但也应当不带任何成见地去查看清楚那些支持或反对你的计划的种种理由．

§13.3　经济，但并不预加限制

经济的原则是不用多加解释的，任何人都懂得珍惜自己的财富．当你去办一件事时，你总是尽可能少花金钱、时间和精力．你的大脑也许是你最主要的财富，而节省智力则可能是最重要的节约．*能少做的就不要多做*．这就是经济的一般原则．如果我们在*求解过程中尽可能少地引进额外的材料*，我们就是在解题中执行了这一原则．

显然我们必须仔细研究问题本身以及那些直接属于它的材料，我们第一步应当是尝试在不用更多考虑别的材料的情况下就能找出一条通向解的道路．如果我们找不到这样一条路，那我们就去考查那些虽然不直接属于问题但仍然很接近它的材料．如果还是没有得到什么有用的启示，那我们可以再稍微走远一点．不过只要我们还存在着从比较接近的材料出发去解决所提问题的希望，我们就不想把时间和精力花在那些牵强附会的东西上，这就是我们通常采取的态度．这类经济的常识可以用一句格言来概括：

尽可能离问题近些．

但是我们不能预先知道我们可能会留在离问题多近的地方．

有些卓越人物，他们具有一种我们难以达到的完美的解题方法，能够确切地预言他将被迫走出多远以收集解题所必需的材料——但这是我们所做不到的. 按照经济的原则，我们首先是考查所提问题本身，如果这样不够，我们就考查这个问题的近邻，如果这样还不够，我们就考查得再远一些，只要我们的探查还没有找到一条通向解的道路，我们就不得不走得更远. 如果你已经下了决心，不惜任何代价也要解决问题，你也许就确实要付出很高的代价. 总而言之，你不可能预先限制代价. 所以一个下了决心的解题者还必须接受无限制的原则，这是相对于经济原则的另一个原则：

要做好情况要求我们走多远就走多远的准备.

§13.4 坚持，但有变化

"天才即耐力."

"天才就是一分聪敏加九十九分勤奋."

上面这两句话，一句来自布丰*，另一句来自爱迪生**，两者表达的是同一个意思，即优秀的解题者必须是顽强的，他必须抓住问题坚持不放，绝不半途而废.

能用于整体的并不就能用于部分. 当然啰，解题者在考查问题的某些细节或某些方面时，应当锲而不舍，不要过早放弃，但也要经常估计一下前景如何，不要对一个已经完全挤干了的桔子再挤下去.

要紧紧抓住已考查过的点子不放，直至找到了某些有用的启示为止.

解题者大量的工作是动员工作，他必须从记忆中把那些能用于眼下问题的条款拣出来，这些需要回想起的条款，可能比较接近问题的某个方面或细节(与问题的其他方面和细节相比较)，而且

---

* 布丰(Georges Louis Buffon，1707—1788)，法国作家和政治家.

** 爱迪生(Thomas Alva Edison，1847—1031)，美国著名发明家.

也比较容易地通过这个方面或细节回忆起来．但是解题者事先并不知道究竟是哪个方面或细节会导致他去靠近他的目标，因此他应当去考虑种种方面和细节，他尤其应当去考虑所有比较基本的和比较有希望的方面和细节．

为了照顾全面而又不浪费时间，解题者不应在一个地方停留太久，也不要很快就返了回去．他应该寻求变化，在每一阶段都能看到新东西——例如新的点子，或先前考查过的点子的一个新组合，或用一个新的观点去考查已经考虑过的点子和组合．所有这些的目的无非是想用一种新的更有希望的观点来看整个问题．

简言之，变化乃是坚持所必不可少的相对部分．正如上面所说的，你应当探索你坚持考虑着的点子，但也要努力去考查某些还没有被开发过的地方，并从中抓住某些有用的启示．

这句话告诫你，变化的最大敌人，它的最明显的障碍，就是墨守成规——即没有改变、没有进展、一而再、再而三地重复同一件事．

§13.5 择优规则

如果一个问题有两种途径去解它，它们在其他方面都差不多，但其中有一个看上去似乎比另一个要容易些，那么我们自然先去试那条容易的．这样我们就有了一条(看似平常的)择优规则：

困难少的应先于困难多的．

事实上，这个说法是不够完整的：我们应当再加上“如果其他方面都一样”作为前提条件．我们要注意，这个必不可少的限制虽然没有写出来，但在这里以及以后对所有随之而来的各类择优规则，都必须这样去理解．下面是两条同样显然的这类规则：

较熟悉的应先于不怎么熟悉的．

与问题有较多共同点的条款应先于与问题有较少共同点的条款．

这些规则是显然的，但它们应用起来可能并不那么显然．特别是没有写出来但又要那样去理解的那个限制——“*如果其他方面都一样*”,会要求解题者去使出所有的敏锐与技巧.

另外还有一些不太明显、不很一般、比较特殊的择优规则. 为了有条不紊地去核查它们,我们要把涉及的因素进行分类. 下面是一种分类法,可能不完整,不过它至少对那些最显而易见的情况是吻合得很好的.

(1) 问题所固有的材料.

(2) 用得着的知识.

(3) 辅助问题.

我们将在下面三节中接着讲述这些有联系的规则.

§13.6 问题所固有的材料

当你开始考查一个问题时,你还不知道问题的哪些细节是重要的. 因此存在着过分强调某个不重要的细节的危险,而且你也许会陷在它里面不能自拔. 因此,我们在开始时,要先把问题当作一个不可分割的整体去考查,不要钻到哪一个细节中去,在你真正了解问题的重点或目的之前,脑子里想的应当是整个问题. *整体应先于部分.*

当你感到把问题作为一个整体来考虑已得不到更多的好处,正要朝细节着手时,要注意细节也会有等级:处于最高层、最接近问题“中心”的是主要部分(正如我们讨论过的,假设条件和结论是求证问题的主要部分,未知量、已知量和条件则是求解问题的主要部分). 从问题的主要部分开始去仔细地考虑问题是很自然的,你应当清楚地、非常清楚地去观察所求结论和它的假设——或所求未知量、给定的已知量以及相联的条件. 这就是说:*主要部分应先于其他部分.*

主要部分中的这一个或那一个也许可以再分,例如,假设可能由某几条假定组成,结论由几个论断组成,条件由几个分款组成,未知量可能是一个具有若干个分量的多元未知量,也可能有几个已知量当你在开始考虑时是合在一起的. 在主要部分之后,接下去值得你注意的是它们的细分,你可以考查每一个已知量,每一个未知量,条件的每一个分款,假设中的每一条假定,结论中的每一个论断等等. 总之,其他的细节将作为离问题中心比主要部分(最高层的)和主要部分的细分(次高层的)更远的部分予以考虑. 可能对离问题中心较远的部分来说也有一个先后的顺序(例如,某个概念 A 可能出现在问题的叙述中,而 A 的定义可能要涉及另一个概念 B,显然 B 离问题的中心就比 A 来得远). 注意,别走过了头. 在其他一切都相同的情况下(这个限制仍然存在),比起远离中心的部分来,你会有更多的机会使靠近中心的部分发挥作用. 因此,较近的部分应先于较远的部分.

§13.7 用得着的知识

正如我们一再所说的,解题者的一个基本的(也许是最基本的)动作就是动员他的知识中的有关因素,并把它们与问题的因素联系起来. 解题者在执行这一任务时可以"从里面"做起,也可以"从外面"做起. 他可以停留在问题里面,把问题展开,仔细考查各个部分,希望在这样做的过程中引出某些有用的知识片断. 另外,他也可以走出他的问题,在他已经掌握了的知识的各个领域里漫游,寻求有用的片断. 在上一节,我们已经看到解题者如何从里面去做,现在我们希望看看他怎样从外面去做.

任何知识片断,任何过去的经验都可能对我们手头问题的解决有用. 但是要把我们的知识都回顾一遍,或是逐点地回忆一下整个过去的经历,显然是不可能的. 即使我们的问题是数学问题,即使我们只需要考虑我们知识中与某一数学分支有关的过去曾解过的问题或曾证明过的定理,即使这些内容都是比较清楚的,而且是很有条理的,我们也不能把所有这些材料都拿来逐个考查一遍. 我们必须要对自己有限制,只能把那些最有机会用上的条款挑出来.

下面我们依次考虑求解的问题和求证的问题.

我们有一个求解的问题,我们已经考虑了它的主要部分,未知量、已知量、条件. 现在我们想从记忆中找出某些过去曾解过的可能有帮助的问题. 我们当然要找那些和我们现在的问题有某些共同点的问题,例如,未知量或未知量之一是相同的,已知量或已知量之一是相同的,或某些直接涉及的概念是相同的等等. 可能会有这样的情形,即过去解过的问题,不管是近的还是远的,都或多或少有助于手头的问题,要去一一考查它们当然是太多了. 然而在所有这些可能的接触点中,有一个应当引起我们更多的注意,即**未知量**. (特别地,我们不妨试着用一个和手头问题有同一类型的未知量的问题作为一个从后往前推的倒推解法的起点,见第 8 章.)当然,在特殊情况下,也可能其他接触点更为可取,但是一般说来,当其他一切都一样时,首先,我们还是要**盯住未知量**[②]. **在以前解过的问题中,与现在的问题有同类型未知量的问题应先于其他的.**

如果我们找不到一个充分接近且和我们手头问题有同类型未知量的解过的问题,我们可以去找一个有类似未知量的问题——这样的问题也有较高的优先地位,虽然不是最高的优先地位.

如果我们有一个求证的问题,情况也是类似的. 当我们要从记忆中去找出一个可能有帮助的过去证过的定理时,我们应**盯住结论. 与现在要证明的定理有同样结论的过去已证明过的定理应先于其他的已证明过的定理.**

仅次于这种的,是那些与我们要去建立的定理有类似结论的过去已证明过的定理.

§13.8 辅助问题

解题者面临的最困难的抉择之一是选择一个适当的辅助问

② 见 HSI,pp. 123—129,盯住未知量.

题．他可以从里面做去找这个问题，也可以从外面做去找它，或者是(这常常是最切实际的)交替着从里面做和从外面做去找它．当其他一切都一样时，总有某种类型的辅助问题，比其他的辅助问题有更多的机会发挥作用．

辅助问题可以用各种各样的方式去推进问题的解决，它可以提供材料上的帮助，或方法论上的帮助，它可以起刺激的作用、引导的作用或演习的作用．但是不管我们寻求的是哪一种方式的帮助，那些与所提问题联系较紧密的辅助问题应当比那些联系松散的有更多机会提供这类帮助．所以，与所提问题等价的问题先于那些较强的或较弱的问题，而后者又先于其余的问题．我们还可以换一种说法：双侧变形应先于单侧变形，单侧变形又应先于联系更松散的变形(见第9章)．

§13.9 总　　结

合理性．绝不要做违反你的感觉的事，但也应当不带任何成见地去查看清楚那些支持或反对你的计划的种种理由．

经济，但不预加限制．尽可能离问题近些．要做好情况要求我们走多远就走多远的准备．

坚持，但有变化．要紧紧抓住已考查过的点子不放，直到找到了某些有用的启示为止．但也要努力去考查某些还没有被开发过的地方，并从中抓住某些有用的启示．

择优规则．

困难少的应先于困难多的．

较熟悉的应先于不怎么熟悉的．

与问题有较多共同点的条款应先于与问题有较少共同点的条款．

整体应先于部分，主要部分应先于其他部分，较近的部分应先于较远的部分．

在以前解过的问题中，与现有问题有相同类型未知量的问题，应先于其他的.

与要证明的定理有同样结论的过去已经证明过的定理应先于其他的已证明过的定理.

与所提问题等价的问题应先于那些较强的或较弱的问题，而后者又先于其余的问题. 双侧变形应先于单侧变形，单侧变形又应先于联系更松散的变形.

对所有这些择优规则，我们都要记住这样一个前提：如果其他都一样.

第13章的习题与评注

13.1 *天才，专家和初学者.* 天才能在不知道有规则的情况下按照规则行事. 专家能在不想到规则时按照规则行事，但只要需要，他就能讲出应用于该情况的规则. 初学者尝试着按规则去行事，他可以从成功或失败中学到它的确切含义.

这些话当然不是什么新的. 圣·奥古斯丁* 在谈到演说家和修辞学的规则时说："他们遵循了规则，因为他们是能言善辩的；他们不是能言善辩的，因为他们遵循了规则. "**

13.2 *关于果子和计划.* 我要不要摘这果子？它是不是熟到可以摘了？当然，如果我们把它留在树上，它也许会长得更好，味道更美. 但另一方面，如果留在树上，它也可能被鸟或虫子咬坏，被风吹掉，被邻居的孩子摘走，或者遭到其他什么而丢失或糟蹋了. 该不该现在就摘了它呢？它的颜色、形状、软硬、香味、一般外观都恰到好处了吗？

颜色、形状、软硬、香味都意味着滋味，但它们并不能保证它. 当我考查自己园子里的果子时，我能很有把握地估计这些征兆，至少我自认为是这样. 但当我碰到不很熟悉的果子时，我的估计就不很可靠了. 总之，从外观上去估计一个果子的味道不能认为是"完全客观的"，这种估计在很大程度上依靠

---

* 圣·奥古斯丁(Saint Augustin，354-430)，主教，神学家与哲学家，主要著作有：《上帝的城》、《忏悔》.

** 第一句话的含义是，要做到"能言善辩"必须自觉或不自觉地遵循修辞学的规则. 第二句话的含义是，若不掌握修辞学规律的精神实质，而只拘泥于规则的表面形式，则常常反而受到这些表面形式的束缚，而变得"不能言善辩".

个人的经验，而这种经验是很难从与具体的人无关的角度去完满地解释和彻底地证明的.

我应该采取这一步骤吗？我的计划已经成熟到可以拿来实行了吗？当然我不能肯定计划一定能行得通. 如果我考虑的时间再长一点，我也许对它执行的效果能看得更清楚些. 但另一方面，迟早我总得做点什么，而目前我又想不出什么更可靠的计划. 那么我该不该现在就开始把计划付诸实践呢？它看上去有足够的希望吗？

无论是摘果子还是执行计划，我们可能都有一些在理的想法，但我们很难单凭这些想法去作判断. 我们对果子的收成或问题的情况在总的方面的估计，都不得不依靠(不能完全分析的)感觉.

13.3 *工作风格.* 任何一个企图把“发现的规则”公式化的人都应该了解不同的解题者是用不同的方式工作的. 每一个好的解题者都有自己独特的风格.

我们来比较一下两个解题者：一个具有“工程师”的气质，而另一个具有“物理学家”的气质. 他们都试图去解同一个问题，但由于兴趣不同，他们的工作方式也就不一样. 工程师着眼于一个干净利落有效的解(“成本最低”、“销路最好”的解)，物理学家则着眼于隐蔽在解后面的原理. 工程师更多倾向于有关“生产性”的思考，而物理学家则倾向于有关“创造性”的思考(习题12.11). 因此他们是运用不同的方法去解决问题的.

让我们考虑得再具体一点，看来工程师和物理学家试图解一个题时，会有两条途径. 一方面，所提问题表现出与过去解过的某问题 $\boldsymbol{A}$ 有类似之处，另一方面，所提问题似乎又能按一个一般的模型 $\boldsymbol{B}$ 去处理. 在这两种途径，即 $\boldsymbol{A}$ 与 $\boldsymbol{B}$ 之间，可以有一种选择. 我倾向于认为，在这种情况下，当别的一切都一样时，工程师会选择研究具体的问题 $\boldsymbol{A}$ 而物理学家则宁愿去研究一般的模型 $\boldsymbol{B}$.

这个例子说明：解题者的工作风格实质上表现为一系列择优，即优先地位属于谁. 对§13.9中总结的那些择优规则，解题者也许还可以加上一些别的(例如：“一般模型先于特殊例子”). 此外，他还可以特别强调某些择优规则(“当出现矛盾时，规则 $\boldsymbol{X}$ 的分量比规则 $\boldsymbol{Y}$ 要重些”).

第 14 章　关于学、教和学教[①]

那些曾使你不得不亲自动手发现了的东西，会在你脑中留下一条途径，一旦有所需要，你就可以重新运用它.

李希坦伯格*《格言》

人的认识从感觉开始，再从感觉上升到概念，最终形成思想.

康德**《纯粹理性批判》1978 年英文版，p. 429.

我（打算）把初学者学习的那些事物写得能让他看到事物的里层内容，甚至揭示发明的源头，这种写法可以使得初学者领悟一切，就像这些事物是他本人发明的一样.

莱布尼兹：《数学著作集》，第七卷，p. 9.

§ 14.1　教不是一种科学

我将向你略抒关于学习的过程，关于教学的艺术和教师的训练等问题上的己见.

我的意见是长期经验的结果，这些个人的看法也许是不相干的. 假如教学这件事可以完全被科学的事实和理论所规定，那我也就不必谈论它们徒费你的时间了. 然而，事情却并不是那样. 教学，在我看来，不仅仅是应用心理学的一个分支——无论如何，

① § 14. 1—14. 7 的内容已作为在伯克利召开的美国数学协会第 46 届年会上的一个报告发表过，见参考文献中作者的文章[29].

* 李希坦伯格（Georg Christoph Lichtenberg），见习题 10. 1.

** 康德（Immanuel Kant，1724—1804），德国哲学家.

现在还不是.

教与学是互相关联的. 关于学的实验和理论上的研究是心理学的一个广泛而深入研讨过的分支. 然而这里有一个区别. 我们这里涉及的主要是学的方面复杂的情形,诸如学习代数,学习教学,以及它们长期的教学效果等. 而心理学家则把主要的注意力和大部分工作从事简化的短期的情形. 因此关于学的方面的心理学虽然可以给我们提供一些有趣的启示,却不能冒充为教学问题上的最终判断②.

§14.2 教学的目标

假如我们不明确教师的目标,我们就不能判断教师的工作. 假如我们在教学的目标问题上有某种程度的意见不一,我们也就不能够很好地谈论教学的问题.

让我谈得具体一点. 我在这里谈的是高中课程中的数学,而关于它的教学目标我有一种老式的想法:即首先和主要的,是必须教会那些年轻人去思考.

这是我的一个坚定的信念. 你或许并不全是那样想的,但我设想你在一定程度上是同意的. 假如你不认为"教会思考"是第一位的目标,你可能也认为它是第二位的目标——这样的话,我们在下面的讨论中也就有了足够的共同语言了.

"教会思考"意味着数学教师不仅仅应该传授知识,而且也应当去发展学生运用所传授的知识的能力;他应当强调运用的窍门,有益的心态及应有的思想习惯. 关于这个目标,可能需要一个更全面的说明(我在关于教学问题上的整个已出版的著作可以作为一个更全面的说明). 但是在这里,我想仅侧重说明两点就够了.

第一,我们这里所提的思想,当然不是指白天做梦,而是指"有

---

② 参考 E. R. Hilgard《论学习》(Theories of Learning),1956 年第二版, pp. 485—490.

目的的思想”，或“有意识的思想”（William James * 语），或“能导致后果的思想”（Max Wertheimer 语），这种思想在我们谈论的范围内（至少在一次逼近之内）就是“解题”. 不管怎么说，我认为，高中数学课程的主要目标之一应是发展学生的解题能力.

第二，数学的思想并不总是纯“形式”的，它并不仅仅就只是公理、定义和严格证明，而尚有许多从属于它的其他东西：如将所观察到的情况加以一般化，归纳的论证，通过类比进行论述，在一个具体问题中认出一个数学概念，或者从一个具体问题中抽象出一个数学概念等等. 一个数学教师有很多机会使他的学生去了解这些极其重要的“非形式”的思想过程，我的意思是说，他应当更好地利用这种机会，应当大大地改善今天的现状. 或许用一句不很全面但较简短的话来说，就是：让我们尽一切努力去教会证明，同时也教会猜测.

§14.3 教是一种艺术

教不是一门科学，而是一种艺术. 这个看法已为许多人谈过多次了，因此在这里老调重弹，似乎有些不合时宜. 然而假如我们并不是去重复一般的陈词滥调，而只是谈些具体的东西，那么也许会觉得此中还是有点门道可究的.

教学与唱戏，显然有不少共同之处. 比如，你要给你这个班去讲一个很熟的证明，在过去多年中你已在同一课程中讲过它多遍了，你对此实际上已无多大兴趣——但请千万不要在课堂上显露出来：假如你表现出厌烦，那么整个课堂也会如此. 当你开始证明的时候，要摆出一副兴奋的模样，当证明进行的时候，要装出有很多点子，当证明完结的时候，还要表示出惊奇和得意. 你多少应当作些表演，因为有时候你的学生也许从你的举止中比从你所讲的主题中学到的更多.

---

* 威廉·詹姆士（William James，1842—1910），美国哲学家.

我必须承认，我是乐意作点表演的. 特别是我现在已经老了，在数学上已经很难再去发现什么新的东西了，因此重演一下过去是如何发现这个或那个的，心中会感到一点快慰.

教学，不很明显地，与音乐也有共同之处. 你当然知道，教师讲解一个问题，不能光讲一遍或两遍，而往往要讲三遍、四遍甚至多遍. 然而，把同一句话不停地毫无变化地重复多遍，那会令人十分厌烦而且要起反作用. 这里，你可以向作曲家学习，看他们是怎样处理这一问题的. 音乐的一种主要艺术格式是"变奏曲调"，将这个音乐中的艺术格式用到教学中就应是：开始时用最简单的形式讲你的东西，然后略加变化地重复它，然后又增加一点新的色彩再次重复它，等等，在你结束时又可以回到原来简单的形式上. 另一种音乐艺术格式是"回旋曲"，将回旋曲从音乐中转移到教学里就变成：你把同一句最重要的话不加改变或很少改变地重复几次，然而在两次重复之间插入若干适当对照的叙述材料. 我希望你下一次听贝多芬的变奏曲或莫扎特的回旋曲时，会对改进自己的教学作点思考.

有的时候，教学显得像是一首诗，有的时候，它又显得有损雅听. 我可以同你谈谈关于伟大的爱因斯坦的一则小小轶闻吗？在一次聚会上，我听见他同一群物理学家说："为什么所有电子都带相同电荷？""那么为什么所有羊粪蛋都是一样的大小？"爱因斯坦为什么要说这些？仅仅是为了让时人俗客们惊愕一番？我想他是不屑为此的. 也许，它是意味深长的. 我并不认为偶然听到的这句话是爱因斯坦信口说的. 不管怎么说，我从中学到了一些东西：抽象的道理是重要的，但要用一切办法使它们能看得见摸得着. 什么也不作，对于弄清你的抽象观念，可能很好也可能很坏，可能有诗意也可能很乏味. 正如蒙田*所说，真理是这样的伟大，我们不应当藐视任何能够达到它的手段. 因此在你的课堂上，兴之所至而稍发诗兴，甚至小有不雅，都应当允许，不要有太多的清规

* 蒙田(Michel Eyquem de Montaigne，1533—1592)，法国哲学家，散文作家.

戒律.

§14.4 学习三原则

教学是一种有着无数门道的行当. 每个好的教师都有自己几个拿手的高招,并且好的教师又各不相同.

任何有效的教学法必然以某种方式与学习过程的性质互相关联着. 对于学习过程我们并不知道得很多,然而对于它的一些比较显著的特点即使作一个粗略的概括,也足以对我们这一行中的门道给出若干受欢迎的阐明. 让我们以学习的三条"原则"来表述这一粗略的概括. 它们的叙述形式和组合是我选择的,然而"原则"本身绝不是新的发明,它们早就被用不同形式反复叙述过了. 它们来自长时期经验的积累,为伟大人物的判断所认可,并且也是关于学的心理学研究的成果.

这些"学习的原则"也可以当作为"教学的原则",这也是在这里讨论它们——以后要谈得更多——的主要缘故.

(1) *主动学习*. 许多人都在不同场合讲到,学习应当是主动的,不要只是被动或消极接受. 仅仅靠阅读或听课、看电影而不自己动脑筋,很难学到什么东西,当然更谈不上学到很多东西了.

还有另外一种常见的与之密切相关的说法:*学习任何东西的最好途径是自己去发现*. 李希坦伯格(十八世纪德国物理学家,因善写格言而知名)添了一段有意思的话:"*那些曾使你不得不亲自去发现的东西,会在你脑海里留下一条途径,一旦有所需要,你就可以重新运用它.* "下面的这段叙述,虽然略逊文采,却用得更广:"*为了有效地学习,学生应当在给定的条件下,尽量多地自己去发现所要学习的材料.* "

这就是*主动学习原理*,这是一条很老的原理,它是"苏格拉底*方法"的思想基础.

---

* 苏格拉底(Socrates,前470—前399),古希腊哲学家.

(2) 最佳动机. 学习应当是主动的,上面已经谈了. 然而倘若学生没有学习的动机,他就不会去主动学习. 他必须要有某些激励的因素,譬如说,某些报偿的期望才能促使主动学习. 所学内容的兴趣乃是学习最佳的刺激,强烈的心智活动所带来的愉快乃是这种活动最好的报偿. 于是,在我们不能得到最佳动机的地方,我们就应该争取得到第二位、第三位的动机,那些不那么内在的动机也不应当忽略掉.

为了有效地学习,学生应当对所学习的材料感到兴趣并且在学习活动中找到乐趣. 此外,除了这些学习的最佳动机之外,也还有其他的,其中有些也是值得考虑的动机(例如不学习会带来惩罚也许是最后一个可供考虑的动机).

我们把上面的叙述称为最佳动机原理.

(3) 阶段序进. 让我们从常常引用的一句康德的话开始:人的认识从感觉开始,再从感觉上升到概念,最后形成思想. 英译本用了"cognition(认识),intuition(感觉),idea(思想)"等词. 我说不清楚(谁能说清楚?)康德是在什么样的确切含义下使用这些词的. 但请允许我谈一下我对康德这句格言的理解:

学习从行动和感受开始,再从这里上升到语言和概念,最后形成该有的心理习惯.

请你一开始就将这个句子里的词按你自己经验所能具体描述的意义去理解(促使你按个人经验去思考也是想取得的效果之一). "学习"应当使你想起了课堂,你自己作为一个学生或教师亦在其中. "行动和感受"则可想像为看见具体的东西诸如石子,苹果,擀面杖,圆规直尺,或实验仪器等等.

词的这种具体解释,当我们联想的是某些简单粗浅的事物时,当然显得比较容易理解和自然. 然而,我们可以发现,在把握那些涉及更加复杂和高深材料的工作中,也存在着认识的类似阶段. 让我们将它们区分为三种阶段:探索阶段,形式化阶段和同化阶段.

第一个探索阶段更接近于行动和感受,处在一种比较直观带启发性的水平上.

第二个形式化阶段引入了术语、定义、证明等,上升到了一个较为概念化的水平上.

最后出现的是同化阶段:这里应当有一种洞察事物"内部境界"的尝试,应当让学习的内容经过消化吸收到学生的知识体系中,到学生的整个精神世界中去,这个阶段一方面铺平了通向应用的道路,另一方面又打开了向更高级推广的道路.

我们综合一下:*对于有效的学习,在语言文字表达及概念建立的阶段之前应当先有一个探索阶段,最后,学习所得将转化为学生的才能和品性,融入其中,变成精神素质的一部分.*

这就是阶段序进原理.

§14.5 教学的三原则

教师应当了解学习的方法和途径. 他应当避开无效的学习途径并利用有效的途径. 这样他就能够很好地运用我们刚才概述过的三原则,即主动学习原则,最佳动机原则和阶段序进原则,这些学习的原则也是教学的原则. 然而这里有一个条件:为了利用这样一个原则,教师不仅仅光是从耳闻中了解它,而且他应当在自己认真思考过的个人经验基础上发自内心地去理解它.

(1) *主动学习.* 教师在课堂上讲什么当然是重要的,然而学生想的是什么却更是千百倍地重要. 思想应当在学生的脑子里产生出来而教师仅仅只应起一个产婆的作用.

这是一种古典的苏格拉底的格式,而最适合于这种格式的教学形式是苏格拉底的对话. 中学教师比起学院里的讲师有一个明显的方便之处,就是他能够更广泛地应用对话形式. 不幸的是,甚至在中学里,时间也是限定的,许多规定的内容要去完成,因此事情不能都用对话的形式去进行. 然而原则是:*在给定的条件下,应让学生们尽可能多地靠他们自己去发现.*

能够做的总是比已在做的要多,我确信如此. 我在这里向你推荐一种小小的门道:让学生主动地为(以后他们必须要去求解的)问题的明确表述贡献一份力量. 假如学生们在问题的提出过程中自己起过作用,则以后在学习中就必然会显得更加主动积极.

事实上,在科学家的工作中,去明确表述出一个问题也许是发现的更主要的一个部分. 问题的求解比起问题的明确表述来,就常常不需要那么多的见识和独创了. 因此,让学生在表述工作中分担一部分,你就不仅能推动他们更加努力地去工作,而且也教给了他们一个应有的思维方式.

(2) 最佳动机. 教师应当把自己看成是一个推销员,他要把某些数学知识推销给年轻人. 现在,假如推销员在推销工作中碰到了困难,他所期待的顾客并不买他的货,那么他不应当光是去责难顾客. 请记住,从原则上讲,顾客总是对的,有时候从实际上讲,他们也是对的. 青年人学不进数学也许是有道理的,他可能既不懒也不笨,只不过是对别的东西更感兴趣而已——在我们周围世界里有多少使人感兴趣的东西呀. 作为一个教师,作为一个知识的推销员,他的责任就是使得学生们确信数学是有趣的,使他们感到刚刚讨论的那个问题是有趣的,让他做的那些题是值得他努力去做的,等等.

因此,教师应当注意选择好提出的题目,将它组织好进行适当的介绍. 从学生的角度去看,题目应当是有意思的和跟他们有关联的,如果可能的话,最好是与学生的日常生活有联系,而且题目的引入最好能带点诙谐与悖论. 或者,题目应当以最熟悉的知识为出发点,如果可能的话,它最好带有一些普遍兴趣或实际应用的特色. 假如我们想鼓励学生做出真正的努力,我们总得给他们讲出点道理,使得他感觉到值得花力气去干这件事.

最佳动机就是学生在他的工作中的兴趣. 然而还有许多其他的不应当忽视的动机. 让我在这里推荐一个小小的实际可行的办法:在学生开始做题之前,先让他猜猜结果或猜猜部分的结果. 于是表示过意见的孩子就约束住了自己,因为结果如何多少影响到他的面子和自尊,因此他就急于要知道他的猜测是不是对的,这样他就会积极关注于他的作业和课堂上的工作——也就无暇去打瞌睡或捣乱了.

事实上,在科学家的工作中,猜测几乎总是走在证明的前头的. 因此,让你的学生们去猜结果,这不仅调动了他们工作的积极性,并且你还教给他们应有的思维方式.

(3) 阶段序进. 在高中教科书平常取材中,有一件要不得的事就是它们几乎无例外地仅仅包含常规的习题. 常规的习题是短程的习题,它只是提供了对一个孤立法则的应用练习,这类常规的题目也许是有用的甚至是必需的,我并不反对它们,然而它们忽略了两个重要的学习阶段:探索阶段和同化阶段. 这两个阶段都是要寻求手头上的问题与周围世界和其他知识领域的联系,不过第一个阶段是在正式求解之前,而后一个阶段则是在正式求解之后. 然而常规的习题,虽然明显地联系了它所要描述的法则,但它极少与任何其他东西有关联. 因此为了寻求深入的联系,它就没有多大用处. 跟这些常规的习题对比,高级中学应当时常介绍更多一些带挑战性的题目,一些具有丰富背景并值得深入探索的题目,一些能预先品味到科学家工作的题目.

这里有一个实际工作上的提示:假如你准备拿到班上讨论的题目是合适的,那么不妨让你的学生预先做一些探索工作,这可以提高他们正式解题的兴趣. 此外保留一点时间对已完成的解进行一些回顾性的总结讨论,这对后来的题目的求解将是有好处的.

(4)经过了如上极不完全的讨论之后,我现在要结束关于主动学习,最佳动机和阶段序进三原则的解释工作了.

我认为这些原则可以贯彻到教师日常工作的各个环节中去并且能使他成为一个更好的教师. 我同样认为这些原则也应当贯彻到整个教学计划中去,贯彻到每门课程的计划以及每门课程的每一章节的计划中去,

然而我决不是说你必须要接受这些原则. 这些原则发端于某一种世界观、某一种哲学,而你也许信奉的是另一种哲学. 现在在教学中,也像在其他工作中一样,你信奉的是哪一种哲学并不是十

分重要的，要紧的是是否信奉一种哲学．而更要紧的是你想不想去贯彻你的哲学．我最厌恶的仅仅是那些口惠无实的教学原则．

§14.6 例　子

例子总是比说教来得强，让我们静心来研究几个例子吧——我总认为例子比泛谈更重要．我在这里涉及的主要是高中水平的教学，因此我将向你介绍一些高中水平的例子．在高中水平上处理例子时，我常常感到一种满足，我可以告诉你为什么——我常常设法把它们处理得能反映自己数学上这方面或那方面的经验，即我是在一种缩小了的规模上重演我过去曾做过的工作．

（1）一个七年级的题目．苏格拉底式的对话是教学的基本艺术形式．在一个高中低年级班里，或许是七年级，教师可以从如下对话开始：

“在旧金山中午的时刻是什么？”

“可是老师，这谁都知道……”这也许是一个活泼的小伙子在说，他甚至可能说：“老师，您真糊涂：十二点．”

“那么在圣克利门特中午的时刻是什么呢？”

“十二点——当然，不是午夜十二点．”

“那么在纽约中午的时刻是什么？”

“十二点．”

“但我想旧金山与纽约不会在同一时刻达到中午，而你却说这两个地方的中午时刻都是十二点！”

“是的，旧金山中午是西部标准时间十二点，而纽约是东部标准时间十二点．”

“圣克利门特是哪一类标准时间呢？西部还是东部？”

“当然是西部．”

“旧金山和圣克利门特在同一时刻达到中午吗？”

“你不知道怎样回答吗？好，猜猜看：是旧金山中午来得早呢还是圣克利门特，或是这两地正好在同一时刻到达中午？”

你觉得我对七年级孩子做苏格拉底式谈话的想法怎样？不管怎样，你可以去想像其余的谈话. 通过适当的对答之后，模仿苏格拉底的教师应当在学生中提炼出以下几点：

(a) 我们必须把“天文的”中午与常规的或“公认”的中午区别开来.

(b) 这两个中午的定义.

(c) 了解“标准时间”：为什么地球表面要划分时区以及它们是怎样划分的？

(d) 问题的明确表述：“在西部标准时间的什么时刻旧金山是天文上的中午？”

(e) 解决这一问题唯一需要的具体数据是旧金山的经度(这一近似对七年级学生足够了).

这个题目并不很容易. 我将它在两个班进行了试验，这两个班的参加者都是高中教师. 一个班大约化去 25 分钟解题，另一个班化去约 35 分钟.

(2) 我必须告诉你们这个小小的七年级的题目具有各种各样的好处，它主要的好处也许是它强调了往往为课本中通常题目所忽略掉的一种基本的认识途径，即从具体的事例中去认识基本的数学概念. 为了解出问题，学生必须要认识一个比例关系：在地球表面一个局部地段太阳处在最高位置的时间随着这个地段的经度按比例地变化.

实际上，与高中课本里那些令人生厌的人为的题目相比，我们的题目是一个完全自然的、“实在的”问题. 在应用数学的一系列问题里，问题合适的表述总是一件重要的工作，并且常常是最重要的工作. 上面的这个可以提给七年级中等班级的小题目正好具有这个特色. 还有，严肃的应用数学问题是可以导致实际应用的，譬如说，采用一个更好的工艺过程等，我们的小题目可以用来向七年级学生说明为什么要采用 24 个时区制(其中每一时区有同一标准时间). 总起来说，我觉得这个题目，假如教师运用得较好，将会有助于未来的科学家与工程师去发现自己的禀赋，而对于那些以后专业上不用数学的学生来讲，也有助于促进他们智力的成熟.

我们还可以注意到这个题目描述了前面曾提到的那几种小手法：让学生在问题的明确表述中主动贡献一份力量[参阅 §14.5(1)]，实际上，导致问题明确表述的探索阶段是特别重要的[见 §14.5(3)]. 另外，还让学生去猜测解答中的要点[见 §14.5(2)]，等等.

(3) **一个十年级的题目.** 我们来考虑另一个例子. 让我们从一个也许是最为熟悉的几何作图题——*给定三边求作三角形*——开始. 类比是发现的一个丰富源泉，于是自然就提出这样的问题：上述题目在立体几何中的类比是什么？一个具有一点立体几何知识的中常学生，就可能提出下面的类比问题：*给定六条棱，求作一个四面体.*

这里也许应当插一句话，这个四面体的题目很接近于高中水平用"机械制图"可以解决的实际问题. 工程师和设计师常常用画好了的图样，对要建造的机器或房子的三维形状的各个部位给出了精确的说明. 我们现在则是要用指定的棱去建造一个四面体. 我们可以设想，比如说，把它从一块木头中雕刻出来.

这就要求这个题目应当可以用直尺和圆规精确求解，并且引导去讨论这样一个问题：应当画出四面体的哪些部分分图？从一个组织得较好的班级讨论中，我们可以最后把问题表述成如下形式；

给出四面体 $ABCD$ 六条棱的长

$$AB, BC, CA, AD, BD, CD,$$

把$\triangle ABC$ 视为四面体的底，用圆规和直尺做出底面和其他三个面的夹角.

这些角在把木块雕刻成所求立体时是需要预先了解的. 还有诸如下列其他一些四面体的因素在讨论中也会提出来：

(a) 从顶点 D 到底面的高.

(b) 这个高在底平面上的垂足.

(a) 和(b)将有助于增进所求立体的知识，它们可能会有助于找出所求的角，因此我们也应当想法把它们画出来.

(4) 当然，我们能够画出图 14.1 中的四个三角形面（有些在作图中画过的小圆弧仍然保留在图中，以便表示 $AD_2=AD_3$，$BD_3=BD_1$，$CD_1=CD_2$）. 假如将图 14.1 画到硬纸片上，加上三条贴边，再将图样剪下，并将它沿三条线折叠起来，糊上贴边，这样就得到了一个立体模型，从它身上我们可以粗粗地量出问题里的高和角度. 这个硬纸片的工作是很有启发的，但它并不是我们所要求的工作，我们应该用直尺和圆规去做出问题中的高，它的垂足和那些角度.

(5) 先把问题或它的一部分当作“已经解出”也许对考虑问题会有帮助. 我们想像一下，当三个侧面的每一个都绕着底的一边旋转而上升到应有位置上时，图 14.1 会变成什么样. 图 14.2 表示了这个多面体在底面（$\triangle ABC$）所在平面上的正交投影. 点 F 是顶点 D 的投影：它是由 D 引出的高的垂足.

(6) 我们可以用或不用硬纸片模型想像一下图 14.1 到图 14.2 的转化. 现在让我们把注意力集中于三个侧面之一，即 $\triangle BCD_1$ 上，它最初与 $\triangle ABC$ 处于同一平面上，即图 14.1 的平面，我们姑且把它当作水平面. 观察 $\triangle BCD_1$ 绕着它的固定边 BC 旋转，让眼睛跟着运动的顶点 D_1 转. 这个顶点描出了一段圆弧，

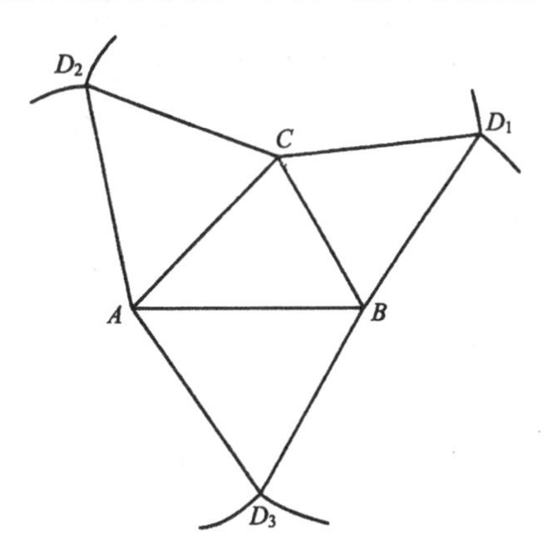

图 14.1　由六条棱作四面体

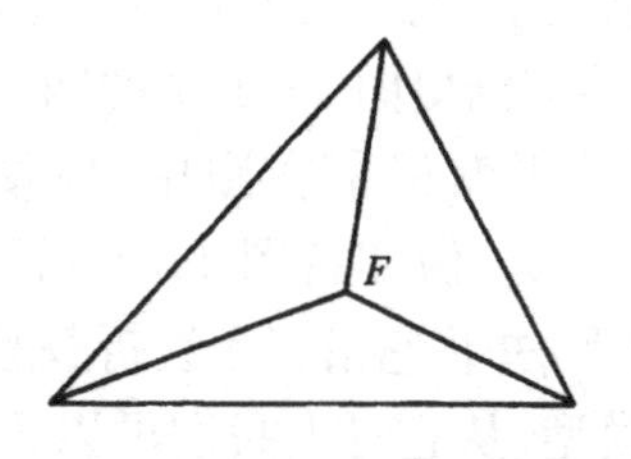

图 14.2　成品的一个样子

这个圆的中心是 BC 上的一点，这个圆的所在平面垂直于水平的转轴 BC，因此 D_1 在一铅直平面内运动. 于是，运动顶点 D_1 的轨迹在图 14.1 的水平面上的投影就是一条直线，它垂直于 BC，并且通过 D_1 点原来所在位置.

加上其余两个，这样共有三个旋转的三角形. 于是就有三个运动的顶点，每一个在各自铅直平面上划出一道圆弧的轨道——向着什么目标?

(7) 我想，到现在为止读者已经猜到结果了(也许甚至在读完上面小节之前就已经猜到)：由 D_1、D_2 和 D_3 三点的初位置(见图 14.1)分别引 BC、CA 和 AB 的垂线，这三条线将交于一点 F，它就是我们附加的目标(b)，见图 14.3(为了定出 F，画出两条垂线就够了，但我们可以用第三条去检验作图的精确性). 剩下要作的就比较容易了，令 M 为 D_1F 和 BC 的交点(见图 14.3). 作直角$\triangle FMD$(见图 14.4)，它有斜边 $MD=MD_1$ 和直角边 MF. 显然 FD 就是高[我们的附加目标(a)]，而$\angle FMD$ 就是底$\triangle ABC$ 所在平面和侧面$\triangle DBC$ 所在平面交成的二面角，这也是本题所要求的.

(8) 一个好的题目的优点之一是它常常可以引申出其他好题目.

上面的解法也许，而且应该，在我们脑中留下一个疑问. 我们找到由图 14.3 所表示的结果(即上面所述的三条垂线共点)是由于考虑了旋转物体的运动. 然而结果是一个几何命题，因此它应当仅仅依靠几何学而不依赖于运动的想法而得到.

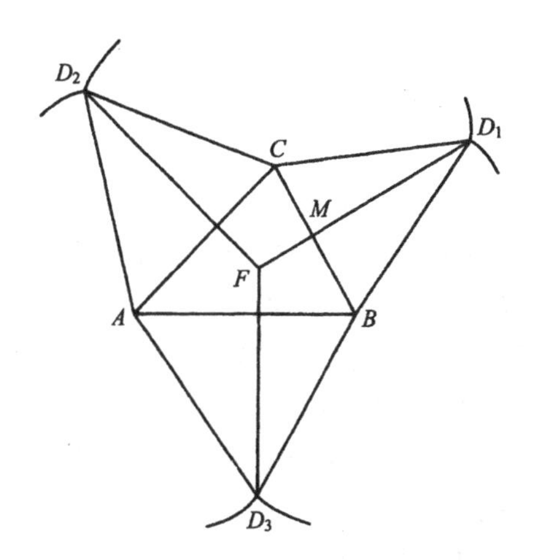

图 14.3　三个旅行者的共同目标

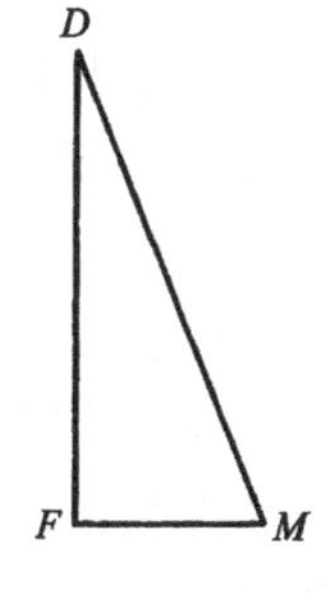

图 14.4　其余的就容易了

现在,从前面的论述[(6)和(7)]中除去运动的想法并且将结果建立在立体几何的想法上(球面的交,正交投影)[3]已经较为容易了. 然而结果又是一个平面几何的命题,因此它应当不依赖于立体几何的想法而仅仅建立在平面几何上. (怎么做?)

(9) 注意到这个十年级的题目也描述了各种前面讨论过的关于教学的观点. 比如,学生可能而且应当参与问题的最后明确表述,有一个探索阶段,和一个丰富的背景.

此外我想在这里再强调一点:题目要出得能吸引学生的注意. 虽然这个题目不像七年级那个题目那样可与日常生活经历相联系,但它却从一个最熟悉的知识(已知三边求作三角形)出发,从一开始就强调一个有广泛兴趣的想法(类比),并且它最终指向了实际应用(机械制图). 只要下一点功夫,再加上良好的愿望,教师是应该能够在这个题目上把所有不是太笨的学生的注意力都吸引过来的.

---

③　参阅 § 6.2(3).

§14.7 学习教学

还留下一个题目需要讨论，这是一个重要的题目——教师培训. 在讨论这个题目的时候，我的心情是轻松的：因为我几乎与“官方”立场是一致的[我这里指的是刊载于《美国数学月刊》67(1960)，982—991上的文章“美国数学协会关于数学教师培训的意见书”. 仅仅是为了说话简便，我冒昧把它说成“官方意见”]. 我将集中谈两点. 在过去，特别是在最近十年的教学中，我曾在这两点上投入过大量的工作与思考.

粗略地说，在我脑中的两点，其一涉及“业务”课程，另一涉及“方法”课程.

(1) 业务. 可悲的(现已取得共识)事实是我们的高中教师，按平均水平来看，他们的业务知识是不充分的. 当然，有一些水平较高的教师，但也有另外一些人(我就碰到几个)，他们的毅力值得钦佩，但他们的数学水平，却实在不能令人恭维. 有关业务课程，官方的意见也许不够理想，然而采纳它的意见将毫无疑问带来重大改进. 我想把你的注意力转到一个在我看来应当增加到官方意见中去的要点上.

我们在任何学科上的学识，都由知识和才智这两部分组成. 才智是运用知识的能力，当然，假若没有一定的独立思考，独创性和创新精神，也就谈不上才智. 在数学中，才智就是做问题，找出证明，评议论据，流畅地运用数学语言，及在各种具体场合辨认数学概念的能力.

每一个人都认为，在数学里，才智比起仅仅具有知识来显得更为重要，而且更为重要得多. 每一个人都要求高级中学不仅应当向学生传授知识，而且还应当开发他们的才智，他们的独立性，独创性和创新精神. 然而却几乎没有人对数学教师要求这些美好的品格——这不是怪事吗？官方意见中对于教师的数学才智一事未置一喙. 一个攻读哲学博士学位的学数学的学生必须要做研究.

当他达到那个阶段之前，他可以在讨论班，问题研讨班或者在硕士论文的准备阶段中找到一些独立工作的机会. 然而对未来的数学教师却没有提供这样的机会——官方意见中关于任何这类独立工作或研究工作都未置一词. 如果教师没有某种创造性工作的经历，那么他怎么能够去激励、引导、帮助或甚至去察觉他的学生的创造性活动呢？一个教师如果他所懂得的数学都是纯接受性的东西，他就不可能促使学生去主动学习. 一个教师如果在他的一生中从未有过什么巧思敏想，那么当他碰到一个有这种敏思的学生，可能就不会去鼓励他，反而会去申斥他.

这里，在我看来，对于一般水平的高中教师来讲，在业务知识方面存在的最糟糕的问题是：他没有积极主动的数学工作的经验，因此，他甚至没有实际掌握他要去教的那些高中材料.

我并没有什么灵丹妙药，但我曾作过些试验. 我曾举办并多次指导过一个教师的*解题研讨班*. 这个研讨班上提出的题目并不要求很多高中水平以外的知识，但却有一定程度的要求，而且经常要求有较高程度的专注和判断力——从这方面讲，这些题目的解法是“创造的”工作. 我曾试着这样来安排我的研讨，使得学生们不加很多改变就能够用上在班里提供的大部分材料，使他们获得熟练调用高中数学的某些技巧，甚至还可以使他们有一些教学实践的机会(在小组里互相教学). 参阅本书第一卷附录.

(2) *方法*. 从我与上百名数学教师的接触中，使我得到了一个印象，他们对于上“方法”课程的热情要低得多. 另外对数学系开设的常规课程，教师们的反应也是同样. 我同一个教师诚恳地谈了一下这件事，发现有一个代表着较普遍情绪的形象说法：“数学系给我们的是啃不动的硬牛排，而教育学院给的则是一碗没有肉的白水汤”.

事实上，我们应当鼓起勇气公开辩论下面这个问题：方法课程究竟需不需要？它们究竟有没有用？公开辩论比起私下里普遍议论，更便于我们去得到一个正确的答案.

这里肯定会有很多问题. 教学是可以教的吗？(教学是一种

艺术，正如我们许多人所想的——但这种艺术是可以教的吗?)有教学方法这么一种东西吗?(教师教的决不会超过教师有的——教学与教师整个性格都有关系——有多少好教师就有多少好方法.)培训教师的时间在业务课程、方法课程和教学实习这三者中进行调配，我们是否应当在方法课程上少花一点时间?(许多欧洲国家花很少的时间.)

我希望比我年青和有精力的人，某一天会提出这些问题来，虚心地用适当的论据辩论清楚这些问题.

我在这里说的仅仅是我自己的经验和自己的意见. 事实上，我已经隐隐地回答了所提出的问题：我相信方法课程会是有益的. 实际上我在前面所介绍的内容就是方法课程的一个实例或方法课程某些论题的一个梗概，按我的想法，它们在提供给数学教师的方法课程里是必须要讲的.

事实上，所有我给数学教师办过的班，都是要开设一定程度的方法课程的. 班的名称是属于业务性的，但时间实际上是在业务课和方法课之间分配的：也许十分之九用于业务而十分之一用于方法. 假若可能，这个班就办成对话形式的，一些方法上的评述由我自己或听众附带地插在其中. 然而一个结论的导出或是一个问题的解法，几乎经常是通过教育学意义下的简短讨论之后给出来的. 我问听众"你能把这些用到你的班级中去吗?""你能在课程的哪个阶段用上它?""哪一点需要特别关注?""你怎样设法使它们为人理解?"而这类性质的问题(适当地具体化)也经常出到考试卷上. 我的主要工作，简而言之，就是选出这些问题(就像我上面介绍过的两个问题)，用它们去生动地阐述某些教学模型.

(3) 官方的意见把"方法"课称为"课程研究"课，也没有讲出多少道理来. 不过我想，你可以在那里找到一条卓越的意见，但多少有点隐晦，你得把在"课程研究课"这部分中最后的话和对于水平Ⅳ的意见结合起来去看. 但它是十分清楚的：一个要给数学教师开方法课的学院讲师，他对数学的了解应当至少在硕士级的水平上. 我还想加一句：他也应当具有某些，说得谦虚点，数学研究的经验．假如他没有这样的经验，那么他怎么能够把对于未来的教师们是最重要的东西，即创造性工作的精神传授给别人呢？

你已经花了很长一段时间在听着一个老人的唠叨了．假如你能对（根据以前的讨论所得出的）以下建议进行一些思考，那么你就会从这席谈论中获得一些实在的好处．我建议下列两点应当添加到协会的正式意见书中去：

Ⅰ．数学教师的培训，应当在解题研讨班或以任何其他适当的形式，向他们提供有一定水平的独立的（“创造性”的）工作的经历．

Ⅱ．方法课应当在与业务课程或教学实习紧密结合的情况下开设，假如可能的话，它应当由在数学研究和教学上都有经验的讲师去开设．

§14.8　教师的思和行[④]

我前面已经谈过，我给教师们所讲授的，在一定程度上说，是“方法”课程．在这些讲授中，我的目的着眼于教师日常工作中的实际应用上．因此不可避免地，我必须对教师的日常工作和教师的思想举止多次表示我的意见．我的评论逐渐趋向于一种固定的形式，最后我把它们总结成为“教师十诫”．我想再对这十条规则加一点评论．

在形成这些规则的时候，我心里想的是这些班的成员——在高中教数学的教师们．然而这些规则是可以应用于任何学科、任何水平的任何教学场合的．特别在高中水平上，数学教师比起其他学科的教师来，在某些规则的应用上，有更多和更好的机会，其中尤其是规则6，7和8．

---

④　本节可以脱离前面各节独立阅读（有小部分重复）．它原载于《温哥华与维多利亚教育学院教育杂志》，no. 3，1959，pp. 61—69上．经过编辑的同意，并略作修改后，重新发表于此．

教师十诫

1. 要对你讲的课题有兴趣.
2. 要懂得你讲的课题.
3. 要懂得学习的途径:学习任何东西的最佳途径是靠自己去发现它.
4. 要读懂你的学生的脸上的表情,弄清楚他们的期望和困难,把自己放在他们的位置上.
5. 不仅要教给他们知识,并且要教给他们“技能”、思维方法和有条不紊的工作习惯.
6. 要让他们学习猜测.
7. 要让他们学习证明.
8. 要找出手边题目中那些可能对解后来题目有用的特征——即设法揭示出隐蔽在眼前具体情形中的一般模型.
9. 不要一下子吐露出你的全部秘密——让学生在你说出来之前先去猜——尽量让他们自己去找出来.
10. 要建议,不要强迫别人接受.

这些诫言是根据什么权威得出来的?亲爱的教师,除了你自己揣摩过的经验和熟虑过的判断之外,不要接受任何权威. 对于任何告诫,都应该自己先弄清楚它在你的具体情形中意味着什么,把它拿到你的课上去实践,通过试验之后再作判断.

现在让我们逐一地来考虑这十条规则,并主要联系数学教师的工作来考虑:

(1) 这儿恰好有一条绝对无误的教学方法——教师厌烦的课题,整个班级也会无例外地厌烦.

这就足够证明教师的第一和首要的一诫:要对你讲的课题有兴趣.

(2) 假如你对一个课题无兴趣,那就不要去教它,因为你是不可能教得让人接受的. 兴趣是一种必要性,一种不可缺少的必要条件,但是它并不是一个充分条件. 不管你有多大的兴趣,或什么教学方法或其他等等,都不可能使你向学生讲清楚你自己并没有弄懂的事情.

这就足够说明教师的第二诫:要懂得你讲的课题.

无论是对课题的兴趣或是关于课题的知识,两者对教师都是必不可少的. 我之所以把兴趣放在第一位,是因为有了真正的兴趣,就能使你更好地学到必要的知识,反过来,若仅有某些知识但却缺乏兴趣,你必然当不了一位好教师.

(3) 阅读一本好书或是听一堂关于学习心理学的好课,你也许会感到有很大收获. 然而读和听并不是绝对必要的,它们也决不是充分的. 你应当从自己研究的经验中及从对学生的观察中去了解学习的途径并且详细熟悉学习的过程.

把耳闻当作一条原则的依据是不妥的,空谈原则就更糟. 现在,有一条告诉你不能够满足于耳闻与空谈的学习原则:主动学习的原则⑤,它的中心思想是:学习任何东西的最佳途径就是自己去发现它. 你应当努力去懂得它并真正理解它.

(4) 甚至具备了某些真正的知识和兴趣,并且对学习过程也有所了解,你也可能不是一个高明的教师. 我承认,这种情况不是常有的,但也不是十分稀罕的. 我们中有些人就遇见过这样一位教师,他在其他方面都很胜任,就是不能跟他的班很好地"接触". 为了教与学的正常进行,在教师和学生之间必须要有某种接触和联系. 教师应当能够了解学生的情况,他应当能够注意到学生的反映. 于是就有下一诫:要读懂你的学生的脸上的表情,弄清楚他们的期望和困难,把自己放在他们那个位置上.

学生对你的教学的反应取决于他们以往的经历,他们的见解与兴趣. 因此要把他们知道什么,他们不知道什么,他们想知道什么以及他们不想知道什么,他们应当知道什么以及什么对他们学习来讲是无关紧要的等等这些问题,经常放在心中并加以考虑.

---

⑤ 见§14.4(1),14.5(1). 熟悉一下前已讨论过的其他两条原则是有好处的.

(5) 前面提到的四条规则包括了优秀教学的一切要义，它们共同形成了一类充分和必要的条件：假如你对于所讲的课题有兴趣并且具备了这方面的知识，此外你又能了解学生的情况，知道什么有助于他们学习，什么阻碍着他们学习，那么你就已经是一个好的教师了，或者即将成为一名好教师，需要的仅仅只是一些经验了.

剩下需要指出的是前面那些规则引出的一些推论，特别是涉及高中数学教师的那些推论.

学问，部分是由"知识"部分是由"技能"所组成的. 技能是技巧，是一种处理知识、运用它为既定目的服务的能力. 技能可以描述成为一组适当的思维方法，从根本上讲，技能就是有条不紊地工作的能力.

在数学里，技能就是解决问题，构造证明和批判地去检验解答和证明的能力. 而且在数学里，技能比起仅仅具备知识，要重要得多. 因此，对于数学教师而言，下面这一诫具有特别的重要性：*不仅要教给学生知识，并且要教给他们技能、思维方法和有条不紊的工作习惯*.

因为在数学里，技能重于知识，所以在数学课里，你怎样去教也许比你去教什么显得更重要.

(6) 先猜，后证——这是大多数的发现之道. 你应当懂得这一点(假如可能的话，最好是根据你自己的亲身体验去得到这一点)，而且你还应当懂得，数学教师有很好的机会去说明猜测在发现中所起的作用，从而使得学生在脑海中铭刻下一种带根本性的重要思维方式. 这后一点虽然是应当知道的，但却并不广为人知，正是因为这个缘故，它应当受到特别的注意. 我希望你不要在"*要让他们学习猜测*"这个问题上贻误了你的学生.

无知的不经心的学生常常是"瞎猜"一通，我们必须教会他们的当然不是瞎猜，而是"合理"的猜测. 合理的猜测是建立在归纳论证和类比的适度运用上，并且最终包含了全部合情推理(它在

“科学的方法”[⑥]中扮演一个角色)的手续.

(7)“数学是一所合情推理的好学校”. 这句话扼要地概括了前面这条规则的本质,但它听起来并不熟悉,很近才有这种提法,我想我应当为它说上几句.

“数学是一所证明推理的好学校”. 这句话听起来是熟悉的——它的某些叙述形式可能几乎与数学同样古老. 事实上,数学与证明推理是共存的,一门科学仅当它的概念提升到了充分抽象、确定的数理逻辑水平,数学才能渗透得进去. 低于这一水平高度便不会有严格的推理证明.(比如在日常事务中,便不要什么严格的推理证明.)不过(其理自明),数学教师还是应当使让除低年级以外的学生都了解证明的推理:要让他们学习证明.

(8) 在数学这门学问中,技能是更有价值的一部分,它的价值大大超过仅仅具备知识. 然而,我们应当怎样去传授技能? 学生只能够从模仿和演习中去学习它.

当你介绍一个题目的解法时,就应当适当地强调一下解法的有教育意义的特征. 一个特征,假如它值得去模仿,就是有教育意义的,这就是说,它不仅仅能用于解眼前的问题,并且也可用于解其他的问题——其可用的次数越多,就越有教育意义. 所谓去强调有教育意义的特征,不是仅仅赞赏它们(这对有些学生会起到相反的效果)而要讲究整个表现它们的方式(如果你有一点戏剧才能的话,只要加一点表演成分就很好). 一个发挥得很好的特征可以把你的解法变成为一个标准解法,变成一个使人印象深刻的可效法的模型,学生将模仿它去解其他许多的问题. 这样,我们就有了如下规则:要找出手边题目中那些可能对解后来题目有用的特征——即设法揭示出隐蔽在眼前具体情形中的一般模型[⑦].

(9) 我想在这里指出一个课堂上的小花招,它易于学到手并且应当为每一教师所了解. 在你开始讨论一个题目之前,先让你

---

⑥ 见第15章.

⑦ 你想了解得更详细吗? 请读全书.

的学生猜猜解答. 那些有了一个猜测或甚至已把猜测说出口的学生一定会变得很专心,他会紧跟解题的进展以便最后落实他的猜测是对的还是错的——这样他就不可能分散精神了[⑧].

这仅仅是下述规则的一个极为特殊的情形,而这条规则本身已包括在规则3和规则6的某些部分中了. 这条规则是:**不要一下子吐露出你的全部秘密——让学生在你说出来之前先去猜——尽量让他们自己去找出来.**

实际上,此条规则因伏尔泰而得名,他把它说得更有风趣:"令人讨厌的艺术就是把什么都说了出来."

(10) 一个学生作了一个长计算,写了好几行. 一看末行结果,便知道计算是错的,但我却抑住不说. 我喜欢与学生一起,一行接一行地查看:"你一开头做得很对. 你的第一行是对的,你的第二行也是对的,你做了这个那个. 现在关于这一行,你是怎么想的?"错就出在这一行,假如错是由学生自己发现的,他就可以学到点什么. 假如,我当时立即就说:"这是错的",这学生也许会产生反感,这样我下面的话他就都听不进去了. 假如我经常说"这是错的",学生将会恨我及恨数学,这样就他个人来讲,我的一切努力都将付诸东流.

亲爱的教师,请不要说"你是错的."假如可能,就换一句话:"你是对的,但是……". 倘若你是这样做了,并不表示你虚情假意,而是显出你的诚恳. 你应该这样去做,这已经隐含在规则3之中了. 不过现在我们把这个忠告表示得更明白些:**要建议,不要强迫别人接受.**

我们的最后两条规则,目标是一样的,它们共同提示的,就是在有教师教的条件下,尽可能给学生发挥自主和主动精神的机会. 迫于时间限制,数学教师常常会违背这些规则的精神,即**主动学习的原则**. 他也许赶着解题,并不留出足够时间让学生们自己去认真地思考一下问题. 他也许没有用适当的材料进行充分的准备,

---

⑧ 参考§14.5(2).

在学生们感到有需要之前，就很快地提出了一个概念或形成了一条规则. 他也许会犯“救星从天而降”的毛病：引入某些妙法（比如，在几何证明中引入一条奇妙的辅助线）使得结果突然推出，但学生们却要了命也想不出怎么能够发现这样一个从天上降下来的绝招.

违背这原则的情况太多了，因此让我们再强调几句：

让你的学生提出问题，要不就像他们自己提问的那样由你去提出这些问题.

让你的学生给出解答，要不就像他们自己给出的那样由你去给出解答.

无论如何，不要去解答没有人问过的，甚至连你自己也没有问过的问题.

第14章的习题与评注

第一部分

14.1 已知旧金山的经度为西经122°25′41″，回答§14.6(1)中的提问(d).

14.2 依照§14.6(8)中的提示，应用立体几何证明图14.3中所示的命题.

14.3 （续）用平面几何去证明所示的命题.

14.4 在§14.6(9)中提到了前已论述过的某些要点，这些要点也在§14.6(3)～§14.6(8)的问题中被描述过，你留意到更多这样的要点吗？

第二部分

14.5 为什么要教解题？我认为教“解题”应是各种各样课程的一种不可缺少的组成部分，尽管这些课程在别的方面可以各不相同. 因此它也应该是高中数学课程的一个不可缺少的组成部分. 这个意见贯穿于本书及我的有关著作中，并且已经在前面（见序言第5段和§14.2）明确地谈到过了. 假如读者在读了前面各章后仍不相信这个意见有多大价值，那么我对他也就无能为力了. 这里，我还想再说一点关于解题在高中课程中的作用和地位问题.

(1) 我们这里谈的是高中数学的教学以及这种教学的目标问题. 严肃的和现实的目标应该是考虑到学生以后能够运用它们于将要去学的东西.

当然，学生中有着不同类别，有些要较多地运用在学校学到的知识，而另一些则也许运用得较少. 有些学生在学生总数中占着较大的比例，而其他一些则占得较小. 这方面可靠的统计数字是很需要的，但几乎没有提供的. 我下面用的一些比例数字只是粗略的估计，并没有严格的统计基础——我使用这些数字，无非也只是为了谈起来具体些.

(2) 我们来考虑一下学习高中水平的数学(代数，几何等等)的那些学生. 依照他们在未来各自的职业中应用所学数学的情况，我们把他们分成三类:数学家，用到数学的人，不用数学的人.

我们把第一类人的界线划得广泛一些，即把理论物理学家，天文学家及某些专门研究领域里的工程师也算成为"数学家"或"数学的生产者". 所有这些人也许占学生的1%(未来数学的哲学博士的数字接近于0.1%).

工程师，科学家(也包括一些社会科学家)，数学教师，科学教师等等是数学的应用者(一般说来，不是数学的生产者). 我们也把那些在他们以后的专业工作中并不用到数学，但是在他们的学习阶段却需要一些数学(比如许多工科毕业生以后成了推销员或经理)的学生也算作为数学的应用者. 所有各类数学的应用者的总数，比如说，占了学生总数的29%.

余下的学生中有许多人能用超出小学所学的数学，但他们实际上并不用. 把这部分不应用数学的人估计成占学生的70%虽然是粗略的，但不能说是不现实的. 几乎所有未来的实业家、律师、牧师等，均属于此类.

(3) 我们无法预知谁以后会干什么，我们也无从知道哪些学生归属于哪一类. 因此据此情况，我觉得数学班应当办得符合两个"原则"：

第一，每一个学生应当能够从他的学习中得到某些收获而不管他以后的职业是什么.

第二，那些在数学上表现出有一些资质的学生应当受到鼓励和吸引，而不要由于拙劣的教育而使他们嫌弃了数学.

我想读者同意这两条原则是不言而喻的，至少在某种程度上是这样. 实际上，我认为一个人在安排课程的时候，如果不是一直不断地真正关注到了这两条原则，那他就是不切实际的和不负责任的.

让我简单提一下这里所考虑的三种类别的学生[见(2)]怎样能够从学习解题中获得他们应得的东西.

(4) 解数学题的能力，当然，依赖于某些有关的数学的专题知识，除此之外，它还有赖于某种有益的思维习惯，某种一般性的我们在日常生活中称之为"常识"的东西. 一个教师，若要一视同仁地去教所有的学生——未来用数学和不用数学的人，那么他在教解题时应当教三分之一的数学和三分之二的常识. 向学生灌注有益的思维习惯和常识也许不是一件太容易的事，假如一个数学教师在这方面取得了成绩，那么他就真正为他的学生(无论他们以后是做什么工作的)做了好事. 能为那些70％的在以后生活中不用专业数学的学生做好事当然是一件最有意义的事情.

对29％的以后将成为数学应用者的学生，需要有一些技术上的训练来为接下去的学习做准备(比如代数运算的技巧). 但这些讲究实际的学生，不愿意去学习抽象的专门的东西，除非他们相信，学这些东西是有目的的，是对一些事情有用的. 教师在向学生说明为什么要教这些东西时，最好是去证明这些东西在解决实际中提出来的有兴趣的具体问题时，是十分有效的.

未来的数学家仅占学生整体的1％，将他们发掘出来是一件最重要的事情. 假如他们选择了一项错误的职业，那么他们的才能(现代社会很多方面会需要他们)将遭到浪费. 高中教师对这1％能做到的最重要的事就是唤起他们对数学的兴趣. (多教或少教他们一点高中里的专题知识是无关紧要的，因为这只不过占他们最终必须要学习的知识中的一个无穷小的比例.)现在，解题便是通向数学的一条重要的道路，它并不是唯一的道路，但它跟其他那些重要的道路是联系着的(见习题14.6). 此外，教师也应当去处理少量的虽然多少有点难并且要花费时间但却真正具备了数学的美和有一定背景的题目(见第15章).

(5) 我希望，正如我前面已经说过的，有关在高中教解题的论述，读者能够在本书的每一部分和我有关的著作中找到. 某些特殊方面将在下面再着重谈一谈.

14.6 *解题和理论的形成.* 一个专心投入的认真备课的教师能用一个有意义的但又不太复杂的题目，去帮助学生发掘问题的各个方面，使得通过这道题，就好像通过一道门户，把学生引入一个完整的理论领域. 比如，证明$\sqrt{2}$是一个无理数，或者证明存在无限多个素数就是这一类有意义的题目，前者可以成为一道通向极关键的实数概念⑨的门户，而后者则是通向数论⑩的门户.

---

⑨ 参阅 A. I. Wittenberg, Bildung und Mathematik(Klett Verlag 1963) pp. 168—253.

⑩ 参阅 Martin Wagenschein, Exemplarisches Lehren im Mathematikunterricht, Der Mathematikunterricht, vol. 8, 1962, part 4, pp. 29—38.

教师这样做的过程也与历史上科学的发展是一致的. 一个有意义的问题的解决,花在解上面的努力和由解问题得到的启示,可以打开通向一门新科学、甚至一个科学新纪元的门户,这里我们不禁想起了伽利略和他的落体问题,以及开普勒和火星轨道问题.

M. Wagenschein 在上面所引的著作里,提出了一个想法,我认为它应当得到所有课程安排者的注意. 这个想法是:教师与其去穷于应付过分扩充了的大纲的各个细节,不如集中力量于某几个真正有意义的问题,从容不迫而彻底地讨论它们. 学生们可以在他们水平许可的范围之内去涉猎问题的各个方面,他们要自己去发现问题的解,他们可以在教师的指导下,预测解的某些结果. 照此办理,一个问题就可以变成学科的整个一章的一个范例和样板. 这是关于示范教学思想的第一次概述,每一个认真关心课程的教师应当读一读上面所引的书中关于这方面的内容,也可参考习题 14.11.

让我们注意:单个问题的适当处理可以成为通向一个科学分支的门户,或者成为它的一个范例. 正是有鉴于此再加上类似的观察,使我在 § 14.2 中不揣冒昧地说,思考也就是解题,至少在一次逼近的范围内是这样.

14.7 *解题与一般文化修养.* 许多人认为(我也是这许多人中的一个)高中教育的主要任务,就是向学生传授一般文化修养. 我们不在这里纠缠"一般文化修养"的定义,否则我们就可能在"正确"的定义上争个没完没了.

我在数学班里教解题的过程中,得到了发展某些概念和思维习惯的极好机会,而这些方面,我认为是一般文化修养中的重要组成部分. 307 页的方框里列出了一张表[11],这张表当然不可能列出所有东西,它仅仅包括那些最明显、最为人熟知的若干内容. 我想它并没有超出高中班级的平均水平. 表中所列的大多数条目已在本书或在我的有关著作[12]中详尽地解释过了. 另外一些补充的说明见习题 14.8 和 14.10.

关于一般文化修养与数学教学之间的关系这个重要问题上的一个观点,可参阅参考文献[46]Wittenberg 的著作.

14.8 *图的语言.* 有一些人总想把他们的想法用某种几何符号表现出来. 在他们的脑子里,我们大家惯用的某些说话姿势也有了发展成为几何图形的趋势. 每当他们在想着他们的问题时,他们往往要找一张纸和一枝铅笔信手涂画一番,他们也许正在用几何图形的语言把自己表达出来.

---

⑪ 摘自《美国数学月刊》, vol. 65, 1958, p. 103.

⑫ 关于"公式语言"见第 2 章,关于"合理猜测"见第 15 章.

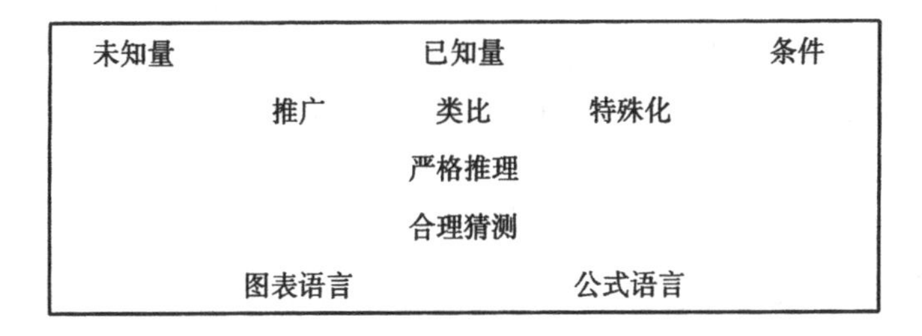

(1) 许多重要的非几何的事实和想法，都可以非常合适地用几何图形、图式和图表表现出来. 音符就是把点记在高低不同的谱线上去表示音调的高低，化学符号借助于几何符号(点及连接它们的笔画)去表现化合物的构造. 数以及数量关系可以借助于几何对象和几何关系用各种各样的方式去表现. 解析几何提供了将数量关系与几何关系互相转换的系统手段. 解析几何有点像是两种语言的辞典，即公式的语言和几何图形的语言的辞典，它使得我们很容易地将一种语言转化成另一种语言. 解析几何的思想是应用于科学、工程、经济等各方面名目繁多的图式、图表、诺模图等等的基础. 图表在纯数学中同样是有用的，有一些在高中水平上即可得到很好的解释，习题 14.9 就是它的一种不能在平常课本中找到的描述.

(2) 在科学中应用图式和图表原则上讲常常是确定的和精确的，(理想化了的)几何图形确切地表示了意想中的数量关系. 然而那些或多或少有些含混或不确切的图式表示也仍然是可以有用的，注意到这一点也是重要的. 例如，我相信图 11.2 还是有些启发价值的，尽管它只不过是将嘴上说的转化为看得见的图，并不比纸上写的比喻多出任何东西. 图 11.3 和 11.4 也是这样. 图 15.1 到 15.5 就有很清楚的数学含义，它们表示了所有三角形组成的集合和这个集的某些子集合. 然而它们主要的兴趣却在于启示更多的一些东西，启示了一个我们还没有想得那样清楚的步骤，一个归纳论述的进展.

在看来是类似的两个图表中，其一可以用完全确定的数学意义来说明，另一则是在有点模糊的譬喻的含义下去理解，而处于严格的精确性与诗意的引喻之间的所有等级都是可能的. 用于多种目的的流程图，就能很好地说明这一点.

(3) 几何，我们关于空间的知识，具有若干个方面. 如我们所知，几何可以看成是建立在公理基础上的科学，然而几何也是一种眼和手的技艺. 此外，几何还可以看成是物理学的一个部分(有些物理学家说它是最原始的部分——而有些几何学家说它是最令人感兴趣的部分). 作为物理学的一个部分,几何学也是一个我们可以先作直观或归纳的发现随后再运用推理去加以验证的领域. 前面的讨论则在这些方面又加上了一点:几何也是一类语言符号的来源,这类语言可以是通俗的或是精确的,但它们都是有帮助的和有启发的.

有一条教训可供教师们参考:假如你想教好你的学生而不是穷于应付上面规定下来的课程项目,那就不要忽视这些方面中的任一方面. 特别地,假如你不想惹烦学生中那些未来的工程师和科学家们,就不要过多地过早地讲几何学的公理方面,因为这部分学生更为喜欢几何的视觉内容、空间想像、归纳发现和借助图表有力支持的思考等.

14.9 *有理数和无理数*. 下面要谈的只是我们在课堂里应该非常注意去做的一个快速的概括——我们这里面临的也许是高中数学课程中最美妙之处了. 为了简明起见,我要用解析几何的很少几个词和符号,实际上只要非常少的一点(仅仅是一点"作图"的)知识就行了.

如平常所见,令 x,y 表示直角坐标,以方程为 $y=1$ 的直线代表*数直线*(一把"漂亮的标尺"). 在图 14.5 中,还列出了*格点*,即坐标为整数的那些点. 图中强调了数直线上的那些格点("沿一条直长马路的里程标志").

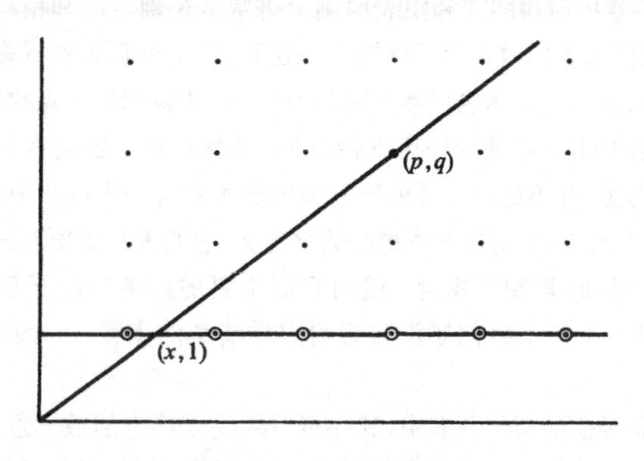

图 14.5 数直线和格点

在图 14.5 中,数 x 在数直线上用点$(x,1)$来表示. 我们画出通过点$(x,1)$和原点(o,o)的直线. 由相似三角形原理,即知这条直线通过格点(p,q)(不等于原点!)的充分必要条件是 x 为有理数

$$\frac{x}{1}=\frac{p}{q}.$$

教师应当提出以下的问题(但不作答复,至少在相当一段时间内不作答复):

原点(o,o)是一个格点. 是否每一条通过原点的直线必定经过另一个格点?

当然,仅仅有两种情况:一条过原点的直线或者经过,或者不经过另一格点,哪一种情形看上去更可能?

假如教师开始讨论$\sqrt{2}$的无理性,或无理数的有理逼近(这时按克莱因*的方法,图 14.5 可用作通向连分数的门户)等,那么他应当让上面的提问和图 14.5"埋伏起来",直到学生们了解了它们的意义与重要性(也许在几小时,几星期或几个月以后)为止.

14.10 *严格推理.* 我们应该在高中里教数学证明吗? 依我看,人们对此少有疑义:是的,我们应该教,除非有什么非常不利的条件迫使我们降低标准. 严格证明是数学的标志,是一般文化中数学贡献的主要部分. 学生若从未对数学证明有过印象,那他就错过了一段基本的智力经历.

可是我们应该在一个多严格的水平上去教数学证明和怎样去教? 这个回答却不那么简单,事实上,碰到了很多困难. 如果无视这些困难,不仔细考虑就按传统、时尚或成见做出某种答复,那就不是认真负责的课程规划者该做的事了.

有各式各样的证明,也有各种证明方法,首先我们就必须认识到对一定年龄段或成熟程度的人来说,某些证明方法要比另一些证明方法更适宜去教.

(1) 笛卡儿以少有的明白易懂的方式谈了他对数学证明的一个看法. 下面引的是他的思维的法则中的第三条⑬:"对所研究的对象,不要管别人是怎么说的,也不要凭自己的臆想,而是要根据清晰显明的直觉或确切的演绎,舍此别无求知他途. "在解释这条法则时,笛卡儿逐个地考虑了"两种求知之道",直觉与推断. 他关于推断讨论开始的一段话是这样的⑭:"不仅陈述命题要有确信的直觉证据,在各种推导中也要有. 比如,我们想导出 2 加 2 等

---

* 克莱因(Felix Klein,1849—1925),德国数学家.

⑬ Oeuvres, vol. X, p. 366.

⑭ Oeuvres, vol. X, p. 369.

于3加1，那么我们就必须直觉到不仅2加2得4和3加1得4，而且还直觉到由这两条必然就有上面提到的那个第三条”.

一个数学的推导，在笛卡儿看来就像一条结论的链，一列相继的步骤. 有效推导需要的是对每一步的直觉洞察力，它显示每一步所得到的结论都很自然，都来自前面已得的知识.（直接靠直觉，或间接靠前面的推导步骤得到.）

（我们从前面第7章中认识到，一个带有分枝的图式比一个简单的不带分枝的链更适宜于表现一个证明的结构. 然而这并不是主要的：假如笛卡儿也知道我们在第7章里研究的图式表示，他一定会坚持图式中的每一个元素——例如由图7.8所示的——都必须得有直觉的证据支持.）

(2) 然而对数学还有别的一些看法. 有把它看成是按任意确定规则玩的符号游戏，主要的考虑是坚守游戏的规则.（这种对数学的看法很近代，五十年前多数的数学家和哲学家会认为这种看法很荒唐. 可它是受伟大数学家希尔伯特*影响而提出来的，对数学基础的某些研究十分适宜.）

在符号游戏中，符号是没意义的（即使它们有含义，我们也忽略不管）. 游戏里有证明，所谓证明的一步，就是写下一个组织得很好的新的式子（即一个服从于规则的符号组合），如果这个新式子是严格地根据开头给的一些式子（称之为公理）和前几步写下的式子以及早先定下的那些规则写下来的，这样的一步就认为是有效的. 在这样做的时候，无论是证明还是要证明的命题都应“原子化”，即把它分解成了非常小的步子和微小的成分.

(3) 在(1)和(2)中考虑过的这两种极端的见解之间，还有其他的见解⑮. 事实上，关于数学证明的观念是在发展的，随着科学世纪的转变而变化. 这种进化以及导致这种进化的动机的研究，对我们数学教师来说该是大有兴趣的. 当我们了解了人类是怎样逐步去认识一个概念的，我们也就能够更好地看清孩子们将是如何去认识它的. 参阅习题14.13.

一个进行创作的数学家，当然他可以自由地倾向于这些见解中的任一种，他常常倾向于最有利于他的工作的那种见解. 然而在高中的水平上，我们的选择却并不是自由的，倘若只在(1)和(2)之间选择（即按这种或那种观点去教证明），我们很少有什么犹豫.

我想每一个人，包括专业数学家，会觉得直觉的洞察比形式逻辑的论证

---

* 希尔伯特(David Hilbert，1862—1943)，德国数学家.

⑮ 一个写得很好的关于证明本质研究，见 Lakatos[10].

来得好. 我们时代杰出的法国数学家阿达马(J. Hadamard)这样说[16]:"数学严格性的目的是要使得直觉所得到的东西获得承认并取得合法地位,而从来没有任何其他的目的. "于是,假如我们排除掉专业数学家,那就几乎没有真正欣赏形式论证的人了. 直觉是"自然地"来到的,而形式论证则不是[17]. 不管怎么说,直觉比起形式论证来更容易得到,更不受外在的影响. 而对于形式论证,除非我们对逻辑的体验与熟练上达到了相当高的水平,我们事实上是很难真正理解它的.

因此,我认为在给高中的年轻人上课时,相对于推理来讲,我们更应当侧重于直觉的洞察,并且当我们在讲证明时,与其讲得来接近某些近代逻辑家的想法[见(2)],不如更应当去接近笛卡儿的想法[见(1)].

我曾经接触过一些年轻人,他们对于工程和科学有一定的兴趣,大概也有一些才干,但是却不愿学数学. 我总有一种预感,觉得这种拒绝来自某个地方.

(4) 让我举一个例子. 考虑下述命题:*在一条直线上的三个点中间,恰有一点处于其他两点之间.*

注意这个命题提到了直线的某些本质之处. 假如三点是在圆周上,则没有一个点会是特殊的,没有一个点可以根据"相间性"与其他点区别开来.

关于直线上三点的如上的命题*需要一个证明吗*? 在大学的几何基础课里,从公理出发给出这个命题的一个证明也许是必不可少的. 然而对于刚刚开始几何学推理学习的十年级高中学生,去讲这样一个证明,却是非常荒唐的.

这就是我的意见,也许不一定对. 想辩论的话,你得想像一下班里对这样一个证明的反应. 我想像它是这样的:大多数的年轻人将明显感到厌烦. 少数中等或中等以下的人则多少感觉到证明是多余的和无目的的. 也许班里面还会出现一、两个男孩子直率地表示出反感甚至造反. 不管怎么说,我想当我是在高中时期,假如那个证明是对我讲的,那么我就会有那样的反应. 我并不认为我能确切地记得六十年前我还是少年时的想法,我当然也不认为那个少年什么都对. 但我还是能够清楚地想像出我对这样一个证明的反应,它会使我感到老师是糊涂的——或者数学本身是糊涂的,或两者都是糊涂

---

⑯ Émile Borel, Lecons sur 1a théorie des fonctions, 3rd ed. 1928; p. 175.

⑰ 这句附带的话表达了一个非常类似的意见,见 H. Weyl, Philosophy of Mathematics and Natural Science, p. 19.

的. 那时,我会不再去听教师的讲解——或者若不得不听,我也会带着反感、怀疑与轻蔑去听.

总而言之,我认为对这样一个本质东西的证明所引起的负面反应,是一件自然的,理当发生的事情.

(5) 有许多关于证明的见解. 我想证明在建树科学中所起的作用比平常所想像的要复杂得多,这也许是一个哲学上应当探讨的问题. 然而我们这里考虑的是另一个问题:给初学者去讲的应当是哪一种见解的证明? 这个问题对我来说似乎不难回答,我在这方面有一个坚定的看法,现在就大胆地把它提出来.

首先,必须使初学者相信证明是应当去研究的,它们是有目的的,并且是有兴趣的.

在法庭上,证明是有目的的. 被告被怀疑有罪,但这不过是怀疑,是一个疑问,必须证明他或是有罪或是无罪. 一个法律上的证明的目的就是消除怀疑,而这也正是一个数学证明的最显然和最自然的目的. 我们对一个叙述清楚的数学论断抱有怀疑,不知道它是对的,还是错的. 于是我们就有了一个课题:去消除怀疑. 我们应该或是证明这个论断,或是否定它.

现在我就能够解释,为什么我是那么坚定地确信上面提到的证明(关于在一条直线上的三点)越出了高中的界线. 一个高中年龄的年轻人当他知道了关于三点的论断后很难对它产生怀疑. 并没有什么怀疑需要去消除,因此证明就显得无用,无目的,无意义. 假如这个证明是从公理出发的,区分好几种情形,在课本里还画出十三条直线,那么情况就更加不妙了. 它会给年轻人这样一个印象,似乎数学就是用最不明显的方法去证明最明显的事情.

(6) 然而,我已经谈到过,这个关于一条直线上三点的证明在适当的水平上则是非常在理的. 但当我们把它拿到高中去教,那就会丢丑,犯了混淆水平的可笑的教育学错误. 见习题 4.15.

在研究的水平上,可能发生这样的事,一个命题在直觉上十分显然,我们对它有有力的合乎情理的论说,但是却没有形式论证. 在这种情况下数学家就可以尽其所能去发现一个证明. 作为高中水平上这样一种情形的预演,见习题 14.11,更多的例子见第 15 章.

(7) 在结束这个题目以前,我必须对另一种严重的教育学的错误——过分强调作浅显的证明敲一下警钟:用那些缺乏动力、得不到什么收获的乏味的证明充塞教本的每一页,会给最好的学生(他们具有某些对工程、科学或数学来说也许是极其可贵的直觉的天赋)带来极坏的印象.

这种错误也是源于混淆了水平. 对于一个专业数学家(不是对于一个高中年龄的孩子)来讲,检验一个长的论证中的每一步形式上正确与否是必要的,虽然它不是数学家的工作中最令人愉快的部分. 逻辑就像站在超市出口处的女士,她要核查篮子里每一件东西的价格.

14.11　*一张地图可以是完美的吗?* 所谓一张地图就是将地球表面的一部分表示在一叶平纸上.

(1) 为了了解摆在我们面前的问题,我们需要先把事情推广,去精确地描述一下更一般的情况.(这个从特殊到一般和从比较直观到比较抽象的水平的转化是重要的. 这里我们做得有点突然,在课堂上就需要逐步地仔细地去做),我们考虑从曲面 S 到另一个曲面 S' 上的映射. 这里考虑的是一对一的映射,也就是说,假设对于 S 上的每一个点 p,仅仅恰有 S' 上的一个点 p',(p 的像)与之对应,反过来,对每一个 S' 上的点 p',也仅仅恰有 S 上的一个点 p(p' 的原像)与之对应. 我们再一进步假设这映射是"连续的":即在一个曲面上的一条"光滑"线段上的点对应到另一曲面上的点集也组成一条光滑线段. 令 L_1 和 L_2 是 S 上相交于 p 点的两条线段,它们在 p 点的夹角是 α. 令 L'_1 和 L'_2 分别是 L_1 和 L_1 的像,则 L'_1 和 L'_2 必相交于 p 点的像 p',并设它们在 p' 点的夹角为 α',我们把 α' 视为 α 的像,α 视为 α' 的原像.

(对地图这个特殊的情形,S 是地球表面的一部分,而 S' 是纸平面上对应的部分. 地球表面上一些重要的线——海岸线,河流,边界线,公路,铁路线——它们在地图上就用对应的线来表示.)

(2) 现在我们需要给出一个清晰的定义. 假如一个映射满足下面两个条件,则我们称它是*完美的*:

(Ⅰ) 所有的线段按同样的比例伸缩;

(Ⅱ) 所有的角度保持不变.

让我们把这两个条件重新说得更详细一点.

(Ⅰ) 对于一个映射,有一个从属于它的确定的"尺度"或一个固定的比例数(比如 1∶1000000),其含义如下:假如 S' 上的线段 L' 是 S 上线段 L 的像,那么 L' 的长度和 L 的长度比就等于这个固定的数(在我们的例子里为 1∶1000000),这个比数与线段的形状、大小及分布位置无关.

(Ⅱ) S 上的角 α 与它在 S' 上的像角 α' 相等.

(3) 让我们形象地谈一谈前面的定义,更具体地考察一下它所含的内容:

(3a) 上面提到细心制作出来的地图的比例是 1∶1000000,这是说它是一个近似的比例——但是在整个地图上能够严格地保持着同一比例吗? 还有，假如这点可以做到，那么地图还能保持角度不变吗？这是一个疑问.

(3b) 假定按照任何固定的比例将曲面 S 映射到曲面 S' 上在几何上是可能的，那么显然，将一个几何上相似于 S 的曲面按比例 1∶1 映射到 S'(即没有缩小和放大)也是可能的. 例如，让我们假定我们所居住的行星是一个真正的球面，假若地球表面上的任何一部分能够按 1∶1000000 的比例完美地映射到一叶平纸上，那么一个直径为地球直径百万分之一的一个球面的对应部分也必然可映射到同一叶上，使得对应的线段(即原线段和像线段)处处保持有同样的长度，并且所对应的角也是相等的.

(3c) 我们可以将一个纸片卷成柱或锥的形状，反过来，我们也可以将一个柱或一个锥的弯曲的侧面展平为一叶平面. 这样一个展平工作就产生了一个从弯曲的柱或锥的表面到一个平面的完美的映射(海岸线和河流的像顺着纸上痕迹)：长度和角度显然都保持不变.

然而我们能不能类似地将一部分球面展到平面上去，而保持所有的长度和角度不变呢？我十分怀疑，觉得这是不可能的. 而这个怀疑也许是基于经验，基于我们在削苹果或土豆皮时的观察.

(4) 现在我们可以看到我们这个问题的核心了. 将球面上的一部分，在点与点的一一对应之下，映射到一叶平面上，并且保持所有的长度和角度不变，这是可能的吗？

我们假设(违反我们经验的)这样一种映射是可能的，下面的(5)和(6)是由这一假设出发所得出的推论.

(5) *长度是保持的*. 令 p 和 q 是 S 上(球面上)不同的两个点，L 是 S 上任何一条连接 p 和 q 的线段，再令 p'、q' 和 L' 分别表示在 S' 上(平面上)p、q 和 L 的像. 由假设，L 和 L' 等长. 倘若 L 碰巧是球面上的短程线(即它的长度小于任何其他连接 p 和 q 的线段的长度)，那么，因为长度是保持不变的，L' 在平面上也必然要短于任何连接 p' 和 q' 的线段，也即它是平面上的最短连线. 我们知道(读者应当知道)平面上的最短连线是直线，而在球面上的最短连线是大圆弧. 由此可得结论：球面 S 上的大圆弧必映射成平面区域 S' 上的直线线段. 特别地，由大圆弧所组成的球面三角形的各边必映成平面上由直线线段组成的三角形的各边.

(6) *角度是保持的*. 因此刚才提到的球面三角形的每一个角必等于平常三角形中对应的角. 然而这是不可能的，因为平常三角形三内角之和等于 180°；但是，读者应该知道，球面三角形三个内角之和却是大于 180°的.

于是，不可能有从球面到平面的完美映射.

(7) 我们刚才解决的问题，既可以通向实际应用(制作地图)，也可以通向一个大的理论(以高斯的"绝妙的定理"为中心的微分几何的一章*，进而通向广义相对论). 除此以外，下面再谈几点，它们并不离高中水平太远并且与刚讨论过的部分有紧密的联系.

(7a) 若一个平面三角形的每一边和一个球面三角形的对应边的长度都相等，证明在这一情况下[在(5)和(6)中考虑过]球面三角形的每一角大于平面三角形中的对应角[球面三角形的内角和大于平面三角形的内角和是(6)中关键的一句话].

(7b) 在(2)中叙述的两个条件并不是无关的：(Ⅰ)蕴含着(Ⅱ)，即若(Ⅰ)满足，则(Ⅱ)也必定满足.

(7c) 然而(Ⅱ)并不蕴含(Ⅰ). 存在着许多从球面到平面上的保角的映射，但是在这一映射下球面上一条曲线的长与平面上对应的像曲线的长的比数却不是常数[根据在(5)和(6)中证明的定理，它不可能是常数].

(7d) 存在着保持面积不变的球面到平面的映射(但是并不保持角度).

(7e) 存在着球面到平面的映射，它们保持最短线，也即它们把大圆弧映射为直线段(但它们并不保持角度).

(8) 我想在上面的讨论中，真要弄清楚连续性的作用并补充这方面精确的细节，那就超出高中水平太远了.

14.12 *我们应该教什么?* 你作为一个教师，受到社会的委托去教你的班里的年轻人，因此你的任务就是去教那些有利于社会以及有利于你班里的年轻人的东西.

你认为这种话没有什么分量，然而它也许比你所想的要大得多. 在你的短期规划及长期规划中，在计划下一班工作以及组织课程的时候，要真正把你的任务记在心中. 想像在你的班里有一个漂亮伶俐的男孩，还没有学坏，也不懂得怕人，他随时会诚挚而天真地问你："老师，那有什么用?"假如你总想着那个逗人喜欢的孩子脑子里在想什么，并且组织你的教学使得你能够很好地回答他那挑眼的提问——或者是教得让他总是高高兴兴的总有事情可做而根本没有机会去问那种挑眼的问题——这样的话，你也许就会成为一个更好的教师.

我承认教师的任务要受到各种因素的干扰. 举例说，我们也许只会去教易于讲懂的东西，"好教的"东西. 然而我们就应该只教好教的东西吗? 好教

---

* 指微分几何的曲面的内蕴几何一章.

的总是有利的吗?

聪敏的驯兽师可以把海豹训练得能用鼻子去顶住球. 但是这项技术会帮助海豹抓更多的鱼吗?

14.13　*发生学的原理.* 规划课程要比去选择教什么内容和什么理论更显得复杂,我们必须要预先了解哪些内容和理论应在什么次序和用什么方法去教."发生学原理"在这方面提供了重要的启示.

(1) 教学的发生学原理可以用各种方式来叙述. 例如:教一个科学分支(或一个理论,一个概念)时,我们应当让孩子重复人类思维发展中的那些关键性步子. 当然,我们不应当让他重复过去的无数个错误,而仅仅是重复那些关键性的步子.

这个原理并没有硬性定下一个严格牢靠的法则,相反地,它却留给我们许多选择的自由. 什么样的步子是关键性的,什么样的错误是可以忽视的,这都是需要解释的事情. 发生学原理只是指导我们去判断而不能代替判断.

为了强调这一点,更加谨慎地(和更含糊地)复述一下这个原理也许是有好处的:在了解了人类是怎样获得某些事实或概念的过程之后,我们就能更好地去判断我们的孩子应当怎样去学习这些知识[在习题 14.10(3)中我们非常接近这一叙述].

(2) 发生学原理得到了生物学类比的支持. 动物个体的发展重现了这个动物所属种群的进化的历史. 那就是说,动物的胚胎,当它经历从受精细胞到成熟形体发展过程中依次的各个阶段时,它的每一个阶段都很类似于它所属类的祖先,而它的各个发展阶段的次序正反映了它的祖先的发展次序. 假如我们把"个体动物的发展"说成为"个体发生学"("胎生学"),把"动物种群的进化历史"说成为"系统发育学",那么我们就得到了德国生物学家黑克尔(E. Haeckel)给出的"生物发生学基本定律"的简明形式:"个体发生学大致重现了系统发育学."

这种类比,当然仅仅是一些有趣启示的来源而并不是教学发生学原理的一个证明. 而这个原理本身,不是一个"既定的必须遵守的原理",而仅仅提供一个有趣的启发的来源.

(3) 于是,发生学原理就可以启示我们已经在 §14.4(3)和 §14.5(3)中讨论过的阶段序进原理. 事实上,在科学的(理论的,概念的)各个分支的历史发展过程中,我们可以区分出三个阶段,在开头的*探索阶段*中,在跟实际事物接触当中提出了最初的想法,它往往不完整甚至还有错误. 在下一个*表述阶段*中,所接触的材料进行了整理,引进了适当的术语并且认识到了规律性.

在最后的同化阶段中,规律性则在更广的范围内被认识,并且得到了推广和应用.

然而只有阅读了伟大作者的原著,才真正使我们确信教学的发生学原理. 这种阅读犹如在教科书沉闷的空气中呆了很久之后来到新鲜空气中作一次愉快的散步. 就像麦克斯韦*在他的大著《电磁学通论》(Treatise on Electricity and Magnetism)的序言中所说的:"任何科学领域的学生,阅读一下该领域中的原著是大有好处的,因为科学在它处在初期阶段时,总是最好理解的."

(4) 根据发生学原理,学生应当重复原来发现者走过的途径. 根据主动学习原理,学生应当尽量地做到自己去发现. 这两个原理结合起来,就告诉我们学生应当去*重新发现*他必须学的东西——这里我们首次瞥见了教学过程的一个重要的方面,关于这方面读者可以去参阅文献目录中引的 A. Wittenberg 的两本书.

14.14 *空口侈谈*. "文化修养"是一句流行的话,作为一句流行话,它很容易被滥用. 人们很易于去空谈"文化修养". 在学校里,最坏的事情也可能在"文化修养"的借口下去做出来.

"文化修养","教会思考","教会解题"这些流行话尽管本身有很好的含义,但是都可能被误解和乱用. 然而对于"教会解题"这句话却有一点差别.

"教会解题"不仅仅可以用其他一般的词(同样易于误解)去解释,而且也可以借助于提出具体例题去说明(本书及我的有关著作就是想介绍许多这方面的例题).

因此,空谈解题就很容易被揭穿了:"好,你在教解题——很感兴趣. 你给班里讲的是些什么题呢? 通过这些题你想去阐发什么样的思考方法呢?"

14.15 *混淆水平*. "近代数学家们主要用集合、运算、群、域等进行工作,而很少用老式的几何与代数. 因此我们应当在这些老式科目之前先教集合、运算、群和域."

这是一种意见. 下面的意见跟它类似:

"现代的美国人更多的是驾驶汽车代替步行,因此我们在婴孩学会走步之前应当先教他们开车."

14.16 *伊莎多拉·邓肯***是一名著名舞蹈家就像近年的玛丽莲·梦露

---

* 麦克斯韦(J. C. Maxwell,1831—1879),英国物理学家,经典电磁理论的奠基者.

** 伊莎多拉·邓肯(Isadora Duncan,1878—1927),美国舞蹈家,现代派芭蕾舞的创始人.

一样驰名.

这位女士和我们的话题有什么关联？您瞧，有一种妙的想法，就是搞一个班子去规划课程并编写教科书，这个班子由大学的教授和高中的教师组成. 我们可以预期，这将会得到一个把教授非凡的数学见解与高中教师处理高中班级的经验结合起来的了不起的产物. 是的，是的，但…….

当我还年轻时，每个人都知道关于伊莎多拉·邓肯的一些轶事. 比如她提出要同萧伯纳*结婚一类的事："……想想我们的孩子，他会有你聪明的头脑和我美丽的容貌. ""是的，是的，"萧伯纳说，"但假如他有我的容貌和你的头脑，那该多么的不幸呀！"

也许你已经看到了近来出的某些书，它们将高中教师的数学见解与大学教授办高中班的经验结合到了一起.

14.17 **知识的水平.** 哲学家斯宾诺莎**在他的"论智力的改进"(Treatise on the improvement of the Mind)中，将知识区分为四种不同的水平⑱. 斯宾诺莎依据对笛卡儿思维的法则第三条的四种不同的理解方式例举了四种不同的水平. 在下面的叙述中，(1)至(4)中提到的"法则"，可以理解为读者以往曾学习过的任何一个数学法则，假如可能的话，可以将它理解成一个曾经分阶段学习并在每一阶段理解得更好的法则.

(1) 一个学生从背诵中学习了法则，仅仅在名义上接受了它，而并没有证明，但是他能够运用这法则，并且能正确地应用它，则我们说这学生对这法则具有**机械的认识**.

(2) 学生在若干简单的情况下验证这个法则，他确信在所有他检验过的情况下它都是正确的. 这时他对法则就具有了**归纳的认识**.

(3) 学生了解了这个法则的一个证明，则他对这法则就有了**理性的认识**.

(4) 学生能清晰明白地把这条法则想出来，对它十分确信，没有一丝怀疑，则他对法则就具有了**直觉的认识**.

(5) 我不知道上面意译出来的斯宾诺莎的这段话是否在教育学的文献著作中提到过. 但不管怎么说，对不同认识水平的区分是教师应当很好了解

---

* 萧伯纳(George Bernard Shaw，1856—1956)，爱尔兰的大文豪.

** 斯宾诺莎(Benedictua de Spinoza，1632—1677)，荷兰唯物主义哲学家.

⑱ 参阅 R. H. H. Elwes 翻译的《Philosophy of Benedict Spinoza》，p. 7. 下面是斯宾诺莎原文的意译，特别是各类认识水平的名称是作者加上去的.

的. 课程要求他对这个那个年级去讲数学的这一章或那一章,但学生应该达到什么样的认识水平呢? 达到机械的认识水平够了吗? 或是教师应把学生带到直觉的认识水平? 这里我们就有了两种不同的目标,选择哪一种目标,对于教师和学生来讲差别都是很大的.

(6) 当我们从教师的立场出发去考虑斯宾诺莎划分的各种认识水平时,我们就产生了几个问题. 怎样使学生达到这种或那种水平? 怎样去检验学生达到了这种或那种水平? 这些提问对于直觉的认识水平来讲,是最难于回答的.

(7) 我们当然还能够划分出比四种还要多的认识水平,其中有一种应当得到教师们(以及学生,特别是立志成为科学家的有雄心的学生)的注意. 这就是一种很好固定住的、很好联系着的、很好构筑起来的认识,一句话,即*组织得良好的认识*. ⑲

一个致力于达到组织良好的认识的教师,首先应当细心地去引进新的事实. 一个新的事实不能像是天上掉下来的,它应当与我们周围的世界,与学生现有的知识,日常经验和自然的好奇心理有关,与这些有联系,受它们的启迪.

当新的事实已被大家所了解,那么它应当被用来去解决新问题,或更简便地去解出老问题,去更好地阐明已知的事情,去开创新的前景.

有雄心的学生应当认真地去钻研新的事实. 他应当对它反复推敲,从各种观点去看它,考察它的所有方面,并且试着在最便于与相关事实相联系的地方将它与他已有的知识衔接起来. 这样他就能花最少的力量去最直观地看到这些新的知识,此外,他还应当试着借助这些应用、一般化、具体化、类比以及所有其他的途径去推广和扩大他新学到的知识.

(8) 作为有责任心的教师,我们可以找出途径,使得新的事实转入到学生的经验中去,将它与以前学到的事实联系起来,并通过应用使有关的认识融合在一起. 我们只希望学生的组织得良好的认识能够最终成为直觉的认识.

14.18 *重复和对照*. 假如你喜欢音乐又热衷教学,你就可以在它们之间观察到种种类似之处. 你的观察尽管在科学上并不完善,但它们也能帮助你改进教学,可以使得你更艺术地和更有效地去讲授你要去讲的材料.

---

⑲ 参阅习题 12.3 以及 G. 波利亚和 G. 舍贵著 Aufgaben und Lehrsätze aus der Analysis[12].

为什么是这样？重复和对照在所有艺术中都有作用，同样在教学的艺术中也有作用，不过它们的作用在音乐中最为明显. 因此音乐乐曲里面旋律的预示、展开、反复、交替和主题变奏，可以很好地对课堂上的论题或一个文学作品启示一种类似的处理.

14.19　**内部的帮助，外部的帮助.** 在规划和写这本书的时候，我脑子里想的是高中数学教师的任务，特别是以下讲到的情况. 教师给他的班出了一道题目，学生们应当通过他们自己的工作去学习，题目应当在课堂讨论中得到解决. 但这一情形要求细心的处置. 假如教师辅导得太少，则解题将无进展，假如教师辅导得太多，则学生就得不到通过自己的求解去学习的机会. 教师应当怎样去摆脱这种进退两难的境地呢？教师应当给学生辅导多少呢？

问题有一种更好的提法：我们不应当去问“多少”，而应当问“怎样”. 教师应当怎样去辅导他的学生？有种种的辅导方式.

(1) 有这样的情形，教师必须问若干个问题并且把他的提问重复若干次，直到他从学生身上得到一点结果为止. 在下面的对话中虚线……表示学生不发言. 讨论已经进行一段时间了，这时教师说，

“再说一遍，什么是未知量?”

‘线段 AB 的长度.’

“你怎样才能找出这样一类未知量?”

…………………………………………………….

“你怎样才能求出一条线段的长度?”

…………………………………………………….

“依据什么已知量你能够求得一条线段的长度?”

…………………………………………………….

“我们以前没有解过这种问题吗？我指的是它的未知量是线段的长度这类问题.”

‘我想我们解过.’

“在那时我们是怎样做的？依据什么已知量我们计算出了未知的长度?”

…………………………………………………….

“看这一个图. 你们看线段 AB，看到了吗？AB 的长度是未知量. 哪些线段的长度是已知的?”

‘AC 是给定的.’

“好！还有别的给定的线段吗?”

‘BC 也是给定的.’

“看看线段 AB、AC 和 BC——注意它们的*形状*. 你说这是什么形状?”

‘AB、AC 和 BC 是 $\triangle ABC$ 的边.’

“$\triangle ABC$ 是哪一类三角形?”

…………………………………………………………….

好了,这里出现的局面需要一个教师具有无限的耐心.

(2) 一个缺乏耐心的教师处理事情就可能不一样了,他会直接告诉学生:“对直角三角形 ABC 用毕达哥拉斯定理.”

(3) 两种过程(1)和(2)的差别何在?

最明显的差别是(1)是长的,而(2)是短的.

我们还应注意到另一差别:(1)比起(2)来,提供了更多的机会让学生自己去解题.

此外还有一个更细致的差别.

在过程(1)中教师的提问和建议是*学生自己可以想到的*. 假如你认真观察一下,就会注意到这些提问和建议中有几个是*手段*,解题者可以把它用到其他问题上,实际上它们可以用到很广的一类问题上去. 这些手段可供每个人随意使用——当然,更有经验、“方法论上更有修养”的解题者对它们会运用得更加自如.

然而在过程(2)中,教师告诉学生去实施的那步却不是解题者先前能随意使用的手段,它本身是解或几乎就是解. 这是一个不过问任何一般想法就提出来的一个具体的行动.

我们把让能热切关注他的问题并熟悉方法论的解题者有机会依靠自己去解出问题的那种帮助,称之为*内部的帮助*,而把那些与方法论极少关联的帮助称之为*外部的帮助*——即解题者很少能从方法论的考虑中悟到的那种帮助. 我认为过程(1)和过程(2)之间的最大差别是在前一情形下教师提供的是内部的帮助,而在后一情形下则只是提供了外部的帮助.

(4) 假如我们接受了主动学习的原则,我们就必定认为内部的帮助比外部的帮助更可取. 实际上,教师只有在最后时刻,即当他用尽了所有明显的内部启示而无效果时,或是为时间所迫,才可以给出外部的帮助.

外部的帮助是极少有教益的——它似乎从天而降,很容易使人迷惑失望[20]. 内部的帮助也许是教师能提供给学生的最有教益的事情了,它受到学生的欢迎,并且使学生了解到提问的好处,使他能够自己给自己去提这样的

---

⑳ 参阅 § 3.2 的尾段.

问题，这样学生也就学到了去用这类提问. 于是老师的声音也就变成了他自己的心声，当一个类似的场合出现时，这个心声就会提醒他[21]怎样行动.

为了给出内部的帮助；教师可以应用收集在第 12 章里的所有那些“成型的”提问和建议——正是由于这个缘故，第十二章对他来说，也许成了本书中心的一章. 当然，他首先必须十分熟悉这些提问和建议在什么场合下是可以应用的. 本书的计划和编写就是为了能对教师在这一任务上有帮助.

14.20 在班里面，当我自己感到一个人已经不停地讲得过久时，我就停下来，向听众提一个问题. 这时我常常回忆起德国的一首短谣(下面是它的大意)：

所有的人都睡着了，只有一个人在播讲大道.

这样的表演，在这里称之为“教学”.

14.21 *它有多困难？* 无论是科学家还是教师都会碰到这个问题，科学家是在他研究一个问题的时候，教师是在他把一个题目提到班里去的时候. 回答这个问题，我们更多地靠“感觉”而不是什么清楚的论证. 然而我们总还是能够很好地估计出一个题目的困难程度. 科学家的感觉可以用他的研究成果来证实，而教师的感觉则可通过一次考试的成绩来证明.

在大多数情况下，清楚的论证对于一个题目的困难程度的估计可以起到、但只能很少地起到作用. 然而即使这点小的作用也应得到仔细的考虑.

(1) *研究领域的大小.* 一件坏事发生了(比如，一个小孩打碎了一块玻璃)，而我们了解干坏事的人是 n 个人中的一个. 假如不考虑其他因素，则找出干坏事的人的困难显然随着 n 而增大. 一般地说，我们可以想像到一个题目的困难随着研究领域的扩大而增加(参阅 §11.6).

(2) *要用到的条款数目.* 学生要解的题目需要用到末一章中引入的 n 条不同的法则，而对于末一章，比起教程的其他各章来，学生要生疏得多. 在这种情况下，假如不考虑其他因素，则题目的困难程度显然随着 n 增加而增大. 一般说来，我们可以想见，一个题目的困难程度随着我们尚未掌握，但在解题中又必须用到的条款的数目增加而增大.

(3) 以上的考虑可以帮助我们在做一个题目之前，预先判断一下这个题目的难度. 在解过一个题目以后，去预后判断它的困难，这就多少明显地包含有统计学的想法. 下面举一个大略的例子. 在一次考试里面，给 100 名学生出了两道考题，其中的一道为 82 名学生解出，另一道则为 39 名学生解出.

---

[21] 参阅 HSI 各章，特别是 §17，好的提问与坏的提问，pp. 22—23.

显然,后一道题对于这一组的100名学生来讲是更困难一些. 但是它对下一组学生来讲是否也更困难呢? 统计学家回答说,是的,假如这两组之间没有非随机的差别,那么这就必然可望具有如此这般的置信程度. 然而也存在着麻烦,在教育的事情中,有太多的无法置控的情况,它们的巨大影响使得"随机"和"非随机"之间的区别变得极其不好捉摸. 譬如像课程中某一处的表述方式,教师对那一处的特别强调,教师的情绪,以及其他许多不可预见的因素等都会不可置控地影响到考试的结果——它们对考试的影响,比起那些在统计实验中我们可望取得信息的因素对考试的影响来要大得多. 我们这里只不过稍微接触到了许多理由中的一个,它应当使我们在涉及教育统计学时,要谨慎甚至持怀疑的态度.

当然,当数学家去处理一个二百年或二千年前提出来但迄今尚未解决的问题时,他就有一个较好的"统计"理由去认为该题目是难的(数论里面有不少这样的问题).

14.22 *困难和教育的价值.* 估计一个题目的难度是不易的,而要去估计一个题目的教育价值就更难了. 然而当一个教师要把题目提到他的班里去的时候,他必须设法去估计这二者.

有一种对高中水平题目的分类也许会有助于教师这方面的工作. 这一分类归功于弗·敦克[22]的工作. 下面所讲的分类与它多少有点区别,它把题目分成四种类型:

(1) *法则就在你鼻子底下.* 题目只要直接机械地用一下法则或直接机械地模仿一个例子就可以做出来,而所要用的那个法则或要模仿的那个例子又已放在了学生的鼻子底下. 经常见到的是,教师在课堂上把这个法则或例子讲完以后,在后面的时间里就把这样的题目提出来. 这种类型的题目,除了提供演习之外别无其他. 它也许能教会学生照猫画虎,但很少有可能教会他别的什么东西. 这里包藏着一个危机:即便对这一法则而言,学生也只能够学到"机械的"知识而不是"有见解的"知识.

(2) *有选择的应用.* 题目可以应用或模仿课堂上讲过的某个法则或某个例子而解出. 然而究竟应当用哪一条法则或哪一个例子却并不是一目了然的. 这时需要学生掌握教师在近几个星期里讲解的内容,同时还要求他们具有在一个有限搜索范围内找出可用的东西的判断力.

(3) *组合的选择.* 为了解出这道题,学生必须把课堂上讲过的两个或更

---

[22] 见 F. Denk, W. Hartkopf 和 G. Polya[11], p. 37—42.

多的法则和例子组合起来. 假如在课堂上讨论过多少类似的(但不是同样的!)这类组合,那么解这个题就不会太困难. 当然,假如这一组合十分新奇,或必须去组合的知识片断较多,或知识片断须取自隔得很开的章节,那么这道题也许就要求较高的独立工作能力且可能会变得十分困难.

(4) **接近研究水平.** 要想在刚考虑过的那类题目[见(3)]与研究题目之间划一道明确的界线几乎是不可能的. 第15章里所举的例子及所作的讨论就是试图概括某些"课堂水平的研究题目"的特征.

整个说来,当困难程度沿着习题14.21(1)和(2)所示的线路增大时,题目的教育价值也可能增加,特别是假如我们的教育目标是"教会思考",并且我们就据此来判断价值,那么情况就更是如此了.

14.23 **题目的一些样板.** 为了满足那些不时想冲破教科书中列出的单调的常规题目束缚的教师们的需要,我在别处收集了一些非常规类型的题目(MPR,vol,Ⅱ. p.160). 我想在这里再增加一个"你也许猜错"类型的题目(习题14.25),并增加一种新的类型——"转移注意力"的题目. 这后一种类型以它引人注目(其实并不相干)的面目把你的注意力从主要点,从最自然和最有效的步骤上转移开去. 然而"转移注意力"的题目也不要滥用,它们只应当向那些足够机敏的学生们提出来,让他们去发现这一迷惑人的玩笑,并在撇掉那些不相干的东西之后更好地学到本质的东西. 见习题14.24.

14.24 求出用多项式 x^2-1 除多项式

$$x^3+x^5+x^7+x^{11}+x^{13}+x^{17}+x^{19}$$

所得到的余式.

14.25 两个球面互相外切,它们被通过它们公切点的**主公切平面**所隔开. 它们还有无限多个其他公共切平面,这些公切平面的包络是**公切锥面**. 这个锥面与每一球面相切于一圆,锥面在这两个圆的中间部分是一个**平截圆锥台体**的侧面.

给定这个台体的斜高 t,计算

(1) 台体的侧面积.

(2) "主"切平面位于切锥内部那一部分的面积. ,

(决定未知量的数据足够吗?)

14.26 **一篇学期论文**(所用术语和符号,见《数学与猜想》vol.1,pp.152—153,习题33. 你也能用上p.153上的习题34~35的适当的部分和p.276上它们的解.)

考虑

(a) 一个直棱柱，(b) 一个直棱锥，(c) 一个直重棱锥 .

上述三个立体中，每一个的底都是一个正 n 边形，并且每一立体都内切一个球面，立体上每一个面的切点正好是该面的重心.

(1) 对于立体(a)，(b)和(c)求出底 B 的面积和全表面 S 的面积的比.

(2) 对于(a)，(b)和(c)，计算 S^3/V^2，V 代表体积.

(3) 将(2)中对于 $n=3,4,5$ 和 6 所算得的比率数值列成一表.

(4) 对(a)，(b)和(c)描述它们当 $n\to\infty$ 的极限情形. 求出(2)中计算的比的极限值，并将它们的数值加到(3)的表格中去.

(5) 考虑(未解出的)问题:"求一个多面体，具有给定的面数 F 和给定的体积，并具有最小的表面积".

对 $F=4,6,8,12$ 和 20，给出一个"合理"的猜测. 说明它为什么是合理的，并且从你以往的工作里找出支持或反对的证据.

(6) 从以上的工作中仔细选出一个能够在高中立体几何班中进行适当处理的特例.

明白地把它写出来.

注意那些"内部帮助的"提问和建议(比如见 HSI 的"怎样解题"表，pp. ⅩⅢ－ⅩⅤ与本书第 12 章)它们能有效地应用于所选的题目.

将所选问题的解的进展用图式表示出来.(如我们在第 7 章对正方棱台体积所做的那样).

(7) 你如何向高中一个好学生的班级或教师培训班去"推销"这个学期论文题目?(说明为什么要选这个题目以及它的一般兴趣何在，并简明指出其知识水平!)

(8) 一个凸多面体的对角线是指连接多面体的两个端点的线段，它除了两个端点之外都在多面体的内部(不在面上). 令 D 表示多面体的对角线数，对以下的立体算出 D:

(a) 对五种正多面体中的每一种，

(b) 对于所有的面都是三角形的多面体，

(c) 对于一般的多面体，已知它有 F_n 个 n 边形的面，$n=3,4,5,\cdots$，而

$$F_3+F_4+F_5+\cdots=F.$$

(9) (附加的)假如前面提到的那些内容启发你有了某些数学上的想法，即便是不完整的，也请把它们简单清楚地记在这儿.

(上面是我惯常给高中教师培训班出的一个典型的拿回家做的大考题

目. 对于(5)见下一章习题 15.35,对于(8)见习题 15.13. 有些参加者把对(6)与(7) 的回答写成教师与学生的对话,它与本书中特别是 HSI 中介绍的某些对话类似. 有一些对话是作得很好的.)

14.27 *关于在数学会议上的发言、策梅洛* * *法则.* 一个在数学会议上发言的人和一个课堂上的教师,其处境有一点相似,但不同之处更多. 在数学会议上发言的人,也和教师一样,他想告知人们一些东西,但是他的听众是他的同事甚至可能是他的上级,而不是学生. 发言者的处境是不轻松的,同样他的表演也不是常常成功的. 但这很多不是他的过错,而是数学的范围太广泛了. 任一位数学家只能掌握今日数学的一小部分,而通常是很少知晓下一个数学家所掌握的那一小部分的.

(1) E·策梅洛(其名字将永远与一般集合论中重要的“选择公理”联系在一起)常常喜欢去咖啡馆消磨一些时间,他在那里的谈话间夹杂着某些对同事的辛辣评论,在评论到最近一次数学会议上的一个做得很成功的演说时,他批评演讲者的文体,并最终把他的责难浓缩为两条法则,他挖苦地断言该报告是按这两条法则去写的:

Ⅰ. 你不能低估你的听众的愚蠢.

Ⅱ. 显然之处要多强调,关键地方一带而过[23].

策梅洛的评论常常语出惊人,他的诸多高论,整个来讲虽然不免片面,但却振聋发聩,某些地方还使人感到入木三分. 关于那两条法则的批评也是这样,我听后不禁失笑并深铭于心难以忘怀,若干年之后我认识到了,这些法则若加以恰当地解释,实可成为正确的诫言.

(2) 在数学会议上作报告的人,常常把他的听众看成懂得他所谈的题目中的每一个内容——特别是他最近这篇论文的每个细节. 当然实际情况往往正相反,报告人最好能了解这一点. 他若能高估而不是低估听众对他所讲题目的知识的不足,事情就会好一些. 因此,倘使对策梅洛的第一个法则作如下解释:“你不能低估你的听众对你所讲内容的有关知识的缺乏”,则报告人将可以从中得到很多帮助.

(3) 在数学家的工作里,关键性的东西是什么? 证明的每一环节都是关键性的,但是在一个数学会议上不可能对一个长而难的证明的所有环节都做

---

* 策梅洛(Ernest Zermelo,1987—1953),德国数学家,公理集合论的开创者.

[23] 德文原文是:I. Du kannst Deine Hörer nicht dumm genug einschätzen, Ⅱ. Bestehe auf dem Selbstverständlichen und husche über das Wesentliche hinweg.

出充分的介绍，即使报告人能急急忙忙将所有环节都交待完，也不会有人跟得上. 因此，应当让“关键地方一带而过”，即证明的各个细节要跳过去.

此外，一个长的证明常常取决于一个中心思想，而这个思想本身却是直观和简单的. 一个好的报告人应当能从证明中提取出实质的思想，并且设法把它讲得直观而明显，使得听众中每一个人都能够懂得它，体会它，并记住它，以备后用. 报告人在这样做的时候，就成功地向听众灌输了有用的知识，实际上，也就是按策梅洛的第二条法则“显然之处要强调，关键地方一带而过”在做.

14.28 **收场白.** 我年轻的时候，很爱读弗朗斯*的小说. 与其说是因为故事情节生动，不如说更多地是由于受到故事描述语调的吸引. 它好像是一位满怀同情审视人寰的智者所发的带有淡淡嘲弄的低诉.

弗朗斯在我们所谈论的题目上，曾有过这样一段话：“不要企图靠给别人讲很多东西来满足你的虚荣. 唤起他们的好奇心，就足以使他们开窍了. 不要让他们负担过重，只须投一颗火种，假如有易燃材料，就定会燃起熊熊大火. ”(Le jardin d'Epcure，p. 200)

我很想把这段话再引申一番：“不要企图靠给高中的孩子们讲一大堆东西来满足你的虚荣……只是因为你想让人相信你是懂它的……”不过我们还是说到这里为止吧.

---

* 弗朗斯(Anatole France，1844—1924)，法国作家.

第 15 章 猜测和科学方法[①]

在数学研究中，非数学的归纳法起着重要的作用.

舒尔*:《就职演说》论文集第一卷，柏林，1901 年.

在任何知识领域中，想要比较逼真地去描述发明家们所遵循的方法，总是困难的，……然而，谈到数学家们的心理过程，科学的历史却广泛地确认了一条简单的事实：观察在他们的思索过程中，有着重要的地位并起着很大的作用.

《埃尔米特**全集》第四卷，p. 586.

观察，是精神领域中发明创造的丰富源泉，正像它是可感知的现象世界中的发明创造的丰富源泉一样.

埃尔米特:《埃尔米特与斯蒂尔杰斯***书信集》第一卷，p. 332.

§ 15.1 课堂水平的研究问题

数学教育应当使学生尽可能地熟悉数学活动的所有方面，特别是，它应当尽可能地为学生从事独立的创造性工作提供机会.

数学专家的活动，在若干方面大大有别于寻常课堂教学的活动，通过少量例子，会使我们易于看到，什么样的差别应当受到特别的重视. 下面所讲的例子，说明一个好的教师，只需通过适当选

---

① 本章献给我的朋友和同事查尔斯·劳易纳(charles Loewner).

* 舒尔(Issai Schur 1875—1941)，德国数学家.

** 埃尔米特(Charles Hermite 1822—1901)，法国数学家.

*** 斯蒂尔杰斯(Thomas Jan Stiel tjes 1856—1894)，荷兰数学家.

题并采用适当的讲授方式，就可以让即使是中等班级的学生，也感受到某种近似于独立探索的体验.

§15.2 例　子

“给定等腰直角三角形的周长 L，计算它的面积 A.”这是教科书上常见的一类问题. 孤立起来看，这还不能说是一个不好的题目，只不过表述得并不十分有趣罢了. 我们试将它与下面的表述进行比较，并注意它们间的差别.

“在那些传奇的拓荒日子里，”教师说，“土地多的是，但别的却几乎什么都没有. 中西部有一个人，有成百亩平整的土地，他想用铁丝网圈出一块来，但他只有一百码铁丝网，他考虑了各种各样的形状，可弄不清圈进去的土地面积是多少平方码？”

“好了，现在让你们来圈，你们想圈成什么样的形状呢？但要记住，你是要算出面积的，因此建议你最好选简单一些的形状.”

——一个正方形.

——一个长宽各为 20 和 30 码的矩形.

——一个等边三角形.

——一个等腰直角三角形.

——一个圆.

“很好，现在我再加上一些：

一个长宽各为 10 和 40 码的矩形，

一个边长为 42，29，29 的等腰三角形，

一个边长为 42，13，32 和 13 的等腰梯形，

一个正六边形，

一个半圆.”

“所有这些图形都是等周的，也就是说，周长都相等，假设每一个的周长都为 100 码. 按平方码计算出它们的面积，然后按照面积的大小，大的在先，小的在后，把这十个图形排起来. 顺便提一下，在计算之前，你可以先试着猜猜哪一块面积将是最大，哪一块

面积将是最小.”

这个题目可以作为一个中等水平高中班级在课程的适当阶段的一个家庭作业. 答案列出如下;

圆	795	等边三角形	481
正六边形	722	梯形 42,13,32,13	444
正方形	625	等腰直角三角形	430
矩形 30,20	600	三角形 42,29,29	420
半圆	594	矩形 40,10	400

“有什么问题吗?”

§15.3 讨　　论

我们这个题目的目的,就是要将学生的注意力转到上面写着答案的各种图形面积的表上. 对这张表的观察,将会引起学生们的各种议论. 这些议论愈是自发产生的就愈好. 然而,万一一时议论不起来,这时教师就要提出一些事先安排好的问题适当地启发一下,譬如

“你们对于这表有什么看法?”

“圆居于表中的首位,对于这件事你们有什么想法?”

“表里面有几个三角形,也有几个四边形. 在四边形里面谁居先? 在三角形里面呢?”

“是的,也许是像你们所说的那样,但是你已经证明它了吗?”

“假如你还没有证明它,那么你凭什么理由相信你的结论呢?”

“一个三角形可以看成是有一条边长为 0(或一顶角为 180°)的退化四边形. 这种看法能否有助于你们的思考?”

最后,学生们应当尽可能地依靠他们自己,或迟或早地达到如下观察印象:

列表提示我们,在一切等周平面图形里面,圆具有最大面积.

列表提示,在所有等周四边形里面,正方形具有最大面积.

列表提示,在所有等周三角形里面,等边三角形具有最大

面积.

列表提示，在所有的等周 n 边形里面，正多边形具有最大面积.

列表的另一提示：两个等周的正多边形中，边数多的面积也大.（一个多边形越像圆，它的面积似乎也越大）

上述这些结论，仅靠列表本身不能就算证明了，列表只能或多或少提供使人相信上述结论的某些依据.

我们的经验还提示了更一般的观点，譬如：更多的例证就会提供更多的使人确信的理由.

也许还可以有其他的一些说法. 上面的有些结论若在更多的例证下，则可以更快地得到.

§15.4 另一个例子

"希腊人早就知道了"教师说"今天我们称之为海伦(Heron)公式的关于三角形面积的著名命题，它由等式

$$A^2 = s(s-a)(s-b)(s-c)$$

表示. 这里 A 表示三角形的面积，a,b,c 表示三角形的三边长，而

$$s = \frac{a+b+c}{2}$$

表示半周长.

"这海伦公式的证明不很简单，我今天不去证它. 在没有证明的情况下，当然，我们不好肯定所列的公式一定是正确的——当我写这公式时，不敢说我的记忆一定没有毛病. 你们能够检验这个公式吗？你们将如何去检验它呢？"

——我可以用等边三角形去试它.

此时，$a=b=c, s=\frac{3a}{2}$，公式得到正确的结果. "我们还能试一些别的吗？"

——我可以用直角三角形试它.

——我可以用等腰三角形试它.

在第一种情形，$a^2=b^2+c^2$，在第二种情形 $b=c$，在这两种情况下，通过一些代数运算，公式都得出了正确的结果(读者应当自己算一下).

“你们觉得满意吗?”

——是的，核算对了.

“你们能否再想出一个我们可以进行核查的更特殊的情形?”

“退化的三角形怎么样? 我指的是一个三角形坍成一条直线段的极端的(或极限的)情形”.

在这情况下，$s=a$(或 b，或 c)，公式显然得出正确的结果.

——请问老师，当我们想验证一个公式是否正确时，我们该验证多少情形呢?

读者可以自己去描绘一下由这最后一个问题所引起来的讨论.

§15.5 归纳论述的图示

在对上节提出的公式的一系列检验过程中，我们都完成了些什么? 什么是还没有完成的? 在每一步验证中我们都处理了一类三角形，把所有这些三角形综观一下，也许有助于说明我们的问题.

令 x，y 和 z 表示一个可变三角形的三条边(按照长度次序排列)，因此

$$0<x\leqslant y\leqslant z,$$

从而必须有

$$x+y>z.$$

现在，由于问题仅涉及三角形的形状而不涉及其大小，我们可以假设

$$z=1,$$

于是便得到三个不等式

(1) $(x\leqslant y, y\leqslant 1, x+y>1)$

现在让我们用边 x,y 和 1 来表示三角形，或简单地以直角坐标为(x,y)的平面上的点来表示三角形$(x,y,1)$.

(1) 式三个不等式中的每一个，都把点(x,y)限制在一个"半平面"上（前两个包含边界线，第三个不包含）.(1)式中三个不等式的联立就表示平面上的一个点集——三个"半平面"的公共部分或它们的交. 这个交集是以$(1,1)$，$(0,1)$和$\left(\frac{1}{2},\frac{1}{2}\right)$为顶点的三角形，见图 15.1[包含顶点$(1,1)$及邻接的两条边，但其他两个顶点和第三边除外]. 这个三角形区域便表示了全部各种形状的三角形，点(x,y)表示三角形$(x,y,1)$，不同的点表示不同形状的三角形.

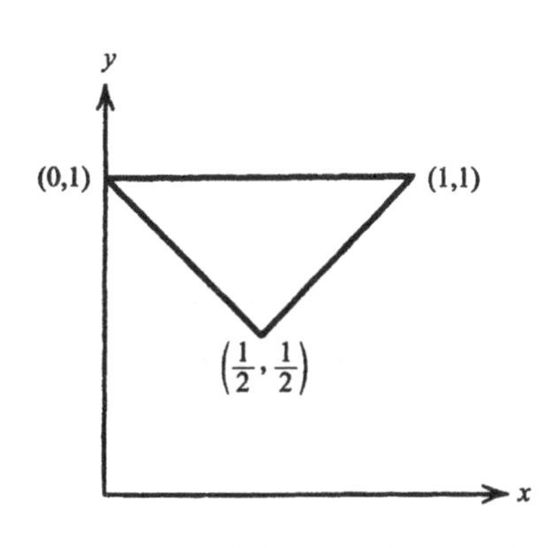

图 15.1　各种形状三角形的全体

在§15.4 中考虑过的若干特例是怎样分布在图 15.1 上的?

首先，我们对于等边三角形验证了所提出的公式. 这样的三角形是$(1,1,1)$——我们用这个符号表示图 15.2 中对应的点$(1,1)$.

接着我们对直角三角形验证了公式. 若$(x,y,1)$是一个直角三角形，则它的最大边 1 也是斜边，因此必有

$$x^2+y^2=1,$$

于是直角三角形在图 15.3 中就表示为一段单位圆的圆弧.

再考虑等腰三角形. 这里我们需要区别两类等腰三角形：或者两条较长的边相等因此

$$y=1,$$

或者两条较短的边相等因此

$$x=y,$$

于是代表等腰三角形的点形成了图 15.4 中的两条边界线(画成了实线——在前面的图 15.2 和图 15.3 中仅把它们描成虚线).

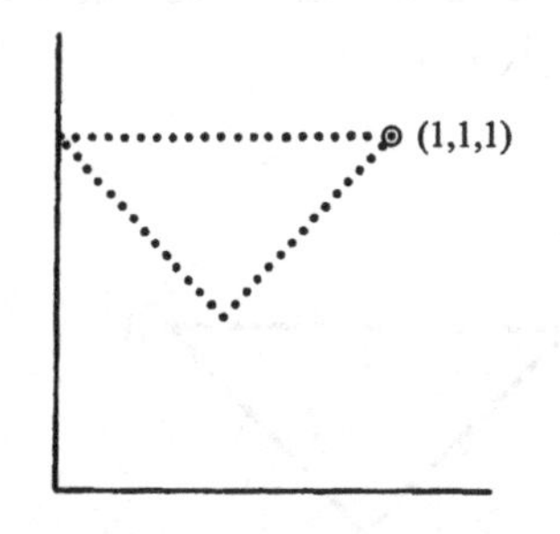

图 15.2　对等边三角形验证

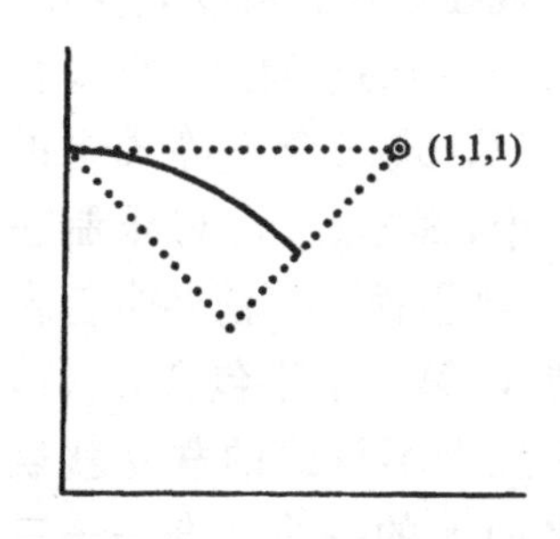

图 15.3　对直角三角形验证

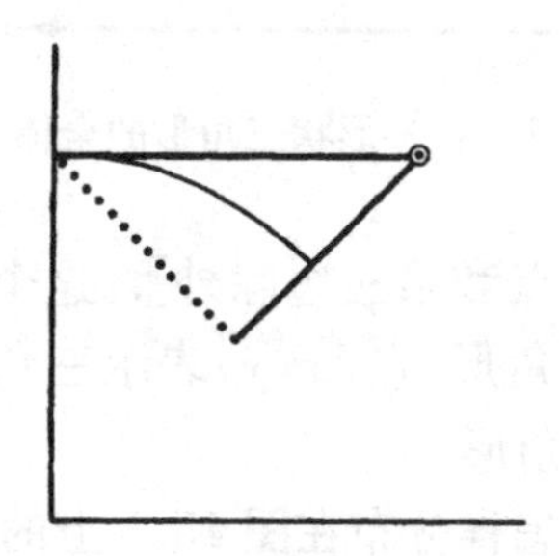

图 15.4　对等腰三角形验证

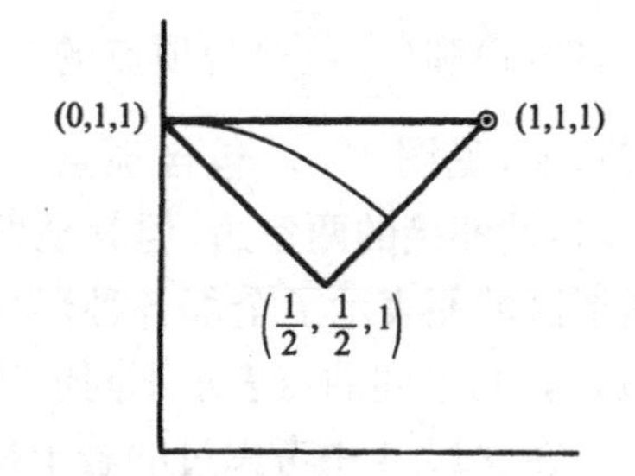

图 15.5　对退化三角形验证

最后,对于退化的三角形$(x,y,1)$,

$$x+y=1,$$

这样的“三角形”则是由图 15.5 中用实线描出的第三条边界线来表示(在前面的图 15.2,图 15.3 和图 15.4 中它都用虚线表示).

综观图 15.2 到图 15.5 的系列,我们看到了一个形象化了的归纳论述过程. 开始时,在图 15.2 上,一个点就足以表示了所验证的范围,然后是一条又一条的完整的线段出现在图上,它们表示着一类又一类业已成功验证了的三角形.

题目公式已被验证了的三角形所代表的点,都分布在画出的这些线段上. 然而,对那些并没有被这些线段遮住的地区所代表的“大部分”各种形状的三角形来讲,公式仍然没有被验证. 但是由于公式已经沿着整个边界,并且还沿着一条穿越内部的线段上被验证了,我们有理由期望它在所有情形下都是正确的. 局部启示着整体,而且是强烈地启示着整体.

§15.6 一个历史上的例

我们将步两位大数学家的后尘,去研究一个立体几何的问题. 我将稍后才说出他们的名字,因为要是过早地说了出来,就会坏我们的事.

(1) *类比启示一个问题.* 一个多面体被平面的面所封,就好比一个多边形被直线的边所围. 空间的多面体类似于平面上的多边形. 然而多边形比起多面体来更简单,更易被人了解. 一个多边形的问题,比起对应的多面体问题来,常常要容易得多. 当我们了解了一个关于多边形的事实,我们总希望去发现一个关于多面体的类比的事实,在这样做的时候,我们往往会有机会碰见一个令人兴奋的问题.

例如,我们知道三角形的内角之和,对于所有的三角形(不管其形状和大小)都是同样的,等于 $180°$,或两直角,或 π(弧度,我们习惯于用弧度来度量角). 更一般地,n 边多边形的内角和为 $(n-2)\pi$. 现在,让我们试着去发现关于多面体的一个类比的事实.

(2) *我们试图穷尽所有的可能.* 然而我们的目标,并不十分明确. 我们想去发现有关多面体里面的角度总和的某些事实——但是,什么角度呢?

多面体的每一条棱都对应着由它邻接的两个面所包含的一个*二面角*. 多面体的每一顶点都对应着由它邻接的所有面(三个或更多)所包含的一个*立体角*. 那么哪一类角是我们应当考虑的? 是否所有同一类角的和都有某种简单的性质? 一个四面体里的六个二面角的和有些什么性质? 关于一个四面体里的四个立体角的

和有些什么性质?

事实证明上面说的两种和当中没有一种与四面体的形状无关(见习题 15.14). 多么扫兴! 我们曾经期望四面体的情况跟三角形会一样.

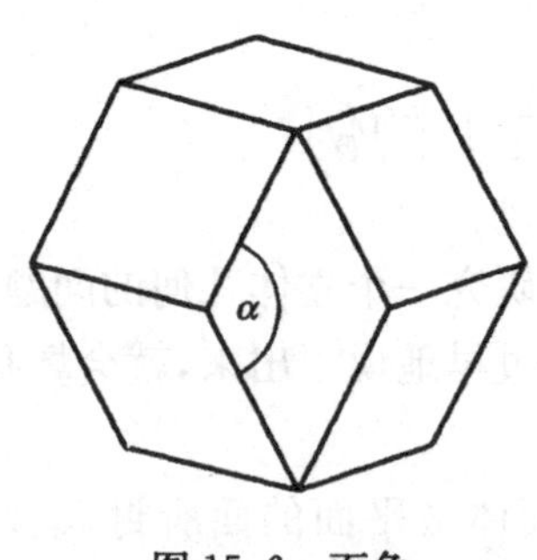

图 15.6 面角

然而,我们还是有可能去挽救原来的想法,我们还没有穷尽所有的可能性. 在一个多面体里面,还有着另一类的角度(事实上这一类才是最相似的):每一个被 n 条边(多面体的 n 条棱) 所围的面包含有 n 个内角,我们称这样的角为*面角*,现在让我们试着去求出多面体的*所有面角的和*. 令$\sum\alpha$表示所求的和,见图 15.6.

(3) *观察*. 假如我们在这个问题上没有什么别的办法了,我们总可以做一些试验性的工作:我们选取少量的多面体,并且对每一个算一下$\sum\alpha$(面角的和). 我们可以从立方体开始,见图 15.7(a),立方体的每一个面是正方形,正方形的内角和为 2π,因为有六个面,所以立方体的$\sum\alpha$是

$$6 \times 2\pi = 12\pi,$$

我们可以同样容易地来处理四面体和八面体,见图 15.7(b)和(c),前面列举的这三个多面体都是正多面体. 现在我们改变一下,来检查一些非正的多面体,例如一个五棱柱[以五边形为底的棱柱,见图 15.7(d)] 这个棱柱有两类面:五个平行四边形和两个五边形. 因此五棱柱的$\sum\alpha$是

$$5 \times 2\pi + 2 \times 3\pi = 16\pi,$$

现在让我们再看一个在课堂上不常见的多面体,见图 15.7(e):一个角锥作为"顶" 放在立方体上,所得的"塔" 有九个面,五个正方形和四个三角形,因此它的$\sum\alpha$便是

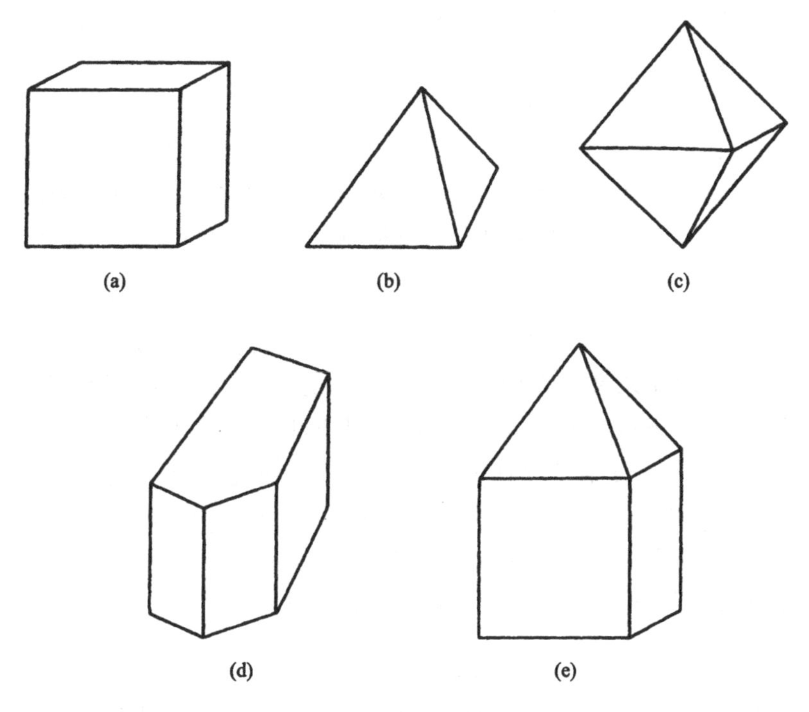

图 15.7　多面体

$$5\times 2\pi+4\times \pi=14\pi.$$

我们将观察所得收集在表 I 里面，为使得所考虑的多面体更便于辨认，我们在表中也列出每一多面体的面数 F.

表 I

多面体	F	$\Sigma\alpha$
立方体	6	12π
四面体	4	4π
八面体	8	8π
5-棱柱	7	16π
塔形体	9	14π

你看到了什么值得注意的东西吗？——比如某种法则，模式或规律？

(4) 我们在一种想法的指引下进行观察. 戏唱到了这一幕，从已收集到的观察材料中，我们尚未能发现什么惊人的东西. 这并不为怪，因为没有主导思想的观察，很少会产生有价值的结果.

回想一下走过的路，我们也许能够找出一条摆脱困境的途径. 在(3) 中，我们反复地计算了面角的总和 $\sum\alpha$，在那里，我们先是计算了属于同一个面的那些内角之和——我们很熟悉这种求和，事实上，这个求和的知识正是我们探索的起点. 现在我们改变一下，先求一下以多面体的一个隅角为共同顶点的所有那样角度的和. 我们并不太清楚这种求和，但是我们知道它小于完全的平面角 2π(显然我们现在限于考虑凸的多面体，上面引用的事实是直观的，其证明可查阅欧几里得原本第 11 卷命题 21)令 V 表示所考虑多面体的顶点数，我们可以看出面角的总和

$$\sum\alpha < 2\pi V,$$

让我们用上面收集到的数字来证实这一点！将表Ⅰ扩大成表Ⅱ：

表Ⅱ

多面体	F	$\sum\alpha$	V	$2\pi V$
立方体	6	12π	8	16π
四面体	4	4π	4	8π
八面体	8	8π	6	12π
5-棱柱	7	16π	10	20π
塔形体	9	14π	9	18π

在整个表 Ⅱ 中，$2\pi V$ 都大于 $\sum\alpha$，而且我们还注意到它们的差是常数即

$$2\pi V - \sum\alpha = 4\pi.$$

这只是一种巧合吗？仅仅说成巧合是不能令人信服的. 我们不禁要产生这样的猜想，即上面观察到的关系式不仅对我们已检验过的少数例子是对的，而且对一切凸多面体都是对的. 这样我们就产生了一个猜测

$$(?)\qquad \sum \alpha = 2\pi V - 4\pi$$

式子前面括弧里的问号提醒我们，上面的关系式仅仅是一个猜测，还没有被证明.

(5) **检验我们的猜测**. 我们的观察，在一个幸遇的念头的启示下，产生了一个值得注意的猜测——但它是对的吗？

我们再核算稍多一些的例子. 还有两类正多面体可待考虑，即具有十二个面和二十个面的十二面体和二十面体. 除此之外，我们尚可考虑一般的棱柱，即底为 n 边形的，n-棱柱，以及具有同样底面的 n-棱锥，和 n-重棱锥(即两个具公共底面的 n-棱锥按相反方向合成的几何体，注意 n-棱锥的公共底面*不是*重棱锥的一个面). 读者可以容易地把表Ⅱ推广到上面提到的这些几何形体上.

从表Ⅱ及其推广可以看出，对于所有上面考查过的例子，猜测(?)都成立，这确实令人高兴，但这还不等于证明.

(6) **按前面步骤的想法做**. 在 $\sum \alpha$ 的计算中，我们多次用了同样的步骤：我们总是先算出属于同一个面的内角之和，为什么不把这个步骤应用到一般的讨论？

表Ⅱ的推广

多面体	F	$\sum \alpha$	V	$2\pi V$
十二面体	12	36π	20	40π
二十面体	20	20π	12	24π
n-棱柱	$n+2$	$(4n-4)\pi$	$2n$	$4n\pi$
n-棱锥	$n+1$	$(2n-2)\pi$	$n+1$	$(2n+2)\pi$
n-重棱锥	$2n$	$2n\pi$	$n+2$	$(2n+4)\pi$

为了贯彻这一想法，我们引入适当的记号，令

$$s_1, s_2, s_3, \cdots, s_F$$

分别表示第一个，第二个，第三个，……，第 F 个面的边数，于是可得

$$\sum \alpha = \pi(s_1 - 2) + \pi(s_2 - 2) + \cdots + \pi(s_F - 2)$$

$$= \pi(s_1 + s_2 + \cdots + s_F - 2F),$$

这里 $s_1 + s_2 + \cdots + s_F$ 表示了所有 F 个面的所有边的总和. 在这个总数里面，多面体的每一条棱都计算了两次(因为它恰好邻接着两个面)，因此有

$$s_1 + s_2 + \cdots + s_F = 2E$$

这里 E 表示多面体的棱数. 于是我们得到

$$(!) \qquad \sum \alpha = 2\pi(E - F),$$

这样我们就找到了 $\sum \alpha$ 的第二个表达式，但这两个表达式有着实质上的区别，(4)里的表示式(?)仅仅是个猜测，而(!)是被证明了的式子. 假如我们从(?)和(!)中消去 $\sum \alpha$，即可得到关系式

$$(??) \qquad F + V = E + 2,$$

因为我们还没有证明它，所以在前面放上了一个记号(??). 它实际上与(?)一样，是可疑的. 通过已经证明了的关系(!)，即知关系式(?)和(??)中的任一个都可以由另一个推出，因此它们必然同时成立或同时不成立，它们是等价的.

(7) 验证. 无论是人们熟悉的关系(??)或不怎么熟悉的关系(?)都是欧拉发现的，他并不知道笛卡儿在他之前已经找到了同样的关系. 我们是从笛卡儿未发表的手稿里一些简短句子中才了解到他的工作的. 笛卡儿的手稿大约在欧拉死后一个世纪才发表②.

---

② 《笛卡儿全集》，第十卷，pp. 265—269.

欧拉在他的两篇论文和第三篇论文的一个短注中讨论这个问题[③]. 短注中谈到了多面体中的立体角之和[我们在(2)中已经提到,这个和与立体的形状有关]. 整个来讲,我们前面的论述都遵循着欧拉的第一篇论文,在那篇文章里,他说明他是如何逐步达到他的发现的,但他没有给出正式的证明,而仅仅给出了一堆验证. 我们想在这方面也跟着欧拉的步子. 根据以前表中所收集的材料,再加进棱的总数 E,我们可得表Ⅲ.

从表Ⅲ可以看出,所猜测的关系(??)在整个表Ⅲ中已得到验证. 这是值得欣慰的,但当然,这还不能算是一个证明.

表Ⅲ

多面体	F	V	E
四面体	4	4	6
立方体	6	8	12
八面体	8	6	12
十二面体	12	20	30
二十面体	20	12	30
塔形体	9	9	16
n-棱柱	$n+2$	$2n$	$3n$
n-棱锥	$n+1$	$n+1$	$2n$
n-重棱锥	$2n$	$n+2$	$3n$

(8) *对所得结果的思索*. 欧拉在他的第二篇论文里,试图对(??)给出一个证明,可是他并未成功,在他的证明里有一个很大的漏洞. 而我们在前面所作的种种考虑实际上却十分接近于一个证明,现在需要了解一下,我们已经前进到了什么程度.

让我们先了解结果(!)的全部意义. 特别地,让我们看一下当多面体变动时会发生些什么. 我们想像多面体在连续地变化:它的面逐渐倾斜,它们的交线与交点、即多面体的棱和顶点,也连续

③ 见 Euler, Opera Omnia, ser. 1, vol. 26, pp. XIV—XVI, 71—108 和 217—218.

地变化，但多面体的“总体轮廓”或“形态构造”，即它的面，棱和顶点之间的连接，仍保持不变. 也即数 F、E、V（即面、棱和顶点的个数）保持不变. 这样一个变化可能影响每一个个别的面角 α 的值，但是根据已证明的(!)，可知它不能影响面角整体的值，也就是说，它必然使得面角和 $\sum\alpha$ 保持不变. 由此我们就可以看到一种利用这种变化的可能性：我们可以寻找这样一种变化，使得所给的多面体变化成为一种形式，在这种形式下我们更便于去计算出它的(不变的!) $\sum\alpha$ 的值.

为此，我们选择多面体的一个面作为“底”. 我们把这个底置于水平位置上同时将它伸展开(其他面则相对地收缩)使得最后整个多面体能够正交投影到它的底上. 图 15.8 对于(a)立方体及(b)“一般”多面体显示了这种变形结果. 这结果是一个坍塌了的多面体，它被压平成两片重叠的多边形(具有共同边界)：下面的一片(“伸展了的底面”)是未被分划的，而上面的一片则被划分为 $F-1$ 个子多边形，这里 F 是原多面体的面数. 令 r 表示包围这上下两片的多边形边界的边数.

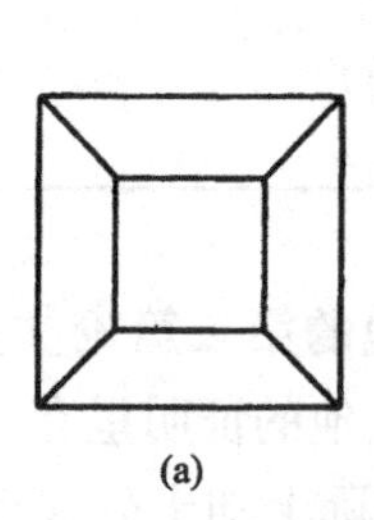

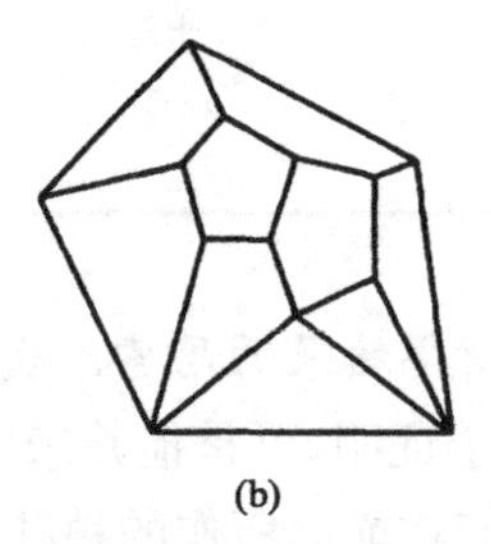

(a) (b)

图 15.8 压平了的多面体

我们对于压平了的多面体来计算它的 $\sum\alpha$(我们知道它与原来未被压扁的多面体的值相同). 总和由三个部分组成：

下面一片(“伸展了的底面”)的内角和为 $(r-2)\pi$.

上面一片沿边界线上的内角和与上相同.

上面一片处在边界线内部的角的和，它们包围着 $V-r$ 个内部顶点，因此它们的和是$(V-r)2\pi$.

把上面三部分相加，即得

$$\sum\alpha = 2(r-2)2\pi + (V-r)2\pi = 2\pi V - 4\pi,$$

这就证明了我们的猜测(?)，因而也证明了(??).

§15.7 科学的方法:猜测和检验

前面的例子给我们点出了若干一般的道理. 当然，假如我们能对这些例子及其他类似的例子(见本章末的习题与评注)作更多的论述，则这些道理也就会更自然地体现出来并得到印证. 然而即使就是我们上面讨论过的这点内容，也可以使我们达到如下的认识：

观察可以导致发现.

观察可以揭示某些规律、模式或定律.

在某些好的想法或某种观点的指引下，观察更有可能得出有价值的结果[如§15.6(4)].

观察只能给出初步的归纳结论或猜测，不给出证明.

检验你的猜测:考查一些特殊情形和结果.

任何特殊情形和结果被验证为正确，都增加了猜测的可信度.

注意想法和证明之间，猜测和事实之间的区别.

不要忽略了类比，它们可以导致发现[如多边形和多面体之间的类比，见§15.6(1)].

考查极端情形[比如退化三角形和坍塌了的多面体，见§15.4和§15.6(8)].

这些结论，本该用更多的材料，加以更好的组织，特别是提供更多的印证(见 MPR)来说得更严格准确些. 然而即便按现在这个样子，让这些认识从诸如前面的例子中或从精心指导的课堂讨论中提炼出来，它们也能够为高中水平的学生了解科学的本质揭示一个基本的观念. 过去和现在的哲学家们，在关于科学、“科学方法”及“归纳法”等的本质的认识上，提供了五花八门的图像. 但是科学家们实际上究竟作了些什么呢？他们不外乎是设计出各种假设性的解释，然后让这些假设去经受实践的检验. 假如你希望用几个字来说明什么是科学的方法，那么我提议它是：

猜测和检验.

§15.8 “研究题目”若干应有的特征

上面刚讨论的问题与常规的习题是有区别的，我想着重说明以下三点：

(1) 学生从课本上或从教师那里拿到了要做的题目. 在许多场合，教师们较少关心(而课本则根本不管)孩子们是否对这个题目有兴趣. 而对数学家来说，恰好相反，题目的选择，即去发现、提出一个有吸引力和有价值并在自己力所能及范围内的问题，也许是决定性的一步. 在§15.2和§15.4里，学生在教师引导下在某种程度上参与了提出问题[见§14.5(1)].

(2) 大多数课本上的习题彼此很少有联系. 它们常常只是为了去说明某一法则或者为它的应用提供某些练习. 一旦目的达到它们也就不再有用了. 然而，像§15.2和§15.6中的题目就有一个雄厚的背景，它们引出许多挑战性的问题，而这些问题又进一步引出更多挑战性的问题，直到原始问题的这些派生问题形成了一大片(这些派生问题将在本章末的习题和评注中进行一定程度的讨论).

(3) 在课堂上，“猜测”往往是一条禁律. 然而在数学研究里面，“先猜测后证明”几乎是一条规律. 在前面讨论的题目里，观察、猜测、归纳论证，简言之，合情推理，起着重要的作用.

(4) 虽然第(1)点(学生们参与提出问题)是不可忽视的，然而其他两点尤为重要. 那些具有与周围世界或者其他的思想领域有联系背景的题目，以及蕴含着合情推理过程的题目，比起那些充斥于教本中的、仅仅为了练习这个或那个孤立法则的习题来，更加有利于激发学生的思考能力，促进他们智力上的成熟.

§15.9 结　论

据我看来，像在本章前面所介绍的那种题目和论述，是可以在高中水平的学生中进行传授的，我认为，它们可以对学生起三个方面的作用：

第一，它们让学生通过做独立的创造性工作品尝到了数学的滋味.

第二，它们不仅增加了学生对数学的了解，也增强了他们对其他科学的了解，这一点由于可以影响到相当大一部分学生而显得更为重要. 事实上，它们给学生提供了关于“归纳研究”和“科学方法”相当好的第一印象.

第三，它们揭示了数学的一个很少被人提及而更加显得重要的方面，数学在这里作为一种“观察的科学”——即借助于观察和类比去导致发现的科学——而展示出与自然科学紧密的联系. 这个方面应当特别引起未来的数学应用者们，未来的科学家和工程师们的注意.

因此我期望，数学的发现，科学的方法和数学的归纳方面，在未来的中学里将不要像今天的中学里那样完全遭到忽视.

第 15 章的习题与评注

第一部分

15.1　在那些由§15.2 列出的数字所启示的、并在§15.3 中叙述的若干猜测中，是否有一些你能证明的？列出一些能理解、易于入手的结论加以证明.

15.2　(§15.4)再想出一些验证海伦公式的方法.

15.3　(§15.5)在图 15.5 中，单位圆的一段弧把三角形(它的点表示各种形状的三角形)分成两部分，一部分在弧的上部，一部分在弧的下部. 问这两个部分代表的三角形的形状有什么不同?

15.4 [§15.6(8)]试设计一种更加确定的从“一般”凸多面体到“压平”的凸多面体的转换.

15.5 考虑具有 F 个面,V 个顶点以及 E 条棱的凸多面体,以 F_n 表示具有 n 条边的那些面的个数. V_n 表示 n 条棱汇交的顶点的个数.

说出 $\sum F_n$ 和 $\sum V_n$ 的数值. 这里符号 $\sum$ 是 $\sum\limits_{n=3}^{\infty}$ 的缩写. (当然,在 F_n 中只有有限个数不为 0,V_n 也同样. 因此实际上 $\sum$ 仅表示一有限和. 符号 $\sum$ 在以下有关的习题中仍将按这样的理解去应用.)

15.6 (续)用几种不同的方法去表示面角数.

15.7 (续)适当地选择对角线(“面的对角线”),它们互不相交并且把多面体的每一个面都剖分成三角形. 用几种不同的方法去表示多面体所有的面经过剖分所得的三角形数.

15.8 证明

$$E \geqslant \frac{3}{2}F, \qquad E \geqslant \frac{3}{2}V,$$

在第一个不等式中,等式能否达到?什么情况下达到?对第二个不等式也提同样的问题.

15.9 证明在任何凸多面体中,面角的平均值决不小于 $\frac{\pi}{3}$ 但恒小于 $\frac{2}{3}\pi$.

15.10 证明在任何凸多面体中总有一个边数小于 6 的面.

15.11 给定了凸多面体的顶点数 V,找出 F 和 E 的最大值. 在什么条件下能达到这些最大值?

15.12 给定了凸多面体的面数 F,求 V 的最大值和 E 的最大值. 在什么条件下可以达到这些最大值?

15.13 倘若一条直线段连接着一个凸多面体的两个顶点,则有三种可能的情形:它可以是一条棱,或为一条面上的对角线,或者是对角线. 这最后一种情形发生的充分必要条件是除两端点外,线段上所有的点都不在多面体的面上. 令 D 表示多面体的对角线数,E、F、V、F_n、和 V_n 的意义与前面相同.

(1) 求五种正多面体的 D.

(2) 求 n-棱柱，,n-棱锥和 n-重棱锥的 D.

(3) 当多面体所有的面都是具有相同边数 $n=3,4,\cdots$ 的多边形时，试用 F 去表示 D.

(4) 一般地表示 D.

用例子去说明每一种一般情形. 注意：问题可能是没有意义的.

15.14 [§15.6(2)] 考虑一个四面体，令 $\sum\delta$ 代表它的六个二面角之和，$\sum\omega$ 代表它的四个立体角之和.

对下列三种极限情形计算这两种和：

(1) 四面体坍塌成一个三角形，三条棱变成了三角形的三条边，其余三条棱变成了从三角形某一内点到三顶点的连线.

(2) 四面体坍塌成一个凸四边形，它的六条棱变成为四边形的四条边和两条对角线.

(3) 四面体的一个端点趋于无穷远，汇合于它的三条棱变成了垂直于它所对的面的平行直线.

（以一个多面角的顶点为中心画一个半径为 1 的球面，球面落在多面角内部的那一部分曲面是一个球面多边形，这个球面多边形的面积就作为“立体角”的度量.）

15.15 (续)检验 15.14 题的答案. 比较一下所检验的这两个和. 它们按同一方式变化吗？它们的变化有关联吗？

15.16 对一个具有 F 个面，V 个顶点和 E 条棱的多面体，令 $\sum\delta$ 表示它的 E 个两面角之和，$\sum\omega$ 表示它的 V 个立体角之和. 对立方体计算这两种和.

15.17 (续)对两种不同的易于入手的 n-棱锥（退化）情形计算这两种和.

15.18 (续)对于 n-棱柱和 n-重棱锥中的易于入手的（极限）情形计算这两种和.

15.19 (续)对所有考虑过的情形，将这两种和与 F、V 和 E 作一比较，观察所比较的量的变化. 什么变化看上去最密切相关？

15.20 (续)假如你找到了一个为你所有的观察证实了的规则，试证明它.

第二部分

15.21 试猜出下列问题的答案：

在内接于一固定圆的所有三角形中，哪一个面积最大？

在内接于一固定圆的所有四边形中，哪一个面积最大？

在内接于一固定圆的所有 n 边形中（n 给定），哪一个面积最大？

15.22 试猜出下列问题的答案：

在所有外切于一固定圆的三角形中，哪一个面积最小？

在所有外切于一固定圆的四边形中，哪一个面积最小？

在所有外切于一固定圆的 n 边形中（n 给定），哪一个面积最小？

15.23 *不充足理由律*. 对于习题 15.21 和 15.22 中的问题，"常见"的回答总是正确的[④]. 我们将不在这里讨论它们的证明. 我们想探究一下为什么人们在这类情况下猜测总是正确的.

当然我们不企望得到一个十分确定的回答. 然而我想下面所表达的感觉是发自许多人的.

为什么正多边形这样为人熟悉？圆是一种最完美最对称的平面图形，它有无限多条对称轴，它关于每一条直径都是对称的. 在所有给定边数的多边形中，正多边形在"完美性上最接近"于圆，它最为对称，它比起其他多边形来具有更多的对称轴. 因此我们想到内接正多边形，会比其他同边数的多边形更多地"填满"着圆.（同样，外切正多边形则更紧地"怀抱"着圆.）

此外类比也在起着作用. 与上面问题相似的等周问题中（§15.3，习题 15.1），正多边形就取到了最大值.

还有一些其他的合情推理方法. 我们下面要讨论的内容有点费解，但却应当给予特别注意. 我们在这里面对着具有多个未知量的问题，而对于每一个未知量来说条件都是相同的. 条件对于多边形的任何一个顶点来说，不会比任何其他顶点显得有所偏重，也没有一条边显得比其他边条件更多. 因此我们可以期望，在条件得到满足，问题得到解决的多边形中，所有的边都将相等而且所有角也将相等. 这样我们便想到了解将是正多边形.

这种想法的依据是一条合情推理的原理，我们试将它表述如下：

"在没有充分的选择理由的对象中间，没有一个对象是可以特殊当选的."

---

④ 关于习题 15.21，见 MPR，卷 I，pp. 127—128.

我们可以把这个原理称之为"不充足理由律". 这个原理在问题的求解中有时是重要的,它在很多时候能使我们预测到问题的解,或者能选出引导到解的步骤. 从数学的角度去看,将这个原理表述得更明确些是有益的.

"在条件里地位相同的未知量,可望在解答中的地位也相同. "

或更简单地:"在条件中没有区别,则在结果中也无区别",或"满足同样条件的未知量应有相同的值".

在几何问题里,这个原理特别适用于对称性(如我们已见到的). 因此我们有时发现不充足理由律的下面的叙述方式更具有启发性(虽然实际上它变得更不明确了):

"我们期望问题数据和条件里的对称性将在解里得到反映. "

"对称性由对称性所产生. "

在某种程度上,"数据和条件里的对称性"不仅在"求解对象"身上有反映,而且在"求解过程"⑤中也有反映.

当然,我们不要忘掉这原理仅仅是启示性的,不能就作为确定性的推理依据⑥.

这条不充足理由律在非纯数学的问题中也起着一定的作用⑦.

但这个原理有一个惊人的反例,我们只需用一点代数术语就可以把它准确地叙述出来. 这问题是:已知 n 个量的 n 个初等对称函数的值,求这 n 个量. 不充足理由原理使我们期望这 n 个量是会相等的. 然而系数"随机"给定的 n 阶代数方程的 n 个根可以是互不相等的.

15.24 **布里丹*的驴.** 一头很饿的驴,正面对大小相等而且同样美味的两堆干草,一堆在左,一堆在右,而它自己正处在两者中间完全对称的位置上,在两堆同样的干草吸引之下,驴子无法确定该去享用哪一堆,最后终于

---

⑤ 见 HSI,pp. 199—200(对称)及关于术语的习题 5.13.

⑥ 参考 MPR,卷Ⅰ,pp. 186—188,习题 40 和 41. 也可参阅作者的文章"On the role of the circle in certain variational problems",Annales Univ. Scient. Budapest. Sectio Math. v. 3-4,1960—1961,pp. 233—239.

⑦ 见 J. M. Keynes,《A Treatise on Probability》,pp. 41—64.

* 布里丹(John Buridan,1300? —1360),十四世纪法国唯名论哲学家,是奥克姆(william of Occam)的信徒,倾向于决定论,认为意志是环境决定的,反对他的人提出这样一个例证来反对他,假定一头驴子站在两堆同样大小同样远近的干草间,如果它没有自由选择的意志,它就不能决定究竟该吃哪堆干草,结果它就会饿死在这两堆干草之间,后人就把这个论证叫做"布里丹的驴子".

饿死.

可怜的驴. ——它成了不充足理由律的一个受害者.

15.25 在内接于一个给定球面、且顶点数为 V 的多面体中,哪一个具有最大体积?

试对 $V=4,6,8$ 三种情形猜出解答.

15.26 在外切于一个给定球面且面数为 F 的多面体中,哪一个具有最小体积?

试对 $F=4,6$ 和 8 猜出解答.

15.27 设球面半径为 r,求内接立方体的体积.

15.28 把半径为 r 的球面看作地球,在赤道上内接一个正六边形. 正六边形的六个顶点加上南北极共八个顶点构成一个重棱锥,求它的体积.

有何评论?

15.29 给定球面半径,计算其外切正八面体的体积.

15.30 底为正六边形的正棱柱外切于半径为 r 的球面,把这球面当作地球. 棱柱表面切球面于八个点:均匀分布于赤道上的六个点及南、北极. 计算棱柱的体积.

有何评论?

15.31 比较前面题目中考虑的立体(将习题 15.27 与习题 15.28 进行比较,将习题 15.29 与习题 15.30 进行比较),试找出一个合乎情理的解释.

15.32 下面是一条合乎情理的假设:在内接于同一球并具有同样顶点数的两个多面体中,具有较多的面和棱的那一个更多地"填满"了球面. 若承认这一点,那么哪一类多面体可望是习题 15.25 的解?

15.33 下面是一条合乎情理的假设:在外切于同一球面且具有同样的面数的两个多面体中,具有较多顶点和棱的那一个更紧地"怀抱"着球面. 若承认这一点,那么哪一类多面体可望是习题 15.26 的解?

15.34 习题 15.31 有没有启示更多的内容?

15.35 在具有固定表面积和固定的面数的多面体中,哪一个体积最大?

试对 $F=4,6$ 和 8 猜出解答.

15.36 解方程组,求出所有的解:

$$\begin{cases}2x^2-4xy+3y^2=36,\\3x^2-4xy+2y^2=36.\end{cases}$$

关于不充足理由律这里该怎么说?

15.37 解方程组,求出所有的解:

$$\begin{cases}6x^2+3y^2+3z^2+8(yz+zx+xy)=36,\\3x^2+6y^2+3z^2+8(yz+zx+xy)=36,\\3x^2+3y^2+6z^2+8(yz+zx+xy)=36.\end{cases}$$

15.38 解方程组,求出所有的解,

$$\begin{cases}x^2+5y^2+6z^2+8(yz+zx+xy)=36,\\6x^2+y^2+5z^2+8(yz+zx+xy)=36,\\5x^2+6y^2+z^2+8(yz+zx+xy)=36.\end{cases}$$

15.39 *物理学中的不充足理由律.或自然界应当是可以认识的.* 在阿基米德的著作《关于平面的平衡或平面的重心》[8]的开头,处理了杠杆的平衡.(杠杆是一条刚性的水平杆,由一个点支持着,称该点为支点,杆的重量可以忽略不计).阿基米德考虑了以杠杆的中点为支点,且两端带有相同重量的情况(见图 15.9).他把这一完全对称的情形存在着平衡当作显然的事实加以承认.事实上,他的第一条公理就是说"等距离上的相同重量处在平衡中".确实,这时杠杆是在布里丹驴子的处境中,它没有充分理由斜向两边中的任何一边.

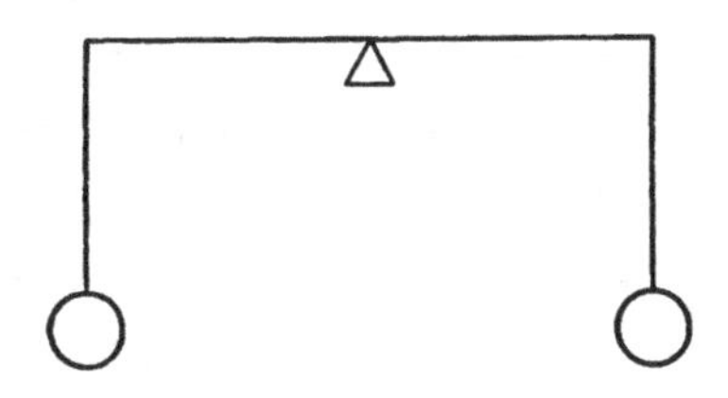

图 15.9 等距离上的相同重量

我们在这里可以把事情看得更深些.设想有一个人不同意阿基米德公理而提出了一条不同的法则:在图 15.9 的情况下,右端的重物向下坠,我们来看将会产生什么结果.好,假若我看到的杠杆证实这人的预言是对的,那么对于在我对面从反面看杠杆的人来说,这个预言就不对了.因此这一条与阿基米德公理抵触的法则*不可能普遍成立*.现在我们可能会领悟到一条让我们倾向于接受阿基米德公理的深刻信念了:我们希望自然界是能认识的.

15.40 *球面上选 n 个点.* 在下面提出的一系列类似的问题中,头两个

⑧ 见 T. L. Heath 编的《阿基米德论文集》,p. 189.

问题是习题 15.25 和 15.26 的重述.

在一给定球的表面上,选择 n 个点,使得

(1) 以这 n 个点为顶点的内接多面体具最大体积.

(2) 具有 n 个面且与球面在 n 个点相切的外切多面体体积最小.

(3) n 个点之间的$\frac{n(n-1)}{2}$个距离中的最短距离取到最大值.(一个"最大的最小值",这是"n 个厌世者的问题".)

(4) 每一个点带有单位正电荷,这 n 个互相排斥的电荷应处于最稳定的静电平衡之中.

(5) 在这球表面上,有一个任意的连续的质量分布,其密度可在 n 个点上测量. 选择 n 个点,使得在这 n 个点的测量基础上,总的质量可以最精确地估计到.(这是一个世界性的通信社的"n 个采访记者问题",或者是最佳插值问题. 对于直线段来讲,高斯用他的著名的机械求积在某种意义上解决了类似的问题.)

在所有上面五个问题中,若 $n=4,6,8,12$ 或 20,则某些内接正多面体的顶点应当加以考虑(虽然像前面某些例子所证明的,它们也许并不是解). 请参阅 L·Fejes-Tóth,《Lagerungen in der Ebene, auf der Kugel und im Raum》.

若 n 个点是任意选的(当 n 不很大,夜空中的 n 个最亮的星似乎就是这么选的),则一个点到它的第一个邻近点,第二个邻近点,第三个邻近点,等等的平均距离就可以计算. 见作者的一篇文章,《Viertel jahrsschrift der Natur forschenden Gesellschaft in Zürich》, v. 80, 1935, pp. 126—130.

第三部分

15.41 *更多的问题.* 考虑某些与本章讨论过的问题类似但又并不相同的研究问题. 要特别注意问题的以下若干方面:这个题目是否适宜于课程或哪些方面适宜于课程? 这题目有教益吗? 它有一个很好的背景吗? 它描绘了某些有趣的思想吗? 它是否为归纳和合情推理提供了机会? 或者为课堂水平的挑战性证明提供了机会? 应当怎样在课堂上对它进行介绍?

15.42 在§15.4 中我们借助于讨论若干特例来检验一般公式,你在什么地方见到过这类讨论? 对更多的例子进行这样的讨论. 这种讨论的好处是什么?

15.43 §15.5 的主要目的是对归纳论证进行图解. 学生们能够在其他方面从这一节获益吗?

15.44 *周期的十进位小数.* 三个十进位展开

$$\frac{1}{6}=0.166666666\cdots,$$

$$\frac{1}{7}=0.142857142\cdots,$$

$$\frac{1}{8}=0.125,$$

分属三种不同类型. 表示$\frac{1}{8}$的是一个有限十进位展开,其他的两个则是无限展开. 事实上,它们乃是循环的、重复的或周期的十进位小数. 用标准记号,它们可写成如下形式

$$\frac{1}{6}=0.1\overline{6},$$

$$\frac{1}{7}=0.\overline{142857},$$

横杠加在循环节或周期上,即无限次重复那一段数字. $\frac{1}{6}$的周期长为 1,$\frac{1}{7}$的周期长为 6,一般地,在一个周期里面数字的个数,就称为周期的长. $\frac{1}{7}$的十进位展开式是纯周期的,而$\frac{1}{6}$的则是混合的:前者不包含有不属于周期的数字,而后者则包含着不属于周期的初始数字段. 这里可再举几个这三种类型的例子

$$\frac{39}{44}=0.88\overline{63},\qquad \frac{19}{27}=0.\overline{703},\qquad \frac{19}{20}=0.95.$$

通过观察找到尽可能多的三种类型十进位小数展开,它们周期的长度,周期里数字的分布,或任何你认为值得注意的其他什么. 试证明或否定你在观察中得到的种种猜测.

选择你想去观察的分数,或者考察一下在下面(1)到(7)中所列出的分数展开成的十进位小数:

(1) $\frac{1}{7},\frac{2}{7},\frac{3}{7},\frac{4}{7},\frac{5}{7},\frac{6}{7},\frac{7}{7}$.

(2) $\frac{1}{7},\frac{10}{7},\frac{100}{7},\cdots$.

(3) 所有分母小于 14 且分子分母互质的真分数.

(4) 所有分母等于 27 且分子分母互质的真分数.

(5) $\frac{1}{3},\frac{1}{7},\frac{1}{11},\frac{1}{37},\frac{1}{41},\frac{1}{73},\frac{1}{101},\frac{1}{239}$.

(6) $\frac{1}{9}, \frac{1}{99}, \frac{1}{999}, \frac{1}{9999}$.

(7) $\frac{1}{11}, \frac{1}{101}, \frac{1}{1001}, \frac{1}{10001}$.

无论如何要注意到并完全理解

$$7.000000\cdots = 6.99999\cdots$$

$$0.500000\cdots = 0.49999\cdots$$

15.45 (续)观察

$$\frac{1}{9} = 0.111111\cdots \qquad \frac{1}{11} = 0.090909\cdots$$

$$\frac{1}{27} = 0.037037\cdots \qquad \frac{1}{37} = 0.027027\cdots$$

$$\frac{1}{99} = 0.01010101\cdots \qquad \frac{1}{101} = 0.00990099\cdots$$

$$\frac{1}{271} = 0.0036900369\cdots \qquad \frac{1}{369} = 0.0027100271\cdots$$

并加以说明.

15.46 (续)从十进位展开出发,将底数从 10 变为 2,我们就得到二进位展开. 下面就是一例子

$$\frac{1}{3} = 0.01010101\cdots,$$

等式右端在二进制下理解,即上面等式的意思是:

$$\frac{1}{3} = \frac{1}{2^2} + \frac{1}{2^4} + \frac{1}{2^6} + \frac{1}{2^8} + \cdots,$$

如同在习题 15.44 和 15.45 中对十进位展开进行过的查核一样,对二进位也进行同样的查核.

15.47 (续)试评价一下习题 15.44,15.45 和 15.46 中的研究计划的教育价值.

15.48 **梯形数.** 图 15.10(a)表示了三角形数

$$1 + 2 + 3 + 4 = 10$$

(参阅习题 3.38 和图 3.8). 我们可以类似地称数

$$3 + 4 + 5 = 12$$

为"梯形数",见图 15.10(b). 假如我们把极端情形也包括在我们的定义之内(这常常是我们所期望的),那么我们就必须把图 15.10 中(a)和(c)表示的数

也认为是“梯形”的，于是每一个正整数就也是“梯形”的(因为它可以像图15.10(c)中那样用一行点表示)，但这样的定义就没有多少意思了. 因此这就导致我们得出下面的定义.

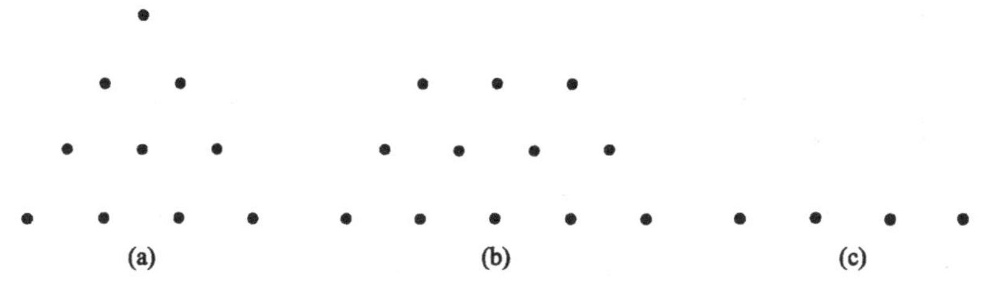

图 15.10　三角形数和梯形数

令 $t(n)$表示正数 n 的*梯形表示*的个数，即将 n 写成连续正数的和的个数. 下面是一些例子：

$$6=1+2+3,$$

$$15=7+8=4+5+6=1+2+3+4+5,$$

当 $n=1,2,3,6,15,81,105$ 时，

$$t(n)=1,1,2,2,4,5,8,$$

在你进行了适当的观察之后，试找出 $t(n)$的一个“简单表达式”，若可能的话，给出证明.

15.49　(续)图 15.11 对于综合你的观察提供了图形上的帮助. 我们把 n 的如下形式的表达式

$$n=a+(a+1)+(a+2)+\cdots+(a+r-1)$$

(r 项的和)称为 n 的一个具有 r 行的梯形表示. 在 n,r 的坐标系中，点(n,r)标以黑点(图 15.11)的充分必要条件是 n 有一个具 r 行的梯形表示.

若 $t(n)=1$，则 n 的唯一的梯形表示必然是 $r=1$ 的“平凡”表示. 试列出图 15.11 中 $t(n)=1$ 的数 n.

若 p 是一个素数，$t(p)$是什么？

15.50　(续)令 $s(n)$为正整数 n 写成连续的奇正整数的和的个数. 找出 $s(n)$的表达式.

例：

$15=3+5+7$,

$45=13+15+17=5+7+9+11+13$,

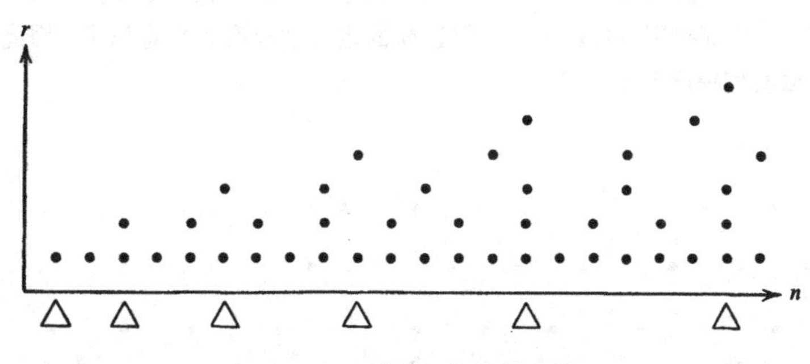

图 15.11　n 的具 r 行的梯形表示

$$48=23+25=9+11+13+15=3+5+7+9+11+13$$

当 $n=2,3,4,15,45,48,105$ 时

$$S(n)=0,1,1,2,3,3,4$$

15.51　评价一下在习题 15.48 和 15.49 中所列的研究计划.

15.52　考虑三个平面图形：

(1) 具铅直对角线的正方形，

(2) 外接于它的半径为 a 的圆，

(3) 外切于圆且具有铅直边的正方形.

图形(1)中的铅直对角线把图形划分为对称的两半. 将三个平面图形围绕公共的铅直对称轴旋转，得到三个立体图形：

(1) 一个重锥，

(2) 一个球，

(3) 一个圆柱.

对所有这三种情形，计算

V，立体图形的体积，

S，立体图形的表面积，

A，平面图形的面积，

L，平面图形的周长，

X_A，平面图形的半区域的重心到旋转轴的距离，

X_L，平面图形的半周界的重心到旋转轴的距离，

将计算出来的 18 个量列成 3×6 的表，观察，并讲述你的观察所得.

15.53 **观察**

$$\sqrt{2}-1= \qquad =\sqrt{2}-\sqrt{1}$$

$$(\sqrt{2}-1)^2=3-2\sqrt{2} \quad =\sqrt{9}-\sqrt{8}$$

$$(\sqrt{2}-1)^3=5\sqrt{2}-7 \quad =\sqrt{50}-\sqrt{49}$$

$$(\sqrt{2}-1)^4=17-12\sqrt{2}=\sqrt{289}-\sqrt{288}$$

试加以推广，并证明你的猜测.

15.54 你猜的结果是什么常常无关紧要，至关重要的是你如何去检验你的猜测.

15.55 **事实和猜测.** 下面是关于约翰爵士和一个看门人的故事，我不能保证它的可靠性. 约翰爵士，是大英皇家协会的成员，当然，他在事实和猜测之间，想必一定能划出一条明白的界线. 而看门人，他受雇于皇家协会大楼，在某些场合，想必不能划出一条明确的界线.

一天约翰爵士参加大英皇家协会的一次会议，来得有点晚了，因此显得很匆忙. 他要先到衣帽间存他的帽子，并取一张附有数字的凭条. 那天衣帽间正是看门人当班，他热心地说"爵士请吧，不必等了，等会儿您来取帽子不用条子". 约翰爵士没有拿条子就很感激地去开会了，然而却多少有点记挂

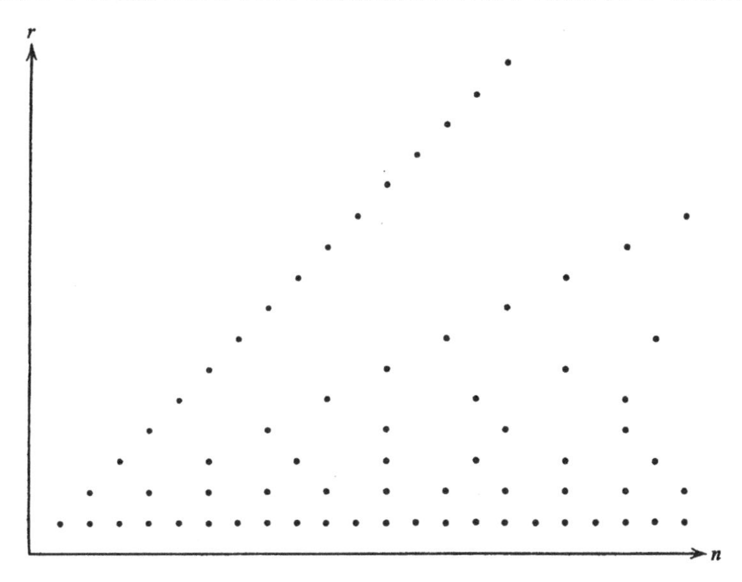

图 15.12 给有心的读者的一张莱布尼兹图表：n 可被 r 除尽

他的帽子. 当会开完后他来到了衣帽间,看门人毫不犹豫就把他的帽子给了他. 约翰爵士显得很高兴,但不知道是什么促使他问看门人:“你怎么知道这是我的帽子?”我也弄不清看门人是怎么了——也许是他感到约翰爵士的语调有点瞧不起人——总而言之他回答得有点尖刻:“爵士,这是您给我的帽子,我不知道这是否是您的帽子. ”

习 题 解 答

第 1 章

1.1　以定点为中心给定长度为半径的圆.

1.2　平行于给定直线的两条直线.

1.3　以给定点为端点的线段的垂直平分线.

1.4　平行于给定的平行直线且位于它们中间的直线,即平分它们之间距离的直线.

1.5　平分由给定直线交成的角的两条彼此垂直的直线.

1.6　两段关于线段 AB 彼此对称的圆弧,A 与 B 是它们的公共端点.

1.8　双轨迹,习题 1.1.

1.9　双轨迹,习题 1.1,1.2.

1.10　双轨迹,习题 1.2,1.6.

1.11　双轨迹,习题 1.1,1.6.

1.12　双轨迹,习题 1.5.

1.13　双轨迹,习题 1.2.

1.14　双轨迹,习题 1.1,1.2.

1.15　双轨迹,习题 1.6.

1.16　由对称性归结为 § 1.3 例(2)或习题 1.12.

1.17　双轨迹,习题 1.6.

1.18　(a)如果 X 变化使得$\triangle XCA$ 与$\triangle XCB$ 的面积相等,则它的轨迹是通过 C 点的中线(证明它!) 从而所要求的点乃是中线的交点. (b)如果 X 的变化使得$\triangle ABX$ 的面积保持为$\triangle ABC$ 的面积的$\frac{1}{3}$,X 的轨迹是平行于 AB 的直线,到 AB 的距离等于从 C 点引出的高的$\frac{1}{3}$,见习题 1.2. 从而知所求的点是这些平行于边的直线的交点. 两种解法都是用“双轨迹模型”.

1.19　连结内切圆圆心与边 a 的两个端点,这样得到的三角形的以内切圆圆心为顶点的角是

$$180^\circ-\frac{\beta+\gamma}{2}=90^\circ+\frac{\alpha}{2}$$

双轨迹,习题 1.2,1.6.

1.20 辅助图形:以 a 为斜边和 h_b 为直角边的直角三角形.

1.21 辅助图形,见习题 1.20.

1.22 辅助图形,见习题 1.20.

1.23 辅助图形:以 h_a 为直角边而其所对角为 β 的直角三角形.

1.24 辅助图形,见习题 1.23. 其他解法:见习题 1.34.

1.25 辅助图形:以 d_a 为斜边,高为 h_a 的直角三角形.

1.26 辅助图形:由三条边作三角形.

1.27 设 $a>c$. 辅助图形:由三条边 $a-c,b,d$ 作三角形,见 HSI,问题 5 的变种,pp. 211—213.

1.28 习题 1.27 对应于 $\varepsilon=0$ 情形的推广. 辅助图形:由 a,c,ε 作三角形. 见 MPR,卷Ⅱ,pp. 142—145.

1.29 辅助图形:由 $\alpha,b+c,\frac{\alpha}{2}$ 作三角形.

1.30 辅助图形:由 $\alpha,b+c,90^\circ+\frac{\beta-\gamma}{2}$ 作三角形.

1.31 辅助图形:由 $a+b+c,h_a,\frac{\alpha}{2}+90^\circ$ 作三角形. 见 HSI,辅助元素 3,pp. 48—50 与对称性,pp. 199—200.

1.32 适当改变§1.6(1)中的方法:让两个半径中的一个扩大而另一个按同样比例缩小. 辅助图形:从圆外一点作圆的切线,然后再作两个长方形.

1.33 参考§1.6(1). 辅助图形:以给定三圆的圆心为顶点的三角形的外接圆.

1.34 由 α,β 先作相似三角形,利用给定的长度 d_γ 进一步做出所求的三角形. 与习题 1.24 的作法实质上是一样的.

1.35 相似的图形:相似中心是给定三角形的直角顶点,直角的角平分线与斜边交于所求正方形的一个顶点.

1.36 习题 1.35 的推广. 相似中心是 A(或 B). 参见 HSI,§18,pp. 23—25.

1.37 相似图形:相似中心是圆心. 所求的正方形关于扇形的对称轴对称.

1.38 相似图形:切于给定直线的任一圆,圆心应当落在连接两给定点的线段的垂直平分线上. 这个平分线与给定直线的交点便是相似中心. 本题有两个解.

1.39 作给定的两条切线的交角的角平分线,利用对称性可以另外再得到圆应当通过的一点,于是问题归结为习题 1.38.

1.40 引内切圆到各切点的半径,它们互相间的夹角是,$180°-\alpha$,$180°-\beta$,…,因而立即得到一个相似的图形. 应用到任意边数的外切多边形的情形.

1.41 设 A 表示面积,a,b,c 表示所求三角形的边长 (习题 1.7),于是

$$2A = ah_a = bh_b = ch_c$$

以 h_a,h_b,h_c 为边作一三角形,设 A'是它的面积,而 a',b',c'是对应的高,则

$$2A' = h_a a' = h_b b' = h_c c',$$

所以

$$\frac{a}{a'} = \frac{b}{b'} = \frac{c}{c'},$$

因此,以 a',b',c'为边的三角形相似于所求的三角形.

1.42 习题 1.41 的上述解法是不完善的,如果 $h_a=156$,$h_b=65$,$h_c=60$,所求三角形虽然是存在的,但是以 h_a,h_b,h_c 为边的辅助三角形却不存在.

一个可能的补救办法是将问题推广:设 k,l,m 是任意的正整数,而 a',b',c'是以 kh_a,lh_b,mh_c 为边的三角形的高(这里符号的含义与习题 1.41 不同)则

$$\frac{a}{ha'} = \frac{b}{lb'} = \frac{c}{mc'},$$

例如,以 156,65 和 120=2×60 为边的三角形是存在的.

1.43 从外接圆的圆心向边 a 的一端引一直线并作此边的垂线,这样便可得到一个以 R 为斜边,以 α 为一角,而其所对边则为$\frac{a}{2}$的直角三角形. 这样,在 a,α 和 R 之间便存在一个关系:只要知道了其中的两个,便可以做出第三个来(这个关系可以写成三角方程 $a=2R\sin\alpha$). 如果问题给出的已知数据不满足这个关系式,则问题无解,当它满足时,问题的解也是不确定的.

1.44 (a)给定 α,β,γ 作三角形:这个问题或者是无解的,或者是不确定的.

(b)习题 1.43 和(a)乃是下述一般情形的特例:解的存在性蕴含了已知

数据间的某个关系式，所以已知数据是否满足这个关系式便决定了解是不确定的还是不存在的.

(c)由习题 1.43 的解法，问题归结为：给定 a,β,α 求作三角形.

(d)由习题 1.43 的解法，问题归结为习题 1.19.

1.45　我们假定声速不受我们所不能控制的环境变化的影响(例如风或是温度的变化). 根据监听站 A 和 B 所测得的时间差，我们可以得到两个距离的差 $AX-BX$，从而得出点 X 的一条轨迹——双曲线. 把 C 与 A(或 B)作比较，可得出另一条双曲线. 两条双曲线的交点便是 X. 与习题 1.15 相似的地方是由记录数据得到了两条轨迹. 不同的地方是在那里两条轨迹是圆弧，而这里是双曲线，我们用直尺和圆规是作不出双曲线的，但可以用某些其他的仪器把它做出来. 至于三个监听站测得的结果我们也可以做出仪器，对它们进行方便的计算.

1.46　如果只是生搬硬套 §1.2 模型的叙述，那么这些轨迹就不能适用了. 实际上，这些轨迹是适用于这个模型的，而且我们在前面的例子里曾不止一次用过了. 但是需要把 §1.2 的说法推广一下，即应当允许把有限条直线，或有限个圆，或有限个直线段，或有限个圆弧的并也看作是一条轨迹.

1.48　如果把条件分解以后所得的各个部分条件并列起来，与原来的条件等价，那么不管条件怎样分解，彼此必都是等价的. 正是由于这一点，我们可以说三角形的边的垂直平分线(有三条)通过同一点. 而对于四面体则有：棱的垂直平分面(有六个)通过同一点.

1.50　(1)除去某些例外的情形(见习题 1.43 和 1.44)，在习题 1.7 列出的那些三角形成分中，给出三个不同的成分，求作一个三角形. 下面给出一些组合，它们的作图是不难的：

$$a,h_b,R$$

$$a,h_b,m_b$$

$$a,h_b,m_a$$

$$h_a,d_\alpha,b$$

$$h_a,m_a,m_b$$

$$h_a,m_b,m_c$$

$$h_a,h_b,m_a$$

$$a,b,R$$

还有 α,β 加上在习题 1.24 和 1.34 中未曾提到过的任何其他线段.

$$\alpha, r, R$$

是不太容易的.

(2) 类似于§1.6(3),关于三面角也有若干用不着依靠画法几何就可以解决的重要的问题. 下面就是一个:"给定三面角的一个面角 a 以及与它毗连的两个二面角 β 和 γ,求作其余的两个面角 b 和 c. "解法是不难的,不过我们这里不能更多地去讲它了.

(3) 习题 1.47 是§1.3(1)的空间类比,试讨论§1.3(2),习题 1.18,§1.3(3)和习题 1.14 的空间类比.

1.7,1.47,1.49,1.51 是评注,不存在解的问题.

第 2 章

2.1 如果鲍伯有 x 个 5 美分的硬币和 y 个 10 美分的硬币,则由条件可得出方程组

$$5x + 10y = 350,$$
$$x + y = 50,$$

约去公因数后,我们所得到的方程组与§2.2(3)相同.

2.2 假定有 m 条油管是注入油箱的,而有 n 条油管是从油箱流出去的,第一条管子用 a_1 分钟可注满油箱,第二条管子要 a_2 分钟,……第 m 条管子要 a_m 分钟. 对另一类管子,第一条用 b_1 分钟可使油箱内的油全部流完,第二条管子要用 b_2 分钟,……第 n 条管子要用 b_n 分钟. 所有的管子都打开,需要用多少时间才能使空油箱注满?

所求的时间 t 满足方程式

$$\frac{t}{a_1} + \frac{t}{a_2} + \cdots + \frac{t}{a_m} - \frac{t}{b_1} - \frac{t}{b_2} - \cdots - \frac{t}{b_n} = 1.$$

如果解出 t 是负的,怎样解释? 也可能方程是没有解的,这种情况又怎样解释?

2.3 (a)沃卡奇先生把收入的三分之一用于伙食,四分之一付房租,六分之一做衣服,此外没有别的支出,他想知道一年的收入能维持多久的生活?

(b)假设连接两点的三条导线上的电阻分别是 3,4 和 6 欧姆,如果通过三条导线电流的总和为 1 安培,问两点间的电压应为多少伏特? 等等.

2.4 (a)如果把 w 换成 $-w$,则 x 不变:情况变成出航时为顺风,返航时为逆风,而续航时间不变.

(b) 用量纲去检查,见 HSI,pp. 202—205.

2.5　方程组

$$x+y=v,$$
$$ax+by=cv$$

和§2.6(2)中所得到的方程组完全一样.

2.6　按照§2.5(1)的方法建立坐标系,令 $AB=a$,则所求圆心坐标(x, y)满足方程组

$$\begin{cases} a-\sqrt{x^2+y^2}=\sqrt{\left(x-\frac{a}{4}\right)^2+y^2}-\frac{a}{4} \\ x=\frac{a}{2} \end{cases}$$

由此可得

$$y=\frac{a\sqrt{6}}{5}.$$

2.7　海伦公式看起来比较吓人,其实,只要注意运用"平方差的公式",问题也是容易处理的:

$$\begin{aligned} 16D^2 &= (a+b+c)(-a+b+c)(a-b+c)(a+b-c) \\ &= [(b+c)^2-a^2][a^2-(b-c)^2] \\ &= (2bc-a^2+b^2+c^2)(2bc+a^2-b^2-c^2) \\ &= 4b^2c^2-(b^2+c^2-a^2)^2 \\ &= 4(p^2+q^2)(p^2+r^2)-(2p^2)^2. \end{aligned}$$

2.8　(a) *有关知识*. 解法(3)需要较多的平面几何知识(海伦公式不像三角形面积等于底乘高之半这个公式那样常用). 而解法(4)需要较多的立体几何知识(我们必须看出并证明 k 垂直于 a).

(b) *对称性*. A,B 和 C 三个数据地位相同,所以问题关于它们是对称的. 解法(3)利用了对称性,而解法(4)则更多地用到 A.

(c) *解题方案*. 方法(3)更为按部就班,我们从一开始就觉得较有把握. 事实上,很快我们便得到了一个七个方程的方程组. 乍看起来,这个方程组是太难了[这并不是方法的缺陷,在§6.4(2)里,有解这个方程组的办法]. 方法(4)预先不易见到它的好处,但它却"碰对了"(谢天谢地),而且用较简单的计算就把最后结果得出来了.

2.9　$V^2=\frac{p^2q^2r^2}{36}=\frac{2ABC}{9}.$

2.10 由§2.5(3)的三个方程

$$a^2=q^2+r^2, b^2=r^2+p^2, c^2=p^2+q^2$$

可得

$$p^2+q^2+r^2=s^2$$

$$p^2=s^2-a^2,\quad q^2=s^2-b^2,\quad r^2=s^2-c^2$$

于是由习题 2.9,得

$$V^2=(s^2-a^2)(s^2-b^2)(s^2-c^2)/36.$$

2.11 $d^2=p^2+q^2+r^2$,这个问题在 HSI 第一部分有详尽的处理,见 pp. 7—8,10—12,13—14,16—19.

2.12 取符号与习题 2.11 和§2.5(3)同,重复一下在习题 2.10 中已作过的计算,可得

$$d^2=\frac{a^2+b^2+c^2}{2}.$$

2.13 四面体由它的六条棱的长度唯一确定,空间的这个结果与我们在§1.1 里讨论过的那个平面问题类似. 适当选取习题 2.11 和 2.12 中所考虑的长方体面上的对角线,设长方体体积为 pqr,切去它的四个相等的、具三直角顶点且体积为$\frac{1}{6}pqr$(见习题 2.9)的四面体,便可得到本题所给的四面体. 于是所求四面体体积为

$$V=pqr-\frac{4}{6}pqr=\frac{1}{3}pqr,$$

由习题 2.10,$p^2=s^2-a^2$,$q^2=s^2-b^2$,$r^2=s^2-c^2$,故

$$V^2=(s^2-a^2)(s^2-b^2)(s^2-c^2)/9.$$

2.14 习题 2.10:若 $V=0$,则有某个因子,比如 $s^2-a^2=p^2$ 为 0,于是有两个面退化为线段,而另外两个面变成全同的直角三角形.

习题 2.13:若 $V=0$,则四面体便退化为双层重叠的矩形,它的四个面变成了全同的直角三角形. 实际上,若 $s^2-a^2=0$,即有 $a^2=b^2+c^2$.

2.15 §2.7 最后一个方程指出,所求的矩形的边 x 是一个直角三角形的斜边,它的两直角边是 $3a$ 和 a. 在十字形里可以用四种方法(它们并没有什么本质不同)去求得线段 x:x 的中点应该是十字形的中心,后者将 x 分成两段,每段长为$\frac{x}{2}$,都可以作所求矩形的另一边,具体作法见图 S2.15.

2.16 (a) $x^2=12\times9-8\times1=100$,$x=10$.

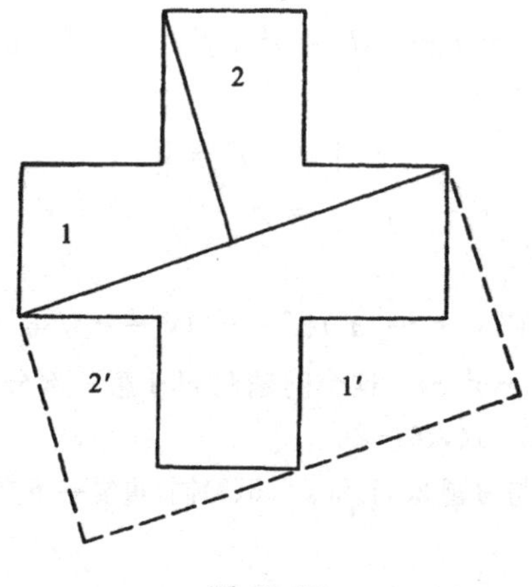

图 S2.15

(b) 因为

$$10=12-2=9+1$$

所以应当向上移动一个单位,向左移动两个单位,见图 S2.16.

(c) 保持中心对称似更有理.

见图 S2.16.

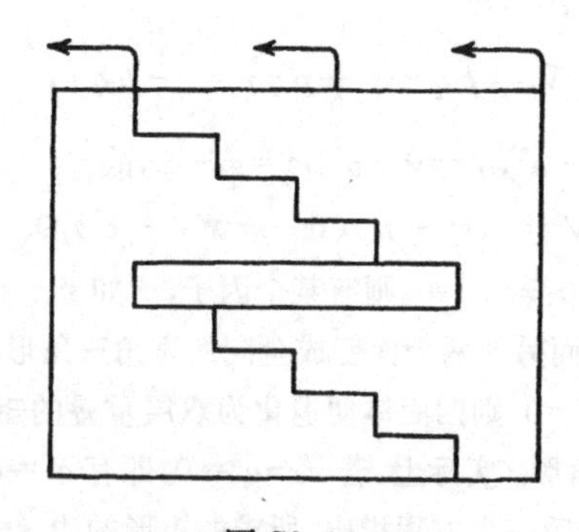

图 S2.16

2.17 设 x 和 y 分别表示骡子和驴子所驮的重量,则

$$y+1=2(x-1),$$

$$x+1=3(y-1)$$

解出 $x=\frac{13}{2}, y=\frac{11}{5}$.

2.18　设史密斯先生有 h 磅行李，他的太太有 w 磅行李，而每位旅客可免费运送 x 磅行李，则

$$h+w=94,$$

$$\frac{h-x}{1.5}=\frac{w-x}{2}=\frac{94-x}{13.5},$$

由此可解得 $x=40$.

2.19　由

$$x+(x+100)+(x+300)=1600$$

可得 $x=400$.

2.20　每个儿子都分了 3000 英镑.

2.21　如果每个孩子所得为 x，整个遗产为 y，则

第一个孩子得　　$x=100+\frac{y-100}{10}$

第二个孩子得　　$x=200+\frac{y-x-200}{10}$

第三个孩子得　　$x=300+\frac{y-2x-300}{10}$

等等. 任意相邻两个等式相减，其右端的差是

$$100-\frac{x+100}{10}$$

左端差等于 0，即得 $x=900$，由第一个方程得 $y=8100$，所以有 9 个孩子.

2.22　假定三赌徒开始赌时的钱分别为 x、y 和 z，

令

$$s=x+y+z$$

($s=72$.)我们来考虑四种不同情况下赌徒们的钱数，每赌一场，情况便发生变化，可是总钱数 s 是不变的.

第一人	第二人	第三人
x	y	z
$2x-s$	$2y$	$2z$
$4x-2s$	$4y-s$	$4z$
$8x-4s=24$	$8y-2s=24$	$8z-s=24$

所以，$x=39, y=21, z=12$.

2.23　与§2.4的(1)和(2)类似，这是习题2.2的特殊情形：

$m=3, n=0, a_1=3, a_2=\frac{8}{3}, a_3=\frac{1}{100}$,

因此，$t=\frac{8}{9}$周.

2.24　牛顿的意思是朝习题2.2的方向作一个推广，不过走得并不远，没有“放水管”，所以没有“b”，$n=0$.

2.25　每蒲式耳小麦，大麦、燕麦分别为5、3和2先令. 见习题2.26.

2.26　设x,y,z是三种商品的价格，而p_v是a_v个第一种商品、b_v个第二种商品和c_v个第三种商品价钱的和，其中$v=1,2,3$. 这样便可得一个三元一次方程组

$$a_v x + b_v y + c_v z = p_v,$$
$$v = 1,2,3$$

这是习题2.25的推广，我们把2.25处的数据表

40	24	20	312
26	30	50	320
24	120	100	680

变成了字母表

a_1	b_1	c_1	p_1
a_2	b_2	c_2	p_2
a_3	b_3	c_3	p_3

从3种商品的情形推广到n种商品的情形是不困难的.

2.27　以α表示开始放牧时一英亩牧地上牧草的量，β是一头牛一周吃的草量，γ表示一英亩牧地一周后生产的草量，a_1，a_2和a是牛的数目，m_1、m_2和m是英亩数，t_1、t_2和t分别是三种情况下的周数. 这里a,α,β和γ是未知量，其余8个量是已知的. 条件是

$$m_1(\alpha + t_1\gamma) = a_1 t_1 \beta,$$
$$m_2(\alpha + t_2\gamma) = a_2 t_2 \beta,$$
$$m(\alpha + t\gamma) = a t \beta,$$

由此可得未知量$\frac{\alpha}{\beta}$，$\frac{\gamma}{\beta}$，a的三元一次方程组. 解之得

$$a = \frac{m[m_1 a_2 t_2 (t - t_1) - m_2 a_1 t_1 (t - t_2)]}{m_1 m_2 t (t_2 - t_1)},$$

对于给定的数据有 $a=36$.

2.28 设等差数列为

$$a, a+d, \cdots, a+4d,$$

求第一项 a 和公差 d.

已知它们的和是 100

$$a+(a+d)+\cdots+(a+4d)=100$$

以及后三项的和等于前两项的和的 7 倍

$$(a+2d)+(a+3d)+(a+4d)=7[a+(a+d)]$$

由方程组

$$5a+10d=100,$$

$$11a-2d=0,$$

可解出 $a=\frac{5}{3}, d=\frac{55}{6}$. 因此等差数列乃是

$$\frac{10}{6}, \frac{65}{6}, \frac{120}{6}, \frac{175}{6}, \frac{230}{6}.$$

2.29

$$\frac{m}{r}+m+mr=19,$$

$$\frac{m^2}{r^2}+m^2+m^2r^2=133,$$

令 $r+\frac{1}{r}=x$,方程组变成

$$m(x+1)=19,$$

$$m^2(x^2-1)=133,$$

用第一个方程去除第二个方程,得到 m 和 x 的线性方程组,解得 $m=6, x=\frac{13}{6}$. $r=\frac{3}{2}$ 或 $\frac{2}{3}$,所以有两个(实际上是同一个!)等比数列:4,6,9 和 9,6,4.

2.30

$$a\left(q^3+\frac{1}{q^3}\right)=13,$$

$$a\left(q+\frac{1}{q}\right)=4,$$

用第二个方程除第一个方程,得到 q^2 的一个二次方程,由此可得等比数列为

$$\frac{1}{5}, \frac{4}{5}, \frac{16}{5}, \frac{64}{5}$$

或

$$\frac{64}{5},\frac{16}{5},\frac{4}{5},\frac{1}{5}.$$

2.31　设 x 是商人数,则总的利润可以用两种不同的方法(按照每人分得的和按照分配的方法)去表示

$$(8240+40x\cdot x)\frac{x}{100}=10x\cdot x+224,$$

方程

$$x^3-25x^2+206x-560=0$$

没有负根(以 $x=-p$ 代入). 如果它有有理根的话,必为一正整数,且为 560 的因数. 因此我们可以逐次用 $x=1,2,4,5,7,8,10,14,16,\cdots$去试,结果可得其根为 7,8 和 10(当然,欧拉首先是做出方程,然后编出这个故事,你可以试着模仿一下).

2.32　与正方形不共心的四个圆,其圆心乃是一个正方形的四个顶点,我们可以用两种不同的方式去表示它的对角线:

$$(4r)^2=2(a-2r)^2$$

故

$$r=(\sqrt{2}-1)a/2.$$

2.33　设 $x+\frac{d}{2}$ 是等腰三角形底边上的高,则有

$$\left(x+\frac{d}{2}\right)^2+\left(\frac{b}{2}\right)^2=s^2,$$

$$x^2+\left(\frac{b}{2}\right)^2=\left(\frac{d}{2}\right)^2,$$

消去 x,即得

$$4s^4-4d^2s^2+b^2d^2=0.$$

2.34　(a)方程关于 d^2 和 b^2 都是一次的,但是关于 s^2 是二次的,因此,有理由认为解 s 的问题要比其他两个问题麻烦些.

(b) d 有正值的充分必要条件是 $4s^2>b^2$.

b 有正值的充分必要条件是 $d^2>s^2$.

s 有两个不同的正值的充分必要条件是 $d^2>b^2$.

读者能从这里学到一些东西——牛顿对习题 2.33 的解法有下述注解:“分析学家叫我们别管已知量和未知量之间的差别. 因为对已知量和未知量的各种不同情形,它们的运算关系是一样的,因此,在对它们进行表示和比较

过程中不作区别，是方便的，……或者说得更确切一点，我们可以把问题中的已知量和未知量想像为是按照最容易列出方程的方式给出来的. ”后来他又说：“因为，我相信，当几何学家嘱告说‘你想像要找的东西已经做出来了’，他的意思是很清楚的. ”

（“设想问题已经解出来了”，参看§1.4.）

2.35 列方程时，我们跟测量员所考虑的刚好相反，设 x 和 $\alpha,\beta,\gamma,\delta$ 是已知的，而 l 倒是未知的. 由△UVG，可以把 GV 由 x，$\alpha+\beta$ 和 γ 表示出来（正弦定律）. 由△VUH，可以把 HV 由 x,β 和 $\gamma+\delta$ 表示出来（正弦定律）. 由△GHV，可以把 l 由 GV、HV 和 δ 表示出来（余弦定律）. 利用 GV 和 HV 的表达式可得

$$l^2 = x^2\left[\frac{\sin^2(\alpha+\beta)}{\sin^2(\alpha+\beta+\gamma)}+\frac{\sin^2\beta}{\sin^2(\beta+\gamma+\delta)}-\frac{2\sin(\alpha+\beta)\sin\beta\cos\delta}{\sin(\alpha+\beta+\delta)\sin(\beta+\gamma+\delta)}\right]$$

于是 x^2 可由 l,α,β,γ 和 δ 表出.

2.36 设 A $2s$ a b c

分别是 面积 周长 斜边 直角边

A 和 s 是已知量，a,b 和 c 是未知量，解下列方程组

$$a+b+c=2S, \qquad bc=2A, \qquad a^2=b^2+c^2,$$

把 $(b+c)^2$ 用两种不同的方式表示出来：

$$(2s-a)^2=a^2+4A,$$

$$a=s-\frac{A}{s}.$$

2.37 设三角形的三边之长分别是 $2a,u,v$；$u+v=2d$；长度为 $2a$ 的边上的高为 h.

给定 a,h,d，求 u,v.

用 x 和 y 分别表示 u 和 v 在 $2a$ 上的正投影，并令

$$x-y=2z$$

则

$$x+y=2a,$$

$$u^2=h^2+x^2, \qquad v^2=h^2+y^2,$$

于是

$$u^2-v^2=x^2-y^2,$$

即

$$2d(u-v)=2a\cdot 2z.$$

$$u = d + \frac{a}{d}z, \qquad v = d - \frac{a}{d}z,$$

$$x = a + z, \qquad y = a - z,$$

$$\left(d + \frac{a}{d}z\right)^2 = h^2 + (a+z)^2,$$

$$z^2 = d^2\left(1 - \frac{h^2}{d^2 - a^2}\right).$$

2.38 若 a 和 b 是两邻边的长度,c 和 d 是两对角线的长度,则

$$2(a^2 + b^2) = c^2 + b^2,$$

其实,对角线把平行四边形分成四个三角形,对相邻的两个三角形用余弦定律即得.

2.39 $\quad (2b-a)x^2 + (4a^2 - b^2)(2x-a) = 0,$

若 $a=10, b=12$,则 $x=16(-8+3\sqrt{11})/7$,十分近似于 $\frac{32}{7}$. 试解释一下 $a=2b$ 的情形.

2.40 $\quad a^2(3+\sqrt{3})/2.$

2.41 $\frac{1}{3}, \frac{2}{9}, \frac{2}{9}, \frac{2}{9}$. 事实上,大三角形的边被小三角形的顶点分成 2 与 1 之比.

2.42 (斯坦福大学 1957)首先考虑最简单的情形,即已知三角形为等边三角形. 由对称性,我们猜想在这种情况下那四个小三角形也应该是等边的. 如果真是这样,那么这些小三角形的边就应该平行于已知三角形的边. 这样,我们便发现了图形的基本特征,利用这一特征,不仅可以解决特殊情形下的问题,而且也可以解决一般情形下的问题(我们利用"仿射性"从等边三角形过渡到任意三角形). 作平行于已知三角形一边的四条平行线,它们把另外那两边都五等分. 对已知三角形的三边都作这样的平行线,便把已知三角形分成了 25 个与已知三角形相似的全同三角形. 在这 25 个三角形中,我们很容易就可以找出题目里的那四个三角形,每个小三角形的面积是已知三角形面积的 1/25(解法是唯一确定的,证明略).

2.43 (斯坦福大学 1960)考虑一般情形. 设 P 为矩形内一点,它到四个顶点和四条边的距离依次(按时针方向)为 a,b,c,d 和 x,y,x',y'. 则有

$$a^2 = y'^2 + x^2, b^2 = x^2 + y^2, c^2 = y^2 + x'^2, d^2 = x'^2 + y'^2,$$

于是

$$a^2 - b^2 + c^2 - d^2 = 0$$

在我们考虑的情形，$a=5,b=10,c=14$，可得

$$d^2=25-100+196=121, d=11,$$

请注意，已知量 a,b 和 c 虽然可以完全确定 d，却不足以确定矩形的边 $x+x'$，和 $y+y'$.

2.44 （Ⅰ）设 s 是正方形的边长，则由习题 2.43，$x+x'=y+y'=s$，我们有三个未知量 x,y,s 和三个方程

$$x^2+(s-y)^2=a^2,\quad x^2+y^2=b^2,\quad y^2+(s-x)^2=c^2,$$

于是

$$2sy=s^2+b^2-d^2, 2sx=s^2+b^2-c^2$$

平方后相加，得到一个 s^2 的二次方程

$$s^4-(a^2+c^2)s^2+[(b^2-a^2)^2+(b^2-c^2)^2]/2=0.$$

（Ⅱ）考虑下列特殊情形的几何意义：

(1) $s^2=2d^2$ 或 $s=0$.

(2) $s=a$.

(3) 除非 $c^2=2b^2$（此时 $s^2=b^2$），否则 s 是虚数.

(4) 除非 $c^2=a^2$（此时 $s^2=a^2$），否则 s 是虚数.

2.45 （斯坦福大学 1959）$\frac{100\pi}{4}$ 和 $\frac{100\pi}{2\sqrt{3}}$，其近似值分别为 78.54% 和 90.69%. 当我们从一个大的方桌向无限平面过渡时，实际上涉及极限概念，不过我们不去详细讨论它而满足于直观.

2.46 按照习题 2.32 的办法，把某一个立方体的对角线用两种不同的方法表示出来：

$$(4r)^2=3(a-2r)^2,$$

$$r=(2\sqrt{3}-3)a/2.$$

2.47 设 P 点（可以是空间中任意一点）到矩形四个顶点的距离按顺序分别为 a,b,c 和 d. 给定其中三个，求第四个.

因为习题 2.43 里的关系式

$$a^2-b^2+c^2-d^2=0,$$

对现在这个更一般的情形也是成立的，所以立即可以得出解. 因为长方体任何两条对角线也是某个矩形的对角线，所以上述结果也可以应用于点 P 和长方形上四个适当选择的顶点.

2.48 一个立体几何问题的解常常依赖于一个“辅助的平面图形”，用这

把“辅助平面图形”钥匙，可以打开洞悉本质的大门.

通过棱锥的高作一个平面，它平行于底面的两条边(而垂直于其余两边)，这个平面和棱锥的交线为一等腰三角形，可以用它来做开门的钥匙(“辅助图形”)，此等腰三角形的高是 h，底为棱锥底面的边长 a，因为它的腰就是侧面的高，故等于 $2a$，于是

$$(2a)^2=\left(\frac{a}{2}\right)^2+h^2,$$

所求面积为

$$5a^2=4h^2/3.$$

2.49　例如，正六棱锥的表面积等于底面积的四倍，给定底的边长 a，求正棱锥的高 $h(h=\sqrt{6}a)$.

参见习题 2.52.

2.50　平行四边形中，两条对角线的平方和，等于四条边的平方和(习题 2.38 的结论).

在平行六面体中，令

$$D\qquad\qquad E\qquad\qquad F$$

分别表示

四条对角线　　12 条棱　　12 条面对角线

的平方和，则

$$D=E=\frac{F}{2}$$

(重复应用习题 2.38 的结果即得).

2.51　所求面积的平方是

$$16s(s-a)(s-b)(s-c)$$

可以把它看成是海伦公式的类比，由于它们太相像了，所以题目本身反而意思不大了.

2.52　(斯坦福大学 1960)设 a 是三角形的边长，T 是四面体体积，O 是八面体体积.

解法一：八面体可以被某一平面分成两个全等的正四棱锥，底面积等于 a^2，棱锥的高是 $\frac{a}{\sqrt{2}}$(这里，“辅助平面图形”通过正方形底的对角线)，于是

$$O=2\,\frac{a^2}{3}\,\frac{a}{\sqrt{2}}=\frac{a^3\sqrt{2}}{3}$$

作通过四面体的高和与它相连的棱的平面，它与四面体的交是两个直角三角形("辅助平面图形")，由此可得

$$h^2=a^2-\left(\frac{2a\sqrt{3}}{6}\right)^2=\left(\frac{a\sqrt{3}}{2}\right)^2-\left(\frac{a\sqrt{3}}{6}\right)^2=\frac{2a^2}{3}$$

于是

$$T=\frac{1}{3}\ \frac{a}{2}\ \frac{a\sqrt{3}}{2}\ \frac{a\sqrt{2}}{\sqrt{3}}=\frac{a^3\sqrt{2}}{12}$$

故

$$O=4T.$$

解法二：考虑棱长为 $2a$ 的正四面体，它的体积是 2^3T. 通过它的任三条从同一顶点发出的棱的中点，可作一平面，这样的四个平面把正四面体剖分成四个相等的体积为 T 的正四面体和一个体积为 O 的正八面体，于是

$$4T+O=8T,$$

由此又得 $O=4T$.

2.53 体积比是

$$\frac{1}{a}:\frac{1}{b}:\frac{1}{c},$$

表面积比是

$$\frac{b+c}{a}:\frac{c+a}{b}:\frac{a+b}{c}.$$

2.54 (斯坦福大学 1951)圆台体积减圆柱体积的差为一正数：

$$\pi h\left[\frac{a^2+ab+b^2}{3}-\left(\frac{a+b}{2}\right)^2\right]=\frac{\pi h(a-b)^2}{12}$$

仅当 $a=b$ 时为 0，此时两立体完全重合.

MPR 卷 I 第 8 章含有代数不等式在几何里的若干应用.

2.55 设 r 是$\triangle ABC$ 外接圆的半径，则

$$r^2=h(2R-h),r=\frac{2}{3}\ \frac{\sqrt{3}}{2}a$$

于是

$$R=\frac{a^2}{6h}+\frac{h}{2},$$

其中$\frac{h}{2}$在实践中常可忽略不计.

2.57 35 哩，参见习题 2.58.

2.58 我们用文字代替上题里的数字(在括弧中给出):

$a\left(\frac{7}{2}\right)$是 A 的速度,

$b\left(\frac{8}{3}\right)$是 B 的速度,

$c(1)$出发相隔的时间,

$d(59)$两出发点间的距离.

设 x 和 y 分别表示 A、B 走过的路程,则方程为

$$x+y=d,$$

$$\frac{x}{a}-\frac{y}{b}=c,$$

解得

$$x=\frac{a(bc+d)}{a+b}.$$

牛顿将问题的一般提法陈述如下:"给定两相向运动物体 A 和 B 的速度,以及它们之间的距离和开始运动的时间间隔,求它们相遇的地点."

2.59 (斯坦福大学 1959)引进下列符号:

u——艾尔的速度,

v——比尔的速度,

t_1——第一次遇见的时间,

t_2——第二次遇见的时间,

d——街道的长度.

则有

$$ut_1=a, \qquad ut_2=d+b,$$

$$vt_1=d-a, \qquad vt_2=2d-b.$$

(1) 用两种不同的方式表示$\frac{u}{v}$,得

$$\frac{a}{d-a}=\frac{d+b}{2d-b},$$

于是,弃去零解,得 $d=3a-b$.

(2) 显然艾尔快,因为这时$\frac{u}{v}=\frac{3}{2}$.

2.60 (斯坦福大学 1955)见习题 2.61. 亦可参见 HS1,pp. 236,239—240,247;习题 12.

2.61　在出发点和 $n+1$ 个朋友第一次同时再相遇的点之间，鲍伯有 $2n-1$个不同的运动状态：

(1) 鲍伯带 A 乘车

(2) 鲍伯单独乘车

(3) 鲍伯带 B 乘车

(4) 鲍伯单独乘车

………

$(2n-1)$鲍伯带 L 乘车

图 S2.61 是 $n=3$ 的情形，有五个运动状态. 表示着 A,B,C 的旅行路线的直线都标上了字母，其中斜率陡的线表示乘车旅行. 由安排的对称性(这一点从图 S2.61 上看得特别清楚)，所有 n 个属奇数次的运动状态持续的时间都一样，设为 T. 而所有 $n-1$ 个属偶数次的运动状态持续的时间也是一样的，设为 T'. 用两种不同的方法(一是从鲍伯，一是从他的一个朋友去看)表示

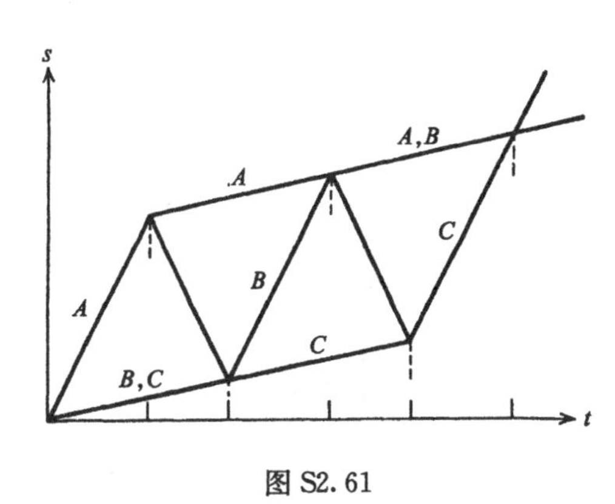

图 S2.61

$2n-1$ 个运动状态[在 $nT+(n-1)T'$ 个单位时间内]走过的整个行程，得

$$nTc-(n-1)T'c=Tc+(n-1)(T+T')p$$

于是

$$\frac{T}{T'}=\frac{c+p}{c-p}.$$

(1) 他们一行的速度是

$$\frac{nTc-(n-1)Tc'}{nT+(n-1)T'}=c\,\frac{c+(2n-1)p}{(2n-1)c+p}.$$

(2) 鲍伯单独乘车的时间是整个时间的

$$\frac{(n-1)T'}{nT+(n-1)T'}=\frac{(n-1)(c-p)}{(2n-1)c+p}.$$

(3) (1)、(2)的结果在极端情形与我们的直觉相符[只有(2)在 $n=\infty$ 时例外]：

	$p=0$	$p=c$	$n=1$	$n=\infty$
(1) 行程速度	$\frac{c}{2n-1}$	c	c	p
(2) 鲍伯单独乘车时间与整个时间的比	$\frac{n-1}{2n-1}$	0	0	$\frac{c-p}{2c}$

2.62　设 t_1 是石块下降的时间，t_2 是声音传上来的时间，由

$$T=t_1+t_2,$$

$$d=\frac{1}{2}gt_1^2,$$

$$d=ct_2,$$

得

$$d=\{-c(2g)^{-\frac{1}{2}}+[c^2(2g)^{-1}+cT]^{\frac{1}{2}}\}^2,$$

参见 MPR，卷 I，p. 165 和 p. 264 习题 29.

2.63　令 $\beta'=\angle ACO$，由

$$\frac{\sin\omega}{\sin b}=\frac{AB}{AO},\frac{\sin\omega'}{\sin\beta'}=\frac{AC}{AO}$$

得

$$\frac{\sin\omega}{\sin\omega'}\frac{\sin\beta'}{\sin\beta}=\frac{t}{t'}.$$

另一方面，因为 $\beta'=\beta-(\omega'-\omega)$，用两种不同的方法表示 $\frac{\sin\beta'}{\sin\beta}$，可得

$$\operatorname{ctg}\beta=\operatorname{ctg}(\omega'-\omega)-\frac{t\sin\omega'}{t'\sin\omega\sin(\omega'-\omega)}.$$

2.64　把三个方程加起来，得

$$a+b+c=0.$$

如果给定的数据 a,b 和 c 不满足此关系式，则方程组无解，即不存在数 x,y,z 同时满足三方程. 若此关系式满足，问题是不确定的，即解有无穷多个，因为由前两个方程可得

$$x = z + \frac{3a+b}{7},$$

$$y = z + \frac{2a+3b}{7},$$

其中 z 可以任意取值.

参考习题 1.43 和 1.44.

2.65 (斯坦福大学 1955)比较恒等式两边 x 同次幂的系数,可得三个未知数 p,q,r 必须满足的五个方程;

$$1 = p^2,\quad 4 = 2pq,\quad -2 = q^2 + 2pr,\quad -12 = 2qr,\quad q = r^2,$$

由头一个方程得 $p=\pm 1$,依次用于后两个方程便可确定两组解;

$$p = 1,\quad q = 2,\quad r = -3,\quad \text{和 } p = -1,\quad q = -2,\quad r = 3,$$

它们恰好也满足其余两个方程.

一般来说,平方根不可能恰好开出来,因为通常过定方程组是没有解的.

2.66 (斯坦福大学 1954)将所设恒等式右端展开,使对应的系数相等,得

(1) $aA=bB=cC=1$,

(2) $bC+cB=cA+aC=aB+bA=0$,

由(2)有

$$bC = -cB,\quad cA = -aC,\quad aB = -bA,$$

将此三方程相乘,得

$$abcABC = -abcABC,$$

所以

$$abcABC = 0,$$

可是由(1)又有

$$abcABC = 1,$$

矛盾! 这表明所设恒等式是不可能的.

我们在这里看到了一个不相容的六个未知数六个方程的方程组.

2.67 $x=5t, y=60-18t, z=40+13t$ 是正的,当且仅当 $0<t<\frac{60}{18}$,因此 t 只能取 1,2 和 3,于是得出(x,y,z)的三组解

$$(5,42,53),(10,24,66),(15,6,79).$$

2.68 与习题 2.67 一样,方程组

$$x + y + z = 30,$$

$$14x + 11y + 9z = 360$$

的解为

$$x = 2t, \quad y = 45 - 5t, \quad z = 3t - 15,$$

其中

$$t = 5, 6, 7, 8 \text{ 或 } 9.$$

2.69 $100 + x = y^2$, $168 + x = z^2$

两式相减得

$$(z - y)(z + y) = 68,$$

由于 $68 = 2^2 17$ 只能按下列三种形式分解为两数之积

$$68 = 1 \cdot 68 = 2 \cdot 34 = 4 \cdot 17,$$

而 y 和 z 必须同时是奇数或同时是偶数，所以只可能有一种情形：

$$z - y = 2,$$

$$z + y = 34,$$

于是

$$z = 18, \qquad y = 16, \qquad x = 156.$$

2.70 （斯坦福大学 1957）设鲍伯有 x 张邮票，第二本里有全部邮票的 $\frac{y}{7}$，x 和 y 都是正整数，

$$\frac{2x}{10} + \frac{yx}{7} + 303 = x,$$

故

$$x = \frac{3 \cdot 5 \cdot 7 \cdot 101}{28 - 5y},$$

右边分数的分母必须是正奇数，因为它应当除尽分子，而分子是奇数. 于是只有三种可能 $y = 1, 3$ 和 5，代入上式，y 必须等于 5，所以 $x = 3535$ 唯一确定.

2.71 （斯坦福大学 1960）设现价为 x 美分，而存货有 y 支，则 $x < 50$，且

$$xy = 3193,$$

可是 $3193 = 31 \times 103$ 是两个素数的乘积，所以它只有四个因数

$$1, 31, 103, 3193,$$

若假定 x 是整数，则 $x = 1$ 或 31，若再假定 $x > 1$，则 $x = 31$.

2.75 (1)不相容：三个平面中，或有两个平行而不重合，或任意两个平面相交而三条交线平行且不重合，即三个平面没有公共点.

(2) 不独立：三个平面交于一条直线；两平面(甚至三平面)重合.

(3) 相容且独立：三平面交于一点，即三平面有唯一的公共点.

2.78　现行的中学课本中包含有类型不多但数量很大的“文字题”. 而恰恰是那些能说明“笛卡儿模型”价值的问题及其应用却往往是缺乏的.

读者从前面讲过的那些例子里，可以学习怎样从刚解出的题目再引申出一些有用的问题. 下面我列出一些这样的问题，对每个问题都给出一个例子说明它(读者应该找出更多的实例).

你能检验所得到的结果吗(习题 2.4)?

验证极端(退化，极限)情形(习题 2.14).

你能用不同的方法得出结果吗? 比较不同的解法(习题 2.8).

你能给予这一结果别的解释吗(习题 2.3)?

把问题加以推广(习题 2.2).

设计一个类似的问题(习题 2.47).

从任一个题目出发，询问一下上述那些问题或是类似的问题，读者都有可能引出一些新的问题，或找到某些有趣而又不太难的问题. 总而言之，通过提出这些问题，读者将有机会加深他对问题的理解，并提高解题能力.

下面就是两个从前面的题目引申出来的(并不那么容易的)问题：

(Ⅰ) 验算习题 2.35 的结果

(1) 假设 $\alpha=\delta,\beta=\gamma,\alpha+\beta=90°$;

(2) 假设 $\alpha=\delta,\beta=\gamma$，而不预先给出 $\alpha+\beta$ 的值;

(3) 分别以 δ,γ,β 和 α 去替代 α,β,γ 和 δ.

(Ⅱ) 试考虑类似于习题 2.45 的立体几何问题(习题 3.39 有一个提示).

2.56，2.72，2.73，2.74，2.76，2.77 是评注，不存在解的问题.

第 3 章

3.1　对于 $n=0$ 和 $n=1$，定理显然成立. 假设定理对某个 n 成立：

$$(1+x)^n=1+\cdots+\binom{n}{r-1}x^{r-1}+\binom{n}{r}x^r+\cdots+x^n,$$

两端均乘以 $1+x$，得

$$(1+x)^{n+1}=1+\cdots+\left[\binom{n}{r}+\binom{n}{r-1}\right]x^r+\cdots+x^{n+1}$$

由§3.6(2)的递归公式，$(1+x)^n$ 中 x^r 的系数等于

$$\binom{n+1}{r},$$

于是由假设二项式定理对 n 成立，推得它对 $n+1$ 也成立. 请注意我们也用到了§2.6(2)中的边界条件. 用在哪儿?

3.2 假设习题3.1的结果成立，令

$$x=\frac{b}{a},$$

然后去考虑

$$a^n(1+x)^n=(a+b)^n.$$

3.3 把命题"S_p 是 $p+1$ 阶多项式"，看成是一个猜测(情况本来就是这样). 当 $p=0,1$ 和 2 时这个猜测确实是对的(命题就是由此启发而得的，见§3.3的开头). 假设这个猜测对 $p=0,1,2,\cdots,k-1$ 都成立(即对 $S_0,S_1,S_2,\cdots,S_{k-1}$ 都成立)，则我们可得结论(见§3.4最后一个方程):

$$\binom{k+1}{2}S_{k-1}+\binom{k+1}{3}S_{k-2}+\cdots+S_0=P$$

是一个 k 阶多项式(这里 P 是简写符号)，于是由上述方程就可以推出

$$S_k=\frac{(n+1)^{k+1}-1-P}{k+1}. \tag{1}$$

因为 P 是 n 的 k 阶多项式，$(n+1)^{k+1}$ 中最高阶项 n^{k+1} 不可能被消掉，因此上式表示 S_k 是 n 的 $k+1$ 阶多项式. 这里我们得到这一结论是假设了 S_0 是 n 的1阶，S_1 是2阶，$\cdots$，S_{k-1} 是 k 阶多项式.

直观地看，所考虑的 S_k 的性质(即 S_k 是 n 的 $k+1$ 阶多项式)具有一种"无法抑制的自动延续的趋势". 我们前面已经知道 S_0,S_1 和 S_2 具有这个性质；所以由上面的证明，S_3 也必须具有这一性质；同理，S_4,S_5 等都具有这一性质等.

由公式(1)显然可得 S_k 的最高阶项系数为 $\frac{1}{k+1}$.

下面一些问题可提供上述结果的其他证法，亦可见习题4.2—4.7.

3.4 $S_4=S_2\dfrac{6S_1-1}{5}$

$$=\frac{n(n+1)(2n+1)(3n^2+3n-1)}{30},$$

按标准模式作数学归纳法的证明，见MPR，卷1，pp. 108—120.

3.5　根据§3.2，§3.3，§3.4 和习题 3.3 提出的模型去做.

3.6　类似于§3.4：

$$n^k-(n-1)^{k-1}=\binom{k}{1}n^{k-1}-\binom{k}{2}n^{k-2}+\cdots+(-1)^{k-1}\binom{k}{k}.$$

3.7　类似于§3.4：

$$[n(n+1)]^k-[(n-1)n]^k=n^k[(n+1)^k-(n-1)^k]$$

$$=2\binom{k}{1}n^{2k-1}+2\binom{k}{3}n^{2k-3}+2\binom{k}{5}n^{2k-5}+\cdots.$$

3.8　类似于§3.4：

$$(2n+1)[n(n+1)]^k-(2n-1)[(n-1)n]^k$$

$$=n^k[(n+1)^k+(n-1)^k]+2n^{k+1}[(n+1)^k-(n-1)^k]$$

$$=2\left[\binom{k}{0}+2\binom{k}{1}\right]n^{2k}+2\left[\binom{k}{2}+2\binom{k}{3}\right]n^{2k-2}+\cdots.$$

3.9　由习题 3.7 用递归和数学归纳法可得.

3.10　由习题 3.8 用递归和数学归纳法可得.

3.11　由习题 3.9 和 3.10 只要对 $S_1(x)$ 和

$$S_2(x)=S_1(x)\frac{2x+1}{3}$$

验证结论即可.

3.12　(a)用“小高斯的方法”（§3.1 的第一个方法）

$$[1+(2n-1)]+[3+(2n-3)]+\cdots=2n\cdot\frac{n}{2}=n^2.$$

(b)用§3.1 的第二个方法，见下面.

(c)推广：考虑首项为 a，公差为 d，项数是 n 的等差数列的和：

$$S=a+(a+d)+(a+2d)+\cdots+[a+(n-1)d],$$

令最后一项 $a+(n-1)d=b$，则(这就是§3.1 的第二个方法)

$$S=a+(a+d)+(a+2d)+\cdots+(b-2d)+(b-d)+b,$$

$$S=b+(b-d)+(b-2d)+\cdots+(a+2d)+(a+d)+a,$$

两式相加再除以 2，便得 $S=\dfrac{a+b}{2}n$.

特别地，当 $a=1,b=2n-1$ 时有

$$S=\frac{1+(2n-1)}{2}n=n^2.$$

(d)考察图 3.9.

(e)见习题 3.13.

3.13 $1+4+9+16+\cdots+(2n-1)^2+(2n)^2-4(1+4+\cdots+n^2)$

$$=\frac{2n(2n+1)(4n+1)}{6}-4\,\frac{n(n+1)(2n+1)}{6}$$

$$=\frac{n(4n^2-1)}{3}.$$

3.14 按习题 3.13 的方法可得：

$$\frac{4n^2(2n+1)^2}{2}-8\,\frac{n^2(n+1)^2}{4}=n^2(2n^2-1).$$

3.15 利用习题 3.11 的符号可得

$$1^k+3^k+\cdots+(2n-1)^k=S_k(2n)-2^kS_k(n).$$

3.16 多几个问题比仅只有一个问题更容易回答.(这是“发明家的悖论”,见 HSI,p. 121.)与所提的

$$2^2+5^2+8^2+\cdots+(3n-1)^2=U$$

一起,我们还考虑

$$1^2+4^2+7^2+\cdots+(3n-2)^2=V,$$

于是(由习题 3.15)有

$$U+V+9S_2(n)=S_2(3n),$$

此外有

$$U-V=3+9+15+\cdots+(6n-3)=3n^2,$$

这样我们便得到一个未知量为 U 和 V 的二元一次方程组,由此不仅解得

$$U=\frac{n(6n^2+3n-1)}{2},$$

同时也得出

$$V=\frac{n(6n^2-3n-1)}{2},$$

其他解法见习题 3.17.

3.17 (见前面第 3 章注解 3 所引帕斯卡著作)把 § 3.3 的符号推广(那里处理的是 $a=d=1$ 的特殊情形)令

$$S_k=a^k+(a+d)^k+(a+2d)^k+\cdots+[a+(n-1)d]^k,$$

显然,$S_0=n$. 在关系式

$$(a+nd)^{k+1}-[a+(n-1)d]^{k+1}$$

$$= \binom{k+1}{1}[a+(n-1)d]^k d + \binom{k+1}{2}[a+(n-1)d]^{k-1}d^2 + \cdots$$

中,令 n 等于 $1,2,3,\cdots,n$,然后相加,便得

$$(a+dn)^{k+1} - a^{k+1} = \binom{k+1}{1}S_k d + \binom{k+1}{2}S_{k-1}d^2 + \cdots + S_0 d^{k+1},$$

于是可以逐个地递推得 $S_1,S_2,\cdots,S_k$. 试详细做出 $a=2,d=3,k=2$ 的情形,见习题 3.16.

3.18 由§3.2 和§3.3 的结果,所求的和等于

$$\frac{1\cdot 2}{2}\cdot 2 + \frac{2\cdot 3}{2}\cdot 3 + \frac{3\cdot 4}{2}\cdot 4 + \cdots + \frac{(n-1)n}{2}\cdot n$$

$$= \frac{1}{2}[(2^3-2^2)+(3^3-3^2)+(4^3-4^2)+\cdots+(n^3-n^2)]$$

$$= \frac{1}{2}(S_3 - S_2) = \frac{(n-1)n(n+1)(3n+2)}{24}.$$

3.19 (a) $\frac{n(n^2-1)}{6}$;(b) $1^{n-1}\cdot 2^{n-2}\cdot 3^{n-3}\cdots(n-1)^1$;(c) $\frac{n^2(n^2-1)}{12}$.

3.20 我们已经在§3.1 中求出了 E_1,在习题 3.18 中求出了 E_2. 一个更为有效的方法可以基于下述代数学的经典事实建立起来:初等对称多项式可以通过同次幂的和表为

$$E_1 = S_1,$$

$$E_2 = \frac{S_1^2 - S_2}{2},$$

$$E_3 = \frac{S_1^3 - 2S_3 - 3S_1S_2}{6},$$

$$E_4 = \frac{S_1^4 + 3S_2^2 + 8S_1S_3 - 6S_1^2S_2 - 6S_4}{24},$$

把它们与以前的结果(§3.1,3.2 和 3.3,习题 3.4)结合起来. 同时再把 E_k(通过 $S_1,S_2,\cdots,S_k$)的表示式的某些性质("等权")与习题 3.9 和 3.10 联系起来,就不仅可得到 E_k 的阶数,同时也能得到最高阶项的系数

$$E_k(n) = \frac{n^{2k}}{k!2^k} + \cdots,$$

当 $k\geqslant 2$ 时,还可以推出 $E_k(n)$能被

$$(n-k+1)(n-k+2)\cdots(n-1)[n(n+1)]^{\frac{[3-(-1)^k]}{2}}$$

整除.

3.21　方法(a)是方法(b)的特殊情形. 事实上,如果仅由 A_n 成立即可推得 A_{n+1} 成立,那么,由 $A_1,A_2,\cdots,A_{n-1}$ 和 A_n 都成立,自然更能推得 A_{n+1} 成立. 这就是说,如果(Ⅱ$_a$)成立,则(Ⅱ$_b$)一定成立. 因此,如果我们认可方法(b),那就一定也要认可方法(a).

方法(b)可由方法(a)推出. 令 B_n 表示 n 个命题 $A_1,A_2,\cdots,A_{n-1}$ 和 A_n 的全体,则

(Ⅰ)的意思是:B_1 成立.

而

(Ⅱ$_b$)简化为:由 B_n 成立,即可推得 B_{n+1} 成立.

这样,关于序列 $A_1,A_2,A_3,\cdots$ 的命题(Ⅰ)和(Ⅱ$_b$)就转化为关于 $B_1,B_2,B_3,\cdots$ 的命题(Ⅰ)和(Ⅰ$_a$).

3.22　图 3.3 可以想像成是下述情形的一种表示:柏尼(B),查理(C),狄克(D),罗埃(R)和亚太(A)(由西北到东南的街区)支帐篷,另五个男孩[瑞奇(R),亚伯(A),艾尔(A),艾勒克斯(A)和比尔(B)——从东北到西南的街区]做晚饭. 从这个具体情况出发,你就会发现把十个男孩分做不同的两队,每队五人,这种分法,对应于图 3.3 中由上端到下端的一条最短锯齿状道路,反过来,每一条这种锯齿状道路也都对应一个分法,这个对应是一对一的. 所以,所求的分法总数是 252.

3.23　我们现在面临的是习题 3.22 和图 3.3 中出现的命题的一般情形. 前者乃是这个一般命题的一个有代表性的特殊情形(MPR,卷Ⅰ,p. 25,习题 10).

把 n 个元素从 1 到 n 标上号,并让帕斯卡三角形的第 k 条"基线"与第 k 个元素对应起来. 一个元素属于这个子集,当且仅当锯齿状道路是沿着一个从西北到东南的街区到达这个元素所对应的基线的. 按照这种方式任何包含于 n 个元素的集合的含 r 个元素的子集,都可以看成是一条终止于某固定点(即第 n 条基线上从左边数过来的第 r 个点)的锯齿状道路,于是这种子集的个数与这种锯齿状道路的数目是一样的.

3.24　有 $\dfrac{n(n-1)}{1\times 2}$ 条直线和 $\dfrac{n(n-1)(n-2)}{1\cdot 2\cdot 3}$ 个三角形.

3.25　在空间中按"一般位置"给定 n 个点,则顶点选自给定的 n 个点的四面体有 $\dfrac{n(n-1)(n-2)(n-3)}{1\cdot 2\cdot 3\cdot 4}$ 个.

3.26　$\dbinom{n}{2}-n=\dfrac{n(n-3)}{2}$.

3.27　在给定凸多边形内部相交的两条对角线一定是某一个凸四边形的两条对角线，此四边形的四个顶点选自给定多边形的 n 个顶点. 所以问题里的交点数等于

$$\frac{n(n-1)(n-2)(n-3)}{1\cdot 2\cdot 3\cdot 4}.$$

3.28　红色的面有

$$\binom{6}{1}=6$$

种不同的取法，剩下的五个面中，蓝色的两个面有

$$\binom{5}{2}=10$$

种不同的取法. 所以在六个面上按规定的要求涂三种色，可能的涂法共有

$$\binom{6}{1}\binom{5}{2}=6\times 10=60$$

种.

3.29　$\binom{n}{r}\binom{s+t}{s}=\frac{n!}{r!\ (n-r)!}\frac{(s+t)!}{s!\ t!}=\frac{n!}{r!\ s!\ t!}.$

3.30　含 n 个元素的集合分成 h 个互不相交的子集合(即任何两个不同的子集合都没有公共的元素)，使得第一个子集有 r_1 个元素，第二个子集有 r_2 个元素，……最后一个子集有 r_h 个元素，这里

$$r_1+r_2+r_3+\cdots+r_h=n,$$

这种不同的分法共有

$$\frac{n!}{r_1!r_2!r_3!\cdots r_h!}$$

种. 在这里，子集的标号是很要紧的(即标号不同的子集是不同的)：如果 r_1，r_2，…，r_h 中有某些是相等的，我们就必须仔细区分元素个数相等而标号不同的子集. 在习题 3.22 中，我们要区分这五个是支帐篷，那五个是做晚饭的. 同样的，在图 3.3 中，我们要区分两条关于图形中心线 (即上端的 A 与下端的 A 之间的连线)镜面对称的锯齿状道路. 而在习题 3.29 中，即使 r 和 s 碰巧相等，r 个面的颜色与 s 个面的颜色也是不同的.

3.31　用 § 3.8 里讲的所有四种方法和习题 3.23 的方法都可以证明它.

(1) 街道网络关于过帕斯卡三角形顶点的铅垂线是对称的.

(2) 递归公式和边界条件也有同样的对称性.

(3) 引进阶乘符号

$$1\cdot 2\cdot 3\cdots m=m!$$

我们有

$$\binom{n}{r}=\frac{n(n-1)\cdots(n-r+1)}{1\cdot 2\cdots\quad r}$$

$$=\frac{n(n-1)\cdots(n-r+1)}{1\cdot 2\cdots\quad r}\,\frac{(n-r)\cdots 2\cdot 1}{(n-r)\cdots 2\cdot 1}$$

$$=\frac{n!}{r!(n-r)!}=\frac{n!}{(n-r)!r!}=\binom{n}{n-r}.$$

(4) 因为在$(a+b)^n$中,互换a、b的位置,结果不变. 所以在展开式中a^rb^{n-r}和$a^{n-r}b^r$的系数应当相等.

(5) 如果在n个元素的集合中,取出一个含r个元素的子集,剩下的就是一个含$n-r$个元素的子集,所以这两类子集的个数应当相等.

3.32 $\binom{n}{0}+\binom{n}{1}+\binom{n}{2}+\cdots+\binom{n}{n}=2^n.$

证明:在$(a+b)^n$的展开式中取$a=b=1$. 另一个证明:从帕斯卡三角形的顶点到第n条基线一共有2^n条最短锯齿状道路,这是显然的,因为在这种道路中,每经过一个街角(即穿过一条基线),再继续往下走时,我们都可能有两种选择. 再一个证明:在n个元素的集合里,包含空集合和整个集合[分别是展开式里的$\binom{n}{0}$和$\binom{n}{n}$]在内,一共有2^n个子集. 这也是显然的,因为取定一个子集时,任何元素或者属于它,或者不属于它.

3.33 对$n\geqslant 1$,在$(a+b)^n$的展开式中,令$a=1,b=-1$,即得

$$\binom{n}{0}-\binom{n}{1}+\binom{n}{2}-\cdots+(-1)^n\binom{n}{n}=0.$$

另一个证明:由递归公式和边界条件,有

$$\binom{n}{0}=\binom{n-1}{0}$$

$$-\binom{n}{1}=-\binom{n-1}{0}-\binom{n-1}{1}$$

$$\binom{n}{2}=\binom{n-1}{1}+\binom{n-1}{2}$$

$$\vdots$$

$$(-1)^{n-1}\binom{n}{n-1}=(-1)^{n-1}\binom{n-1}{n-2}+(-1)^{n-1}\binom{n-1}{n-1}$$

$$(-1)^{n}\binom{n}{n}=(-1)^{n}\binom{n-1}{n-1}$$

把它们加起来即得.

再一个证明:任何到达第 $n-1$ 条基线的锯齿状道路可以变成两条锯齿状道路继续向下走到第 n 条基线,一条通向"正"的街角($r=0,2,4,\cdots$),另一条通向"负"的街角($r=1,3,5,\cdots$).

3.34 类似的,在第四条道上前四个数字的和为

$$1+5+15+35=56,$$

一般的,在第 r 条道上,有:

$$\binom{r}{r}+\binom{r+1}{r}+\binom{r+2}{r}+\cdots+\binom{n}{r}=\binom{n+1}{r+1}.$$

用数学归纳法证明:命题对 $n=r$ 成立,事实上由边界条件有

$$\binom{r}{r}=\binom{r+1}{r+1}.$$

现在假设命题对某一个 n 成立,在所假定的方程两边加上同一个量 $\binom{n+1}{r}$,则由递归公式可得

$$\binom{r}{r}+\binom{r+1}{r}+\cdots+\binom{n}{r}+\binom{n+1}{r}$$

$$=\binom{n+1}{r+1}+\binom{n+1}{r}=\binom{n+2}{r+1},$$

因此命题对 $n+1$ 也成立.

这就证明了命题对一切 $n\geqslant r$ 都成立.

另一个证明:在图 3.7(I)中,A 是顶点,L 是由 $n+1$ 和 $r+1$ 确定的那个点,由 A 到 L 的最短锯齿状道路的数目是 $\binom{n+1}{r+1}$. 任何一条这种道路从第 r 条道走到第 $r+1$ 条道总要沿着某一条街走一个街区,而沿第 0 条街,第 1 条

街,第 2 条街,……走的道路的数目分别是

$$\binom{r}{r},\quad \binom{r+1}{r},\quad \binom{r+2}{r},\cdots,\binom{n}{r},$$

它们的和就是由 A 到 L 的最短锯齿状道路的总数,即 $\binom{n+1}{r+1}$,因此命题成立.

3.35 先沿着西北边界线(第 0 条道)加这些数,然后是沿第 1 条道,再是第 2 条道,……,最后是图 3.5 中的第 5 条道,我们分别得出和数

$$6,21,56,126,252,462,$$

它们的和是 923. 我们在图 3.5 这个帕斯卡三角形的有限部分的附近是找不到这个数的. 不过,我们能找到跟它十分接近的一个数

$$924=\binom{12}{6},$$

现在我们看到了,可以利用习题 3.34 和二项式系数表,去免除上面繁重的加法运算(包括最后的第七次加法在内). 也就是说,我们把这个有代表性的例子提高一步就容易证明它的一般情形:

$$\sum_{l=0}^{m}\sum_{r=0}^{n}\binom{l+r}{r}=\binom{m+n+2}{m+1}-1.$$

3.36 等式左端的各项中,第一个因子取自帕斯卡三角形的第五条基线,而第二个因子则取自第四条基线. 右端的数在第九条基线上. 与此类似,在例

$$1\times1+5\times3+10\times3+10\times1=56$$

中,涉及的是第五条,第三条和第八条基线. 而在 §3.9 里考虑了更一般的情形,它涉及的是第 n 条,第 n 条和第 $2n$ 条基线. 由这些例子,可导出一般的定理:

$$\binom{m}{0}\binom{n}{r}+\binom{m}{1}\binom{n}{r-1}+\binom{m}{2}\binom{n}{r-2}+\cdots+$$

$$\binom{m}{r}\binom{n}{0}=\binom{m+n}{r}.$$

我们在这里实际上推广了符号的意义(即 $r>n$ 或 $r<m$ 或 $r>m+n$ 的情形),正式的提法见习题 3.65(Ⅲ).

§3.9 里讲过的那两个证明方法都可以推广到目前这种一般的情形. 几

何方法由比较图 3.7(Ⅱ)与(Ⅲ)可得. 分析方法则归结为用两种不同的方法去计算展开式

$$(1+x)^m(1+x)^n=(1+x)^{m+n}$$

中 x^r 的系数.

3.37 等式左端的各项中,第一个因子取自帕斯卡三角形的第一条道,第二个因子取自第二条道,而右端则在第四条道上. 与此类似,关系式

$$1\times 10+3\times 6+6\times 3+10\times 1=56$$

涉及第二、第二和第五条道,我们可以把习题 3.34 和图 3.7(Ⅰ)那里处理的一般情形解释成是用类似的方法涉及了第 0,第 r 和第 $r+1$ 条道的情形. 由这些例子可导出一般的定理:

$$\binom{r}{r}\binom{s+n}{s}+\binom{r+1}{r}\binom{s+n-1}{s}+$$

$$\binom{r+2}{r}\binom{s+n-2}{s}+\cdots+\binom{r+n}{r}\binom{s}{s}=\binom{r+s+n+1}{r+s+1}$$

几何证明(比习题 3.34 里的几何证明更一般些,类似于§3.9 和习题 3.36 中的证明):在图 3.7(Ⅳ)中,点 L 由数 $r+1+s+n$(街区总数)和 $r+1+s$(向右下方走时,通过的街区数)确定,于是由顶点 A 到 L 的全部最短锯齿状道路数目是

$$\binom{r+s+n+1}{r+s+1},$$

任何一条这种道路从第 r 条道走到第 $r+1$ 条道时总要沿着某一条街走一个街区,等式左边的项是根据所沿街的编号,把道路分成若干类后,分别算出的各类道路数,等式右边是算出来的道路总数.

我们希望这里也有一个跟§3.9 和习题 3.36 平行的分析的证明,在那里公式是通过考虑两个级数的乘积导出的. 然而在这里看上去还不那么简单,所以只得暂时留下一个空白. 我们还希望能找到在这两个类似的公式——本公式与习题 3.36 的公式——间的某种(代数?)联系,这又是一个空白.

3.38 第 n 个三角形数是

$$1+2+3+\cdots+n=\frac{n(n+1)}{2}=\binom{n+1}{2},$$

三角形数 1,3,6,10,…构成了帕斯卡三角形的第二条道.

3.39　第 n 个角锥数是

$$\binom{2}{2}+\binom{3}{2}+\binom{4}{2}+\cdots+\binom{n+1}{2}=\binom{n+2}{3}=\frac{n(n+1)(n+2)}{6},$$

这里用了习题 3.34 的结论. 角锥数 1,4,10,20,…构成了帕斯卡三角形的第三条道.

附注　三角形数和角锥数的表达式,在有二项式系数的一般显公式(§3.7)之前,就已经知道了,或许正是这些表达式通过归纳才发现了一般公式.

3.40　$1^2+2^2+\cdots+n^2=\dfrac{n(n+1)(2n+1)}{6}$.

3.41　连接顶点和由数

$$n=n_1+n_2+\cdots+n_h$$

(街区总数)与

$$r=r_1+r_2+\cdots+r_h$$

(从西北到东南的街区数)确定的点的最短锯齿状道路,限制它们必须通过 $h-1$ 个给定的中间点,这些点分别由数

$$\begin{array}{ll} n_1 & \text{和 } r_1 \\ n_1+n_2 & \text{和 } r_1+r_2 \\ \vdots & \\ n_1+n_2+\cdots+n_{h-1} & \text{和 } r_1+r_2+\cdots+r_{h-1} \end{array}$$

去确定.

3.42　(a)图 3.10 表示两条属于集合而不属于子集(1)的道路. 它们有同一个起点 A 和同一个终点 C,还通过同一个中间点 B,点 B 在对称轴上,并且把每条道路都分成两段 AB 和 BC. 两个 AB 关于对称轴对称,并且每一个跟对称轴都没有共同的内点. 两个 BC 则重合. 这两条道路中,一条属于子集(2),另一条属于子集(3). 反过来,任何属于(2)或(3)的道路都可以按图 3.10 的办法配上另一条道路:找出道路与对称轴的第二个公共点 B(顶点 A 是第一个这种公共点)即可. 这种配法建立了子集(2)与子集(3)之间的一一对应.

(b)我们可以用别的方法去配(2)与(3)的道路:图 3.10 里,两段弧 AB 关于过 A,B 的直线对称,在图 3.11 里,它们关于 AB 线段的中点对称.

(c)由(a)或(b),有

$$\binom{n}{r}=N+2\binom{n-1}{r},$$

在下列两个关系式

$$\binom{n}{r}=\binom{n-1}{r-1}+\binom{n-1}{r},\binom{n-1}{r}=\frac{n-r}{n}\binom{n}{r}$$

中先用一个,然后再用另一个,便得出两个不同的表达式

$$N=\binom{n-1}{r-1}-\binom{n-1}{r}=\frac{2r-n}{n}\binom{n}{r},$$

我们是在 $2r>n$ 的假定下得出这个等式的. 不过根据帕斯卡三角形的对称性,很容易取消这一限制.

3.43 *用数学归纳法*. 考察图形,验证命题对 $n=1,2,3(m=0,1)$成立.

从 $2m$ 到 $2m+1$. 由长度为 $2m$ 且与对称轴除顶点外没有别的交点的道路,可以引出两条具同样特性的长度为 $2m+1$ 的道路*,若命题对 $n=2m$ 成立,则对 $n=2m+1$,便有

$$2\binom{2m}{n},$$

这就是我们所要求的数.

从 $2m+1$ 到 $2m+2$. 由长度为 $2m+1$ 并具有上述特性的道路,在多数情况下都可以引出两条具同样特性,长度为 $2m+2$ 的道路,只有以第 $2m+1$ 条基线上最靠近对称轴的两个点为端点的道路除外. 具体到这种情形,如果命题对 $n=2m+1$ 成立,利用习题 3.42 的结果,对 $n=2m+2$,便得所求的数为

$$4\binom{2m}{m}-2\frac{1}{2m+1}\binom{2m+1}{m+1},$$

经过适当的变形,它就等于

$$\binom{2m+2}{m+1}.$$

不用数学归纳法. 利用习题 3.42 解法中(c)里得到的 N 的第一个表达式,考虑和数

---

* 对称轴只与偶数编号的基线交于某街角.

$$2\sum\left[\binom{n-1}{r-1}-\binom{n-1}{r}\right],$$

这里和号是对满足$\frac{n}{2}<r\leqslant n$ 的 r 求和，它就是我们所要求的数. 仔细区分 $n=2m$和 $n=2m+1$ 的情形，就得到命题的结论.

3.44　0，　1，　6，21，　50，　90，　126，　141，　126，　…

0，　1，　7，　28，　77，　161，　266，　357，　393，　357，　…

第七条基线上除 1,393 和 1 外，都可被 7 整除.

3.45　类似于习题 3.1.

3.46　类似于习题 3.31.

3.47　类似于习题 3.32.

3.48　类似于习题 3.33.

3.49　类似于 § 3.9，更一般的推广类似于习题 3.36.

3.50　从东北向西南倾斜的直线

1，　1，　1，　1，　1，　…

1，　2，　3，　4，　5，　…

1，　3，　6，　10，　15，　…

也是帕斯卡三角形中的“道”.

3.51　因为其他各线也都有我们在第一条线上看到的对称性，所以只要写到第七、八两条基线的中间就行了.

$$\frac{1}{8}\quad\frac{1}{56}\quad\frac{1}{168}\quad\frac{1}{280}$$

$$\frac{1}{9}\quad\frac{1}{72}\quad\frac{1}{252}\quad\frac{1}{504}\quad\frac{1}{630}$$

3.52　在调和三角形的给定“基线”上，分母与二项式系数成比例，比例因子从两端的项便可看出，确切地说，我们发现两个三角形对应位置上的数是

$$\binom{n}{r}\qquad\qquad\frac{1}{(n+1)\binom{n}{r}}$$

帕斯卡　　　　莱布尼兹

证明　当 $r=0$，调和三角形的边界条件即满足此关系. 下面再验证递归公式，先利用二项式系数的递归公式，再利用二项式系数的显公式，便得：

$$\frac{1}{(n+1)\binom{n}{r-1}}+\frac{1}{(n+1)\binom{n}{r}}=\frac{\binom{n+1}{r}}{(n+1)\binom{n}{r-1}\binom{n}{r}}$$

$$=\frac{1}{(n+1)}\cdot\frac{(n+1)!}{r!(n+1-r)!}\cdot\frac{(r-1)!(n-r+1)!}{n!}\cdot\frac{r!(n-r)!}{n!}$$

$$=\frac{(r-1)!(n-r)!}{n!}=\frac{1}{n\binom{n-1}{r-1}}.$$

3.53　等式左边都是图 3.13 中某一条道的首项，而等式右边是下一条道所有项的和. 其证明见习题 3.54 的解法.

3.54　利用莱布尼兹三角形的递归公式，有

$$\frac{1}{6}-\frac{1}{12}=\frac{1}{12},$$

$$\frac{1}{12}-\frac{1}{20}=\frac{1}{30},$$

$$\frac{1}{20}-\frac{1}{30}=\frac{1}{60},$$

$$\frac{1}{30}-\frac{1}{42}=\frac{1}{105},$$

$$\vdots$$

把它们加起来.（第二条道“远处”的项可以“忽略不计”.）根据这个有代表性的特殊情形，我们不难得到一般的命题：在莱布尼兹三角形中，某一条道上以某一个数为首项的所有的数，朝西南方向加下去（无穷多项）所得的和等于首项的西北紧邻. 如果把

“莱布尼兹”“无穷多项”“西南”“西北”

变成“帕斯卡”“有穷多项”“东北”“东南”

现在这个结果就变成习题 3.34 的结果，从这里可以看到习题 3.51 里所说的“对比模拟”的另一个实例.

3.55　由调和三角形一般项的显公式（见习题 3.52）可以看出，本题的第 $r-1$ 行和习题 3.53 的对应的行只差一个因子$\frac{1}{(r-1)!}$，这里 $r=2,3,\cdots$，所以它的和是

$$\frac{1}{(r-1)!(r-1)}.$$

3.57 乘积等于1. 熟悉无穷级数理论的读者不仅是从形式运算上了解方程

$$1+x+x^2+\cdots+x^n+\cdots=\frac{1}{1-x},$$

而且知道它在什么条件下有意义,也知道它的严格推导.

3.58 $a_0+a_1+a_2+\cdots+a_n$,习题3.57是一个特殊情形.

3.59 每一个级数都对应帕斯卡三角形的一条道,第一个级数见习题3.57. 重复运用习题3.58和习题3.34,便得

$$1+2x+3x^2+4x^3+\cdots=(1+x+x^2+\cdots)^2,$$
$$1+3x+6x^2+10x^3+\cdots=(1+x+x^2+\cdots)^3,$$

一般的

$$\binom{r}{r}+\binom{r+1}{r}x+\binom{r+2}{r}x^2+\cdots+\binom{r+n}{r}x^n+\cdots$$
$$=(1+x+x^2+\cdots)^{r+1}$$
$$=(1-x)^{-r-1},$$

形式的证明可用数学归纳法.

3.60 用两种不同的方法计算乘积

$$(1-x)^{-r-1}(1-x)^{-s-1}$$

中 x^n 的系数. 它跟习题3.36解法中的分析方法[即§3.9(3)里的方法]极为类似.

3.61 分别是1,0,0,0. 这可以看作是对猜测 N 的肯定.

3.62 用两种本质上不同的方法算出它们,分别是 $\frac{2}{3}$, $-\frac{1}{9}$, $\frac{4}{81}$, $-\frac{7}{243}$. 这可以看作是对猜测 N 的又一次肯定.

3.63 $(1+x)^{\frac{1}{3}}(1+x)^{\frac{2}{3}}$

$$=\left(1+\frac{x}{3}-\frac{x^2}{9}+\frac{5x^3}{81}-\frac{10x^4}{243}+\cdots\right)$$
$$\times\left(1+\frac{2x}{3}-\frac{x^2}{9}+\frac{4x^3}{81}-\frac{7x^4}{243}+\cdots\right)$$
$$=1+x+0x^2+0x^3+0x^4+\cdots,$$

这更进一步肯定了猜测 N.

3.64 由习题3.57,有

$$1+\frac{-1}{1}x+\frac{(-1)(-2)}{1\cdot 2}x^2+\frac{(-1)(-2)(-3)}{1\cdot 2\cdot 3}x^3+\cdots$$

$$=1-x+x^2-x^3+\cdots$$
$$=[1-(-x)]^{-1}=(1+x)^{-1}$$

这样又从一个十分不同的方面肯定了猜测 N. 习题 3.59 的那些级数也能从猜测 N 导出吗?

3.65 $\binom{r-1-x}{r}=\frac{r-1-x}{1}\frac{r-2-x}{2}\cdots\frac{-x}{r}$

$$=(-1)^r\frac{x}{1}\cdots\frac{x-r+2}{r-1}\frac{x-r+1}{r}.$$

3.66 按照猜测 N,$(1+x)^{-r-1}$ 的表达式中 x^n 的系数是 $\binom{-r-1}{n}=(-1)^r\binom{n+r}{n}=(-1)^n\binom{r+n}{r}$ 这里我们先用了习题 3.65(Ⅱ),然后假设 r 是非负整数并用了习题 3.31. 把 x 换成 $-x$,则 x^n 变成 $(-1)^nx^n$,这样我们就得到习题 3.59 的一般结果,它证明了猜测 N 对一类重要的特殊情形即 a 为负整数的情形是成立的.

3.67 由

$$\left[\binom{a}{0}+\binom{a}{1}x+\cdots+\binom{a}{r}x^r+\cdots\right]$$
$$\times\left[\binom{b}{0}+\cdots+\binom{b}{r-1}x^{r-1}+\binom{b}{r}x^r+\cdots\right]$$
$$=\binom{a+b}{0}+\binom{a+b}{1}x+\cdots+\binom{a+b}{r}x^r+\cdots,$$

可得(习题 3.56)

$$(*)\binom{a}{0}\binom{b}{r}+\binom{a}{1}\binom{b}{r-1}+\cdots+\binom{a}{r}\binom{b}{0}=\binom{a+b}{r},$$

若取 $a=m$, $b=n$,这就是习题 3.36 的结果. 不过这里定义域是不同的,在前面 m 和 n 限制为非负整数,而这里 a 和 b 是没有限制的,可以是任何数.

3.68 由猜测 N 导出的关系式(*)并没有得到证明,仅仅是一个猜测.

(*)的特殊情形——即 a 和 b 是正整数的情形,已经在习题 3.36 中证明了. 另外由习题 3.66 的解法可知 a 和 b 是负整数的特殊情形等价于习题 3.57 的结果,因而也已经证明了. [注意,(*)给出了习题 3.36 和习题 3.37 之间的联系,这是我们希望得到的,见习题 3.37 解法末尾的注记.]

我们能利用习题 3.36[它是(*)的一个重要特殊情形]作为跳板去证出

（$*$）吗？（是的，如果我们知道有关的代数事实："两个变量 x 和 y 的多项式当 x 和 y 取正整数值时等于零则恒等于零."我们就能证明它.）

令

$$\binom{a}{0}+\binom{a}{1}x+\binom{a}{2}x^2+\cdots+\binom{a}{n}x^n+\cdots=f_a(x),$$

关系式（$*$）与关系式

$$f_a(x)f_b(x)=f_{a+b}(x),$$

实质上是等价的. 假定（$*$）已经成立了，则

$$f_a(x)f_a(x)f_a(x)=f_{2a}(x)f_a(x)=f_{3a}(x),$$

一般的，对任何正整数 n 都有

$$[f_a(x)]^n=f_{na}(x),$$

设 m 是一个（正的或负的）整数，由于我们已经证明了猜测 N 对 a 取正、负整数值时都是对的（习题 3.1 和习题 3.66），所以

$$[f_{\frac{m}{n}}(x)]^n=f_m(x)=(1+x)^m,$$

$$f_{m/n}(x)=(1+x)^{\frac{m}{n}},$$

因此由（$*$）可导出猜测 N 对指数 a 取一切有理数值都是对的.

（实际上，最后一步是比较冒险的，因为在开 n 次根时，我们无法确定哪一个可能取的值是我们所应该取的，这样我们便留下了一个空白，如果我们停留在习题 3.56，从纯粹形式的角度出发，这个空白是很难补上的. 不过，我们已经发现构造完整的证明所必需的一切了. 距牛顿写这封信一个半世纪以后，1826 年，出现了伟大的挪威数学家 N. H. 阿贝尔的一篇论文，在这篇论文里，他对于复值的 x 和 a，讨论了二项式级数的收敛性及其值，大大地推进了无穷级数的一般理论. 请参看他的全集，1881 年，第一卷，pp. 219—250.）

3.69　1，2，6，20 在帕斯卡三角形的对称轴上. 解释：x^n 的系数是

$$\begin{aligned}(-4)^n\binom{-\frac{1}{2}}{n}&=4^n\frac{1\cdot3\cdot5\cdots(2n-1)}{2\cdot4\cdot6\cdots2n}\\&=\frac{1\cdot3\cdot5\cdots(2n-1)2\cdot4\cdot6\cdots2n}{n!n!}\\&=\binom{2n}{n}.\end{aligned}$$

3.70

$$a_0u_0 = b_0$$

$$a_0^2u_1 = a_0b_1 - a_1b_0$$

$$a_0^2u_2 = a_0^2b_2 - a_0a_1b_1 + (a_1^2 - a_0a_2)b_0$$

$$a_0^4u_3 = a_0^3b_3 - a_0^2a_1b_2 + (a_0a_1^2 - a_0^2a_2)b_1 - (a_1^3 - 2a_0a_1a_2 + a_0^2a_3)b_0$$

3.71 习题 3.70 处理过的 $n=0,1,2,3$ 的情形预示我们 $a_0^{n+1}u_n$ 是 a 和 b 的一个多项式,它的各项都有下列性质:

(1) 关于 a 都是 n 阶,

(2) 关于 b 都是 1 阶,

(3) a,b 合在一起的权为 n.

理由是:

(1) 如果 a_n 换成 a_nc($n=0,1,2,\cdots,c$ 任意),u_n 必须换成 u_nc^{-1}.

(2) 如果 b_n 换成 b_nc,u_n 必须换成 u_nc.

(3) 如果 a_n 和 b_n 分别换成 a_nc^n 和 b_nc^n(如像用 cx 替换 x 的结果一样)那么 u_n 必须换成 u_nc^n.

3.72 $u_n=b_n-b_{n-1}$:如果把 u_n 用 a 和 b 表示,令 $a_0=a_1=a_2=\cdots=1$,得到的结果就应当是它. 这是一个有价值的验算,试对 $n=0,1,2,3$ 进行(习题 3.70).

3.73 $u_n=b_0+b_1+b_2+\cdots+b_n$(见习题 3.58):如果把 u_n 用 a 和 b 表出,令 $a_0=1,a_1=-1,a_2=a_3=\cdots=0$,得到的结果就应当是它. 这是一个有益的验算,试对 $n=0,1,2,3$ 进行(习题 3.70).

3.74

$$1-\frac{x}{6}+\frac{x^2}{40}-\frac{x^3}{336}+\cdots+\frac{(-1)^nx^n}{(2\cdot4\cdot6\cdots2n)(2n+1)}+\cdots,$$

参见 MPR,卷 I,p. 84,习题 2.

3.75

$$a_1u_1 = 1$$

$$-a_1^3u_2 = a_2$$

$$a_1^5u_3 = 2a_2^2 - a_1a_3$$

$$-a_1^7u_4 = 5a_2^3 - 5a_1a_2a_3 + a_1^2a_4$$

$$a_1^9u_5 = 14a_2^4 - 21a_1a_2^2a_3 + 3a_1^2a_3^2 + 6a_1^2a_2a_4 - a_1^3a_5$$

3.76 习题 3.75 处理过的情形启示我们 $a_1^{2n-1}u_n$ 是 a 的一个多项式,它

的每一项是

(1) $n-1$ 阶的,且

(2) 权为 $2n-2$.

理由是:

(1) 如果把 a_n 换成 $a_n c$(如像用 $c^{-1}x$ 替换 x 的结果一样),u_n 必须换成 $u_n c^{-n}$.

(2) 如果 a_n 换成 $a_n c^n$(如像用 cy 替换 y 的结果一样),u_n 必须换成 $u_n c^{-1}$.

3.77 $x=\frac{y}{1-y}$,$y=\frac{x}{1+x}$,于是

$$y=x-x^2+x^3-x^4+\cdots$$

因此,如果在习题 3.75 中,令 $a_n=1$,我们必定得到 $u_n=(-1)^{n-1}$. 这是一个有益的验算,试对 $n=1,2,3,4,5$ 进行.

3.78 $1-4x=(1+y)^{-2}$ 或

$$y=-1+(1-4x)^{-\frac{1}{2}}=2x+6x^2+\cdots+\binom{2n}{n}x^n+\cdots$$

见习题 3.69.

3.79 $y=-1+(1+4ax)^{\frac{1}{2}}(2a)^{-1}$

$$=x-ax^2+2a^2x^3-5a^3x^4+14a^4x^5-\cdots$$

x^n 的系数是

$$\frac{(4a)^n}{2a}\binom{1/2}{n}=\frac{(-1)^{n-1}a^{n-1}}{n}\binom{2n-2}{n-1}$$

(算法与习题 3.69 类似)若令 $a_1=1,a_2=a,a_3=a_4=\cdots=0$,则习题 3.75 的 u_n 就是它. 参考 MPR,卷 I,p. 102,习题 7,8, 9.

3.80 $y=x-\frac{x^2}{2}+\frac{x^3}{3}-\frac{x^4}{4}+\cdots+\frac{(-1)^{n-1}x^n}{n}+\cdots$.

3.81 $u_0=u_1=u_2=1,u_3=\frac{4}{3},u_4=\frac{7}{6}$.

3.82 数学归纳法:结论对于 $n=3$ 成立. 假设 $n>3$,若对 u_n 以前的那些系数都已有

$$u_{n-1}>1,u_{n-2}>1,\cdots,u_3>1$$

则因为,$u_0=u_1=u_2=1$,即得

$nu_n=u_0u_{n-1}+u_1u_{n-2}+\cdots+u_{n-1}u_0>n$,即 $u_n>1$.

3.83 令

$$y = u_0 + u_1 x + u_2 x^2 + \cdots + u_n x^n + \cdots.$$

$$\frac{d^2 y}{dx^2} = 2 \cdot 1 u_2 + \cdots + n(n-1) u_n x^{n-2} + \cdots,$$

由微分方程可得

$$n(n-1) u_n = - u_{n-2}$$

又由初始条件得

$$u_0 = 1, \qquad u_1 = 0$$

最后，对 $m=1,2,3,\cdots$，有

$$u_{2m} = \frac{(-1)^m}{(2m)!}, \quad u_{2m-1} = 0,$$

$$y = 1 - \frac{x^2}{2!} + \frac{x^4}{4!} - \frac{x^6}{6!} + \cdots.$$

3.84 $B_n = B_{n-5} + A_n$

$C_n = C_{n-10} + B_n$

$D_n = D_{n-25} + C_n$

$E_n = E_{n-50} + D_n$

由最后一个方程，对 $n=100$，得

$$E_{100} = E_{50} + D_{100},$$

而对前一个方程，对 $n=20$，由于 $D_{-5}=0$（我们规定所引进的量，当它的足码为负数时，就等于 0.）有

$$D_{20} = C_{20},$$

这些例子说明所得方程组的主要特征：我们可以计算任何未知量（例如 E_{100}），如果足码比它小的同类未知量（例如 E_{50}）和别的较低类别的未知量（即字母表里的次序排在前面的字母所表示的未知量，例如 D_{100}）已经算出来了的话.（有的时候只需要预先算出一个未知量就可以了，例如 D_{20}. 在另一些情形，我们需要某些“边值”，它们是在建立方程前就已经知道的，即 B_0，C_0，D_0，E_0 和一切 A_n，$n=0,1,2,\cdots$的值）简言之，我们计算未知量是上溯到足码小的同类未知量和字母表里更靠前的字母所表示的未知量，最后上溯到边值.［不要让符号的差别掩盖了这种算法与§3.6(2)里用递归公式和边界条件确定二项式系数两者之间的类似之处.］

读者应当建立一种简单的计算方案去验算下列数值

$$B_{10}=3, \quad C_{25}=12, \quad D_{50}=49, \quad E_{100}=292$$

[关于这一问题,更详细的叙述和具体的解释,见 HSI, p. 238,习题 20 和《美国数学月刊》American Mathematical Monthly,63 卷,1956,pp. 689—697.]

3.85 数学归纳法:假定 $y^{(n)}$ 具有所假设的形式,再作一次微分,便得

$$y^{(n+1)}=(-1)^{n+1}(n+1)!x^{-n-2}\ln x+(-1)^n x^{-n-2}[n!+(n+1)c_n]$$

如果记

$$c_{n+1}=n!+(n+1)c_n,$$

这就是我们所要的形式. 把上述等式变成

$$\frac{c_{n+1}}{(n+1)!}=\frac{c_n}{n!}+\frac{1}{n+1},$$

并利用 $c_1=1$,便得

$$c_n=n!\left(1+\frac{1}{2}+\frac{1}{3}+\frac{1}{4}+\cdots+\frac{1}{n}\right).$$

3.86 求几何级数的和就是一个与它密切相关的问题:它的结果及通常的推导方法,下面都要用到.

记 S 为所求的和. 则

$$\begin{aligned}(1-x)S&=1+x+x^2+\cdots+x^{n-1}-nx^n\\&=\frac{1-x^n}{1-x}-nx^n,\end{aligned}$$

因此,所求的简单表达式是

$$S=\frac{1-(n+1)x^n+nx^{n+1}}{(1-x)^2}.$$

3.87 利用习题 3.86 的方法、符号和结果:记 T 为所求的和,考虑

$$\begin{aligned}(1-x)T&=1+3x+5x^2+7x^3+\cdots+(2n-1)x^{n-1}-n^2x^n\\&=2S-(1+x+x^2+\cdots+x^{n-1})-n^2x^n,\end{aligned}$$

于是由代数运算得

$$T=\frac{1+x-(n+2)^2x^n+(2n^2+2n-1)x^{n+1}-n^2x^{n+2}}{(1-x)^3}.$$

3.88 由习题 3.86 和 3.87,我们可以用递归方法找出

$$1^k+2^kx+3^kx^2+\cdots+n^kx^{n-1}$$

的一个表达式,这只要把 k 的情形归结为 $k-1,k-2,\cdots,2,1$ 和 0 的情形即可.

3.89 数学归纳法。结论对 $n=1$ 显然成立,而

$$\frac{a_n(n+\alpha)-a_1(1+\beta)}{\alpha-\beta}+a_{n+1}$$

$$=\frac{a_{n+1}(n+1+\beta)-a_1(1+\beta)}{\alpha-\beta}+a_{n+1}.$$

3.90 把习题 3.89 应用到

$$a_1=\frac{p}{q},\alpha=p,\beta=q-1$$

的情形,所求的和便等于

$$\frac{p}{p-q+1}\left(\frac{p+1}{q}\frac{p+2}{q+1}\cdots\frac{p+n}{q+n-1}-1\right).$$

3.91 (1) $8,4\sqrt{2},4\sqrt{3},6$.

(2) $C_n=2n\mathrm{tg}\,\frac{\pi}{n},I_n=2n\sin\frac{\pi}{n}$.

因此,用熟知的三角恒等式可直接证明.

3.92 关于数学归纳法的更多的例子可见脚注 5 所引的书. 与第二部分和第三部分习题有联系的习题可以在概率论计算和组合分析的书中找到. 与第四部分习题或习题 3.53—3.55 有联系的习题可以在无穷级数或复变函数的书中找到. 与习题 3.81,3.82 和 3.83 密切相关的习题则可以在常微分方程的章节中找到.

能够引出进一步的例子的话题还有很多,像多项式系数(参考习题3.28,3.29,3.30)就是一例. 三项式

$$(a+b+c)^n,$$

当 $n=0,1,2,3,\cdots$ 时的展开式的系数,可以联系到空间第一卦限里的格子点,正像二项式 $(a+b)^n$ 在帕斯卡三角形里的系数可联系到平面上第一象限里的格子点一样. 那么,类似于边界条件,递归公式,帕斯卡三角形里的"道"、"街"、"基线",以及习题 3.31—3.39 在空间的情形下又是些什么? 跟习题 3.44—3.50 相联系的又是些什么? 我们还没有提到二项式或多项式系数的数论性质,还有其他等等.

3.56 是评注,不存在解的问题.

第 4 章

4.1 设 A 表示棱锥中与底相对的顶点(即"尖顶"),将棱锥的底剖分成

面积分别为

$$B_1, B_2, \cdots, B_n$$

的 n 个三角形. 每一个这样的三角形都是一个四面体的底,使得 A 是四面体与底相对的顶点,而 h 是它的高. 于是棱锥便(由过 A 的平面)剖分成 n 个体积分别为

$$V_1, V_2, \cdots, V_n$$

的四面体,显然

$$B_1 + B_2 + \cdots + B_n = B,$$

$$V_1 + V_2 + \cdots + V_n = V,$$

假定所要求的体积的表达式对四面体这种特殊情形已经证明,则有

$$V_1 = \frac{1}{3}B_1 h, \quad V_2 = \frac{1}{3}B_2 h, \cdots, V_n = \frac{1}{3}B_n h,$$

把这些特殊的关系式加起来(叠加!)便得出一般的关系式

$$V = \frac{1}{3}Bh.$$

4.2 k 阶多项式的形状是

$$f(x) = a_0 x^k + a_1 x^{k-1} + \cdots + a_k,$$

其中 $a_0 \neq 0$. 相继让 x 等于 $1,2,3,\cdots,n$,并把它们加起来,利用习题 3.11 的符号,便得

$$f(1) + f(2) + \cdots + f(n)$$

$$= a_0 S_k(n) + a_1 S_{k-1}(n) + \cdots + a_k S_0(n),$$

等式右端由习题 3.3 的结果乃是一个 n 的 $k+1$ 阶多项式.

4.3 我们把习题 3.34 的结果写成下列形式

$$\binom{0}{r} + \binom{1}{r} + \binom{2}{r} + \cdots + \binom{n}{r} = \binom{n+1}{r+1},$$

见习题 3.65(Ⅲ),假定习题 4.4 已证明,则我们可以把所设多项式写成

$$f(x) = b_0\binom{x}{k} + b_1\binom{x}{k-1} + \cdots + b_k\binom{x}{0},$$

这里 $b_0 = k!\ a_0 \neq 0$(见习题 4.4 的解法),依次让 x 等于 $0,1,2,3,\cdots,n$,然后把它们相加,利用上面写出的习题 3.34 的结果,可得

$$f(0) + f(1) + f(2) + \cdots + f(n)$$

$$= b_0\binom{n+1}{k+1} + b_1\binom{n+1}{k} + \cdots + b_k\binom{n+1}{1},$$

等式右端乃是 n 的一个 $k+1$ 阶多项式.

4.4 比较所求恒等式两端 x^k(即 x 的最高次幂)的系数,得

$$a_0=\frac{b_0}{k!},$$

于是,由所求恒等式得

$$a_0x^k+a_1x^{k-1}+\cdots+a_k-k!a_0\binom{x}{k}$$

$$=b_1\binom{x}{k-1}+\cdots+b_k\binom{x}{0},$$

再比较两端 x^{k-1} 的系数,便可以用 a_0 和 a_1 把 b_1 表出来,继续照此办理,便可用递归方法逐个定出 $b_0,b_1,b_2,\cdots,b_k$.

4.5 我们必须确定四个数 b_0,b_1,b_2 和 b_3,使得

$$x^3=b_0\binom{x}{3}+b_1\binom{x}{2}+b_2\binom{x}{1}+b_3\binom{x}{0}$$

是 x 的恒等式.也就是说

$$x^3=\frac{b_0}{6}(x^3-3x^2+2x)+\frac{b_1}{2}(x^2-x)+b_2x+b_3,$$

比较 x^3,x^2,x^1 和 x^0 的系数,便分别得出下列方程

$$1=\frac{b_0}{6},$$

$$0=-\frac{b_0}{2}+\frac{b_1}{2},$$

$$0=\frac{b_0}{3}-\frac{b_1}{2}+b_2,$$

$$0=b_3,$$

由此可导出

$$b_0=6,\quad b_1=6,\quad b_2=1,\quad b_3=0,$$

因而,由习题 4.3 的推导($k=3$)经过代数运算便得

$$1^3+2^3+\cdots+n^3=6\binom{n+1}{4}+6\binom{n+1}{3}+\binom{n+1}{2}=\frac{(n+1)^2n^2}{4}.$$

4.6 习题 4.3 已经证明存在五个常数 c_0,c_1,c_2,c_3 和 c_4,使得等式

$$1^3+2^3+3^3+\cdots+n^3=c_0n^4+c_1n^3+c_2n^2+c_3n+c_4,$$

对一切正整数 n 都成立.依次令 $n=1,2,3,4$ 和 5,便得到五个未知量 $c_0,c_1,$

c_2，c_3 和 c_4，五个方程的线性方程组，解之即得

$$c_0=\frac{1}{4},\quad c_1=\frac{1}{2},\quad c_2=\frac{1}{4},\quad c_3=0,\quad c_4=0,$$

所得到的结果与习题 4.5 相同，不过要麻烦些.

4.7 由习题 4.3 可以给出习题 3.3 的结论的一个新的证明，只有一点例外，即由习题 4.3 的推导，$S_k(n)$表达式中 n^{k+1} 的系数是不确定的(不过，稍加一点注解，也可以得出这个系数).

4.8 是一致的，因为直线的方程形状是

$$y=ax+b,$$

其右端是一个阶数≤1 的多项式.

4.9 直观上看，与 x 轴重合的直线是最简单的插值曲线，它对应于恒等于零的多项式. 任何别的插值多项式必定是高阶的，即至少是 n 阶的，因为它有 n 个不同的零点 $x_1,x_2,\cdots,x_n$.

4.10 由§4.3 里最后公式给出的拉格朗日插值多项式阶数$\leqslant n-1$，我说它是唯一的一个这样低阶数的插值多项式. 事实上，如果有两个阶数都$\leqslant n-1$的多项式，在 n 个给定的横坐标上取相同的值，于是它们的差便有 n 个不同的零点，这就产生零点个数高于阶数的情形，故此差必须恒等于 0. 这个阶数$\leqslant n-1$ 的唯一的拉格朗日插值多项式，其阶数当然是最低的.

4.12 (a) 显然，因为对于常数 c_1 和 c_2 有

$$(c_1y_1+c_2y_2)'=c_1y'_1+c_2y'_2.$$

(b) $y=e^{rx}$ 是微分方程的一个解当且仅当 r 是代数方程

$$r^n+a_1r^{n-1}+a_2r^{n-2}+\cdots+a_n=0$$

的一个根.

(c) 如果(b)里 r 的方程有 d 个不同的根 $r_1,r_2,\cdots,r_d$，而 $c_1,c_2,\cdots,c_d$ 是任意的常数，则

$$y=c_1e^{r_1x}+c_2e^{r_2x}+\cdots+c_de^{r_dx}$$

是微分方程的一个解，当 $d=n$ 时，它就是最一般的解 (这一点是可以证明的).

4.13 r 的方程是

$$r^2+1=0$$

所以微分方程的通解是

$$y=c_1e^{ix}+c_2e^{-ix}$$

根据初始条件得方程组

$$c_1 + c_2 = 1, \quad ic_1 - ic_2 = 0,$$

由此解得 c_1 和 c_2，因此所求的方程特解是

$$y = \frac{(e^{ix} + e^{-ix})}{2},$$

请注意 $y=\cos x$ 也同时满足微分方程和初始条件. 见习题 3.83.

4.14 (a) 显然.

(b) $y_k = r^k$ 是差分方程的解当且仅当 r 是习题 4.12(b)中给出的代数方程的根.

(c) 如果习题 4.12(b)里的方程有 d 个不同的根 $r_1, r_2, \cdots, r_d$ 而 c_1，$c_2, \cdots, c_d$是任意常数，则

$$y_k = c_1 r_1^k + c_2 r_2^k + \cdots + c_d r_d^k$$

是差分方程的一个解，而当 $d=n$ 时，它就是最一般的解(这一点是可以证明的).

4.15 r 的方程是

$$r^2 - r - 1 = 0,$$

所以差分方程的通解是

$$y_k = c_1\left(\frac{1+\sqrt{5}}{2}\right)^k + c_2\left(\frac{1-\sqrt{5}}{2}\right)^k,$$

于是对于 $k=0$ 和 $k=1$(由初始条件)有方程组

$$c_1 + c_2 = 0, \quad c_1\frac{1+\sqrt{5}}{2} + c_2\frac{1-\sqrt{5}}{2} = 1,$$

它们确定了 c_1 和 c_2，因此所要找的斐波那契数的表达式乃是

$$y_k = \frac{1}{\sqrt{5}}\left[\left(\frac{1+\sqrt{5}}{2}\right)^k - \left(\frac{1-\sqrt{5}}{2}\right)^k\right].$$

4.16 如果实际运动可以通过三个虚拟运动的叠加得到，那么运动质点在时刻 t 的坐标便是

$$x = x_1 + x_2 + x_3 = tv\cos a,$$

$$y = y_1 + y_2 + y_3 = tv\sin a - \frac{1}{2}gt^2,$$

消去 t 便得到抛射体的轨道

$$y = x\mathrm{tg}a - \frac{gx^2}{2v^2\cos^2 a},$$

这是一条抛物线.

4.18　这里有两个未知量:四面体的底与高,见图 4.5a.

4.19　令

V　四面体的体积

B　它的底

H　它的高

h　底上垂直于长度为 a 的棱的高

则

$$V=\frac{BH}{3},\quad B=\frac{ah}{2},$$

所以

$$V=\frac{ahH}{6}.$$

可是 h 和 H 都没有给出来.

4.20　我们的四面体(习题 4.17 的)在一个平面上的正交投影是一个正方形,此平面垂直于长度为 b 的直线,且过它的一个端点.正方形的对角线长度为 a,它的面积是 $\frac{a^2}{2}$,正方形本身乃是一个高为 b 的正棱柱的底,见图 4.5b.这个棱柱(见图 4.5b)被剖分成五个(互不重叠的)四面体,习题 4.17 的四面体是其中之一(它的体积记为 V).其余的四个都是相同的,每一个的底都是一个面积为 $\frac{a^2}{4}$ 的等腰直角三角形,每一个的高都是 b.于是

$$\frac{a^2b}{2}=V+4\,\frac{a^2b}{12},$$

$$V=\frac{a^2b}{6}.$$

4.21　过长度为 a 的一条棱和与它相对的另一条棱的中点的平面是我们四面体的对称面,它把四面体分为两个合同的四面体(见图 4.5c).它们公共的底(一个等腰三角形)的面积显然是 $\frac{ab}{2}$,它们的高是 $\frac{a}{2}$.所以所求的体积

$$V=\frac{2}{3}\,\frac{a}{2}\,\frac{ab}{2}=\frac{a^2b}{6}$$

(这样的对称面共有两个,它们把我们的四面体分成了四个合同的四面体;由此可得问题的另一个稍微有点不同的解法.)

4.22　我们可以把习题 4.17 里的四面体看成是一个退化的棱台,其高

为 b,而每个底都缩成为一个长度为 a 的线段,中截面是一个边长为$\frac{a}{2}$的正方形,见图 4.5d,于是

$$h=b,\quad L=0,\quad M=\frac{a^2}{4},\quad N=0,$$

由棱台公式,$V=\frac{a^2b}{6}$.

4.23 如果习题 4.19 里找到的那个 V 的表达式与习题 4.20,4.21 和 4.22 用三种不同的方法得出的结果一致的话,我们就应该有

$$Hh=ab,$$

然而我们可以用两种不同的方法,通过计算四面体被对称面所截得的那个等腰三角形(习题 4.21,图 4.5e)的面积,去独立地证明这个关系式,于是我们便找到了从习题 4.18 出发接着通过习题 4.19 的第四种(比较曲折的)解法.

4.24 由习题 4.18 通过习题 4.19 到习题 4.23 的证明路线太长了而且也太曲折. 习题 4.21 的解法看上去最漂亮:它充分利用了图形的对称性——但恰恰由于这个理由,它不太可能应用到非对称的情形. 因此,乍看上去,显然应是习题 4.20 当选. 你能看出习题 4.20 当选的其他因素吗?

4.25 $L=M=N$,于是 $V=Lh$.

4.26 $N=0, M=\frac{L}{4}$,于是 $V=\frac{Lh}{3}$.

4.27 L_i;M_i,N_i 和 V_i 分别表示在 P_i 中的与 P 中的 L,M,N 和 V 相当的量,$i=1,2,\cdots,n$,所有的棱台高都等于 h. 显然

$$L_1+L_2+\cdots+L_n=L$$

$$M_1+M_2+\cdots+M_n=M$$

$$N_1+N_2+\cdots+N_n=N$$

$$V_1+V_2+\cdots+V_n=V$$

把这些方程加起来,得

$$\sum_{i=1}^{n}\left(\frac{L_i+4M_i+N_i}{6}h-V_i\right)=\frac{L+4M+N}{6}h-V,$$

我们把等式右边看作一项,等式左边是 n 个和它类似的项的和. 如果我们方程里 $n+1$ 项中有 n 项都等于零,那么剩下的那一项也必等于零.

4.28 我们的四面体在通过 l 的平面上的正交投影是一个四边形(对于习题 4.20 的特殊情形,它是一个正方形,见图 4.5b,但一般说来,它是不规则的四边形). 这个四边形的一条对角线是棱 l,另一条对角线平行且等于 n.

这个四边形是一个高为 h 的棱柱的底，这个棱柱被剖分为五个四面体，其中之一是我们的四面体，其余四个是习题 4.26 情形下所刻划的棱锥，因此棱台公式对它们是成立的. 由习题 4.25，此公式对于棱柱也是成立的，因此，由习题 4.27，对于我们的四面体也是成立的.

4.29　图 S4.29 是一个棱台，$B,C,\cdots,K$ 是下底的顶点（在纸平面上），而 $B',C',\cdots,K'$ 是上底的顶点.

(1) 考虑一个棱锥，它以棱台的上底为底，尖顶（底对面的顶点）是下底面上（任意选择）的一点 A.

(2) 连接 A 和下底面的顶点 $B,C,\cdots,K$. 这样所得到的每一线段都对应上底的一条边（棱台的一条棱），这种线段和上底面的边构成一个四面体的一对相对的棱.（例如，线段 AB 对应于边 $B'C'$，它们作为一对相对的棱一起确定了四面体 $ABB'C'$.）

(3) 连接 A 和顶点 $B,C,\cdots,K$ 的直线把下底分成一些三角形. 每一个这样的三角形都对应了上底的一个顶点，它们构成了一个棱锥，三角形是棱锥的底，对应的顶点是棱锥的尖顶（实际上这是一个四面体，例如 ABC 与顶点 C' 相对应，它们构成棱锥 $ABC-C'$）. 我们的棱台剖分成一些由(1)，(2)和(3)引进的立体. [这些立体是这样构成的，由上底(1)取面，(2)取边，(3)取顶点，由下底(1)取一个点，(2)取划分线段，(3)取面.]将习题 4.26 应用到(1)和(3)引进的棱锥，将习题 4.28 应用到(2)引进的四面体. 利用习题 4.27，你就可以对图 S4.29 中的棱台 $BC\cdots KB'C'\cdots K'$ 证明棱台公式.

4.30　习题 4.28 的解法是不完善的，因为它只讨论了三种可能情形中的一种. 考虑两个线段：l 和 n，以及 n 在通过 l 平行于 n 的平面上的正交投影 n'. 考虑分别包含这两个线段的两条直线，和这两条直线的交点 I. 这里会有下列三种可能的情形：点 I 可能

(0) 既不属于线段 l，也不属于线段 n'，

(1) 只属于一条线段，或

(2) 同时属于两条线段.

习题 4.20 只讨论了(2)的情形. 然而情形(1)里的一个四面体可以看作是情形(2)里两个四面体的差，情形(0)里的一个四面体可以看作是情形(1)里的两个四面体的差. 由习题 4.27，上面这几句话就使得习题 4.28 的证明完善了.

4.31　图 S4.29 有两个限制：

(1) 两个底都是凸多边形.

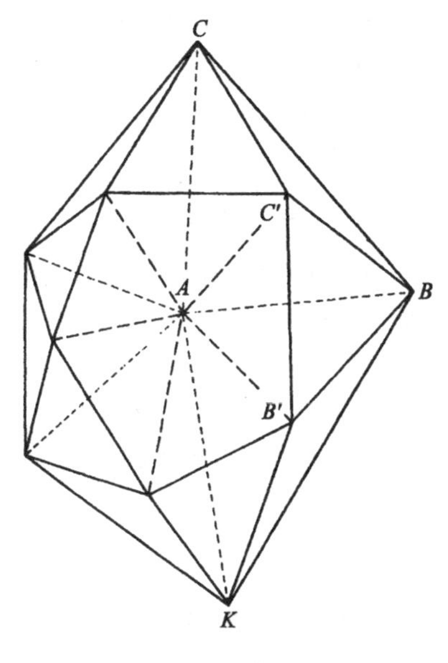

图 S4.29

(2) 任一个底的任一个顶点都与另一底的一条边相对应(有一个一一对应):两条侧棱起于这个顶点止于这条边的两个端点.(例如,顶点 B 对应于棱 $B'C'$,顶点 C' 对应于棱 BC.)

条件(2)实际上比它表现出来的限制要弱:很多不直接满足这个限制的图形是退化的情形,而我们的证明可以(利用连续性或适当的说明)推广到这些情形.

习题 4.35 的证明不受(1)和(2)的限制,但用到了积分计算.

4.32 $n=0$,则 $L=M=N=1, I=2$,公式成立.

$n=2m-1$,奇数,$-L=N=1$, $M=I=0$,公式成立.

$n=2m$,偶数,$L=N=1, M=0, I=\dfrac{2}{n+1}$,公式对 $n=2$ 成立,而对其他正偶数都不成立.

4.33 $f(x)=a+bx+cx^2+dx^3$,把习题 4.32 的特殊情形 $n=0,1,2,3$ 叠加起来.

4.34 代换

$$x=a+\frac{h(t+1)}{2},$$

把区间 $a\leqslant x\leqslant a+h$ 变成区间 $-1\leqslant t\leqslant 1$，而把任何阶数 $\leqslant 3$ 的 x 的多项式变成另一个 t 的同类型的多项式.

4.35　我们引进一个直角坐标系 x,y,z. 设棱台的下底在 $z=0$ 平面上，它的上底在 $z=h$ 平面上. 棱台的体积可以表成

$$V=\int_0^h Q(z)dz, \tag{1}$$

其中 $Q(z)$ 表示平行于下底且与下底距离为 z 的平面与棱台的截面的面积.

如果棱台有 n 个侧棱，这个截面就是一个 n 边多边形，如果第 i 条侧棱的方程是

$$x_i=a_iz+c_i,\quad y_i=b_iz+d_i, \tag{2}$$

其中，a_i,b_i,c_i,d_i 是由棱的位置所决定的常数，则这个多边形的面积可以表成

$$Q(z)=\frac{1}{2}\sum_{i=1}^{n}(x_iy_{i+1}-x_{i+1}y_i), \tag{3}$$

这里我们认为第 $n+1$ 条棱跟第 1 条棱是重合的，所以

$$a_{n+1}=a_1,b_{n+1}=b_1,\cdots,y_{n+1}=y_1.$$

方程(2)和(3)表示 $Q(z)$ 是一个阶数不超过 2 的 z 的多项式，因此，由习题 4.34，习题 4.32 里叙述的辛普森公式可以用于积分(1)，注意到下底，中截面和上底的面积分别是

$$Q(o)=L,\quad Q\left(\frac{h}{2}\right)=M\quad,Q(h)=N,$$

便可得出习题 4.22 里叙述的棱台公式.

4.11，4.17，4.36 是评注，不存在解的问题.

第 5 章

5.1　未知量是数 V.

已知量是数 a 和 h.

条件为 V 是正棱柱体积，它的高为 h，它的底是边长为 a 的正方形.

5.2　有两个未知量，实数 x 和 y. 或仅有一个二元未知量，其分量为 x 和 y. 它在几何上可以解释为平面上具有直角坐标 x 和 y 的一个点.

条件完全由所给的方程表示.

我们这里不需要考虑已知量(假如我们改变一下问题，把给定方程右端

的 1 换成 r^2，则 r 即为已知量).

一个解是 $x=1, y=0$，另一个解是 $x=\frac{3}{5}, y=-\frac{4}{5}$ 等. 从几何上解释，整个解集合由以原点为中心半径为 1 的圆周上的点组成.

5.3　无解：解集合是一个空集合.

5.4　有八个解

(2,3) (3,2) (−2,3) (−3,2) (2,−3) (3,−2) (−2,−3) (−3,−2)

解的集合由以原点为中心，$\sqrt{13}$为半径的圆周上的格点所组成.（两个直角坐标均为整数的点称为格点. 格点的分布在数论和结晶学等学科中是很重要的.）

5.5　我们把三个未知量(x,y,z)解释为空间内以 x,y,z 为直角坐标的一个点.

(1) 解集合由一个正八面体的内部的点组成，这个正八面体的中心为原点，它的六个顶点为

(1,0,0),(−1,0,0),(0,1,0),(0,−1,0),(0,0,1),(0,0,−1)

(2) 解集合由正八面体内部的及面上的点所组成.

5.6　下面的叙述将问题的主要部分突出地表示出来了：若 a,b,c 是直角三角形的边长，a 是斜边长，则

$$a^2 = b^2 + c^2$$

5.7　我们必须把定理用常见的"若……，则……"形式（这时假设和结论都很明显）复述成两个并列的命题：

"若 n 是一平方数，
则 $d(n)$ 是奇数."
"若 $d(n)$ 是奇数，
则 n 是一平方数."

若用"当且仅当"，则可把叙述简化为

"当且仅当 n 为一平方数时，
$d(n)$ 是奇数."

5.16　先考虑凸多边形的情形，把那些为了处理一般情形需要作的变动放到后面去考虑.

(1) 给出连接某一选定的顶点到其他 $n-1$ 个顶点的 $n-1$ 条线段的长，和每两个相邻线段之间（共 $n-2$ 个）的夹角.

(2) 把多边形用 $n-3$ 条对角线分成 $n-2$ 个三角形，如果给定这些对角线和多边形的边，则这些三角形(三边已给定)是完全确定的.

(3) 采用(2)中所考虑的对多边形的一种特殊分割：即用(1)中的那些线段来分割多边形. 把这些三角形编号，使得除第一个外，每个三角形都与前面的三角形有一条公共的边. 对第一个三角形，给出任意三个独立的数据，对后面的 $n-3$ 个三角形中的每一个，都给出两个数据，它们彼此独立，也跟此三角形中同时属于前面那个三角形的边独立.

(4) 给出 n 个顶点的直角坐标，一共 $2n$ 个数据. 这时我们不仅决定了多边形，而且也决定了坐标系，但坐标系的位置并不是本质的，它依赖于三个参数，因此只有 $2n-3$ 个数据是本质的.

5.17 决定一个底，需要 $2n-3$ 个数据(见习题 5.16). 决定尖顶(与底相对的顶点)，需要三个直角坐标，坐标系可选择如下：底在坐标平面上，原点是底的一个顶点，底的一条边与一条坐标轴重合. 因此需要 $2n$ 个数据.

5.18 与习题 5.17 相同，$2n$.

5.19 将多项式写成形式

$$f_0 x_v^n + f_1 x_v^{n-1} + \cdots + f_{n-1} x_v + f_n,$$

其中 f_j 是 $v-1$ 个变量的 j 阶多项式. 利用习题 3.34 的结果和数学归纳法可以证明所需要的数据数目(展开式中 $x_1, x_2, \cdots, x_v$ 的各次幂的系数数目)为：

$$\binom{n+v}{v} = \binom{0+v-1}{v-1} + \binom{1+v-1}{v-1} + \cdots + \binom{n+v-1}{v-1}.$$

5.8, 5.9, 5.10, 5.11, 5.12, 5.13, 5.14, 5.15 为评注，不存在解的问题.

第 6 章

6.1 (1) 9, 形状 $r(x)=0$

(2) 9, 形状 $r(x)=0$

(3) 36, 形状 $r(x,y)=0$

(4) 7, 形状 $r(x,y,z,w)=0$

其中那些可以明显消去的也都计算在内了!

共有 61 个分款.

6.2　把 x 看作有 n 个分量 $x_1, x_2, \cdots, x_n$.

6.3　令 $x_1 = y_1, x_4 = y_3$，把 y_2 看作包含两个元 x_2 和 x_3，把分款 r_2 和 r_3 的组合(并列)看作一个分款，这样就可以得出(用适当记号)"递推"组：

$$s_1(y_1) = 0$$

$$s_2(y_1, y_2) = 0$$

$$s_3(y_1, y_2, y_3) = 0$$

6.4　把 y_1 看作具有三个元 x_1, x_2, x_3，把 y_2 看作有三个元 x_4, x_5, x_6，令 $y_3 = x_7$，把前三个分款 r_1, r_2, r_3 组合成 s_1，再把接下来的三个分款 r_4, r_5, r_6 组合成 s_2；这样就得到与习题 6.2 中相同的关系组.

6.5　与 §6.4(2)中所规划的实质上相同.

6.6　是 §6.4(1)中的关系组的特殊情形，见习题 3.21.

6.7　是对于一条直线的双轨迹，参阅 §6.2(5). 事实上，圆内所有定长的弦切于一个(容易做出的)与此圆同心的圆.

6.8　在 a 上作一点 A，在 b 上作一点 B，它们与 a, b 的交点的距离都是 $\frac{l}{2}$：作一圆切 a 于 A，切 b 于 B，因为 A 有两种可能做法，B 也是这样，所以这样的圆就有四个. 在所得的这四个圆中有一个是所求三角形的旁切圆：所求直线 x 必定切于这四个圆弧中之一. 这里我们见到的是对于直线 x 的双轨迹，参阅 §6.2(5)和习题 6.7.

6.9　HEARSAY(谣言).

6.11　(1) 从幻方常数 c 出发，所有九个数 x_{ik} 的和应当是

$$1 + 2 + \cdots + 9 = 45,$$

另一方面，三行的和是

$$3c,$$

由 $45 = 3c$ 导出 $c = 15$.

(2) 将三行与两条对角线相加，它们的和是 $5c$. 再将不含有中心元 x_{22} 的行与列(它们有 4 个，其和为 $4c$)减去，即得

$$3x_{22} = 5c - 4c = 15,$$

故 $x_{22} = 5$.

(3) 为了填出那些不包含中心元 x_{22} 的行与列，我们将 15 的所有不同的表示法(即将 15 表示为 1,2,3,4,6,7,8,9 中三个不同的数之和)列出，它们是

$$15 = \mathbf{1} + 6 + 8$$

$$= 2 + 6 + \mathbf{7}$$
$$= 2 + 4 + \mathbf{9}$$
$$= \mathbf{3} + 4 + 8$$

(4) 在上面 15 的四种表示式中,那些仅仅出现一次的数字,用黑体字印出,它们应当放在行或列的中间位置,其余出现两次的数字(用普通字体印出)在幻方的角上.

(5) 从任一个用黑体字印出的字(比如 **1**)出发,并令它等于 x_{12}. 而在它的关于 15 的同一表示式里另外两个用普通字体印出的数字中(在我们的例子中是 6 和 8),其中之一必等于 x_{11}. 这样,第一次,你可以在四种可能中选一种,第二次可以在两种可能中选一种,以后就再没有选择的余地了. 在利用(3)中列出的 15 的四种表示式时,你实际上只要选出一种就行了. 比如说,你得到了幻方

6	1	8
7	5	3
2	9	4

而你能得到的 $4\times2=8$ 个幻方,在某种意义上说,都是"合同"的,即可以从它们中任一个出发,通过旋转和反射来得到其余的.

写出来的这个幻方可以验证习题 6.1 的解中出现的数 61.

6.12 (1)假若所求数的千位数的数字$\geqslant 2$,则这个数乘 9 以后就要增加位数. 因此所求的数的形状是 $1abc$.

(2) 此外,$1abc\times9=9\cdots$,因此这个数必定具有形状 $1ab9$.

(3) 于是

$(10^3+10^2a+10b+9)9=9.10^3+10^2b+10a+1$,

$$89a+8=b,$$

因此,$a=0$,$b=8$,即得所求数是 $1089=33^2$.

6.13 (1) 因为 $ab\times ba$ 生成一个三位数,$a\cdot b<10$. 设

$a<b$;则仅有十种可能情形

$a=1,2\leqslant b\leqslant9$;$a=2,b=3$ 或 4.

(2) $(10a+b)(10b+a)=100c+10d+c$,

$10(a^2+b^2-d)=101(c-ab)$,

因此,a^2+b^2-d 可被 101 整除,但

$$-9 < a^2 + b^2 - d \leqslant 82,$$

故知 $a^2+b^2-d=0$.

(3) $a^2+b^2=d\leqslant 9$,因此 $b<3$,于是推知 $a=1,b=2$ 从而得 $c=2,d=5$.

6.14 让我们试着找一找这样一对诡秘的三角形.

(1) 在这相等的五部分中,不可能包括三条边:否则两个三角形就全等,所有六个部分也就相等了.

(2) 因此两个三角形有两边与三角相等.由于它们有相同的角,它们是相似的.

(3) 令 a,b,c 是第一个三角形的三边,b,c,d 是第二个三角形的三条边,假若它们是这两个相似三角形的对应边,则可得

$$\frac{a}{b}=\frac{b}{c}=\frac{c}{d},$$

这就是说,边组成了一个*几何数列*.而几何数列是容易作的,例如令

$$a,\ b,c,d$$

分别等于

$$8,\quad 12,\quad 18,\quad 27$$

注意 $8+12>18$,两个边分别为 8,12,18 和 12,18,27 的三角形,因为它们的边成比例,所以是相似的,于是它们的三个角也必相等.

6.15 (a) 求三个整数 x,y 和 z,使得

$$x+y+z=9,\quad 1\leqslant x<y<z,$$

这只能有三种解(9 元钱的不同分法只有三种):

$$\begin{aligned}9&=1+2+6\\&=1+3+5\\&=2+3+4\end{aligned}$$

(b) 把这三行排成一个方块使得每一列的和数也是 9.

实质上(除行列的不同排列外)只可能有一种这样的排列(我们把它表成简单的对称形式),

$$\begin{matrix}6 & 2 & 1\\ 2 & 4 & 3\\ 1 & 3 & 5\end{matrix}$$

(c) 现在把条件中的"次款"拿出来检验.因为 6 是方块中的最大数,因此第一行是属于艾尔的而第一列是买冰淇淋的.在方块中,某一行中的一数,

它等于该行与第一列相交位置那个数的两倍，是唯一的，就是 4. 因此第二行是属于彼尔的，而第二列是买三明治的. 因而克里斯买汽水的钱数是最后一行与最后一列相交处的数，5 元.

6.16 (a) 夫人买了 x 件礼品，每件花 x 美分，丈夫买了 y 件礼品，每件花 y 美分. 由条件，有

$$x^2 - y^2 = 75,$$

75=3×5×5 仅有六个因数

$$(x-y)(x+y) = 1\times 75 = 3\times 25 = 5\times 15$$

因此仅有下述三种情况：

$$\begin{matrix} x-y=1 \\ x+y=75 \end{matrix} \quad 或 \quad \begin{matrix} x-y=3 \\ x+y=25 \end{matrix} \quad 或 \quad \begin{matrix} x-y=5 \\ x+y=15 \end{matrix}$$

由此可列出下表：

夫人	丈夫
38	37
14	11
10	5

(b) 现在把留下的条件"次款"拿出来检验，就可明确地得出

安妮	38	37	彼尔·布朗
	14	11	乔·约尼斯
贝蒂	10	5	

因此玛丽的丈夫一定是乔·约尼斯.

6.17 显然，不同情况的数目从一开始就是有限制的.(4! =24)然而假如你聪明一点的话，就无须去检验所有这些情形.

(a) 令

$$b \qquad q \qquad w \qquad s$$

分别表示

布朗　　格林　　怀特　　史密斯

的夫人所喝的瓶数. 于是

$$b+g+w+s=14,$$
$$b+2g+3w+4s=30,$$

由此得

$$g+2w+3s=16.$$

(b) 从最后的方程可看出，g 和 s 或同为奇数，或同为偶数. 因此，只要检验四种情形就行了：

g	s	$w=8-\frac{g+3s}{2}$
3	5	-1
5	3	1
2	4	1
4	2	3

只有最后的情形是合适的. 于是得

$$s=2,\quad w=3,\quad g=4,\quad b=5,$$

因此，安妮的丈夫是史密斯，贝蒂的丈夫是怀特，凯洛的丈夫是格林，桃乐西的丈夫是布朗.

6.18 把条件划分为分款在解智力问题时常常是有用的. 读者在搜集数学智力问题时可以找到适当的例子，比如在 H. E. Dudency 著《数学游戏》(多佛)上即可见到.《Otto Dunkel 纪念问题集》[《美国数学月刊》，64 卷 (1957)的一个增刊]包含一些合适的材料：61 页上的 E776 就是这类问题的一个特别简洁的例子.

6.20 (b) §6.2(4)，$l=5$. (c) 习题 6.6，$n=4$. (d) §6.4 (1)，$n=4$. (e) §2.5(3)，§6.4(2).

6.22 方程组关于三个未知量 x，y 和 z 是对称的，换言之，这三个未知量起的作用完全相同. 这就是说，x，y 和 z 之间的一个置换，可以使方程式的次序改变，但整个方程组不变. 因此，假如未知量是唯一确定的，就必须有 $x=y=z$，在这样的假定下，立即可得 $6x=30$，$x=y=z=5$.

剩下需证明未知量是唯一确定的，这只需用解线性方程组的一些常见步骤即可证明.

6.23

$$y+z=a,$$
$$x+z=b,$$
$$x+y=c,$$

x，y 和 z 的任何置换仍保持方程组左端不变. 令 $x+y+z=s$ (它在 x，y 和 z 的置换之下仍是不变的)，把三个方程相加，易得

$$s=\frac{a+b+c}{2},$$

于是方程组化为下列三个方程，(每一方程仅含一个未知量)

$$s-x=a \quad s-y=b, \quad s-z=c,$$

整个方程组(不仅仅是左端)关于数偶(x, a),(y, b),(z,c)来说是对称的.

6.24 (斯坦福大学 1958)

令

$$x+y+u+v=s.$$

其余与习题 6.23 同.

6.10,6.19,6.21, 6.25 是评注,不存在解的问题.

第 7 章

7.1 图 7.10 里的连线表示

$$F=Q+4T+4P,$$

显然

$$Q=a^2h, \quad T=\frac{h}{2}\cdot\frac{b-a}{2}\cdot a, \quad F=\frac{h}{3}\left(\frac{b-a}{2}\right)^2,$$

在图 7.10 中引进表示这些关系的连线,并验证由上面这些关系产生的 F 与用正文中考虑的方法得到的 F 有相同的表达式.

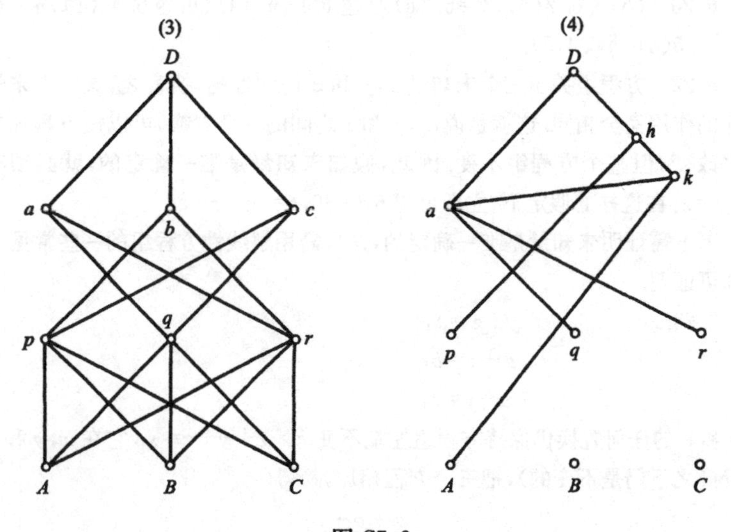

图 S7.2

7.2　见图 S7.2(3)和 S7.2(4)，后者表示的就是到§2.5(4)p.40 倒数第二个式子最后一行前为止的思维活动情况.

7.3，7.4，7.5 是评注，不存在解的问题.

第 8 章

8.3 (斯坦福大学 1956)由图 8.3

$$AB'=\frac{b}{\sqrt{3}},\quad AC'=\frac{c}{\sqrt{3}},$$

对$\triangle B'AC'$用余弦定理

$$3x^2=b^2+c^2-2bc\cos\left(\alpha+\frac{\pi}{3}\right),$$

再对$\triangle ABC$用余弦定理以表示$bc\cos\alpha$，令$bc\sin\alpha=2T$，其中T是$\triangle ABC$的面积，于是得

$$6x^2=a^2+b^2+c^2+4\sqrt{3}T,$$

显然T关于a，b和c是对称的.

8.4　"蹄子"的三组横截面是

(1) 面积为$2yz=\dfrac{2hx\sqrt{a^2-x^2}}{a}$的矩形，

(2) 面积为$\dfrac{xz}{2}=\dfrac{h(a^2-y^2)}{2a}$的直角三角形，

(3) 圆的一个弓形.

由此可见平面(2)略胜一筹，因为这时横截面面积是y的有理函数.于是所求体积为

$$\frac{1}{2}\int_{-a}^{a}xzdy=\frac{2}{3}a^2h.$$

8.1，8.2，8.5，8.6，8.7，8.8 是评注，不存在解的问题.

第 9 章

9.5　见§4.4.在那里，§4.4(1)中叙述而用图 4.4 表示的定理 A 是借助于§4.4(2)中叙述而用图 4.3 表示的较弱的定理 B 去证明的.

9.6　问题 A 与 B 是等价的. 由 A 过渡到 B 有明显的好处，因为这样我们可以去处理更小的数. 重复这一步骤，我们便依次得到下列数对：

(437,323) (323,114) (209,114) (114, 95) (95,19) (76,19) (57,19) (38,19) (19,19)，

于是 437 和 323 的公因数只有 1 和 19，所以 19 是它们的最大公因数. 这个例子里用的方法应用很广，它是一个基本的方法，通常叫做欧几里得除法算式(见欧几里得原本，第七卷，命题 2).

9.7　(1) 在某些重要而且经常碰到的情况下，B 的条件比 A 要宽[例如在下面这个简单情况里：$f(x)$在闭区间 $a\leqslant x\leqslant b$ 上连续，有导数，且 $f(x)$不在 $x=a$ 和 $x=b$ 取到极大值].

(2) 求方程 $f'(x)=0$ 的根在多数情况下是一个比较熟悉的问题. 此外我们也知道怎样去掉那些 $f(x)$不取极大值的根的方法.

9.8　(1) 定理 B 较强，由它可立即推出 A.

(2) B 比 A 容易证，因为 B 比 A 叙述得更确切，使得我们容易下手. 如果我们只有叙述不太完全的 A，我们就还得去找更确切的叙述或某些等价的叙述. 由于 B 比 A 更明确，所以这个较强的定理比 A 更容易下手. 这种情形是很典型的(参见 HSI，中译本 pp. 114—121，归纳与数学归纳法，特别是p. 121 的 7).

(3) 设 A 表示三角形的任一顶点，M 是对边的中点. 首先证明$\triangle MGO\backsim\triangle AGE$，由此可推出 $MO/\!/AE$.

9.9　(1) A 是一个求证的问题，B 是一个求解的问题，它比 B 来得更广些，因为由 B 的彻底解决就可以证明 A 的结论或是否定 A 的结论.

(2) A 是一个极限的问题，而 B 是一个代数不等式，所以 B 比 A 来得初等.

(3) 我们不考虑 $\varepsilon\geqslant 1$ 这种简单情形. 当 $\varepsilon<1$ 时，我们有下列等价的条件

$$\sqrt{x+1}<\varepsilon+\sqrt{x},$$

$$1<\varepsilon^2+2\varepsilon\sqrt{x},$$

$$\left(\frac{1-\varepsilon^2}{2\varepsilon}\right)^2<x,$$

这就是说，从 x 的一个确定的值开始，量 $\sqrt{x+1}-\sqrt{x}$就小于 ε——一个任意(任意小！)的正数，这就证明了 A.

9.10　(1) A、B 里提到的命题是等价的(只是说法换了位置)，因此 A、B

这两个问题是等价的.

(2) “n 是合数”这句话断言存在两个大于 1 的整数 a 和 b,使得 $n=ab$. “n 是素数”这句话否定了 n 是合数(这里我们不考虑 $n=1$ 的情形),但这个“反面的”叙述除了否定外没有提供更多的东西,因此 B 显得较容易处理些,

(3) 如果,$n=ab$,则

$$2^n-1=(2^a)^b-1,$$

它显然可以被 2^a-1 整除.

9.11 对 $m=1,2,3,\cdots$,令

$$a_{3m-2}=2m^{-\frac{1}{3}},\quad a_{3m-1}=a_{3m}=-m^{-\frac{1}{3}}$$

即得.

关于这个问题的一个推广,请参考《美国数学月刊》,53 卷,1946, pp. 234—283,问题 4142. 如果没有一点想法,没有一点关于解的预感和前兆,要想找到像(Ⅲ)和(Ⅳ)那样有帮助的附加限制看来是不可能的.

9.12 如果 $p_1,p_2,\cdots,p_l$ 是不同的素数,而 $n=p_1^{a_1}p_2^{a_2}\cdots p_l^{a_l}$,则

$$\tau(n)=(a_1+1)(a_2+1)\cdots(a_l+1).$$

9.13 见习题 1.47 和 § 1.3(1); § 2.5(2), § 2.5(3); § 3.2 和 § 3.1.

9.15 为什么? 下面是两个类似于习题 9.6—9.10 的问题.

(Ⅰ) 比较下列两个问题:

A. 求 $\sqrt[4]{100}$.

B. 求 $\sqrt{100}$.

*(Ⅱ) 设 $f(x)$ 和 $g(x)$ 是给定的函数,比较下列两个问题:

A. 证明 $\int_a^b f(x)dx\geqslant\int_a^b g(x)dx$.

B. 证明 $f(x)\geqslant g(x)$ $(a\leqslant x\leqslant b)$.

来自何方? 看来在多数情况下,辅助问题都(明显地或不明显地)来自我们提到的那四个源泉. 本书第 3 章习题 3.84 提供了一个很有教益的例子,它综合利用了一般化、特殊化和类比得出了解,见 p. 106 和 p. 401. 亦可见 HSI 习题 20,中译本 pp. 239,242—243,253—255.

9.1,9.2,9.3,9.4,9.14 是评注,不存在解的问题.

第 10 章

10.2

(1)

$$
\begin{array}{c}
\_\ \_\ \_E\_\ \_\ \_\ \_\ \_ \\
\_\ \_\ \_E\_\ \_\ \_A\_\ \_ \\
\_W\_E\_\ \_\ \_A\_\ \_ \\
\_W\_E\_H\_A\_\ \_ \\
\_W\_E\_H\_A\_T\ ^{*}
\end{array}
$$

(2)

$$
\begin{aligned}
&\int \sqrt{x^7 - x^4}\, dx \\
&= \int x^2 \sqrt{x^3 - 1}\, dx \\
&= \int \sqrt{x^3 - 1}\, x^2 dx \\
&= \int \frac{1}{3} \sqrt{x^3 - 1} \cdot 3x^2 dx \\
&= \frac{1}{3} \int \sqrt{x^3 - 1}\, d(x^3 - 1).
\end{aligned}
$$

10.1 是评注,不存在解的问题.

第 11 章

11.2 例如图 1.1—1.6. 另外还有由图 7.8 总结的图 7.1—7.6.

11.3 见习题 11.2 的解中所引的两个例子:在第一个里,可能是图1.6;在第三个里,可能是图 7.3.

11.4 见习题 10.2.

11.5 在图 4.2 中认出横坐标 $x_1, x_3, \cdots, x_n$ 是所求多项式 $f(x)$ 的根.

11.6 例如由图 1.11 变到图 1.12. 另外,在 MPR 第Ⅱ卷 p. 144 中,由

* 全字是 SWEETHEART,爱人.

图 16.2 变到图 16.3 也是这种例子.

11.1,11.7,11.8,11.9,11.10,11.11 是评注,不存在解的问题.

第 12 章

12.4

(1) 点 P 在两条给定的直线上,由作图,…….

点 P 在一条给定的直线和一个给定的圆上,由作图,…….

点 P 在两个给定的圆上,由作图,…….

(2) 已给$\triangle ABC$ 两条边的长度和它们间的夹角,第三边为 AB,…….

已给$\triangle ABC$ 的边 BC 的长度和两个角,…….

在直角三角形$\triangle ABC$ 中,给定两直角边 AC 和 BC 的长度,…….

(3) 给定底和高,…….

给定$\triangle ABC$ 的三边,…….

[还可以包括所有在(2)里所列的那些已知量集合]

(4) 给定底$\triangle ABC$ 的面积和由顶点 D 所引的高的长度,…….

12.5

(1) 若$\triangle ABC \cong \triangle EFG$,…….

若 $ABFE$ 是一平行四边形,…….

(2) 若$\triangle ABG \backsim \triangle EFG$,…….

若$\angle ABC$ 与$\angle EFG$ 是一条直线截平行线所得的对应角,…….

若$\angle ABC$ 与$\angle EFG$ 内接于同一圆且截取相同的弧,…….

等等;见习题 8.8.

(3) 如果图形 $ABCD\cdots$与图形 $EFGH\cdots$相似,所提到的点按顺序彼此对应,…….

如果 $AE /\!/ BF /\!/ CG /\!/ DH$,且 A,B,C,D 共线,E,F,G,H 也共线,…….(本定理可以简单叙述成:"由若干平行线所截得的各直线的对应部分成比例.")

(4) 在$\triangle ABC$ 中,若$\angle C<\angle B$,…….

12.6　见习题 1.47, §2.5(2),习题 2.10,习题 2.13,习题 2.51, §14.6(3),也可以参见 HSI,pp. 37—46,特别是 p. 38(类比,特别是 §3)和 MPR,第Ⅰ卷,pp. 45—46,及其他.

12.7　三角形中 AB 边上的中线通过任一平行 AB 的直线且被其他两

边所截得的线段的中点.

(四面体中所考虑的那个截面是平行四边形. 通过四面体一棱和相对棱的中点的平面与四面体产生出来的交是有用的.)

12.8　三角形的中线平分它的面积.

(对于四面体,所叙述的定理由卡瓦列里原理可得,因为问题中的平面平分习题 12.7 所考虑的每一个截面的面积.)

12.9　三角形的内角的角平分线把对边分成与邻边成比例的线段.

12.1,12.2,12.3,12.10,12.11 是评注,不存在解的问题.

第 13 章

13.1,13.2,13.3 是评注,不存在解的问题.

第 14 章

14.1　近似值为中午 12 点过 $9\frac{2}{3}$ 分. 西部标准时间的正中午(中心子午线)的经度是西经 120°.

14.2　由

$$BD = BD_1, CD = CD_1$$

知点 D 属于两个球面的交,其一以 B 为中心以 BD_1 为半径,另一以 C 为中心以 CD_1 为半径. 这个交圆所在的平面垂直于两球面中心的连线 BC,于是它垂直于$\triangle ABC$ 的水平平面. 因此 D 到水平平面的正交投影 F 落在通过 D_1 并垂直于 BC 的直线上,当然,D_2,D_3 的位置类似.

14.3　点 F 是图 14.1 中用短弧表示的三圆的根心(定义见解析几何教本),D_1F、D_2F 和 D_3F 是交于 F 的三条根轴.

14.4　在 § 14.6(4)中的动作和感受.

14.11　下面是概略的回答.

(7a) 应用平面三角和球面三角的余弦定律,即可证明不等式

$$\frac{b^2+c^2-a^2}{2bc} > \frac{-\cos b\cos c+\cos a}{\sin b\sin c},$$

其中 $0<a<\pi$,$0<b<\pi$,$0<c<\pi$,并且 a,b,c 三段长组成一个三角形. 这个不

等式通过适当运算即可导出(利用函数$\frac{\sin x}{x}$在 0 到 π 上随 x 单调增加而减少这一事实,而这一事实本身可以由几何的考虑予以说明).

(7b) 据连续性,一个"非常小"的球面三角形"几乎是平面"三角形.因此它"几乎全等"于它在平面上具有同样边长的像,因此对应的角"几乎"相等.

(7c) 球的球极平面投影(从北极到赤道平面上)是保角的.

(7d) 阿基米德关于一个球带表面积的定理产生出一个简单的保持面积映射.

(7e) 从球心出发的半球到一个平面上的投影.

14.24 所求余式是一个次数不超过 1 的多项式,设为 $ax+b$. 如果问题已经解出来了,设商 $g(x)$已求得, 则有恒等式

$$x^3+x^5+\cdots+x^{17}+x^{19}=(x^2-1)q(x)+ax+b,$$

在上面恒等式中,分别令 $x=1,x=-1$ 即得

$$7=a+b, \qquad -7=-a+b,$$

由此可得 $a=7,b=0$,于是知所求余式为 $7x$.

素数 3,5,…,17,19 颇引人注目但却无关大要.假如它们用任何七个奇整数去代替,所得的余式不变.在解出这个题目*以后*,这件事看来是很显然的.但是当我们第一眼看到这个题目的时候,这些素数很可能会把我们引入歧途.

14.25,

(1) πt^2,

(2) $\pi t^2/4$.

14.5—14.10, 14.12—14.23,14.26—14.28 是评注,不存在解的问题.

第 15 章

15.1 "给定周长,找出具有最大面积的图形",这就是等周问题,它可以对不同类别的图形提出.这里是一些参考:

三角形:MPR,卷Ⅰ,p.133,习题 16;

矩形:HSI,中译本 pp.100—101.检查你的猜测 2;

四边形:MPR,卷Ⅰ,p.139,习题 41;

边数固定的多边形:MPR,卷Ⅰ,p.178;

所有平面图形:MPR,卷Ⅰ,pp.168—183.

关于雅各宾·斯坦纳(Jacob Steiner)的某些思想以及联系到物理问题的一个导引可见 E. F. Beckenbach 主编的《工程师用近代数学》丛书 2, pp. 420—441.

15.2 关于 a、b 和 c 对称,用因次检验.

15.3 弧的上部表示锐角三角形,弧的下部表示钝角三角形.

15.4 多面体(它的内部)中心投影到它的一个面 w ("窗")上. 选择充分接近 w 的一个内点的多面体外的一点为投影中心,参阅 MPR,卷Ⅰ, p. 53,习题 7.

15.5 $\sum F_n = F, \sum V_n = V.$

15.6 $\sum nF_n = \sum nV_n = 2E.$

15.7 用习题 15.5,习题 15.6, §15.6(2)的定义和 §15.6(8)最后的结果可得

$$\sum (n-2)F_n = 2E - 2F = \sum \frac{\alpha}{\pi} = 2V - 4.$$

15.8 由习题 15.6 和 15.5

$$2E = \sum nF_n \geqslant 3\sum F_n = 3F,$$
$$2E = \sum nV_n \geqslant 3\sum V_n = 3V.$$

第一行中的等式当且仅当每一个面是三角形时才成立,第二行中的等式当且仅当每一顶点都正好由三条棱汇交时才成立.

15.9 **第一个证明.** 这里先承认一个引理(以后由你自己证明)

引理. 若一些量所组成的集合可以划分成为一些互不相交的子集,使得每一子集的量的平均值均小于 a,则整个集合中量的平均值也小于 a.

在引理中,若由$<$来表示的关系"小于"代之以关系$\leqslant$,$>$,$\geqslant$,引理仍然成立. 我们对(1)、(2)两次应用引理.

(1) 在具有 n 条边的面里,角的平均值为

$$\frac{(n-2)\pi}{n} = \left(1 - \frac{2}{n}\right)\pi \geqslant \frac{\pi}{3}.$$

(2) 具有公共顶点的面角的和$<2\pi$,它们的个数$\geqslant 3$,因此它们的平均值$<\frac{2\pi}{3}$.

第二个证明. 由 §15.6(6),习题 15.6 以及习题 15.8,所有面角的平均值为

$$\frac{\sum \alpha}{2E}=\frac{2\pi(E-F)}{2E}=\pi\left(1-\frac{F}{E}\right)\geqslant\frac{\pi}{3},$$

等式当且仅当所有的面为三角形时成立.

另一方面,由§15.6(8)中证明的欧拉定理以及习题15.8,又有

$$\frac{\sum \alpha}{2E}=\frac{2\pi V-4\pi}{2E}=\frac{\pi V}{E}-\frac{2\pi}{E}\leqslant\frac{2\pi}{3}-\frac{2\pi}{E},$$

15.10 **第一个证明.** 在具有 n 条边的面中,当 $n\geqslant 6$ 时,内角的平均值为

$$\left(\frac{n-2}{n}\right)\pi=\left(1-\frac{2}{n}\right)\pi\geqslant\frac{2}{3}\pi,$$

假设所有的面都至少有六条边,则所有面角的平均值将 $\geqslant\frac{2}{3}\pi$,根据习题15.9这是不可能的.

第二个证明. 由欧拉定理及习题15.8和习题15.6,

$$\begin{aligned}12&=6F-2E+6V-4E\\&\leqslant 6F-2E\\&=\sum(6-n)F_n,\end{aligned}$$

$$12\leqslant 3F_3+2F_4+F_5,$$

因此三个数 F_3,F_4、F_5 中至少有一个是正的.

15.11 (1) 假若有一个面具 n 条边,这里 $n>3$,则我们可以用对角线将它分为 $n-2$ 个三角形,于是我们可以用 $n-2$(它大于1)个三角形的面取代它而不改变 V 的值.因此 F 不可能取最大值,除非所有 F 个面均为三角形.

(2) 由15.8,$2E\geqslant 3F$,这里等式当且仅当 $F_4=F_5=\cdots=0$,$F=F_3$ 时成立.现在

$$F+V=E+2\geqslant\frac{3}{2}F+2,$$

$$V\geqslant\frac{1}{2}F+2,$$

$$F\leqslant 2(V-2),$$

$$E=F+(V-2)\leqslant 3(V-2),$$

等式当且仅当每一面为三角形时成立.

15.12 借助于类比,将习题15.11的两种解法应用到(经过适当说明)眼下情形得到

$$V\leqslant 2(F-2),E\leqslant 3(F-2),$$

其中等式当且仅当每一多面体的顶点正好由三条棱汇交时才成立.

所导出的不等式有很有趣的应用. 例如,我们将求得的第二个不等式同习题 15.8 结合起来,即得

$$\frac{E+6}{3} \leqslant F \leqslant \frac{2E}{3},$$

对于 $E=6$ 可得

$$4 \leqslant F \leqslant 4,$$

这就是四面体的情形. 对 $E=7$ 得

$$\frac{13}{3} \leqslant F \leqslant \frac{14}{3},$$

因此 F 不能为一整数! 于是我们就推出不存在具七条棱的凸多面体——这是已被欧拉注意到的一个事实.

15.13

(1) 0 4 3 100 36

分别对于 四面体 六面体 八面体 十二面体 二十面体

(2) $n(n-3)$ 0 $1+\frac{n(n-3)}{2}$

分别对于 n—棱柱 n—棱锥 n—重棱锥

(3) $\frac{(F-2)(F-4)}{8}$ $\frac{(F^2-5F+2)}{2}$ $\frac{(9F^2-42F+8)}{8}$

分别对于 $n=$ 3 4 5

$n>5$ 是不可能的,见习题 15.10. 所以 5 以后的问题无意义.

(4) 借助于 F_n,参阅习题 15.6,15.7

$$D=\frac{V(V-1)}{2}-E-\sum\frac{n(n-3)}{2}F_n$$

$$=1-\frac{1}{4}\sum(2n-3)(n-2)F_n+\frac{1}{8}\left[\sum(n-2)F_n\right]^2$$

15.14

	(1)	(2)	(3)
$\sum\delta$	3π	2π	$\frac{5}{2}\pi$
$\sum\omega$	2π	0	π

15.15 在习题 15.14 观察到的情形中,两个和都朝同一方向改变,$\sum\omega$

的改变是$\sum\delta$改变的两倍，且

$$2\sum\delta-\sum\omega=4\pi,$$

这个关系式对所有的四面体都对吗？

15.16　参阅习题15.19.

15.17　推广习题15.14中的情形(1)和(3). 两者的结果是同样的，参阅习题15.19.

15.18　参阅习题15.19.

15.19

	$2\sum\delta-\sum\omega$	F	V	E
四面体	4π	4	4	6
立方体	8π	6	8	12
n－棱锥	$(2n-2)\pi$	$n+1$	$n+1$	$2n$
n－棱柱	$2n\pi$	$n+2$	$2n$	$3n$
n－重棱锥	$(4n-4)\pi$	$2n$	$n+2$	$3n$

当$2\sum\delta-\sum\omega$增加时，V和E都不增，而仅仅F随着增加.

15.20　$2\sum\delta-\sum\omega=2nF-4\pi$

为了证明，将对应于某一顶点的球面面积（立体角）用对应的由该顶点发出的那些棱的二面角来表示. 记住具有角α、β和γ的球面三角形的面积是"球面角盈"$\alpha+\beta+\gamma-\pi$，由此推出一个关于球面多边形的面积的表达式，于是得到（利用习题15.5，15.6）

$$\sum\omega=2\sum\delta-\sum\pi(n-2)V_n=2\sum\delta-2\pi(E-V).$$

15.21　通常的回答是：等边三角形，正方形，n边正多边形.

15.22　通常所猜的形状与习题15.21的相同.

15.25　通常的回答：正四面体，正八面体，立方体.

15.26　通常的回答：正四面体，立方体，正八面体.

15.27　立方体的对角线是球面的直径. 因此，若a是立方体一条棱的长度，则

$$(2r)^2=3a^2$$

（参阅HSI，pp. 7—14，第Ⅰ部分的主要例题）. 所以所求体积是

$$a^3=\frac{8\sqrt{3}r^3}{9}.$$

15.28 令 A 表示一个边长为 r 的等边三角形的面积，则所求体积为

$$\frac{2\cdot 6Ar}{3}=\sqrt{3}r^3.$$

习题 15.25 中 $V=8$ 的情形的回答，看上去似是合乎情理的猜测，但证明是错误的(但对 $V=4$ 和 6 的情形，回答是正确的，对于第一种情形，可参阅 MPR，卷 Ⅰ，p. 133，习题 17).

15.29 令 A 为正八面体一个面的面积，h 为一个面的高. 则所求体积为(将八面体分成八个四面体)

$$V=\frac{8Ar}{3}=\frac{8rh^2}{3\sqrt{3}}.$$

由对称性，球面在每个面的中心与面相切. 因此，h 在一个直角三角形中是一条斜边，它被这直角三角形的高(长为 r)分成长为 $\frac{h}{3}$ 和 $\frac{2}{3}h$ 的两段，于是

$$\frac{h}{3}\cdot\frac{2}{3}h=r^2,$$

消去 h，我们得

$$V=4\sqrt{3}r^3.$$

15.30 棱柱的体积是

$$6\frac{r^2}{\sqrt{3}}2r=4\sqrt{3}r^3.$$

在回答习题 15.26 中 $F=8$ 的情形时，我们几乎没有料到这一点(对 $F=$ 4 和 6 的回答是正确的).

15.31

	F	V	E
立方体	6	8	12
六角重棱锥	12	8	18
正八面体	8	6	12
六角正棱柱	8	12	18

“击败”了正多面体的非正多面体，在元素个数上(在第一情形是 V 的个数，在第二情形是 F 的个数)符合于所指定的数字，然而在其他方面就比较复杂了(在第一种情形，具有较大的 F 和 E，在第二种情形，具有较大的 V 和

E).这种情形能认为是不充足理由律的观察失败吗?

15.32 仅仅具有三角形面的那一类,见习题15.11.

15.33 仅仅具有三棱顶点的那一类,见习题15.12.

15.34 在立方体和八面体之间,有一个互易关系.我们也可以在对应的与之匹敌的非正多面体之间观察到这个互易关系.参阅MPR,卷Ⅰ,p.53,习题3和4.这就启示了一个猜测:在习题15.25和15.26的问题中对于具有同样已知数据的解之间,成立着同样的(拓扑的)互易关系.参阅习题15.32和15.33.

15.35 通常的回答与习题15.26的相同,整个情形也一样:对$F=4$和6通常的回答是正确的,对$F=8$则是不正确的.请参阅MPR卷Ⅰ,p.188,习题42.

15.36 (斯坦福大学1962)我们要找出关于直线$x=y$互相对称的两个全等椭圆的交点,两方程相减即得$x^2=y^2$.在四个交点

$$(6,6)\ (-6,-6)\ (2,-2)\ (-2,2)$$

中,两个符合于不充足理由律,两个不符.请参阅习题6.22.

15.37 经过适当的相减得$x^2=y^2=z^2$.在八个解

$(1,1,1)(-1,-1,-1)(3,-3,-3)(-3,3,3)$

$(-3,3,-3)(3,-3,3)(-3,-3,3)(3,3,-3)$

中,两个符合不充足理由律,六个不符.

15.38 (斯坦福大学1963)与习题15.37解同,但要得到$x^2=y^2=z^2$却不如该题容易.

15.41 见习题15.42—15.53.

15.42 (1)我们可以用这种检验特殊情形的方法去讨论任何"文字"题的结果,参阅§2.4(3),习题2.61,和HSI,你能检验这结论吗?(2),p.60.MPR,卷Ⅱ,§2 pp.3—5,和习题3—7,pp.13—14;也可见参考文献[19],等等;

(2)在核查公式的特款时,我们就更加熟悉了这个公式,更好地了解了它的"结构".而且,这样一种讨论还可以说明若干重要的道理.我们可以了解到公式的价值在于它的普遍性和可应用性.此外,我们也可以学习到合情归纳推理方法——以检验它的特款来估计一般结论的真实性.简言之,教师如果忽视了如§15.4中所介绍的那种类型的讨论,就等于坐失了促使学生智力成熟的最好良机.

15.43 图15.1中所示区域中的每一点都代表了一类形状的三角形.

[用类似的方法以图去综观椭球和透镜的形状见波利亚和舍贵著《数学物理中的等周不等式》(Isoperimetric inequalities in mathematical physics) p. 37 与 p. 40.]因此图 15.1 可以使学生学到科学中如何使用图,例如,热力学中的指示图表. 而且,图 15.1 还介绍了线性不等式几何表示的练习.

15.44　这是一些作十进位分数的试验就可以得到的事实.

所有三种十进位表示的类型都代表了有理数,反过来,有理数的十进位展开必属于这三种类型之一. 不同类型间的区别有赖于所代表的有理数的分母中的素因子:按照所有的素因子都可以除尽 10,或无一能除尽 10,或有一个能除尽又另有一个除不尽 10,决定了十进位小数是有尽的,或纯周期的,或混合的. [在谈到有理数$\frac{a}{b}$的分母 b 时,我们假定$\frac{a}{b}$是既约的,即 a 和 b 没有大于 1 的公因子,且 $b \geqslant 1$. 我们不考虑两种明显的情形:即 $b=1$(整数)的情形和那些可以表成有限展开的有理数的无限十进位展开情形. 参阅 I. Niven 著《数:有理数与无理数》(Numbers: rational and irrational), pp. 23—26,30—37.]

周期的长度与分子无关.

假若分母为一素数 p,则周期的长度是 $p-1$ 的一个因子. [更一般地,周期的长度除尽 $\varphi(b)$,即不超过 b 并且与 b 互素的正整数的个数. 你能对混合展开说些什么呢?]

假如分母为一素数,周期长为一偶数,则在后半个周期中的每个数字与前半个周期中的对应数字之和为 9. (例如,在展开式

$$\frac{1}{7}=0.\overline{142857}$$

中

$$1+8=9 \qquad 4+5=9 \qquad 2+7=9$$

这个事实可以使我们在十进分数计算中节约许多工作.)

假如分母不能被 3 除尽,则周期中各数字之和可以被 9 除尽. 例如

$$\frac{15}{41}=0.\overline{36585},$$

$$3+6+5+8+5=27.$$

读者可以用例子来检验这些结论. 假如运用数论中的某些知识(提高读者对于数论的兴趣也是我们的目的之一),则结论的证明也是不难的.

15.45　观察：

$9\times11=99, 27\times37=999, 99\times101=9999, 271\times369=99999$

解释：因此，例如

$27\times0.037037\cdots=0.999999\cdots=1$

要敢于将小事情去与大事情作比较，这样的比较是有好处的。我们所采用的从"观察"到"解释"、从看到一个规则到看到内部的联系的步子，与从开普勒*到牛顿的步子比较起来，当然是无限微小，但本质上却是类似的。参阅MPR，卷Ⅰ，p.87，习题15.

15.46　在习题15.44中，除去最后的结论（关于在周期中的数字和）外，其他每一结果在二进制里都有平行的结果。例如在二进位展开中

$$\frac{3}{5}=0.\overline{1001},$$

周期长是5−1，且1+0=1，0+1=1.

15.47　这是具挑战性的算术工作，是关于十进位分数和因子分解的实际练习。

它有宽阔的背景：实数概念（"$\sqrt{2}$或π的十进位展开是什么？"）。数论的一个前奏。从一般文化水平说：归纳推理、甚至从试验出发构造一个深远理论都有广阔的机会。

说得具体点：习题15.45提供了一个特别简单明了的例子来说明怎样通过对内在联系的理解去证实一个建立在观察上的猜测。

15.48　见习题15.49.

15.49　在图15.11中，$t(n)$是横坐标为n的点的个数。我们发现对于1，2，4，8，16，$t(n)=1$.

当p为奇素数时，$t(p)=2$.

即使在有了这些重要的提示（并且经过了图15.11和图15.12的比较）之后，我们也还得作一些进一步的试验和思索才能发现下面这条规则：$t(n)$等于n的奇因子个数。读者应当去证明这条规则，他可以从下列的说明中得到启发：

（1）习题15.49列出的梯形表示等价于方程

$$2n=r(r+2a-1).$$

---

* 开普勒（J. Kepler，1571—1630），德国天文学家，他从观察中总结出了著名的开普勒三定律，后来牛顿用万有引力加以概括并给出了严格的数学推导.

(2) 在两个因子 r 和 $r+2a-1$ 中，一个是奇数，另一个是偶数，且奇因子必整除 n.

(3) 两个因子中较小的一个是 r，即行的数目.

(4) 若 n 和 r 给定，则 a 是唯一确定的.

15.50 我们用习题 9.12 中定义的符号 $\tau(n)$. 规则可以区分五种情形：

(1) 若 n 为奇数，但不是平方数，$s(n)=\frac{\tau(n)}{2}$

(2) 若 n 为奇数，且为平方数，$s(n)=[\tau(n)+1]/2$

(3) 若 n 为偶数，但不被 4 除尽，$s(n)=0$

(4) 若 n 可被 4 除尽，但不是平方数，$s(n)=\tau\left(\frac{n}{4}\right)/2$

(5) 若 n 可被 4 除尽且为平方数，$s(n)=\left[\tau\left(\frac{n}{4}\right)+1\right]/2$

为证明这个规则，注意

$$\begin{aligned} n &= (2a+1)+(2a+3)+\cdots+(2a+2r-1) \\ &= r(r+2a) \end{aligned}$$

若 n 可被 4 除尽，注意

$$\frac{n}{4}=\frac{r}{2}\left(\frac{r}{2}+a\right).$$

15.51 让我们把现在这个计划与习题 15.47 里曾评价过的那个计划比较一下. 在现在的情况里，问题有点人为，背景较贫乏，规律也更难猜. 但是它的证明，虽然有挑战性，却只需要很少的预备知识. 我想这个计划是十分值得的.

图 15.11 带出了一个有教益的、不寻常的、用图来表示的二元关系的例子(在两个正整数 n 与 r 之间，n 是 r 个连续正整数之和). 至于图 15.12，它表示一个熟知的更重要的二元关系，见莱布尼兹《文集》，p. 580. 在引进"二元关系"之前研究这些图形会大有好处.

15.52 所求量不需明显应用积分计算即可求出(Cavalieri 原理，Pappus 法则)，今将它们列出如下：

	重锥	球	圆柱	
V	$\frac{2\pi a^2}{3}$	$\frac{4\pi a^3}{3}$	$2\pi a^3$	$1:2:3$
S	$2\sqrt{2}\pi a^2$	$4\pi a^2$	$6\pi a^2$	$\sqrt{2}:2:3$

	重锥	球	圆柱	
A	$2a^2$	πa^2	$4a^2$	$2:\pi:4$
L	$4\sqrt{2}a$	$2\pi a$	$8a$	$2\sqrt{2}:\pi:4$
X_A	$\dfrac{a}{3}$	$\dfrac{4}{3\pi}a$	$\dfrac{a}{2}$	$\dfrac{X_A}{X_L}=\dfrac{2}{3}$
X_L	$\dfrac{a}{2}$	$\dfrac{2}{\pi}a$	$\dfrac{3}{4}a$	
	$S=\sqrt{2}\dfrac{dV}{da}$	$S=\dfrac{dV}{da}$	$S=\dfrac{dV}{da}$	
	$L=\sqrt{2}\dfrac{dA}{da}$	$L=\dfrac{dA}{da}$	$L=\dfrac{dA}{da}$	

关于 X_A/X_L 的观察的一个推广(顺便提一句,它是在一次课堂讨论中发现的),可见 C. J. Gerriets 和作者写的一篇文章,刊于 American Mathematical Monthly, vol. 66, 1959, pp. 875—879.

15.53 对 $n=1,2,3,\cdots$

$$(\sqrt{2}-1)^n=\sqrt{m+1}-\sqrt{m},$$

这里 m 是一个依赖于 n 的正整数. 用数学归纳法去证明. 见 American Mathematical Monthly, vol. 58, 1951, p. 566.

15.23, 15.24, 15.39, 15.40, 15.54, 15.55 是评注,不存在解的问题.

第一卷附录　给教师及教师的教师的提示

希望在教学中用本书的教师不要忽略本书开头写给所有读者的提示，此外，他们还必须注意下面谈到的几点：

1. 在序言中我们已经提到了，本书将给未来的中学教师(同样也给在职的教师)提供一个进行适当的创造性工作的机会. 我想这样一种机会是必需的，因为一个教师，倘使自己并没有一点创造性工作的经验，那么他就甚至发现不了学生的创造性的活动，更不用说去启发、引导、帮助他们这方面的积极性了.

当然，不能指望一个普通的教师去研究某些很高深的问题. 但是，一个不落俗套的数学问题的求解，也是真正的创造性工作. 本书中列举的习题(没有标上*号的)，尽管并不要求中学以外的知识，但是却要求读者具有较高程度的钻劲和独立见解. 这类问题的求解，在我看来，就是一种创造性工作，它们应当列入到培训中学数学教师的课程里去. 事实上，未来的教师们在这类问题的求解过程中，就有机会去通晓完整的中学数学知识——不是靠死记硬背，而是在解决有趣的问题中得到真正的知识. 而且更重要的是，他可以从中提高自己的能力，学到驾驭中学数学的本领和解题的洞察力. 所有这些使得他能够更有效地去指导和鉴识他的学生的工作.

2. 本卷仅是全书的上半部分. 在本卷里并没有明显地涉及讲授方法，这方面的内容我们将在下一卷的专门一章里加以讨论.

然而本卷却包含了许多习题材料，它们可以拿到一些(特别是比较先进的)中学课程里去应用. 我向老师们建议作这样一种有用的实习，即考虑把你们正在做的一些题，拿到可能的课堂教学中去.

这种实习最好是当一道题的解法已经找到并且经过了充分的消化以后再进行. 这时你可以回顾一下这道题并且自问："我可以在哪里用上这道题？它用到了哪些以前的知识？为了讲好这道题

需要先准备哪些其他的问题？我怎样去讲这道题？我怎样对这些人或这个班去讲这道题——或者我怎样给吉米·宗斯讲这道题？”所有这些问题都是很好的，当然还有其他一些好的问题——但是最好的还是你自己想出来的问题.

3. 虽然这一卷还不是一个完整的教程，但是它若作为一个解题研讨班的课本，所包含的材料已是足够了.

我曾经在不少培训教师的学院里指导过这样的研讨班，有不少有意于搞这类研讨班的同事们向我索取过这方面的材料. 据我了解还有一些学院最近也在筹办这样的研讨班或类似的班. 可以想见，会有更多的学院要试办这样的研讨班. 正是鉴于这一情况，我才决定在第二卷未完稿之前先出版第一卷，尽管这样做要冒些风险.

4. 经过了一些试验以后，我为我的研讨班制定了一个工作程序，在这里介绍一下是有好处的*.

先是在由指导教师主持的课堂讨论中去解一些典型的问题(我们将用它来提出有用的模型)，本书头四章的课文可以说是尽可能用文字逼真地把这种课堂讨论复现出来. 然后引导学生去认出问题所涉及的模型，并明确地把它提出来. 上述各章的课文同样也显示了这一步是怎样去做的.

学生的家庭作业就是做题(如本书在每章后面所列出的题目)，这些习题给了学生一个去应用、澄清和推广在课堂上得到的模型(同时也包括某些方法和技巧)的机会.

5. 我利用研讨班让学员们自己在班上讲解习题并找出解答(这是研讨班的一个基本特点)，实际上，这也就是给了他们一个教学实习的机会，而在大多数常见的课程里，却并没有这样充分的机会.

当家庭作业交上来后，对于习题中的有些方面(譬如一个独特的解法或一个麻烦的题目)，就在研讨班的学员中找一个做得特别

---

* 这里的某些话引自文献[24].

好的(或特别不好的),让他到课堂的黑板上去讲.到了后来,当全班对于这套做法已经熟悉了以后,就可以让学员暂时充当一下指导教师的角色去主持课堂讨论.但是最好的教学实习还是通过小组活动来进行的.这个活动分三个步骤:

首先,在一个实习课开始时,每个学员都分到一个不同的题(每人仅一个),这个题他应当在这一实习课里解出.他不可以与周围的人商量,但他有了问题可以去询问指导教师.

其次,在本堂或下一堂实习课里,每一名学员必须把他的解答核对、整理并检查清楚.如果可能的话,最好把解法加以简化,同时再看看有没有其他的解法.他应当想尽办法把题弄熟,并且作好向全班作讲解的准备.所有这些,他都可以去征求指导教师的意见.

最后,在下一堂实习课里,学员们就组成讨论小组:每四人组成一个组(可以有一个缺额的组),这些组由学员们自行组成,指导教师不必干预.在一个组里,先由一个人充当教师的角色,其余人充当学生."教师"给"学生"们讲他的问题,就像平时指导教师在课堂讨论中所作的那样,努力去激发"学生"们的主动性并引导他们去得到解答.当"教师"讲完之后,全组就对这一讲解作一个简短而友善的评论,然后再由别的组员充当教师并讲述他的问题.这个步骤重复下去直到每一个成员都轮到为止.以后学员们可以进行部分的重新组合(相邻的两个组可以互派一名"教师"到对方去),于是每名学员就可以有不止一次机会去改进、推敲他的讲解.一些特别有趣的问题或特别好的讲解,就拿到全班去讲并讨论.志趣投合的组还可以去进行一些对大家都是新问题的讨论.当然,这些都是应受到鼓励的.

这些由讨论组里解出来的问题很快就在班里普及了.我感到研讨班整个来讲是成功的.许多学员已是有经验的教师,他们中不少人感到参加研讨班为他们指导自己的班提供了有用的借鉴.

6. 本卷对于那些指导解题研讨班的学院的指导教师们(特别是当他首次进行指导时)是有裨益的.他可以按着上面(第4条和第5条)讲的步骤去实施.在课堂讨论里,他可以选用前四章里任一部分的内容.印在章末的习题适合于留作家庭作业:把卷末给出的解答大意扩充成为一个完善的叙述是需要经过一番认真努力的.(不过指导教师不应随心所欲地去点题,他在指定一个题之前,应当很好考察一下这个题和它的解法以及与它有关的题.)对于平时的考试和期末的考试,指导教师最好就不要再选用印在本卷上的题目,这时他可以去参阅有关的课本(又如习题 1.50,2.78,3.92).对于小组活动(见第 5 条)则题目可以出得难一些,也不一定要求与本章内容紧密相连,有些题可以从本章选也可以选自后来的章节.

第 5 章和第 6 章可以用来讨论,也可以指定作为阅读内容.这两章的作用,将在下一卷中得到更好的说明.

当然,在取得一些经验以后,指导教师可以更多地只采用本书的精神,而不必拘泥于细枝末节.

第二卷附录　补充习题与解答

习　题

习题 1.19.1,1.19.2 和 1.19.3 按顺序放在习题 1.19 后面，习题 2.27.1 放在习题 2.27 后面,依次类推.

1.19.1　给定 α, r, R,作三角形.

(你能想出另外的更合适的已知量去确定未知量吗？你能只改变一个已知量代之以一个更合适的已知量吗?)

1.19.2　给定 a, h_a, r,作三角形.(你能从已知量导出一些有用的东西吗?)

1.19.3　给定 $a, r, a+b+c$,作三角形.

2.27.1　丢番图活了多大年纪？这个问题据说是题在丢番图的墓碑上. 原文是韵文.(见范德瓦登*,《科学的觉醒》,p. 278.)

这里埋葬着丢番图. 如果你解开了他的巧计，这块石碑会告诉你他的年纪. 童年时代占了上帝赐给他的一生中的六分之一，又过了十二分之一以后，他开始长出了胡子，再过一生的七分之一他结了婚. 婚后五年生了一个儿子. 不幸他的爱子只活了他父亲一半的年纪就过早地死去. 丧失爱子之后四年他都在数学中寻求安慰，随后也结束了他的尘世生涯.

2.35.1　从某三角形的一个顶点引高线，角平分线和中线. 上述三条线把顶角 α 分为四个等分，求角 α.

(你可能也希望知道这个三角形的形状. 注意条件的每一部分.)

2.40.1　直角三角形，给出了斜边的长 c 及面积 A. 在三角形

---

* 范德瓦登(van der Waerden),德国数学家，近世代数的奠基人.

的每边上，向外作一正方形，考虑包含这三个正方形的最小凸图形（即由一个紧绕着它们的橡皮筋所围成的图形），它是一个六边形（它是不规则的，与每一正方形有一公共边，剩下的三条边中显然有一条长度是 c）.

求此六边形的面积.

2.40.2　在一个直角三角形中，c 是斜边的长度，a 和 b 是其他二边的长，d 是内切圆的直径. 证明

$$a+b=c+d$$

（这个问题可以换一种叙述：给定 a，b 和 c，求 d.）

2.50.1　下面是一个类比习题 2.45 的立体几何问题.

从把三维空间剖分成相等的立方体开始.

第一个模型：每一个立方体都伴随着一个与它的六个面相切的一个同心球.

第二个模型：每一个"第二类"立方体都伴随着一个与它的十二条棱都相切的同心球（有一个公共面的两个立方体，一个包含这个球的球心而另一个不包含）*.

对每一个模型计算包含在球内的空间的百分比.

2.52.1　一块底面为正方形的直立棱柱状蛋糕，顶上和四周（即四个侧面）都被糖衣裹住. 棱柱的高是它底的边长的 $\frac{5}{16}$. 把蛋糕切成九块，使每一块都有等量的蛋糕和糖衣，其中一块是一个底为正方形的直立棱柱，它只在顶上有糖衣：计算它的高与底的边的比，并对所有九块都作一个清楚的描述.

2.55.1　四面体有五条棱的长都是 a，第六条棱的长是 b.

(1) 将此四面体的外接球半径用 a 和 b 表示出来.

(2) 你怎样利用(1)的结果去实际确定一个球面（透镜的）的

---

* 所谓第二类立方体是这样的立方体，它有一个同心球突出于六个面外与十二条棱相切，而四周的六个立方体则没有这样的同心球，属于第一类立方体. 整个空间由这两类立方体混杂砌成.

半径.

2.55.2 *碳原子有四价*，我们把它们在空间中的指向画成对称的.从正四面体的中心到四个顶点引直线，求它们中任意两条间的夹角 α.

2.55.3 *光度计*.一盏灯 L 有 I 支光，另一盏灯 L'有 I'支光，它们间的距离是 d.一个屏幕放在两盏灯之间，它与两灯之间的连线垂直，并且使得从两边照过来的亮度相等，求屏幕的位置.

（如果点光源 L 是 I 支光，与 L 距离为 x 并与此距离垂直的曲面上的亮度为$\frac{I}{x^2}$.为彻底了解这一点，你应考虑两个以 L 为中心的球，一个半径是 1，另一个半径是 x.）

3.10.1 *抢救*.船沉了——也许船里有某些财宝还值得打捞.你的计划失败了——也许里面有一个想法还值得保留.

在§3.2 中，我们计算 S_2（§3.3 的记号）的第一个计划很遗憾地失败了：当我们试着把对 S_1 所用的方法应用到 S_2 上时，就完全失败了.问题出在哪里呢？也许我们用得过于死了.那么该怎样灵活地去用它呢？作某些修改后再用？还是把它用于某些别的情况？

这种考虑可以引出一些试验，我们很自然地要把这种方法试用于 S_k.这种方法的基本要点是什么？它是把与两个端点距离相等的两项组合在一起：一项到某个端点的距离与另一项到另一个端点的距离是一样的. S_k 里的 j^k 和$(n-j)^k$ 就是这样的项.如果加法不行，可能就作减法——最后我们可以采取下列组合：

$$(n-j)^k-(-j)^k=n^k-\binom{k}{1}n^{k-1}j+\binom{k}{2}n^{k-2}j^2-\cdots$$
$$+(-1)^{k-1}\binom{k}{k-1}nj^{k-1}$$

依次对 $j=0,1,2,\cdots,n-1,n$ 把它写出来：

$$n^k-(-1)^k0^k=n^k$$

$$(n-1)^k-(-1)^k1^k=n^k-\binom{k}{1}n^{k-1}1+\binom{k}{2}n^{k-2}1^2$$

$$-\cdots+(-1)^{k-1}\binom{k}{k-1}n1^{k-1}$$

$$(n-2)^k-(-1)^k2^k=n^k-\binom{k}{1}n^{k-1}2+\binom{k}{2}n^{k-2}2^2$$

$$-\cdots+(-1)^{k-1}\binom{k}{k-1}n2^{k-1}$$

$$\vdots$$

$$1^k-(-1)^k(n-1)^k=n^k-\binom{k}{1}n^{k-1}(n-1)$$

$$+\binom{k}{2}n^{k-2}(n-1)^2-\cdots+(-1)^{k-1}\binom{k}{k-1}n(n-1)^{k-1}$$

$$0^k-(-1)^kn^k=n^k-\binom{k}{1}n^{k-1}n+\binom{k}{2}n^{k-2}n^2$$

$$-\cdots+(-1)^{k-1}\binom{k}{k-1}nn^{k-1}$$

相加，并应用 § 3.3 的符号(但用 S_0' 去代 S_0+1)，我们得

$$S_k[1-(-1)^k]=n^kS_0'-\binom{k}{1}n^{k-1}S_1+\binom{k}{2}n^{k-2}S_2$$

$$-\cdots+(-1)^{k-1}\binom{k}{k-1}nS_{k-1}$$

考虑一下此结果在 $k=1,2,3$ 的情形，然后试估计一下一般情形.

3.40.1　把正整数 n 写成正整数和的方法有多少？把 n 写成项数指定为 t 的某些正整数的和的方法有多少？我们把项的次序不同的两个和看成是不同的.

在探讨这个问题时，当然得从试验开始，并且得把试验所得到的资料都整齐地排列起来. 下面是对 $n=4$ 和 $n=5$ 所找到的和：

4 1+3 2+1+1 1+1+1+1

  2+2 1+2+1

  3+1 1+1+2

5 1+4 3+1+1 2+1+1+1 1+1+1+1+1

  2+3 1+3+1 1+2+1+1

  3+2 1+1+3 1+1+2+1

  4+1 1+2+2 1+1+1+2

  2+1+2

  2+2+1

你注意到这儿有一个模型吗?

证明你的猜想!

能用一个几何图形帮你吗?

3.40.2 斐波那契数. 把图 A3.40.2 中沿斜线的数加起来,我们就得到斐波那契数序列

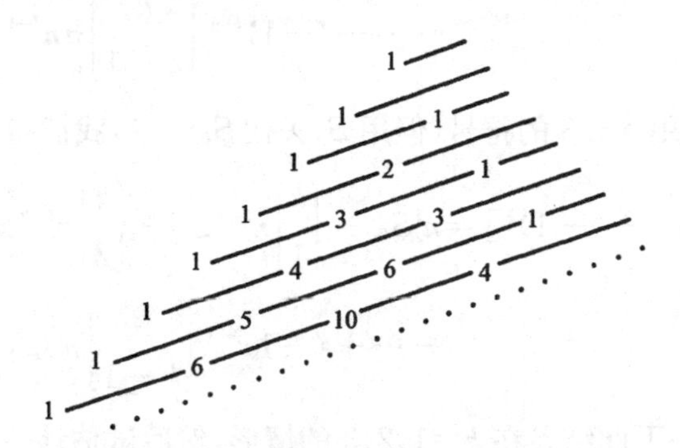

图 A3.40.2 用一种斜线求斐波那契数的方法

1,1,2,3, 5, 8, 13,21, ….

我们设 F_n 是它的第 n 项,即第 n 个斐波那契数,于是

$$F_1 = 1, F_2 = 1, F_8 = 21.$$

(1) 用二项式系数去表出 F_n.

(2) 证明对 $n=3,4,5,\cdots$ 有

$$F_n = F_{n-1} + F_{n-2}.$$

3.40.3 (续)数列

$$1,1,1,2,3,4,6,9,13,\cdots.$$

也可以类似地生成(见图 A3.40.3). 设 G_n 是它的第 n 项,则 $G_9=13$.

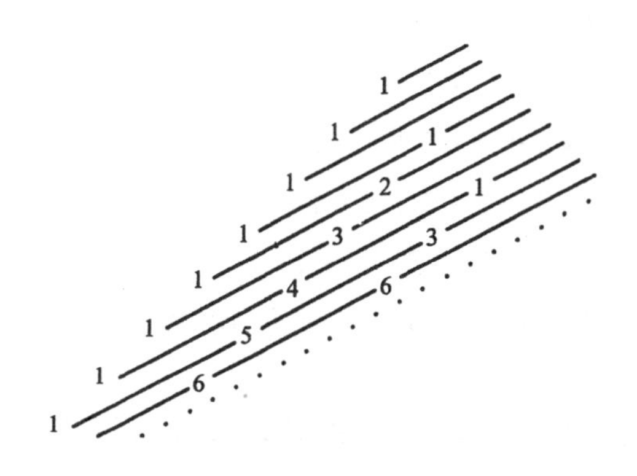

图 A3.40.3 更陡

(1) 用二项式系数去表出 G_n.

(2) 证明对 $n=4,5,6,\cdots$ 有

$$G_n = G_{n-1} + G_{n-3}.$$

(3)推广.

*3.60.1 考虑下表

$1\cdot1 = 1$

$1\cdot3-2\cdot2+3\cdot1 = 2$

$1\cdot5-2\cdot4+3\cdot3-4\cdot2+5\cdot1 = 3$

$1\cdot7-2\cdot6+3\cdot5-4\cdot4+5\cdot3-6\cdot2+7\cdot1 = 4$

根据这些例子猜测一般的规律,用适当的数学符号表示它并证明之.

3.65.1 如果 x 和 n 是正整数,则表达式

$$\frac{x^2(x^2-1)(x^2-4)\cdots[x^2-(n-1)^2]}{(2n-1)!n}$$

为一整数.

*3.88.1　习题 3.86 有另一解法:利用微分在某些方面就更为简单. 试找出此解法.

*3.88.2　考察

$$\begin{aligned}
&1\cdot1+2\cdot1 &&=3\\
&1\cdot1+2\cdot2+3\cdot1 &&=8\\
&1\cdot1+2\cdot3+3\cdot3+4\cdot1 &&=20\\
&1\cdot1+2\cdot4+3\cdot6+4\cdot4+5\cdot1 &&=48\\
&1\cdot1+2\cdot5+3\cdot10+4\cdot10+5\cdot5+6\cdot1 &&=112
\end{aligned}$$

根据这些例子猜测一般的规律,用适当的数学符号表示它并证明之.

4.15.1　对 $k=2,3,4,\cdots$ 用递归公式定义 y_k 如下:

$$y_k=\frac{y_{k-1}+y_{k-2}}{2},$$

取

$$y_0=a,\qquad y_1=b,$$

试用 a,b 和 k 去表出 y_k.

5.19.1　*研究习题 5.19 的解*,我们注意到所找的数有一个简单的解释:它表示从 $n+v$ 个匣子里挑出 v 个匣子的不同的挑法个数. 既然是这样,我们应该能用一种简单的论证把这一事实看出来.

设想这 $n+v$ 个匣子排成一行——如果你愿意的话,可以让每一个匣子占有区间 $0\leqslant x\leqslant n+v$ 里一个长度为 1 的子区间. 怎样做才能使问题跟从 $n+v$ 个匣子中选出 v 个匣子联系起来?

6.13.1　证明数

11,111,1111,11111,…,

中没有一个是整数的平方.

6.17.1　“你有几个孩子? 他们多大啦?”客人——一位数学

教师问.

“我有三个男孩,”史密斯先生说:“他们年龄的乘积是72,他们年龄的和是门牌号数.”

客人到大门口去看了号数,回来说:“这个问题是不确定的.”

“是的,是那样,”史密斯先生说:“但我仍希望那个最大的男孩能有一天在斯坦福大学的数学竞赛中获胜.”

求出这些男孩的年龄,并叙述你的理由.

7.2.1　图A7.2.1中的图表有一个历史上有趣的解释.你能认出它吗?

*9.11.1　任一解都行.证明存在一对发散级数

$$a_1+a_2+\cdots+a_n+\cdots$$

$$b_1+b_2+\cdots+b_n+\cdots$$

满足

$$a_1>a_2>a_3>\cdots>0$$

$$b_1>b_2>b_3>\cdots>0$$

且使得级数

$$\min(a_1,b_1)+\min(a_2,b_2)+\cdots+\min(a_n,b_n)+\cdots$$

收敛.其中$\min(a,b)$表示数a与b中较小者.

[并不要求把所有满足上述条件的级数对都找出来,而只要求找一对(任一对).因此,可以使用习题9.11所引莱布尼茨的建议:不增加困难而把搜索范围变窄.]

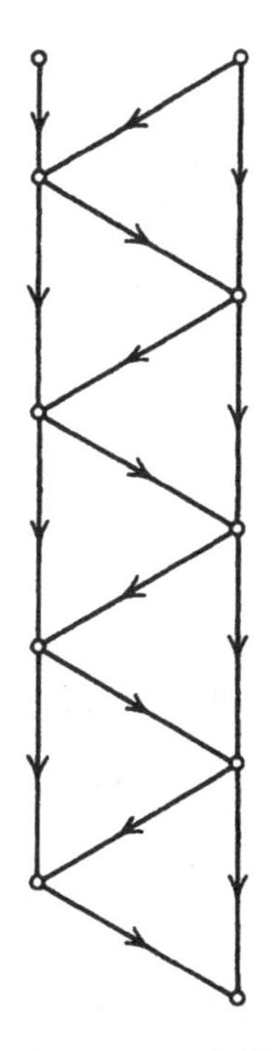

图A7.2.1　在哪里见过?

12.2.1　证明下列命题:如果三角形的一边小于其他二边的平均值(算术平均值)则它的对角也小于其他二角的平均值.

(主要部分是什么?利用通常的三角符号把它们用数学语言表示出来.)

12.5.1　**有关的知识.** 四边形的四条边是 a,b,c,d，面积为 A，它既内接又外切于圆（内接于一圆，外切于另一圆），则

$$A^2 = abcd$$

（证明这个命题是易还是难取决于你是否知道某个有关的命题.）

12.9.1　**你知道一个有关的问题吗？** 解下列三个未知量 x,y 和 z 的方程组（a,b 和 c 是已知的）：

$$x^2y^2 + x^2z^2 = axyz$$

$$y^2z^2 + y^2x^2 = bxyz$$

$$z^2x^2 + z^2y^2 = cxyz$$

[这里是一个三个未知量三个方程的方程组. 这一类方程组中最熟知的是线性的；我们可以把上面这个方程组"线性化"吗？我们可能会碰巧想到下列形式：

$$\frac{1}{y^2} + \frac{1}{z^2} = \frac{a}{xyz}$$

$$\frac{1}{x^2} + \frac{1}{z^2} = \frac{b}{xyz}$$

$$\frac{1}{x^2} + \frac{1}{y^2} = \frac{c}{xyz}$$

如果我们把 xyz 看作是已知的（如意算盘），则这个方程组关于 $\frac{1}{x^2},\frac{1}{y^2},\frac{1}{z^2}$ 就是线性的. 解的形式应为：

$$\frac{1}{x^2} = \frac{A}{xyz},\cdots$$

于是展现出一个新前景——你看出来了吗？]

12.9.2　**返回到定义.** 我们考虑三个以 F,F' 和 V 为圆心的圆 f,f' 和 v. 圆 f 和 f' 是固定的，而 v 是变圆，f' 和 v 在 f 内，但彼此则在对方的外边. 证明命题：如果变圆 v 与圆 f 和 f'，都相切，则它的圆心 V 的轨迹是一个椭圆.

（椭圆是什么？）

12.9.3 **探查邻近地区.** 你喜欢上面的问题(习题12.9.2)吗?你喜欢它的解吗?那么考查一下它的邻近地区——你已经在这棵树上找到了一个熟透的苹果,可能还有更多.

把问题加以变化: 你可以考虑一个推广,或者考虑特殊的情形,极限的情形,相似的情形.这是一个可以发现某些有趣结果的机会,同时也是学习怎样做研究工作的机会.

读者应找出V在下列改变了的条件下的各种轨迹:

(1) **特殊化** f和f'是同心圆.

(2) **极限情形** 设f是一定直线,f'是一定点,v和f相切并通过$f'=F'$.

(3) **相似** 圆f和f'彼此在对方的外边,v以同一方式与f和f'相切,即v或在它们俩外面,或包含它们俩.

(4) (3)的极限情形 设f和f'是两个不同的点,v通过此两点.

试考虑其他特殊的,极限的或相似的情形.

14.1.1 **闰年** 常年有365天,闰年有366天.不是百年年份的n当且仅当它是4的倍数时是一个闰年.一个百年的年份(即n是100的倍数)是一个闰年,当(且仅当)它是400的倍数.于是1968和2000是闰年,1967和1900不是闰年.这些规则是教皇格列高里十三世*建立的.

到目前为止,我们所说的"文明"年必须由整的天数组成.天文年则是地球绕太阳公转一周所用的时间.如果格列高里的规则精确地与天文年符合,那么天文年将长多少?

15.2.1 (§15.5)设a,b和c表示三角形三边的长度,d是长度为c的边所对的角的角平分线到c边的长度.

(1) 用a,b和c把d表示出来.

(2) 对图15.2-15.5描述的四种情形检验一下所得的表达式.

---

* 教皇格列高里十三世(Pope Gregory XlII,1502—1585)于1572—1585任教皇.

15.52.1　另一个高中水平的研究课题，它也可以作为教师学习班期末论文的一部分.

三维空间的一个点(x,y,z)，按通常的方法用它的三个直角坐标x,y,z来表示.

我们考虑四个点集C,O,I和H. 每个集合都由一组不等式（也可能是一个不等式）刻划：坐标同时满足组中所有不等式的那些点（也只有那些点）属于这个集合.

下面是确定这四个集合的四组不等式：

(C) $|x|\leqslant 1 \quad |y|\leqslant 1 \quad |z|\leqslant 1$

(O) $|x|+|y|+|z|\leqslant 2$

(I) (C)和(O)中所列的四个不等式

(H) $|y|+|z|\leqslant 2 \quad |z|+|x|\leqslant 2$

$|x|+|y|\leqslant 2$

仔细描述出这四个集合的几何性质，指出所有有关的特征（不要忘记对称性），把它们清楚地排成一个适当的表格.

描述这四个图形之间的关系.

求出每个图形的体积V和表面积S.

这一工作提示你作何推广？

（硬纸盒模型在作题时可能会有帮助. 参考习题 2.50.1 和 HSI，中译本 p. 236，习题 8.）

15.53.1　注意

$$2-\sqrt{3}=\sqrt{4}-\sqrt{3}$$

$$(2-\sqrt{3})^2=\sqrt{49}-\sqrt{48}$$

$$(2-\sqrt{3})^3=\sqrt{676}-\sqrt{675}$$

$$(2-\sqrt{3})^4=\sqrt{9409}-\sqrt{9408}$$

试予以推广，并证明你的猜想.

解　答

1.19.1　从外接圆的中心作到 a 边的一个端点的连线及到 a 的一条垂线，于是得到一个以 R 为斜边，α 为一角，α 所对的股为 $\frac{a}{2}$ 的直角三角形. 在我们的情形，R 和 α 已给，这样我们就能做出 a. 利用习题 1.19，根据这样求出的 a 和原来给定的 α 和 r 便可以做出所要求的三角形.

1.19.2　连接内切圆中心和三个顶点的直线把所求三角形分为三个三角形. 考虑其面积可得

$$\frac{1}{2}r(a+b+c)=\frac{1}{2}ah_a,$$

于是由给定的 a,h_a,r 可做出周长 $a+b+c$，这样便把所提的问题转化为习题 1.19.3.

1.19.3　从内切圆的中心连一线到顶点 A 并作一垂线到边 b（或 c）. 于是得到一个以 $\frac{\alpha}{2}$ 为锐角，$\frac{\alpha}{2}$ 所对的股为 r 的直角三角形. 设 x 为另一股，则

$$a+b+c-2a=2x,$$

因此，可以先由给定的 $a+b+c$ 和 a 做出 x，然后从 x 和给定的 r 可做出 α. 再应用习题 1.19，用求出的 α 和原来给定的 a 和 r 便可做出所求的三角形.

2.27.1　设 x 为丢番图的年龄. 由

$$\frac{x}{6}+\frac{x}{12}+\frac{x}{7}+5+\frac{x}{2}+4=x,$$

可得 $x=84$.

2.35.1　（参见《美国数学月刊》，第 66 卷，1959，p. 208.）设 β 是其余两角中的较大者，γ 是较小者. 如果 β 是一锐角，则从 A 引出的五条线（按习题 1.7 的符号）依次为 c,h_a,d_a,m_a,b. 在 h_a 分出

来的两个直角三角形中

$$\beta=\frac{\pi}{2}-\frac{\alpha}{4}, \qquad \gamma=\frac{\pi}{2}-\frac{3}{4}\alpha,$$

在 m_a 分出来的两个三角形中

$$\frac{\frac{a}{2}}{m_a}=\frac{\sin\frac{\alpha}{4}}{\sin\left(\frac{\pi}{2}-\frac{3}{4}\alpha\right)}=\frac{\sin\frac{3}{4}\alpha}{\sin\left(\frac{\pi}{2}-\frac{\alpha}{4}\right)},$$

于是

$$\sin\frac{\alpha}{4}\cos\frac{\alpha}{4}=\sin\frac{3}{4}\alpha\cos\frac{3}{4}\alpha,$$

$$\sin\frac{\alpha}{2}=\sin\frac{3\alpha}{2},$$

$$\frac{\alpha}{2}=\pi-\frac{3}{2}\alpha,$$

$$\alpha=\frac{\pi}{2}.$$

2.40.1 (斯坦福大学 1965)这个六边形由三个正方形和四个三角形组成,而且这些三角形有相同的面积 A. 因此六边形的面积是 $2c^2+4A$.

2.40.2 (斯坦福大学 1963)把给定的直角三角形分成三个三角形,它们有一个共同的顶点——内切圆的中心. 比较面积

$$\frac{d}{2}\cdot\frac{a+b+c}{2}=\frac{ab}{2},$$

可得

$$d=\frac{2ab}{a+b+c}=\frac{2ab(a+b-c)}{(a+b)^2-c^2}=a+b-c.$$

2.50.1 分别为 $100\frac{\pi}{6}$ 和 $100\pi\frac{\sqrt{2}}{6}$,或近似的 52.36%和 74.07%. 参见习题 15.52.1 的解答,第(6)部分.

2.52.1 (斯坦福大学 1964)设 C 是所给的棱柱(蛋糕)而 D

是所求的棱柱(即只有顶上有糖衣的).我们假设

$$s \text{ 和 } h$$

$$x \text{ 和 } y$$

分别是 C 和 D 中底面的一边和高.决定 D 的条件可用以下方程表示

$$x^2 = \frac{s^2 + 4sh}{9},$$

$$x^2 y = \frac{s^2 h}{9},$$

$$h = \frac{5s}{16},$$

由此得出

$$x = \frac{s}{2}, \quad y = \frac{5s}{36}, \frac{y}{x} = \frac{5}{18},$$

从 C 中切出 D,使得它的顶部的边或对角线与 C 的顶部的边是平行的,同时使得棱柱 C 和 D 的四个对称面是相同的,正是这四个对称面把 C 剩下的部分分成了八块,每一块都与 D 有等量的体积和等量的"糖衣".

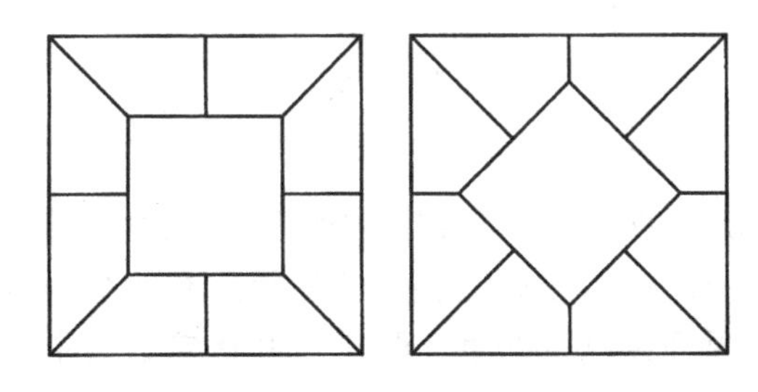

图 AS2.52.1　九份蛋糕*

2.55.1　(斯坦福大学 1962)设 C 表示外接球的中心,r 表示

* 此图为译者所加.

外接球的半径. 有两个“关键的辅助平面图形”:即这个四面体的两个截面,一个通过棱 b 和相对的棱的中点,另一个通过后面这条棱和棱 b 的中点. 这两个截面是互相垂直的,它们的交线 d 连接上面所说的那两个中点并包含了点 C.

设 x 是从 C 到 b 的垂直距离(它的另一端点是 b 的中点),这个四面体有两个面是等边三角形,设它们中之一的高是 h,于是

$$h^2 = \frac{3a^2}{4},$$

从这两个截面上的直角三角形中我们得出方程

$$h^2 = d^2 + \left(\frac{b}{2}\right)^2,$$

$$r^2 = x^2 + \left(\frac{b}{2}\right)^2,$$

$$r^2 = (d - x)^2 + \left(\frac{a}{2}\right)^2,$$

现在我们有四个方程用来决定我们的四个未知量: h 可以立即由第一个方程得出,然后由第二个可得出 d. 求出 d 后就能很快求出 x(后两个方程相减). 最后得

$$r^2 = \frac{a^2}{4} \cdot \frac{4a^2 - b^2}{3a^2 - b^2}$$

(检验:如果 $b = a\sqrt{3} = 2h$,则 $r = \infty$).

可能的应用:两个以 a 为边的刚性等边三角形,它们的一条公共边像绞链一样,可以彼此互相倾斜使得所有四个顶点在一个凹的球面上,于是通过测量 b 便可得到 r. 凸透镜则要求某些更复杂的小机械装置.

2.55.2 如果在习题 2.55.1 中,取 $a = b$,则四面体变成正四面体,

$$r = \frac{3a^2}{8}$$

且

$$\sin\frac{\alpha}{2}=\frac{\frac{a}{2}}{r}=\frac{\sqrt{6}}{3},$$

$$\alpha=109°28'.$$

它就可以看成碳原子(如在 CH_4 中)对称的四个价中任意两个价的夹角.

2.55.3　设 x 是从 L 到屏幕的垂直距离.则

$$\frac{1}{x^2}=\frac{I'}{(d-x)^2}$$

于是

$$x=\frac{d\sqrt{I}}{\sqrt{I}+\sqrt{I'}}$$

(实际问题稍有不同:我们给了 I,另外测量了 d 和 x,于是我们可由此确定 I').

3.10.1　下面是开头的三个特殊情形:

$$2S_1=n(n+1),$$

$$0=n^2(n+1)-2nS_1,$$

$$2S_3=n^3(n+1)-3n^2S_1+3nS_2,$$

$k=1$ 的情形可得出 S_1 的值,这个方法与“小高斯的方法”(§3.1)只稍微有点不同.

$k=2$ 的情形间接地也得出 S_1.

若 S_1 和 S_2 已知,则 $k=3$ 的情形可得出 S_3.

一般地,当 k 是奇数时,用这个结果可以由前面的 S_0',S_1,S_2,…,S_{k-1}去计算出 S_k,但当 k 是偶数时则不行.这就在某种程度上说明了(是利用一个修改了的推广去说明的)为什么在§3.1中对 S_1 适用的方法在§3.2里对 S_2 就不适用了.此外,通过把这一结果与§3.2—§3.4和习题3.6—3.10进行比较,我们还可以学到点东西——有的人说不定日后会在某处用上它.

3.40.1　我希望读者也已考虑了 $n=1,2,3$ 的情形.

猜想:有$\binom{n-1}{t-1}$种不同的方法把 n 表为 t 个正整数的和.

$t=1$ 的情形就是 n. $t=2$ 的情形十分显然是 $n-1$. 作为一个一般的证明,在数直线上考虑区间 $0\leqslant x\leqslant n$ 和它上面的点 $x=1,2,3,\cdots,n-1$. 从这 $n-1$ 个点中任意选出 $t-1$ 个作为分点,我们就把区间分成了 t 个依次的长度为整数的子区间,这样我们就把 n 表成我们所要求的那种 t 个正整数的和.

3.40.2 就你所能做的 n,检查图 A3.40.2 上的关系.

(1) $F_n=\binom{n-1}{0}+\binom{n-2}{1}+\binom{n-3}{2}+\cdots$,

(2) 由递归公式可得,见§3.6(2). 参考习题 4.15.

3.40.3

(1) $G_n=\binom{n-1}{0}+\binom{n-3}{1}+\binom{n-5}{2}+\cdots$

(2) 由递归公式可得.

(3) 改变斜度可得到一个依赖于某个参数(斜度,或某个正整数 q)的序列 $y_1,y_2,y_3,\cdots$,它满足下列递归公式(差分方程,见习题 4.14)

$$y_n=y_{n-1}+y_{n-q},$$

在 $q=1$ 的情形,斜度是 0,而

$$y_n=2y_{n-1},$$

见习题 3.32.

3.60.1 猜想:

$$1(2n-1)-2(2n-2)+3(2n-3)-\cdots+(2n-1)1=n.$$

证明:考虑下列乘积中 x^{2n-2} 的系数

$$\begin{aligned}&(1+2x+3x^2+4x^3+\cdots)(1-2x+3x^2-4x^3+\cdots)\\&=(1-x)^{-2}(1+x)^{-2}\\&=(1-x^2)^{-2}\\&=1+2x^2+3x^4+4x^6+\cdots+nx^{2n-2}+\cdots.\end{aligned}$$

3.65.1 (参见斯坦福大学 1963)因为

$$\frac{x}{n}=\frac{(x+n)+(x-n)}{2n},$$

所以该表达式等于

$$\binom{x+n}{2n}+\binom{x+n-1}{2n},$$

而二项式系数是整数.

3.88.1　对下式两边微分

$$1+x+x^2+\cdots+x^n=\frac{1-x^{n+1}}{1-x},$$

习题 3.87 和 3.88 也可以类似地去处理.

3.88.2　猜想:

$$1\binom{n}{0}+2\binom{n}{1}+3\binom{n}{2}+$$

$$\cdots+(n+1)\binom{n}{n}=(n+2)2^{n-1}$$

(得出这个猜想的困难在于认出乘积 $3\cdot 1, 4\cdot 2, 5\cdot 4, 6\cdot 8, 7\cdot 16$.)

证明:先对下列等式两边微分

$$\binom{n}{0}x+\binom{n}{1}x^2+\binom{n}{2}x^3+\cdots+\binom{n}{n}x^{n+1}=x(1+x)^n,$$

然后令 $x=1$.

4.15.1　方程

$$2r^2-r-1=0$$

的根是 $r=1$ 和 $r=-\frac{1}{2}$. 因此,由习题 4.14

$$y_k=c_1+\frac{(-1)^k c_2}{2^k},$$

利用初始条件($k=0$ 和 $k=1$ 的情况)可得 c_1, c_2,于是最后便得

$$y_k = \frac{a+2b}{3} + (-1)^k \frac{a-b}{3 \cdot 2^{k-1}}.$$

5.19.1　我们在排成一行的 $n+v$ 个匣子里选出的 v 个匣子上都做上记号(例如,一个乘法点"·"的记号).在第一个作记号的匣子 No.1 前的每一个匣子里都放一个因子 x_1,在 No.1 和 No.2 间那些没标记号的匣子里,每一个都放上一个因子 x_2,在 No.2 和 No.3 间的匣子里放因子 x_3,…,在 No.$(v-1)$和 No.v 间的匣子里放因子 x_v,在 No.v 后的那些匣子里则放因子 1.这样,对于任何一个从 $n+v$ 个匣子里选出 v 个匣子的选择,就对应了一个形如 $x_1^{m_1} x_2^{m_2} x_3^{m_3} \cdots x_v^{m_v}$ 的乘积,其中 $m_1+m_2+m_3+\cdots+m_v \leqslant n$,因而是多项式里的一项. 这就得到了问题的一个直观论证.

参见习题 3.40.1.

6.13.1　(斯坦福大学 1949)这个问题是:求一个正整数 x,使得 x^2 的所有各位数字都是 1.

(1) 只保持一部分(一小部分)条件:x^2 的末位数字是 1.而 x^2 的末位数字仅依赖于 x 的末位数字,所以只须考虑一位数就够了,它们的平方分别是

$$0,1,4,9,16,25,36,49,64,81$$

[注意 x^2 和 $(10-x)^2$ 有相同的末位数字.]于是只有以 1 和 9 结尾的数字是合格的.

(2) 保持一部分(下一个大一点的部分)条件;x^2 的最后两位数是 11.考虑两位数就行了,x 和 $100-x$ 中只需要考虑一个,再由(1),最后只须考虑十个数字 01,11,21,…,91.它们中没有一个平方的结尾是 11,这就证明了结论.

本题的启示:把"求证的问题"转化为"求解的问题"可能会带来好处.

6.17.1　(斯坦福大学 1965)对"年龄"我们只承认整的年头.下面是一张 72 分解成为三个正整数因子的表,每一行后面的数是这三个因子的和:

$1\cdot1\cdot72$	74	$2\cdot2\cdot18$	22
$1\cdot2\cdot36$	39	$2\cdot3\cdot12$	17
$1\cdot3\cdot24$	28	$2\cdot4\cdot9$	15
$1\cdot4\cdot18$	23	$2\cdot6\cdot6$	**14**
$1\cdot6\cdot12$	19	$3\cdot3\cdot8$	**14**
$1\cdot8\cdot9$	18	$3\cdot4\cdot6$	13

只有一个(三个因子的)和数出现不止一次,已用黑体字标出来了.关于"那个最大男孩"的注释使我们能在这两种情形间做出选择:这些男孩是8岁,3岁和3岁.

7.2.1 见习题3.91,这些点表示下列量

$$
\begin{array}{cc}
C_6 & I_6 \\
C_{12} & \\
 & I_{12} \\
C_{24} & \\
 & I_{24} \\
C_{48} & \\
 & I_{48} \\
C_{96} & \\
 & I_{96}
\end{array}
$$

9.11.1 (参见《美国数学月刊》,第56卷. 1949, pp. 423—424.)预先选择

$$\min(a_n, b_n) = \frac{1}{n^2}$$

(取任何别的具递减的正项收敛级数也同样可以).级数

$$(1)+\left(\frac{1}{4}\right)+\left(\frac{1}{4}+\frac{1}{4}+\frac{1}{4}+\frac{1}{4}\right)+\left(\frac{1}{49}+\right.$$

$$\left.\frac{1}{64}+\cdots+\frac{1}{42^2}\right)+\left(\frac{1}{42^2}+\cdots\right.$$

$$(1)+(1)+\left(\frac{1}{9}+\frac{1}{16}+\frac{1}{25}+\frac{1}{36}\right)+\left(\frac{1}{36}+\frac{1}{36}+\right.$$

$$\left.\cdots+\frac{1}{36}\right)+\left(\frac{1}{43^2}+\cdots\right.$$

是由括弧里对应的"段"组成的. 在有一段里. 每一项都等于预先选出的那个极小值,在另一个级数的对应的段中所有的项都相等,都等于前面一段的最后一项,而且它们的和是 1. 这两种类型的段在两个级数中交替出现.

这些级数还没有十分满足所述的条件:它们的项只在"≥"的意义下递减,还不是在">"的意义下递减. 不过可以作一个简单的修正:在各项都相等的段中,减去一段首项充分小,公差也充分小的等差级数,其和小于$\frac{1}{2}$.

12.2.1 (斯坦福大学 1952)假设条件是什么?

$$a<\frac{b+c}{2}$$

结论是什么?

$$\alpha<\frac{\beta+\gamma}{2}.$$

它等价于

$$2\alpha<\pi-\alpha,$$

即

$$\alpha<\frac{\pi}{3}.$$

有关的知识是:

$$a^2=b^2+c^2-2bc\cos\alpha,$$

$$\cos\alpha=\frac{b^2+c^2-a^2}{2bc}$$

$$>\frac{b^2+c^2-\frac{(b+c)^2}{4}}{2bc}$$

$$
\begin{aligned}
&= \frac{3(b^2+c^2)}{8bc} - \frac{1}{4} \\
&\geqslant \frac{6bc}{8bc} - \frac{1}{4} = \frac{1}{2} = \cos\frac{\pi}{3},
\end{aligned}
$$

这就证明了结论.

12.5.1 (Julius G. Baron;见《数学杂志》(Mathematics Magazine),第 39 卷,1966,p. 134 和 p. 112)

这个问题实质上就是:求一个既内接一圆又外切一圆的四边形的面积 A,已给它的四条边 a,b,c 和 d.

十二世纪以前在印度出现过一个与之密切有关的问题.如果你曾听说过这个问题,并认真地问自己:*你知道一个有关的问题吗?你知道一个具有同一类型未知量的问题吗?*那么你就很可能回忆起它来.

事实上,这个有关的问题与所提问题有同样的未知量和同样的已知量,在所提条件中最明显的分款有一半是完全一样的.这个问题是:*求一个内接一圆的四边形的面积,已知它的边是 a,b,c 和 d.*它的解是(MPR,第Ⅰ卷,pp. 251—252,习题 41)

$$A^2 = (p-a)(p-b)(p-c)(p-d),$$

其中 $2p=a+b+c+d$.

得到这个结果后,则只须再注意到以下事实就足够了:如果四边形还是外切的,而且 a 是 c 的对边,b 是 d 的对边,则

$$a+c=b+d=p.$$

12.9.1 令

$$b+c-a=2A, c+a-b=2B, a+b-c=2C$$

则

$$\frac{1}{x^2}=\frac{A}{xyz}, \frac{1}{y^2}=\frac{B}{xyz}, \frac{1}{z^2}=\frac{C}{xyz}.$$

相乘,我们得到

$$xyz = ABC,$$

于是

$$x^2 = BC, y^2 = CA, z^2 = AB,$$

为了整个讨论的完美，剩下还需要讨论一下未知量 x，y 和 z 中有一个或几个等于零的情形.

12.9.2 椭圆的常见的定义涉及焦点.考虑到这个定义就会问“焦点在哪儿?”这样最后就引到去猜测一个较容易证明的更强的命题:在给定的有关 f，f' 和 v 的假定下，V 的轨迹是一个以 F 和 F' 为焦点的椭圆.实际上，椭圆的定义在这里是满足的.从图形中容易看出

$$FV + F'V = r + r',$$

其中 r 和 r' 分别是 f 和 f' 的半径(见图 AS12.9.2*)

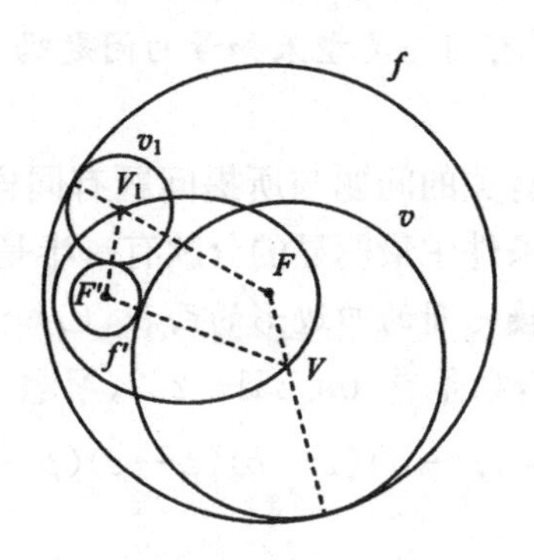

图 AS12.9.2 椭圆

12.9.3 (1) 半径为 $\frac{r+r'}{2}$ 的同心圆.(见图 AS12.9.3(a)).

(2) 以 f 为准线以 F' 为焦点的抛物线(见图 AS12.9.3(b)).

(3) 焦点为 F 和 F' 的双曲线(见图 AS12.9.3(c)).

(4) 以 $f=F$ 和 $f'=F'$ 为端点的线段的垂直平分线(见图 AS12.9.3(d)).

某些其他情形；

---

* 图 AS12.9.2，AS12.9.3(a)—(d)均为俄译本插图.见俄译本 pp.425—427，图 59a—d.

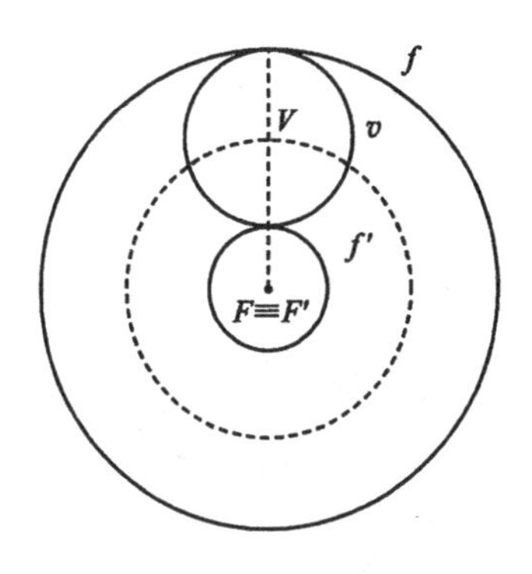

图 AS12.9.3(a) 焦点重合的椭圆

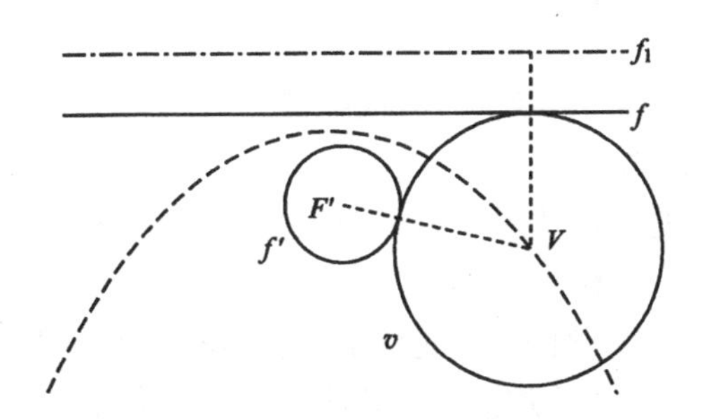

图 AS12.9.3(b) 椭圆的极限情形

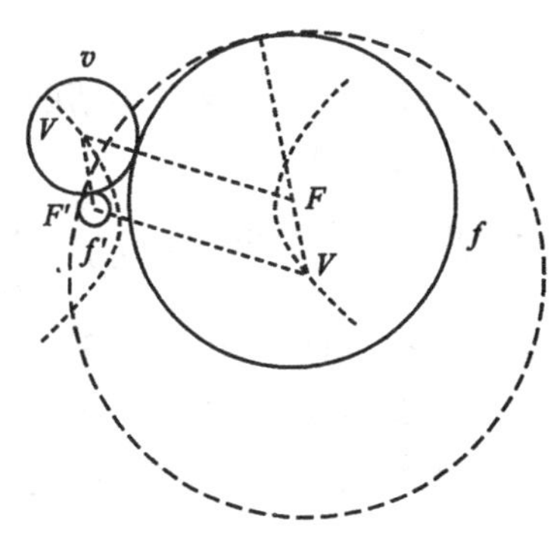

图 AS12.9.3(c) 双曲线

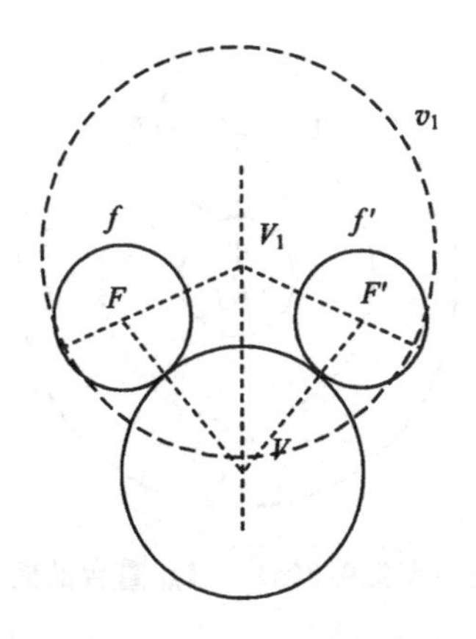

图 AS12.9.3(d) 双曲线的特殊情形

(5) 习题 12.9.2 或(3)的极限情形：f'是 f 上的一个点，这时轨迹是一条直线.

(6) (3)的特殊情形：$r=r'$，这时轨迹也是一条直线.

还可以提更多的问题：

关于(3)，渐近线的方向是什么？它们的交点在哪里？方向和位置必可由定圆 f 和 f'决定，是怎样决定的？为什么是这样决定的？

关于(5). 整条直线都是椭圆的极限情形吗？或都是双曲线的极限情形？还是直线的某些部分是这个的极限情形，另一些部分是那个的极限情形？等等.

14.1.1 如果连续 400 个格列高里年精确地与 400 个天文学年一致，则一个天文学年长应为

$$\frac{97 \cdot 366 + 300 \cdot 365}{400} = 365 + \frac{97}{400}$$

天，即 365 天 5 小时 49 分 12 秒，它仅比由天文观测所得到的年长多 26 秒. 差别是很小的，但在 3323 年里会积成一天.

15.2.1 (参见斯坦福大学 1964)(1)d 把 c 分成的线段与邻边成比例. 因此

$$\left(\frac{ac}{a+b}\right)^2 = a^2 + d^2 - 2ad\ \cos\frac{\gamma}{2},$$

$$\left(\frac{bc}{a+b}\right)^2 = b^2 + d^2 - 2bd\cos\frac{\gamma}{2},$$

消去 γ,得

$$d^2 = \frac{ab[(a+b)^2 - c^2]}{(a+b)^2}.$$

(2)如果 $a=b=c$,则 $d^2=\frac{3a^2}{4}$. 如果 $a^2+b^2=c^2$,则

$$\frac{d}{a\sqrt{2}} = \frac{b}{a+b},$$

而这个比例关系可以从一对容易构造的相似三角形(做出它们!)看出来.

如果 $a=b$,则 $d^2=a^2-\left(\frac{c}{2}\right)^2$.

如果 $a+b=c$,则 $d=0$.

15.52.1　这个问题的叙述还留有不少余地,我们是故意这样做的:"实在的"问题开始时也许是有点不确定的. 下面我们来讲讲值得考虑的几点;

(1) 每一个集合的点都充满一个多面体的内部和表面,见图 AS15.52.1(a),AS15.52.1(b)和 AS15.52.1(c).

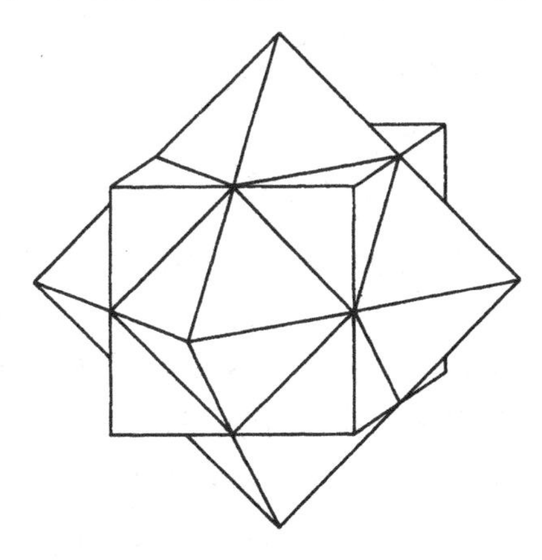

图 AS15.52.1(a)　看出 C 和 O 并想像 I 和 H

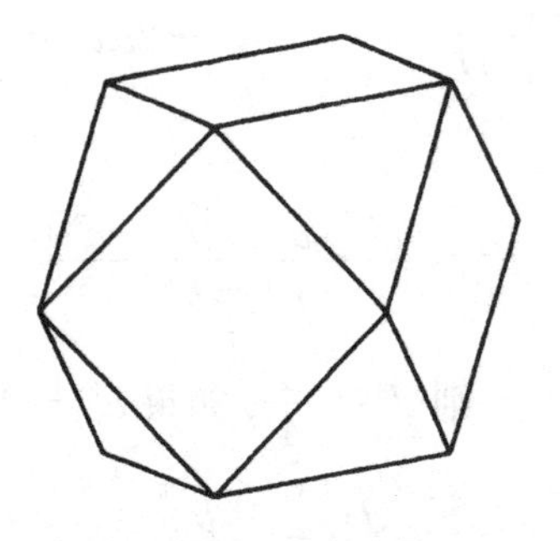

图 AS15.52.1(b)　C 和 O 的交 I

C 是一个正立方体，它的面都是正方形.

O 是一个正八面体，它的面都是等边三角形(参见习题 5.5).

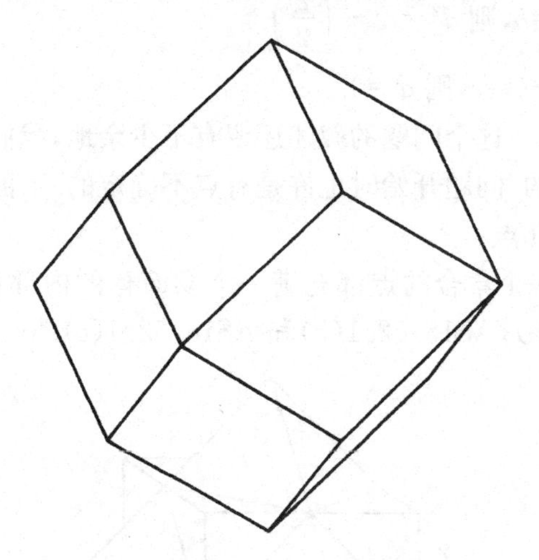

图 AS15.52.1(c)　凸包 H

I 是 C 和 O 的交，它叫做立方八面体. 它有十四个面：六个面是正方形，每一个都是从 C 的一个面里切出来的，八个面是等边三角形，每一个都是从 O 的一个面里切出来的.

H 包含 C 和 O，事实上，它是包含它们的最小凸集，即它们的凸包. 它的面都是菱形，叫做菱形十二面体.

我们从 C 里削去八个合同的四面体便得到 I.

我们在 C 上加上六个合同的棱锥便得到 H.

(2) 我们列出这四个多面体的顶点

C $(\pm1,\pm1,\pm1)$

O $(\pm2, 0, 0)$ $(0, \pm2, 0)$ $(0, 0, \pm2)$

I $(0, \pm1, \pm1)$ $(\pm1,0,\pm1)$ $(\pm1, \pm1, 0)$

H 所有 C 和 O 的顶点

(3) 下表中,F,V 和 E 分别表示每个多面体的面数,顶点数和棱数.

	F	V	E
C	6	8	12
O	8	6	12
I	6+8	12	24
H	12	8+6	24

(4) C,O 和 I 内接于 H,H 的十四个顶点中有八个是 C 的顶点,剩下的六个是 O 的顶点,H 的十二个面的中心乃是 I 的顶点.

C 的每一条棱都与 O 的一条棱相对应:它们互相平分,它们是 H 的同一个面(菱形)的两条对角线,它们的交点是 I 的一个顶点.

(5) 所有这四个多面体都有同类型的对称性. 我们考虑最熟悉的图形 C,以此来描述这种对称性.

在这个六面体中有两类不同的对称平面:

有三个各平行于六面体的一对相对的面并处在其中间.

有六个各包含一对相对的棱.

所有这九个对称平面都通过立方体的中心,并把它分成 48 个合同的四面体.

在这个立方体中,有三类不同的对称轴:(参见 HSI,习题 8,pp. 236,240,245—246.)

其中六条是连接一对相对的棱的中心的直线,每一条都是两个对称平面的交线.

另外四条是连接一对相对的顶点的直线,每一条都是三个对称平面的交线.

还有三条是连接立方体一对相对的面的中心的直线,每一条都是四个对称平面的交线.

所有这十三条对称轴都通过立方体的中心.如果这条对称轴是 n 个对称平面的交线,则此立方体绕这条轴转过 $\frac{360°}{n}$ 角以后就与自己重合.

(6) 习题 2.50.1 的两个模型分别涉及 C 和 H.在第一个模型中,每一个球内切于一个立方体,所有这些立方体充满了整个空间,没有空隙,也不重叠.在第二个模型中,每一个球内切于一个菱形十二面体,所有这些菱形十二面体充满了整个空间,没有空隙,也不重叠.

(7) 为了计算 I 和 H 的体积 V[注意,不要与(3)中的混淆!],我们可以方便地从 C 开始.如果多面体外切于一个球,则 V 和 S 间有一联系:

C	$S=24$,	$V=\frac{1}{3}1\cdot S=8$
O	$S=16\sqrt{3}$,	$V=\frac{1}{3}\cdot\frac{2}{\sqrt{3}}S=\frac{32}{3}$
I	$S=12+4\sqrt{3}$,	$V=\frac{20}{3}$
H	$S=24\sqrt{2}$,	$V=\frac{1}{3}\sqrt{2}S=16$

(8) 这个例子可以用来引进几个一般的概念,例如,线性不等式组,凸包,空间的对称性,等等.

某些更特殊的问题:还有没有别的像 C 和 O 这样的多面体对?还有没有别的充满空间的多面体?等等.

15.53.1 设 a,b 和 D 是正整数,D 不是完全平方,满足 $a^2-b^2D=1$.$a=2,b=1,D=3$ 就是一个例子.设 n 是一个正整数,则

存在正整数 A 和 B，使得

$$(a-b\sqrt{D})^n = A-B\sqrt{D}$$

由此可得

$$(a+b\sqrt{D})^n = A+B\sqrt{D}$$

于是

$$\begin{aligned} A^2-B^2D &= (a+b\sqrt{D})^n(a-b\sqrt{D})^n \\ &= (a^2-b^2D)^n \\ &= 1 \end{aligned}$$

而

$$\begin{aligned} (a-b\sqrt{D})^n &= \sqrt{A^2}-\sqrt{B^2D} \\ &= \sqrt{A^2}-\sqrt{A^2-1} \end{aligned}$$

只须稍加修改便可以类似地推广习题 15.53，或者把它与本题合并得到一个共同的推广.

参考文献

Ⅰ.经典部分

[1]Euclid, Elements.

[2]Pappus Alexandrinus, Collectio, F. Hultsch 编, 1877, v. 2, pp. 634—637.

[3]R. Descartes, Œuvres, Charles Adam 与 Paul Tannery 编.

[4]G. W. Leibnitz, (1) Mathematische Schriften, C. J. Gerhardt 编.

(2)Philosophische Schriften, C. J. Gerhardt 编.

(3) Opuscules et fragments inédits, Louis Couturat 整理.

[5]B. Bolzano, Wissenschaftslehre, 第二版,1930, v. 3, pp. 293—575.

Ⅱ.近代部分

[6] E. Mach, Erkenntnis und Irrtum, 第四版,莱比锡, 1924,pp. 251—274 及其他地方.

[7] J. Hadamard, Leçons de Géométrie plane, 巴黎, 1898,附录 A,关于几何的方法(有中译本).

[8]F. Krauss, Denkform mathematischer Beweisführung, Zeitschrift für mathematischer und naturwissenschaftlichen Unterricht, v. 63 (1931), pp. 209—222.

[9]W. Hartkopf, Die Strukturformen der Probleme, 博士论文,柏林, 1958.

[10]I. Lakatos, Proofs and Refutations, The Logic of Mathematical Discovery,剑桥,1976.

[11]F. Denk, W. Hartkopf, 和 G. Polya, Heuristik, Der Mathematikunterricht, v. 10 (1964),第一部分.

Ⅲ. 作者的有关工作

书

[12]Problems and Theorems in Analysis,两卷,柏林,1972,1976,与 G. Szegö 合著.

[13]How to Solve It, 第二版,1957(缩写 HSI).

[14]Mathematics and Plausible Reasoning,普林斯顿,1954. 两卷,Induction and Analogy in Mathematics. (v. I) 和 Patterns of Plausible Inference (v. Ⅱ)(缩写 MPR).

[15]Mathematical Methods in Science, 收入 Leon Bowden 所编讲义, 见 New Mathematical Library, v. 26,华盛顿,1977.

[16]The Stanford Mathematics Problem Book,纽约,1974,与 J. Kilpatrick 合著.

文章

[17] Geometrische Darstellung einer Gedankenkette, Schweizerische Pädagogische Zeitschrift,1919,p. 11.

[18] Wie sucht man die Lösung mathematischer Aufgaben? Zeitschrift für mathematischen und naturwissenschaftlichen Unterricht, 63(1932), pp. 159—169.

[19] Wie sucht man die Lösung mathematischer Aufgaben? Acta Psychologica,4(1938),pp. 113—170.

[20] Die Mathematik als Schule des plausiblen Schliessens, Gymnasium Helveticum,10(1956),pp. 4—8.

[21] On picture-writing, American Mathematical Monthly, 63(1956), pp. 689—697.

[22] L'Heuristique est-elle un sujet d'étude raisonnable? La Méthode dans les Sciences Modernes ("Travail et Méthode,"numéro hors série),1958, pp. 279—285.

[23] On the curriculum for prospective high school teachers, American Mathematical Monthly,65(1958),pp. 101—104.

[24] Ten Commandments for Teachers, Journal of Education of the Faculty

and College of Education, Vancouver and Victoria, 3(1959), pp. 61—69.

[25] Heuristic reasoning in the theory of numbers, American Mathematical Monthly, 66(1959), pp. 375—384.

[26] Teaching of Mathematics in Switzerland, American Mathematical Monthly, 67(1960), pp. 907—914.

[27] The minimum fraction of the popular vote that can elect the President of the United States, The Mathematics Teacher, 54(1961), pp. 130—133.

[28] The Teaching of Mathematics and the Biogenetic Law, The Scientist Speculates, 1962, pp. 352—356.

[29] On Learning, Teaching, and Learning Teaching, American Mathematical Monthly, 70(1963), pp. 605—619.

[30] On teaching problem solving,《The Role of Axiomatics and Problem Solving in Mathematics》,波士顿, 1966, pp. 123—129.

[31] Methodology or heuristics, strategy or tactics, Arch. Philos., 34(1971), pp. 623—629.

[32] As I read them,《Developments in Mathematical Education》(Proceedings of the 2nd International Congress in Mathematical Education),剑桥, 1973, pp. 77—78.

[33] Guessing and proving, Two-Year College Mathematics Journal, 9(1978):1, pp. 21—27.

[34] More on guessing and proving, Two-Year College Mathematics Journal, 10(1979), pp. 255—258.

[35] On problems with solutions attainable in more than one way, College Mathematics Journal, 15(1984):3, pp. 218—228. 与 J. Pedersen 合著.

电影和录像带

[36] How to Teach Guessing, Mathematical Association of America(电影).

[37] Guessing and Proving, Open University Educational Media(电影).

[38] How to Teach Mathematics, Mathematical Association of America(录像带). 与 P. Hilton 合著.

[39] Guessing is Good; Proving is Better, Mathematical Association of

America(录像带).

Ⅳ. 习题

[40] The USSR Olympiad Problem Book,旧金山,1962.

[41] Hungarian Problem Book,New Mathematical Library,v. 11—12.

[42] Challenging Mathematical Problems with Elementary Solutions,两卷,旧金山,1964,1967.

[43] International Mathematical Olympiads 1959—1977, New Mathematical Library,v. 27.

Ⅴ. 关于教学

[44] On the mathematics curriculum of the high school, American Mathematical Monthly, 69(1962), pp. 189—193; The Mathematics Teacher, 55 (1962), pp. 191—195.

[45] M. Wagenschein, Exemplarisches Lehren im Mathematikunterricht, Der Mathematikunterricht, 8(1962),第四部分.

[46] A. I. Wittenberg, Bildung und Mathematik,斯图加特,1963.

[47] A. I. Wittenberg, Soeur Sainte - Jeanne - De - France, and F. Lemay, Redécouvrir les mathématique,纳沙泰尔,1963.

[48] R. Dubisch, The Teaching of Mathematics,纽约,1963.

后　记

《数学的发现》旧译本曾由内蒙古人民出版社于 1980～1981 年发行，引起过不少人的兴趣. 一晃二十多年过去了，旧译本早已脱销，世事也改变了不少. 多年以后，重读旧译本，发现了不少毛病，除印刷错误之外，有文句欠妥的，有辞不达意的，还有错译和漏译. 最近我们应科学出版社所托，用了约一年时间，对照 1981 年的合订版，把旧译通读校订了一遍，遗憾的是曹之江教授由于眼疾未能参与. 我们水平有限，新译本还会有很多问题，敬请同行和广大读者不吝赐教.

在新译本的编写过程中，邹健祥老师做了大量工作，科学出版社吕虹、张扬两位老师给予了热心支持，在此一并致谢.

2004 年冬于南京